复杂构造区非常规天然气勘探开发关键技术与实践丛书

页岩气压排采一体化高频压力监测动态评价与创新实践

梁 兴 郝有志 王维旭 卢德唐 张 磊 等 著

科 学 出 版 社
北 京

内 容 简 介

本书系统汇集了页岩气开发领域中的前沿研究与实践成果，深度研究并探讨了高频压力监测评估这一领域中的核心理论与生产实践，涵盖了从储层地质模型的构建到水力压裂过程高频压力监测、压后闷井高能带监测评估和排采制度优化等多个关键环节，以及所使用的相关软件和组合分析工具。通过引入高性能计算技术和人工智能算法，详细展示了如何将高频压力监测大数据分析与页岩气人造气藏开发紧密结合，从而为人造裂缝气藏动态储量和气井产能预测提供了更为精准的指导。通过详细的案例分析和数据展示，读者可以深入理解页岩气开发中所面临的挑战与机遇，以及如何通过创新实践来解决这些问题。

本书内容翔实，资料丰富，可供从事油气勘探开发工作者参考，也可供科研人员、高校相关专业师生阅读参考。

图书在版编目(CIP)数据

页岩气压排采一体化高频压力监测动态评价与创新实践 / 梁兴等著. 北京：科学出版社, 2025.1. --(复杂构造区非常规天然气勘探开发关键技术与实践丛书) . -- ISBN 978-7-03-080802-8

Ⅰ. TE357.1；TE375

中国国家版本馆 CIP 数据核字第 20244UM355 号

责任编辑：罗　莉 / 责任校对：彭　映
责任印制：罗　科 / 封面设计：墨创文化

科学出版社出版
北京东黄城根北街16号
邮政编码：100717
http://www.sciencep.com

成都锦瑞印刷有限责任公司 印刷
科学出版社发行　各地新华书店经销

*

2025 年 1 月第　一　版　开本：787×1092 1/16
2025 年 1 月第一次印刷　印张：20
字数：463 000

定价：298.00 元

(如有印装质量问题，我社负责调换)

丛书编著委员会

《页岩气压排采一体化高频压力监测动态评价与创新实践》编写小组

组　长：梁　兴

副组长：郝有志　王维旭　卢德唐　张　磊

成　员：蒋立伟　刘　臣　李德旗　舒红林　梁恩茂

罗瑀峰　刘　飞　范小东　于宝石　朱炬辉

芮　昀　史树有　杜建平　张　卓　李兆丰

张永强　邹　辰　梅　珏　张　朝　袁晓俊

李　健　舒东楚　蒋　佩　邹清腾　彭丽莎

丛 书 序

随着北美页岩油气革命的成功推进，全球油气勘探开发已逐步从常规油气领域拓展到非常规油气领域、由克拉通盆地稳定区向盆缘盆外复杂构造区进军，跨入非常规油气时代。正是油气藏地球物理和钻压采工程技术的革命性、跨越性进步，非常规油气资源由传统认识的“不可能、不可行”转变为非常规时代的“实施可行、效益可能”的“新常规”。但随着非常规油气地质和工程条件复杂性的增强，勘探开发关键技术要求也越来越高，常规思维的成本也就居高难下。有效的关键技术创新发展与工业化应用，在提高油气勘探开发成效、工程施工作业效率、单井评估的最终可采储量(estimated ultimate recovery，EUR)和产能产量，降低经营生产成本，保障安全生产、降低环境风险，实现高质量可持续效益发展等方面发挥着越来越重要的作用。

2005 年重组成立的中国石油天然气股份有限公司浙江油田分公司(简称浙江油田公司)，自 2007 年就开始了南方海相页岩气地质研究评价与甜点选区探索实践，于 2009 年 7 月率先登记取得国内第一个页岩气勘查探矿权区块(跨越蜀南台拗-滇黔北拗陷的昭通页岩气探区)，浙江油田公司由此全面进军以页岩气、煤层气为代表的非常规天然气领域，开创性建成了当前以非常规为特色的油气公司，成为中国石油南方非常规油气战略的侦察兵。

本丛书依托国家油气科技重大专项“页岩气勘探开发关键技术”、“昭通页岩气勘探开发示范工程”和“中高煤阶煤层气富集规律与有利区块预测”，国家重点研发计划“变革性技术关键科学问题”专项“分布式光纤地震成像与反演的关键技术及应用研究”和“川南页岩气示范区地震激动性风险评估与对策研究”下属昭通应用示范课题的攻关研究，依托于中国石油天然气集团公司重大科技工程项目“页岩气钻采工程技术现场试验”“深层页岩气有效开采关键技术攻关与试验”“井下光纤智能化监测技术现场试验”和“山地煤层气甜点评价与效益开发关键技术研究”“煤层气勘探开发关键技术研究与应用”“煤层气新区新层系新领域战略与评价技术研究”等课题，以浙江油田公司昭通、大安、宜昌探区为非常规天然气勘探开发科技持续攻关的支撑平台与工程技术攻关的矿场试验田、科技成果转化的实践基地，创新提出形成了“源内非常规勘探、浅层化改造、山地页岩气/山地煤层气、多场协同多元耦合成藏、浅层页岩自封闭赋存、地质工程一体化、灰质源岩气、深层煤岩气等勘探开发理念和工作方法，创建了非常规天然气“甜点评价、地质工程一体化培植高产井、水平井优快高效钻井和体积压裂 2.0 工艺、微地震/光纤/高频压力监测、精细控压排采”等富有特色内涵的有效关键技术。浙江油田公司始终坚持目标引领、问题导向的“产学研用”科技与生产一体化，历经 15 年多的“非常规走在前”发展战略的开拓实践和创新探索，取得了克拉通盆地外“浅层化改造”复杂构造区由浅层、中深层到深层的山地页岩气和山地煤层气勘探评价的重大突破，成功地建成了昭通黄金坝-紫金坝中深层页岩气田和太阳浅层页岩气田、筠连浅层煤层气田、渝西大安深层页岩气、大坝灰质源岩气藏等源内非常规天然气“多地区、多层系、多类型”的商业性开发。

基于持续不懈的非常规天然气理论技术的创新攻关和勘探开发实践融合的科技成果总结，2020 年 8 月 12 日第一次集中办公进行了丛书统筹谋划与著作编写分工，历经四年多时间的精心组织、稳步推进，丛书编写团队编撰形成了“复杂构造区非常规天然气勘探开发关键技术与实践”丛书，包括《昭通示范区山地页岩气地质理论技术与实践》、《页岩气地质工程一体化建模技术与工业化实践》、《山地浅层页岩气富集成藏特征与高效开发关键技术》、《山地页岩气储层体积压裂改造增产技术与实践》、《页岩气压排采一体化高频压力监测动态评价与创新实践》、《油气藏井下光纤智能动态监测关键技术及应用》、《复杂构造区山地页岩气地震勘探技术与实践》、《复杂山地煤层气勘探开发关键技术及应用》和《昭通示范区山地页岩气储层地质图集》，综合反映了浙江油田公司在非常规天然气勘探开发方面的理论方法与技术创新成果。希望这套丛书能为从事非常规油气勘探开发工作的技术人员和相关科教研究工作的科技人员提供有价值的学习思考和工作参考，助推我国非常规油气勘探开发事业发展和技术进步。

在浙江油田公司非常规天然气勘探开发十五年多的实践和本套丛书四年多的持续总结编撰过程中，始终得到了中国石油天然气集团公司和中国石油天然气股份有限公司的关怀指导，得到了中国石油天然气集团公司科技管理部、中国石油天然气股份有限公司油气和新能源分公司的关怀支持，得到了西南油气田分公司、大庆油田有限责任公司、吉林油田分公司等兄弟油田公司的指导帮助，得到了参与非常规气田勘探开发战斗的中国石油集团东方地球物理勘探有限责任公司、川庆钻探工程有限公司、大庆钻探工程有限公司、长城钻探工程有限公司、西部钻探工程有限公司、中国石油测井有限公司等技术服务单位的大力支持帮助，得到了中国石油勘探开发研究院、中国石油集团工程技术研究院、中国石油规划总院、中国石油杭州地质研究院、中国科学院地质与地球物理研究所、中国船舶集团有限公司第七一五研究所、北京大学、中国石油大学（北京）、西南石油大学、西安石油大学、中油奥博（成都）科技有限公司等单位的“产学研用一体化”创新联合科技攻关团队的协同攻关。正是大家的求真务实、共同拼搏、科技创新、砥砺奋战、实践创造、做事创业，才有今天的这套丛书问世。谨此，衷心感谢各级领导的关怀指导、专家学者的支持帮助！感谢在非常规勘探开发实践与科技攻关中挥洒血汗、共同战斗的战友们！诚挚感谢浙江油田公司历届领导的英明决策、坚强领导和支持帮助！感谢油田各部门（单位）的无微不至帮助和积极配合，各位同仁的无私奉献和协同协作！此次丛书编辑出版，还得到了科学出版社的大力支持，得到了罗莉编辑的悉心支持和热情帮助，在此一并表示感谢！

中国石油浙江油田公司

2024 年 10 月 12 日于杭州西溪里，适逢金山浓彩天朗气清、西溪火柿灯笼高挂、丹桂雅香满城飘逸的秋收季节

前　　言

页岩气是一种储存在富有机质页岩中的非常规天然气资源，主要成分是甲烷气体，具有独特的“微纳米级孔隙空间”储藏特性和复杂的水力压裂“人造裂缝型气藏”精益开采流程，具有“一井一藏”的独特本色。通过学习借鉴美国页岩油气革命，我国经过近二十余年的攻关研究和创新探索，实现了以四川盆地海相五峰组-龙马溪组为代表的页岩气勘探重大突破，目前处在页岩气大规模增储效益上产的关键发展阶段。

页岩气勘探开发中的人造裂缝型气藏动态监测评价，是实施地质工程一体化质效管控的重要桥梁。传统的压力监测主要通过压力的量变性质进行分析，例如通过压力的变化率、变化幅度等结合地质模型对油气井进行分析。近年来，压力的波动性质，即高频压力波在油气井分析中崭露头角，具体表现为将常规监测压力频率和精度均提高百倍以上，井筒流体中的压力波动呈现明显的频谱特征。气体、液体和固体中的压力传播均具有波动性质，都属于介质中的弹性波。气体中压力波表现为声音形式；岩石固体中的压力波表现为地震的纵波、横波形式，横波是因为只有固体能够承受剪切作用；液体中的压力波同样具有类似性质，尤其是水力压裂停泵后的水锤效应导致的水击压力波最为明显，可以作为一种类似“水中微地震”、声呐探测的技术，对井筒和地层裂缝进行侦听探测，也因此形成了高频压力监测与动态评价技术。本书是关于页岩气在“水力压裂→闷井→返排→生产采气”这个“人造气藏”的形成和演变过程中，利用井口高频压力数据进行监测与动态评价技术的探索与创新实践。书中阐述了该技术的原理和页岩气开发中工业化的实际使用情况，解决了页岩气开发过程中遇到的诸多挑战，通过实际的项目案例得到了验证。

本专著以系统思维的方式深度研究并探讨了高频压力监测评估这一领域中的核心理论与生产实践，涵盖了从储层地质模型的构建到水力压裂过程高频压力监测、压后闷井高能带监测评估和排采制度优化等多个环节，以及所使用的相关软件和组合分析工具。通过引入高性能计算技术和人工智能算法，详细展示了如何将高频压力监测大数据分析与页岩气人造气藏开发紧密结合，从而为人造裂缝气藏动态储量和气井产能预测提供了更为精准的指导。为了提升页岩气开发的效率，详细阐明并探讨了高频压力监测的运用流程，通过在井口安装高频压力计，能够在水力压裂及压后闷井返排期间持续监测页岩储层压力的动态变化。这种监测方法不仅能够精确定位裂缝的形成与扩展，还能通过分析压降和渗流压力来评估储层的压裂蓄能和压后高能带的变化状况。通过这种方式，技术人员能够有效优化闷井时间和排采制度，从而大幅度提升页岩气井的经济效益。

全书共分为十章。第 1 章绪论阐述了页岩储层人造气藏概况，引入了页岩气压排采一体化高频压力监测与评价技术；第 2 章详细描述了页岩储层特殊性及人造气藏特征，重点介绍了人造气藏裂缝扩展和特征；第 3 章阐述了页岩储层岩石本构特征，气水流动过程中微观赋存和流动机制；第 4 章介绍了页岩储层水力压裂后的水平井多段 PEBI 网格数值模拟方法，提出并研究了地层注入压裂液再返排带来的高能带变化；第 5 章描述了页岩水力压裂改造人工裂缝高频压力滤波和分析方法，介绍了裂缝规模反演计算方法；第 6 章针对压裂后的闷井返排过程，提出了闷井时间优化准则、排采制度优化以及合理配产分析方法等；第 7 章对页岩气排采中的数据提出分析方法，重点描述了压力瞬态和生产数据分析方法，提出了吸附气和游离气生产比例、虚拟等效时间等概念；第 8 章阐述了页岩气高频压力监测与评价分析中所用到流体物性参数、产能分析、井筒多相流等计算方法；第 9 章给出了页岩气压排采一体化动态评价与优化过程中用到的软件工具等；第 10 章结合实际井例分析过程总结了典型应用案例与创新实践，描绘了技术应用前景和方向。

综上所述，本专著系统汇集了页岩气开发领域中的前沿研究与实践成果，涵盖了从储层地质模型的构建到高频压力监测、压后评价以及排采制度优化等多个方面的内容。本书的出版不仅为从事石油天然气开发的技术人员提供了翔实的技术指南，同时也为相关领域的研究人员提供了丰富的理论支持。通过详细的案例分析和数据展示，读者可以深入理解页岩气开发中所面临的挑战与机遇，以及如何通过创新实践来解决这些问题。

本书刻画描述的高频压力监测动态评价技术，来源于中国石油浙江油田公司主导山地页岩气储层压裂改造过程中的高频压力裂缝监测与评价实施过程，既适用页岩气人造气藏，也适用于页岩油、煤层气、致密气等油气藏类型的监测，在地热、储气库及管道泄漏监测方面也可以提供技术参考。希望本专著的出版，既能为页岩气开发领域的监测技术创新提供更多的借鉴和参考，也能为推动非常规天然气的规模化效益开发贡献力量。

鉴于页岩气开发机理与人造裂缝型页岩气气藏模型的理论认识还处于求是创新的新征程中，高频压力技术涉及四大基础力学(固体力学、爆炸力学、流体力学及热力学)理论，还需要持续学习提升认识人造气藏的“原始指纹”本质特征及其演变规律和现场试验改进应用，加之笔者水平有限，书中难免有遗漏和不妥之处，敬请各位读者批评指正。

作者

2024 年 10 月 10 日于浙江油田荆山湾翠谷园

目　录

第1章 绪　论

2005年至2019年北美非常规页岩油气革命的接续成功，促使美国于2019年实现能源独立，一跃成为全球最大的石油和天然气供应国。这一变革标志着世界能源中心发生重大变化，深刻改变着全球能源供求格局，弱化了石油输出国组织的作用，增加了全球能源价格的不确定性。以长水平井钻井和水平井分段体积压裂为核心的工程技术跨越性进步，促进全球页岩油气勘探开发的快速发展，油气勘探开发进入了非常规时代。以思维观念理论变革、水平井钻井和体积压裂工程技术革命和市场化专业化工厂化项目管理革命为核心的北美页岩油气革命，推动了我国非常规油气勘探开发技术的持续进步和市场变革，驱动着我国非常规天然气产量快速增长。“十三五”期间，我国不断加大非常规天然气开发力度，产量从2015年的109亿立方米增长至2020年的318亿立方米，增长192%，复合年均增长率达24%。从结构上来看，我国非常规天然气产量占比从8.06%增长至16.52%，其中页岩气表现亮眼，产量占比从2015年的3.41%增长至2020年的10.6%，2023年全国页岩气产量达250亿立方米。“十四五”及“十五五”期间，我国页岩气产业将加快发展，有望在2030年实现页岩气产量500亿立方米以上。

1.1 页岩气储层的人造气藏

页岩气，是指蕴藏于富含有机质页岩中的天然气资源，主要成分是甲烷气，属于低碳清洁、高效的能源资源和化工原料。页岩气本质上是源岩内的“自生自储”非常规富集成藏，局部存在近距离的微运移聚集成藏，属于页岩地层型连续性气藏，以吸附态和游离态两种主要形式赋存于页岩储集空间。

页岩气储层，具有独特的微纳米级孔隙储集空间结构，富气甜点受沉积岩性矿物、微裂缝、孔隙结构和地应力等主要因素控制而突显显著的非均质性。鉴于此，页岩内的烃类气体流动除传统储层常见的渗流之外，还存在吸附气明显降压下的规模性气体解吸、气体扩散及滑脱效应，由此显著区别于致密砂岩气藏储层。特别是大规模体积压裂过程中新产生的人造裂缝与页岩基质的微纳米孔隙间可能导致渗吸作用存在(包括气液置换现象)。页岩气储层特殊的储集孔隙空间结构特征和气体赋存方式，预示着页岩气井在正常的地质条件下通常无自然产能，只有通过体积压裂改造形成复杂缝网的人造裂缝型气藏才会有页岩气的高产能。因此，深入理解和研究页岩储层气体流动机理对有效开发和利用页岩气资源具有重要意义。

页岩气地层中，微小的孔隙和可能存在的天然裂缝构成了气体的存储空间。这些孔隙和裂缝中，气体主要以游离气和吸附气的形式存在，形成了孔隙(天然裂缝空间)压力。除此之外孔隙空间中还分布着不溶于碱、非氧化性酸和非极性有机溶剂的分散干酪根，气体分子依靠吸附的机理吸附在干酪根的表面，这类气体就是吸附气；值得注意的是在干酪根的内部，也有另一部分气体分子存在，这部分气体被称为溶解气，即以溶解在干酪根内部的形式存在的气体。图 1.1 展示了在页岩气地层中气体存储的三种形式。

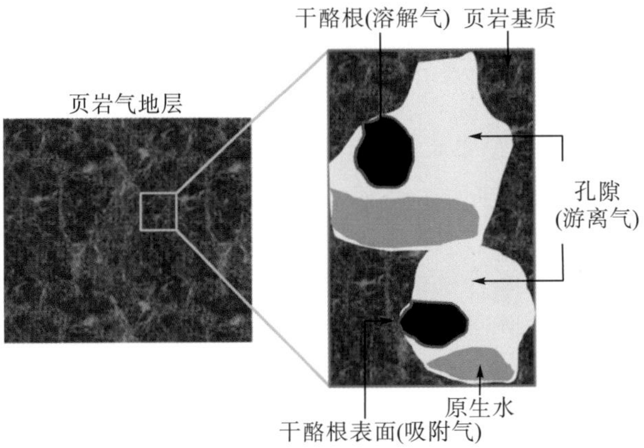

图 1.1　页岩气地层气体储存机理

页岩气以甲烷气为主，甲烷分子直径为 0.4nm。基于最简单的过成熟干气型页岩孔隙模型，理论上无水页岩最窄的甲烷分子流动通径，要大于甲烷分子直径的 3.75 倍(即 1.5nm)。若考虑吸附的电荷引力、扩散浓度、摩擦阻力、滑脱效应等因素，能畅通渗流的游离态甲烷需要的孔隙通径要大得多。所以，游离气存储在孔径相对较大和连通性微孔隙/裂缝的孔隙空间中，气体分子填充了孔隙空间，造成了孔隙压力的存在。当某个孔隙和周围空间的孔隙连通，且存在压力梯度的时候，游离气将会在压力梯度的作用下进行孔隙介质渗流。由于是连续孔隙介质流动，其渗流特征大体遵循达西定律，但又因其孔隙尺度较小，因此在页岩地层中的孔隙渗流展现出独特的特点。

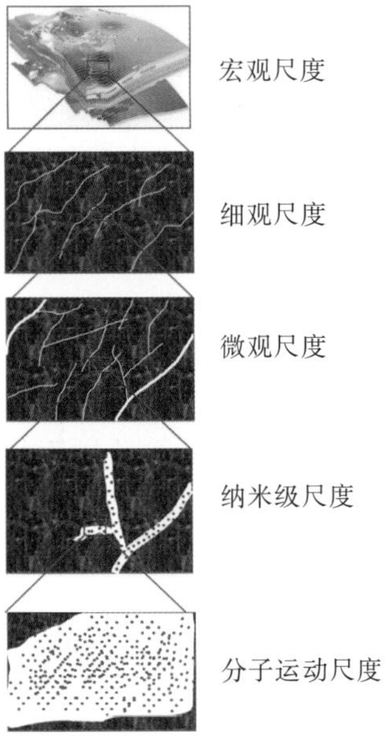

图 1.2　流体流动机理尺度划分

按照流体流动的尺度划分，大可有以下五个级别的尺度：宏观尺度、细观尺度、微观尺度、纳米级尺度和分子运动尺度(图 1.2)。宏观尺度一般用于描述气藏范围内的流体流动状况，对流体运动机理一般处理为理想的达西流动；细观尺度一般用于描述孔隙之间和裂缝内部等渗流介质内的流体流动状态；微观尺度主要用于描述微孔隙、微小裂缝之间和内部的流体流动；纳米级尺度用于描述纳米级孔隙内部的流体流动；分子运动尺度用于描述分子运动的过程，运动机理有别于孔隙介质的渗流。总体来讲，页岩气在地下储层中的流动机理横跨多个尺度。与常规气藏的地下流动机理不同，页岩气地下流动机理需要认真考虑小尺度的流动，尤其是微观尺度、纳米级尺度和分子运动尺度下的气体运移机理。

吸附是页岩气地层存储气体的重要机理。在世界某些页岩气区块的储量评价中，得出的较高储量数值中，有相当一部分的地下储量来自吸附气。吸附气在总储量中的比例在不同的区块有所不同，其浮动范围较大。页岩气地层中的吸附气主要依靠孔隙压力吸附在干酪根的表面。当压力发生变化时，单位质量岩体能够吸附的气体分子总量是变化的。用于评价岩石吸附气总量和压力的关系有很多，而朗缪尔(Langmuir)模型应用最广泛。此外，还有亨利型等温吸附模型以及弗罗因德利希(Freundlich)等温吸附模型。图 1.3 显示了一条典型的朗缪尔等温吸附曲线。

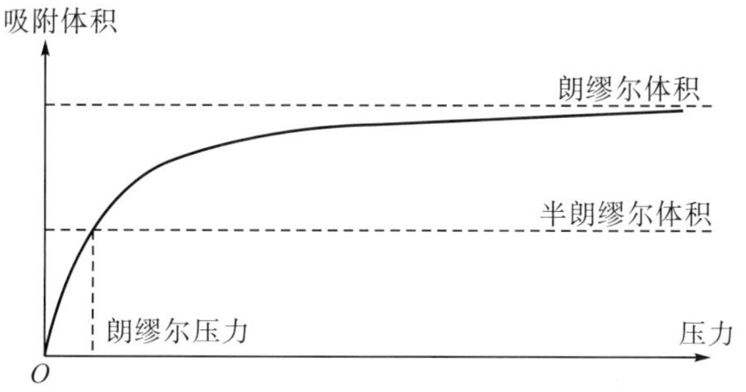

图 1.3　朗缪尔等温吸附曲线示例图

扩散作用也是页岩气地层中气体运移的一个重要机理，而扩散作用依赖的动力不是压力梯度而是浓度梯度。干酪根中的溶解气分子浓度要大于孔隙空间的游离气分子浓度，也大于干酪根表面的吸附气分子浓度。所以依靠浓度差异，干酪根内部的溶解气分子有向气体分子浓度较低的表面扩散的趋势。

页岩气地层中气体流动的特征除了在机理上与其他非常规储层不同，还有一些其他的特征。比如，在页岩气地层中，微观孔隙空间的尺度一般比较小，甚至可以达到纳米级。而这种微小的孔隙喉道半径与气体分子的自由程量级相当，所以气体分子在流动的时候很有可能失去黏性流动的特征，而更带有分子运动的色彩。换句话说，气体分子在流动的过程中，在孔隙表面气体分子的运动速度并不一定为零，这就是气体的滑脱效应。

页岩储层的纳米级孔隙结构特征决定了页岩气井无自然产能，从而页岩气井需要进行储层压裂改造构建形成人造裂缝型气藏才能获得满足工业生产要求的产量，为此页岩气藏开采也被称为“人造气藏”，绝大部分具有工业开采价值的页岩气井为多级压裂水平井，所以，裂缝对页岩气井的产能具有决定性的意义。页岩层的矿物组成、地应力场及天然裂缝发育及分布情况往往比较复杂，压裂改造后与水平页岩气井相沟通的裂缝形态也纷繁复杂(图 1.4)。裂缝的规模和展布形态不仅仅决定了页岩气从基质向井筒流动的通路形态，而且决定了页岩气井改造页岩体积的大小，进而间接地决定了单井控制的可采储量及产能，结果是没有完全相同的页岩气生产井，只有形似神异的人造页岩气“一井一藏”。除此之外，裂缝的导流能力也是决定产能的重要因素。在较复杂的裂缝形态中，主裂缝和裂缝分支的导流能力有所不同，即使在主缝内部，裂缝导流能力也有可能随时间和空间发生变化。

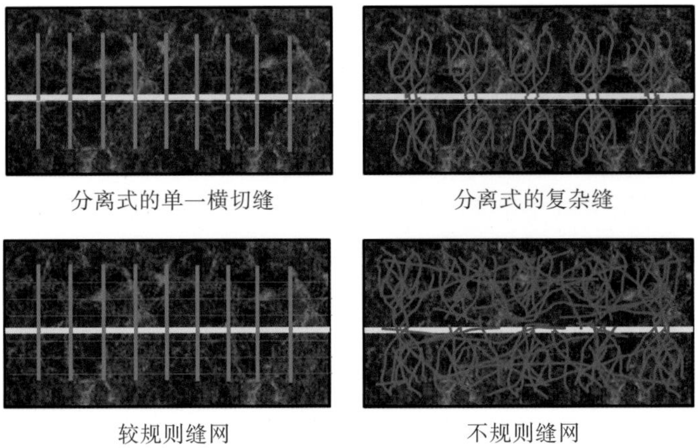

图 1.4　几种页岩气井裂缝形态

1.2　页岩气压排采一体化实时监测评价与动态优化

页岩气藏属于以水力压裂为主的储层改造“人造气藏”，通常没有自然产能和工业产能，因此其地层原始参数(尤其是渗透率及孔隙度)对页岩气勘探开发似乎变得无关紧要(本质上却决定着页岩气基质的资源蕴藏富裕程度)。储层压裂成为页岩气开发提高单井产能的核心工程，压后形成的储层改造体积(stimulated reservoir volume，SRV)区域，以及SRV 区域内的渗透率、孔隙度、裂缝规模和平均压力等人造页岩气藏参数变成了页岩气开发的“原始指纹”，成为优化页岩闷井时间、科学设计排采制度的关键。

页岩气开发的人造裂缝成藏过程是一个涉及多尺度孔隙/裂缝(启裂、扩展与闭合)、岩石力学与缝网启生成消、人造缝的支撑与应力敏感变化、高温高压多组分混合气体、压裂液的多相流体，以及渗流、解吸/吸附、扩散、渗吸与滑脱的复杂机理问题；其流动路径又涉及地层、裂缝、水平管流、垂直管流、水嘴节流及地面管线等多种复杂区域；其开采生命周期历程包括压裂、闷井、返排、生产多个环节。因此，可以说页岩气人造裂缝成藏与开采生产全生命周期，涉及四大宏观基础力学理论，即固体力学(裂缝启裂与扩展及应力敏感闭合)、爆炸力学(多簇射孔)、流体力学(多相流管流渗流和非线性流)及热力学(气体与井筒温度梯度及低温压裂液进入高温地层)。因此，要实现页岩气的经济高效开采，需要基于四大力学的系列大型计算软件来监测支撑和动态评价工程实施的效果。正是这些计算工具的缺乏，目前实际开发的页岩气井压后评价及闷井时间、排采制度等一般都是专家借鉴常规气藏相关标准，并结合其他页岩气井(或国外页岩气井)的开采经验给出定性的指导，这些定性的结论无法给出页岩气开发中动态储量、气井无阻流量等核心参数的数值。因缺少 SRV 渗透率、压力等参数也无法进行产能预测，难以对页岩气开发进行精准优化与指导，也就出现目前普遍存在的同平台内单井产能产量迥然不同的现象。

众所周知，流体产量与地层压力是油气开发的核心和效益的来源，油气开发无论哪一种措施都围绕这两个参数，即要实现产量的最大化，且保持地层足够高压力的前提下，流量及压力也是最重要的动态参数。页岩气开采整个过程都伴随着压力及流量这两个动态参数，在压裂改造、压后闷井、返排测试、生产排采中不仅有流动产生的高能压力，也存在高能的波动压力。我们分析认为，这些压力高频变动应该体现了人造页岩气藏的本质变化规律，由此大胆推断出，如果能够精细精准地连续采集相关信息、实现大数据实时处理解释，就可以动态评估人造气藏的变化特征，及时就提质增效的目标提出工程实施上可优化设计和调整实施的意见，这应是气藏监测技术“无中生有”的重大突破点和研究方向。

有鉴于此，按照“实时监测、智能处理、动态评估、预警优化”全链条一体化的工作观念和 “研制仪器设备→现场监测采集作业→大数据处理解释”系统化的工程思维，为准确捕捉波动压力及流动压力的变化规律，我们敢为人先创新地提出研制开发出一种与人造裂缝型页岩气藏相适应的压排采一体化高频压力监测动态评价技术构想。拟设计的监测评价技术构成和路径，框架是：①基于爆炸力学原理研制能记录人造油气藏变化信息的高频压力计(研制设备利剑)；②通过在现场井口安装高频压力计对页岩气开发的压裂、闷井、返排、生产全过程的高精度监测(现场有硬通抓手保障)；③研发与其相关的压力数据反演、人造油气藏变化的评估与制度优化及产能预测等系列大型数值计算软件(定量解释评价有智能化的软件平台)。

基于上述思路设想和技术路径，通过系统研发、研制设备、开发软件、技术提升和现场试验应用，创新形成了基于人造裂缝型页岩气藏压排采一体化高频压力连续监测大数据的气藏动态评价及优化调整技术，核心是高频压力计研发、大数据智能分析及优化云计算解释。主要功能有：

(1) 采集及传输设备：在井口安装高频压力计，连接数据采集系统，同时通过云端与高性能计算服务器相连接。采用高频不仅可以测量压力，而且可以监测压裂泵注液体和返排生产中的波动信号。

(2) 压裂效果评价：通过去噪、滤波等将测试的压力分解为波动压力及渗流压力；通过对波动压力倒谱分析及渗流压力反演，获得如下参数。

云计算依据的基础数据	声波分析	渗流压力反演
1. 高频压力 2. 泵排量 3. 砂浓度 4. 钻测录	1. 桥塞漏失 2. 射孔质量 3. 进液点位置 4. 暂堵转向效果 5. 转向新启裂缝	1. 裂缝类型：缝网缝、长直缝、缝网复杂程度 2. 压裂规模：裂缝长度、裂缝高度、SRV 3. 流动参数：渗透率、平均压力、裂缝导流能力 4. 计算参数：压裂液波及范围、地层压力分布

(3) 压后闷井时间优化：通过闷井曲线拟合分析、流动段分析、流态分析及数值模拟，获得如下参数：①SRV 区域变化情况；裂缝闭合(裂缝半长变化、SRV 区域渗透率变化、闭合时间及闭合压力)；②依据上述计算参数确定最佳闷井时间。

(4)生产排采制度动态优化：采用压力折算、生产数据分析及产能预测软件确定：①动态储量、气井无阻流量、裂缝闭合及渗透率变化等；②产能预测、气井配产及气嘴直径优化等；③气举、连续油管设计等。

通过在湖北宜昌远安页岩气探区、昭通国家级页岩气示范区和渝西大安深层页岩气田等的矿场试验和生产应用，评价成果表明：基于人造裂缝型页岩气藏压排采一体化高频压力压力计连续监测大数据波动渗流联合分析的气藏动态评价及优化调整技术，已成为定量评价精准认识非常规页岩气人造气藏品质变化的关键技术，是实现页岩气经济高效开发的重要利剑和高质量发展必由之路。

第 2 章　页岩气储层特殊性及其人造气藏特征

2.1　页岩储层及页岩气赋存

页岩是一种致密细粒沉积岩，一般为黏土、二氧化硅、碳酸盐(方解石或白云石)和有机物质的复合物。页岩具有典型的层理结构(图 2.1)，很容易沿着层理面的层状结构分裂成薄片。页岩地层中含有大量的有机物(如干酪根)，这些有机物在地下高温条件下会分解生成天然气，由于孔隙压差和毛细管力的作用，这些天然气会迁移到附近的储层中，并由页岩等封闭岩形成圈闭而聚集在常规储层中，形成致密气或常规油气藏。

图 2.1　页岩露头层理

页岩气通常以三种方式储存于页岩中：

(1)游离气：存在于页岩孔隙之间和天然裂缝内的气体。

(2)吸附气：被吸附在有机物或裂缝表面上的气体。

(3)溶解气：溶解在有机物中的气体。

我国独特的构造地质条件决定了页岩储层地质特征与美国截然不同，具体概述如下：①我国海相页岩气保存条件千差万别，构造运动多期次叠置改造、断层发育、地层产状变化大、构造样式多样，导致中国南方海相五峰组—龙马溪组虽分布广但连续性差，破碎化分布在一定程度上限制了页岩气藏的发育面积；②海相页岩来自不同的沉积环境，扬子地区的五峰组—龙马溪组页岩主要形成于加里东期扬子克拉通前陆盆地，深水陆棚页岩富生物硅和有机质形成富气甜点，浅水陆棚页岩含泥质、灰质且有机质含量少，富气条件变差。沉积微相变化、水动力变化和火山活动、构造形迹、断层破坏和保存条件变化等，造就页岩表现出较强的非均质性与各向异性；③陆相页岩和过渡相页岩储层厚度薄，气产量低且不稳定；④深层页岩储层类型和天然气赋存状态不同(游离气相对增多、地层孔隙压力呈现高压)，导致后期产量递减速率和最终采收率与浅层页岩储层相比存在较大差距。

2.2 人造气藏实现方式

水力压裂是一种适合中低渗油气藏储层进行压裂改造的增产技术。水力压裂的作业过程，一般分为两个阶段：首先将大量压裂液泵入井筒，注入地层，通过施加压力使岩石在射孔位置破裂，从而进一步形成不断扩展的人工改造裂缝系统；然后持续将压裂液与支撑剂混合注入地层，使用支撑剂(二氧化硅、陶粒、石英、沙子和玻璃等小颗粒)克服闭合应力，支撑水力压裂人造裂缝保持裂缝开启以增加储层渗流导流能力来实现地层改造。水力裂缝系统可以通过增加岩石的渗透率(如裂缝保持开启)或降低岩石的渗透率(如裂缝被胶结材料填充或上覆压力、构造应力联合作用使人造裂缝发生闭合)来影响油气储层内的流体流动。

水平钻井和水力压裂技术相结合，极大地提高了从低渗透地质地层(特别是页岩地层)开采石油天然气的采收率。图 2.2 展示了含天然裂缝系统的页岩露头，其裂缝和层理轨迹沿着水平方向发育程度高。与垂直井压裂相比，水平井多段压裂延伸范围大、储层

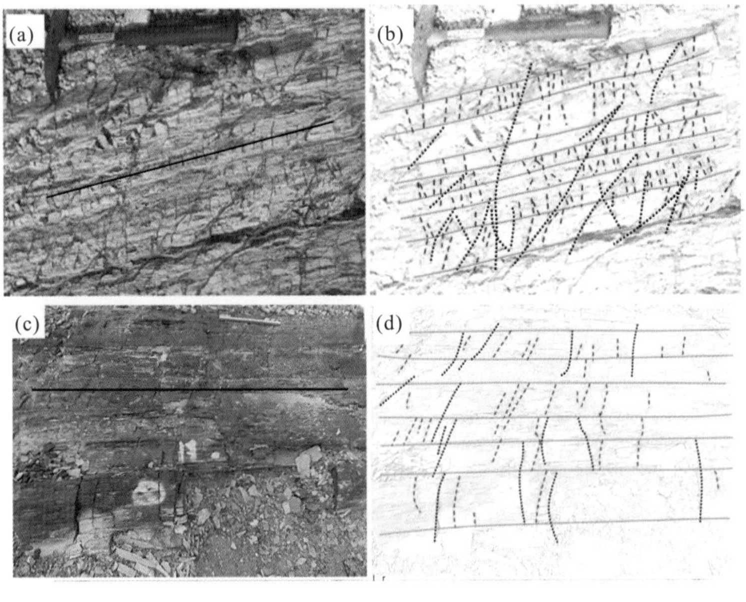

图 2.2 含天然裂缝系统的页岩露头

图(b)和(d)分别是对应图(a)和(c)的裂缝和层理轨迹

泄漏面积大、人造裂缝导流能力强，产量高实现效益开发的经济性，并且更容易与天然裂缝相互作用形成复杂裂缝网络，从而大大提高裂缝密度和接触面积。对于深层页岩气而言，如何最大限度地提高水平井的压裂储层体积仍是值得关注的关键问题。研究表明，压裂井段的位置、数量以及压裂模式均会对诱导裂缝的走向产生影响，从而进一步造成压裂效果的不同。

页岩储层中存在的天然裂缝(包括断层和微裂缝)，也是影响裂缝结构的关键因素之一。天然裂缝在被水力裂缝激活之前几乎没有自然产能，水力压裂技术通过人工压裂使天然裂缝尽可能互相连通形成具有高导流能力的裂缝网络系统，获得页岩气流动到井筒的通道，从而提高非常规油气藏油气采收率。微地震测试结果表明，非常规储层在压裂过程中极有可能产生复杂的裂缝网络，更大规模的裂缝网络系统可以生成更大的储层改造体积(SRV)，从而提高非常规油气藏生产性能。因此，大量学者建立了水力压裂的实验模型来研究裂缝相交问题。与实验方法相比，数值方法可以模拟研究复杂地质条件下的水力裂缝与天然裂缝相互作用机理。大量研究人员基于数字高程模型(digital elevation model，DEM)、统一流量管理(unified flow management，UFM)和位移不连续方法(displacement discontinuity method，DDM)，发展形成了多种水力压裂数值模型，以研究水力裂缝在含天然裂缝储层中的扩展问题。近年来，扩展有限元方法作为一种基于连续体的方法被广泛应用于水力压裂研究。含天然裂缝储层的水力压裂问题除基础的多场耦合外，需要考虑天然裂缝对水力裂缝扩展的影响、应力干扰效应引起的裂缝孔径突变，以及裂缝分支间的相互干涉等因素。此外，考虑储层各向异性时会涉及各种复杂的物理过程和数值计算，因此，对正交各向异性地层水力裂缝扩展进行建模是一个具有挑战性的问题，不仅应力-应变关系需要改变，裂缝扩展准则、相互作用积分、裂尖坐标系的变换矩阵、辅助应力-位移场的计算以及复变量根的选择都与各向同性模型不同。

水力压裂模型是压裂增产技术重要的理论基础。以试验区或开发区的工业化三维储层模型(核心是岩石力学、地应力、微裂缝模型)为基础，通过模拟水力裂缝的起裂延伸过程，可以优化压裂设计方案并有效指导水力压裂施工，这是提高压裂方案针对性、实施成效性的科学程序。自压裂增产技术用于油气工业以来，各类水力压裂模型不断被提出，可归纳为二维水力压裂模型、径向水力压裂模型、拟三维水力压裂模型、三维水力压裂模型这四类。

二维水力压裂模型是针对垂直裂缝而建立的。该类模型假设裂缝高度固定不变，压裂液沿裂缝延伸方向一维流动，主要包括 KGD(Khristianovic-Geertsma-De Klerk)模型和PKN(Perkins-Kern-Nordgren)模型两种。KGD 模型最先由 Khristianovic 和 Zheltov(1955)提出，他们认为裂缝在高度方向等宽，裂缝横截面为矩形，固体在水平面内平面应变变形，模型如图 2.3 所示；Geertsma 和 De Klerk(1969)采用滤失系数修正压裂液滤失造成的误差，对模型进行发展；Daneshy(1973)则在模型中考虑了压裂液的幂律性质，并给出了该模型的数值求解方法，扩展了模型适用范围。KGD 模型在早期水力压裂中发挥了重要作用，然而该类模型只适用于油气储集层与隔层相互滑移的情况。PKN 模型由 Perkins 和Kern(1961)提出，该模型假设裂缝横截面为椭圆，固体在竖直面内平面应变变形，如图 2.4所示；Nordgren(1970)发展了该模型，采用滤失系数来考虑压裂液滤失的影响，并根据体积平衡建立了缝长、缝宽、流体压力与时间满足的微分方程，弥补了模型未考虑缝长变化的不足；Valko 和 Economides(2023)在 PKN 模型中研究了压裂液为非牛顿流体的情况，扩展了模型。PNK 模型的局限性在于它仅适用于油气储集层与隔层界面无滑移并且隔层止裂能力强的情况。

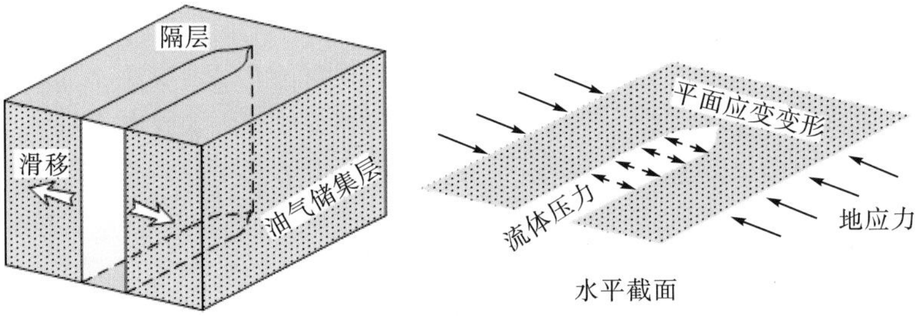

图 2.3 KGD 模型示意图

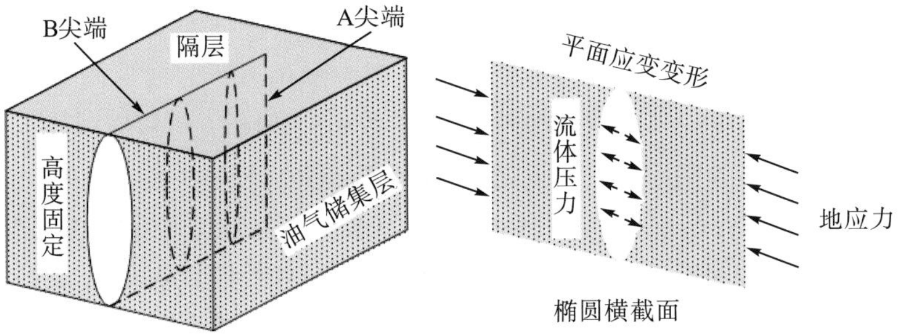

图 2.4 PKN 模型示意图

径向水力压裂模型最初是针对竖直井水平裂缝而建立的。对于处于无穷大弹性体中的径向裂缝，Sneddon 和 Lowengrub(1969)根据弹性理论推导出了裂缝宽度与裂缝面受力间的解析表达式。Perkins 和 Kern(1961)、Geertsma 和 De Klerk(1969)在此基础上分别提出了类似的径向水力压裂模型，该类压裂模型主要用于模拟饼状水力裂缝的扩展，在压裂方案设计中有一定应用。

拟三维水力压裂模型是针对裂缝高度发生变化的情况建立的，用以模拟裂缝窜入隔层的情况。该类模型假设岩石在竖直面内平面应变变形，并且裂缝在竖直面内的高度是变化的，根据计算裂缝高度的方法，拟三维模型分为两种。Van Eekelen(1982)在引入等效弹性模量的基础上，从岩石性质、地应力分布以及岩层衔接等方面对隔层阻挡裂缝扩展的能力进行研究，并用 PKN 和 KGD 模型分析了缝长和缝高之间的关系。Settari 和 Cleary(1984)提出类似想法，它们认为裂缝在竖直面内的扩展满足 KGD 模型，从而采用该模型计算裂缝高度；而裂缝在长度方向扩展满足 PKN 模型，采用该模型计算裂缝长度。Advani 等(1986)在采用有限元法研究垂直裂缝时，提出采用应力强度因了计算裂缝高度的想法。随后 Palmer 等(1985)采用 PKN 模型模拟裂缝在长度方向的扩展，并用应力强度因子判断裂缝在竖直面内的扩展状态，裂缝高度由应力强度因子确定。Palmer 和 Craig(1984)考虑了裂缝在竖直面内非对称扩展的情况，扩展了该模型。此外，Morales 和 Abou-Sayed(1989)、Adachi 等(2010)、Rahman 和 Rahman(2010)改进了拟三维模型。由于拟三维水力压裂模型考虑了缝高变化，符合部分油气藏压裂的实际情况，在压裂方案设计中运用非常广泛。但是该类模型假设岩石在竖直平面内平面应变变形，忽略了岩石整体变形的协调性，会产生一定误差。

三维模型在缝高、缝宽、缝长之间没有任何假设，它考虑了 3 个方向上的变形及 2 个方向上的流体流动。三维水力压裂致裂机理已有相关研究，但数学模型大多仍是似三维的，且含有较多假设条件。

针对现有压裂模型存在的问题，本章采用扩展有限元方法，建立了准静态线弹性水力压裂数值模型，利用压裂模拟程序研究了水力裂缝与天然裂缝的相互作用机理，考察了页岩正交各向异性对裂缝扩展的影响，并且提出了储层压裂改造效果的等效评估方法。

2.3　人造气藏的扩展有限元方法

扩展有限元逼近由标准有限元项和增强项组成，其中的增强项通过引入增强函数使其能够捕获局部区域的非多项式解特性。裂缝附近单元节点需要引入额外的自由度以表征间断特性，称为增强自由度。因此，节点位移插值函数可以由普通自由度位移插值与增强自由度位移插值叠加表示。1999 年 Belytschko 教授提出了扩展有限元法(extended finite element method，XFEM)，这一方法在传统有限元方法的基础上进行了重要改进，克服了有限元法模拟裂缝扩展时有限元网格必须与裂缝面重合且裂尖必须划分很密的缺点。扩展有限元法的核心思想，是用扩充的带有不连续性质的形函数来代表计算域内的间断，使不连续场的描述完全独立于网格边界，其本质是单位分解法。

2.3.1　扩展有限元法简介

对于由 n 个节点构成的有限元模型内的点 x，如图 2.5 所示，假如该有限元模型内包含某一不连续面，则点 x 的扩展有限元位移可表示成传统有限元位移 $\boldsymbol{u}^{\mathrm{FE}}$ 和增强位移 $\boldsymbol{u}^{\mathrm{enr}}$ 的和：

$$\boldsymbol{u}_{\mathrm{xfem}}(x)=\boldsymbol{u}^{\mathrm{FE}}+\boldsymbol{u}^{\mathrm{enr}}=\sum_{j=1}^{n}N_j(x)\boldsymbol{u}_j+\sum_{k=1}^{m}N_k(x)\psi(x)\boldsymbol{a}_k \tag{2.1}$$

式中：$\boldsymbol{u}_j$ 是传统有限元节点位移自由度向量；$N_j(x)$ 是与节点 j 对应的形函数；$N_k(x)$ 是与节点 k 对应的形函数；$\boldsymbol{a}_k$ 是增强位移自由度向量；m 为增强节点数；$\psi(x)$ 是形函数 $N_k(x)$ 支撑域内的增强函数。

针对裂缝问题，式(2.1)可进一步写成：

$$\boldsymbol{u}_{\mathrm{xfem}}(x)=\boldsymbol{u}^{\mathrm{FE}}(x)+\boldsymbol{u}^{\mathrm{H}}(x)+\boldsymbol{u}^{\mathrm{tip}}(x) \tag{2.2}$$

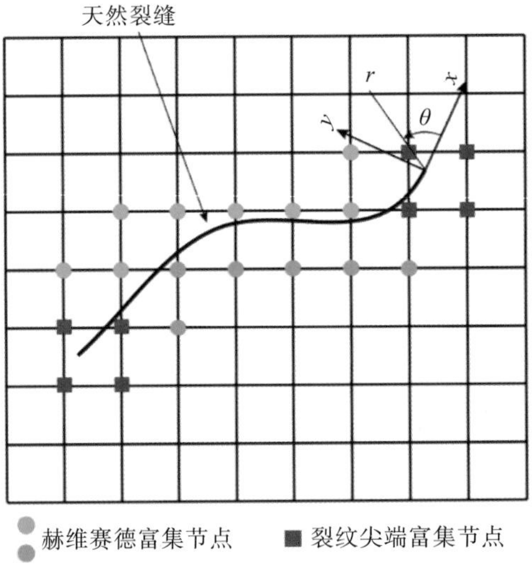

图 2.5　XFEM 节点增强示意图

式中：$\boldsymbol{u}^{\mathrm{H}}(x)$ 表示裂缝面两边增强节点位移自由度向量；$\boldsymbol{u}^{\mathrm{tip}}(x)$ 表示裂缝尖端增强节点位移自由度向量。单元内任意高斯点 x 的位移：

$$\begin{aligned}\boldsymbol{u}_{\mathrm{xfem}}(x)=&\sum_{j=1}^{n}N_j(x)\boldsymbol{u}_j+\sum_{h=1}^{m_h}N_h(x)\left[H(x)-H(x_h)\right]\boldsymbol{a}_h\\&+\sum_{k=1}^{m_t}N_k(x)\left\{\sum_{l=1}^{4}\left[F_l(x)-F_l(x_k)\right]\boldsymbol{b}_k^l\right\}\end{aligned}\tag{2.3}$$

式中：n 为单元传统有限元节点数；N_j 为形函数；$\boldsymbol{u}_j$ 为传统有限元节点自由度向量；m_h 为裂缝面两边增强节点数；$H(x)$ 是高斯点 x 处的赫维赛德(Heaviside)函数值；$H(x_h)$ 是增强节点 h 处的 Heaviside 函数值；$\boldsymbol{a}_h$ 为裂缝面两边增强节点自由度向量；m_t 为裂尖增强节点数；$F_l(x)$ 是裂尖增强函数在高斯点 x 处的值，$F_l(x_k)$ 是裂尖增强函数在增强节点 k 处的值；$\boldsymbol{b}_k^l$ 为裂尖增强节点自由度向量。$H(x)$ 表示如下：

$$H(x)=\begin{cases}+1 & (x>0)\\-1 & (x<0)\end{cases}\tag{2.4}$$

F_l 是裂尖增强函数，定义在裂尖极坐标系下，对于各向同性材料其表达式为

$$\left\{F_l(r,\theta)\right\}_{l=1}^{4}=\left\{\sqrt{r}\sin\frac{\theta}{2},\sqrt{r}\cos\frac{\theta}{2},\sqrt{r}\sin\theta\sin\frac{\theta}{2},\sqrt{r}\sin\theta\cos\frac{\theta}{2}\right\}\tag{2.5}$$

式中：(r,θ) 是高斯点 x 在裂尖极坐标系下的坐标。图 2.6 给出了 4 个裂尖增强函数的图像。

对比发现，传统有限元法的缺点明显：①裂缝扩展过程中模型网格需要不断重新划分；②裂尖网格必须很密。而扩展有限元法的优点也相当突出：①裂缝扩展过程中无须重新划分网格；②裂尖不需要加密。除此之外，扩展有限元法处理交叉裂缝还有得天独厚的优势。只需通过在裂缝的交叉单元引入 Junction 增强函数，就可以很容易得到交叉点位移插值形式，而不需要再对模型的网格做任何特殊处理。

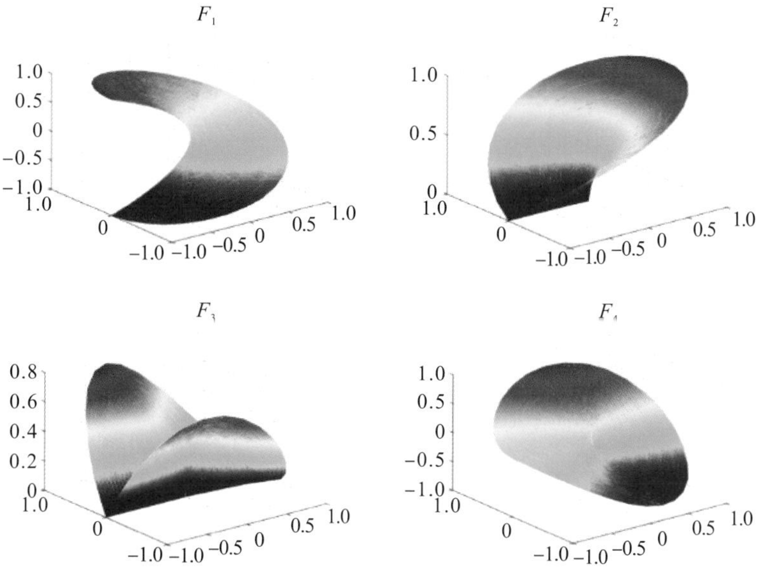

图 2.6　裂尖增强函数

如图 2.7 所示，裂缝 *AB* 在 *C* 点形成次生分叉裂缝 *CD*(图中虚线)，对于包含主次裂缝交点 *C* 的单元而言，需要增加 Junction 增强节点。具体位移增强过程如下：

(1) 忽略次裂缝 *CD*，对主裂缝 *AB* 进行增强，具体包括裂尖 *A*、*B* 的裂尖增强(□)，以及主裂缝 *AB* 两侧节点的 Heaviside 增强(◎)；

(2) 忽略主裂缝 *AB*，对次裂缝 *CD* 的裂尖 *D* 进行裂尖增强(⊗)，再对次裂缝 *CD* 穿过，但不包含裂尖 *C*、*D* 的单元节点进行 Heaviside 增强(▽)；

(3) 对主、次裂缝交叉点 *C* 所在单元节点进行 Junction 增强(○)。

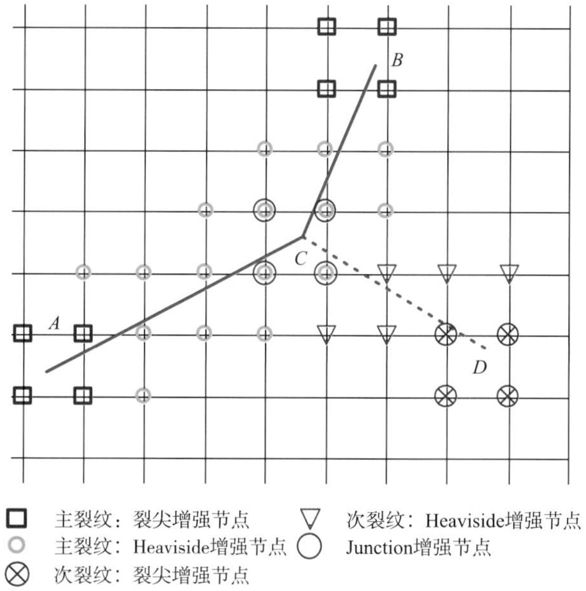

图 2.7　分叉裂缝增强方案示意图

图 2.8 为包含裂缝分叉点的单元示意图，其中 M 表示主裂缝(master crack)，m 表示次裂缝(miner crack)。如图 2.8(a)所示，单元被 M 划分为两个区域，其中不包含 m 的区域记为 A_1，包含 m 的区域记为 A_2。如图 2.8(b)所示，单元被主、次裂缝划分为 3 个区域，为了描述分叉裂缝位移分布特征，引入 Junction 增强函数，其在 3 个区域内的值分别为 0、−1 和 1。

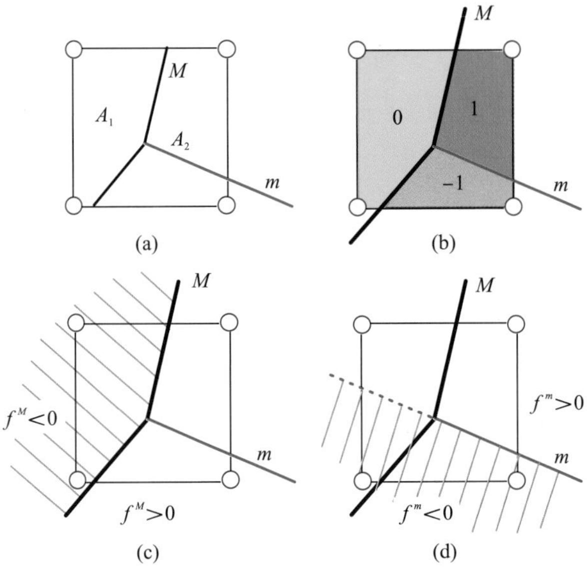

图 2.8　Junction 单元增强示意图

包含主、次裂缝分叉点的四节点四边形单元，其内任意高斯点 x 的位移场表达式：

$$\boldsymbol{u}_{\text{xfem}}(x)=\sum_{j=1}^{n}N_j(x)\boldsymbol{u}_j+\sum_{h=1}^{m_h}N_h(x)\left[H(x)-H(x_h)\right]\boldsymbol{a}_h+\sum_{J=1}^{4}N_J(\boldsymbol{x})\bar{J}(x)\boldsymbol{g}_J \tag{2.6}$$

其中，$\boldsymbol{g}_J$ 为 Junction 增强节点自由度向量，$\bar{J}(x)$ 为 Junction 增强函数：

$$\bar{J}(x)=\begin{cases}H[f^M(x)]-H[f^M(x_J)], & x\in A_1\\ H[f^m(x)]-H[f^m(x_J)], & x\in A_2\end{cases} \tag{2.7}$$

式中：x_J 为 Junction 增强节点。函数 f 用于区域划分，图 2.8(c)中 M 的左侧 A_1 区域 $f^M<0$，M 的右侧 A_2 区域 $f^M>0$；图 2.8(d)中 m 及其延长线下部区域 $f^m<0$，上部区域 $f^m>0$。

2.3.2　控制方程与离散

考虑图 2.9 所示的含裂缝体，其平衡方程的强形式：

$$\nabla\cdot\boldsymbol{\sigma}+\boldsymbol{t}^{\text{b}}=0 \quad \text{in } \Omega \tag{2.8}$$

边界条件：

$$\begin{cases}\sigma\cdot n=\lambda\boldsymbol{t}^{\text{t}} & \text{on } \Gamma_t\\ u=0 & \text{on } \Gamma_u\\ \boldsymbol{\sigma}\cdot n^-=-\sigma\cdot n^+=p^+=-p^-=p & \text{on } \Gamma_c\end{cases} \tag{2.9}$$

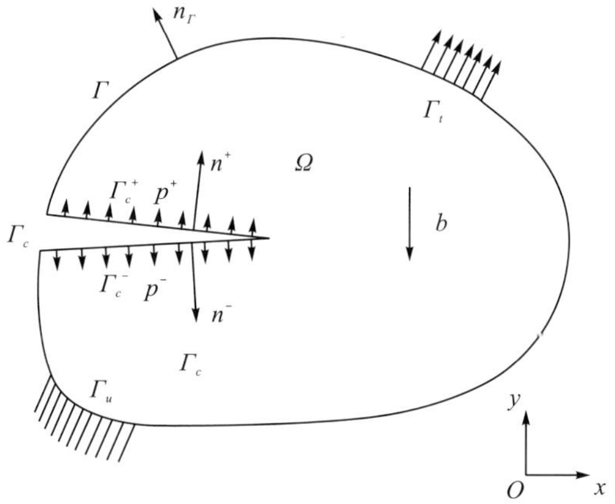

图 2.9　含任意裂缝区域的模型示意图

式中：$\boldsymbol{t}^{\mathrm{b}}$ 是体积力；$\lambda\boldsymbol{t}^{\mathrm{t}}$ 是外载荷，其中 λ 为比例加载系数，$\boldsymbol{t}$ 是外力；Γ_t、Γ_u 分别为外力边界和位移约束边界；$\boldsymbol{\sigma}$ 是应力张量；Γ_c 是裂缝边界，且 $\Gamma_c=\Gamma_c^+\cup\Gamma_c^-$。$n^+$和 n^-分别是 Γ_c^+ 和 Γ_c^- 的外法线，由于裂缝面张开位移很小，故可认为 $n^+=-n^-=n$。p 是作用在 Γ_c 裂缝面上的水压，p^+作用在 Γ_c^+ 上，p^-作用在 Γ_c^- 上。

由虚功原理可得平衡方程(2.8)的等效积分弱形式：

$$\begin{aligned}\int_\Omega \sigma:\boldsymbol{\varepsilon}(\delta u)\mathrm{d}\Omega &= \int_\Omega \boldsymbol{t}^{\mathrm{b}}\cdot\delta u\mathrm{d}\Omega+\int_{\Gamma_t}\lambda\boldsymbol{t}^{\mathrm{t}}\cdot\delta u\mathrm{d}\Gamma \\ &+\int_{\Gamma_c^+}p^+\cdot\delta u^+\mathrm{d}\Gamma+\int_{\Gamma_c^-}p^-\cdot\delta u^-\mathrm{d}\Gamma\end{aligned}\tag{2.10}$$

式中：$\boldsymbol{\varepsilon}$ 是应变，δu 是虚位移。利用 $p^+=-p^-=p$，并令 $\delta w=\delta u^+-\delta u^-$，则式(2.10)可写成

$$\int_\Omega \boldsymbol{\sigma}:\boldsymbol{\varepsilon}(\delta u)\mathrm{d}\Omega=\int_\Omega \boldsymbol{t}^{\mathrm{b}}\cdot\delta u\mathrm{d}\Omega+\int_{\Gamma_t}\lambda\boldsymbol{t}^{\mathrm{t}}\cdot\delta u\mathrm{d}\Gamma+\int_{\Gamma_c}p\cdot\delta w\mathrm{d}\Gamma \tag{2.11}$$

对式(2.11)进行扩展有限元离散，得线性平衡方程 $\boldsymbol{K}\boldsymbol{u}^h=\boldsymbol{f}$，其中 $\boldsymbol{K}$ 为整体刚度矩阵，$\boldsymbol{u}^h$ 是节点自由度向量，$\boldsymbol{f}$ 是整体力向量。$\boldsymbol{K}$ 和 $\boldsymbol{f}$ 分别由单元刚度矩阵 $\boldsymbol{K}_{ij}^{rs}$ 和单元力向量 $\boldsymbol{f}_i^e$ 组集获得

$$\boldsymbol{K}_{ij}^{rs}=\begin{bmatrix}K_{ij}^{\mathrm{uu}} & K_{ij}^{\mathrm{ua}} & K_{ij}^{\mathrm{ub}}\\ K_{ij}^{\mathrm{au}} & K_{ij}^{\mathrm{aa}} & K_{ij}^{\mathrm{ab}}\\ K_{ij}^{\mathrm{bu}} & K_{ij}^{\mathrm{ba}} & K_{ij}^{\mathrm{bb}}\end{bmatrix}\tag{2.12}$$

$$\boldsymbol{f}_i^e=\left\{\boldsymbol{f}_i^{\mathrm{u}}\quad \boldsymbol{f}_i^{\mathrm{a}}\quad \boldsymbol{f}_i^{\mathrm{b1}}\quad \boldsymbol{f}_i^{\mathrm{b2}}\quad \boldsymbol{f}_i^{\mathrm{b3}}\quad \boldsymbol{f}_i^{\mathrm{b4}}\right\}\tag{2.13}$$

其中：

$$\boldsymbol{K}_{ij}^{rs}=\int_{\Omega^e}\left(B_i^r\right)^{\mathrm{T}}\boldsymbol{D}\boldsymbol{B}_j^s\mathrm{d}\Omega,\quad (r,s=\mathrm{u,a,b})\tag{2.14}$$

$\boldsymbol{D}$ 为应力应变关系矩阵，$\boldsymbol{B}$ 为形函数的导数矩阵：

$$\begin{cases} \boldsymbol{B}_i^{\mathrm{u}} = \begin{bmatrix} N_{i,x} & 0 \\ 0 & N_{i,y} \\ N_{i,y} & N_{i,x} \end{bmatrix} \\ \boldsymbol{B}_i^{\mathrm{a}} = \begin{bmatrix} (N_i H)_{,x} & 0 \\ 0 & (N_i H)_{,y} \\ (N_i H)_{,y} & (N_i H)_{,x} \end{bmatrix} \\ \boldsymbol{B}_i^{\mathrm{b}} = \begin{bmatrix} (N_i F_\alpha)_{,x} & 0 \\ 0 & (N_i F_\alpha)_{,y} \\ (N_i F_\alpha)_{,y} & (N_i F_\alpha)_{,x} \end{bmatrix}, \ (\alpha = 1-4) \end{cases} \tag{2.15}$$

上述式中，

$$\boldsymbol{f}_i^{\mathrm{u}} = \int_{\Omega^e} N_i \boldsymbol{t}^{\mathrm{b}} \mathrm{d}\Omega + \int_{\Gamma_t} N_i \lambda \boldsymbol{t}^{\mathrm{t}} \, \mathrm{d}\Gamma \tag{2.16}$$

$$\boldsymbol{f}_i^{\mathrm{a}} = \int_{\Omega^e} N_i H \boldsymbol{t}^{\mathrm{b}} \mathrm{d}\Omega + \int_{\Gamma_t} N_i H \lambda \boldsymbol{t}^{\mathrm{t}} \mathrm{d}\Gamma + 2\int_{\Gamma_c} N_i p \mathrm{d}\Gamma \tag{2.17}$$

$$\boldsymbol{f}_i^{\mathrm{b}\alpha} = \int_{\Omega^e} N_i F_\alpha \boldsymbol{t}^{\mathrm{b}} \mathrm{d}\Omega + \int_{\Gamma_t} N_i F_\alpha \lambda \boldsymbol{t}^{\mathrm{t}} \mathrm{d}\Gamma + 2\int_{\Gamma_c} \sqrt{r} N_i p \mathrm{d}\Gamma, \ (\alpha = 1 \sim 4) \tag{2.18}$$

裂缝开度计算，裂缝上 x 点对应的裂缝面两侧的两个点分别记为 x^+ 和 x^-，可得

$$\begin{aligned} u_{\mathrm{xfem}}(x^+) = & \sum_{j=1}^{n} N_j(x^+) u_j + \sum_{h=1}^{m_h} N_h(x^+) \left[H(x^+) - H(x_h^+) \right] a_h \\ & + \sum_{k=1}^{mt} N_k(x^+) \left\{ \sum_{l=1}^{4} \left[F_l(x^+) - F_l(x_k^+) \right] b_k^l \right\} \end{aligned} \tag{2.19}$$

$$\begin{aligned} u_{\mathrm{xfem}}(x^-) = & \sum_{j=1}^{n} N_j(x^-) u_j + \sum_{h=1}^{m_h} N_h(x^-) \left[H(x^-) - H(x_h^-) \right] a_h \\ & + \sum_{k=1}^{mt} N_k(x^-) \left\{ \sum_{l=1}^{4} \left[F_l(x^-) - F_l(x_k^-) \right] b_k^l \right\} \end{aligned} \tag{2.20}$$

则 x 点的裂隙开度 w 为

$$w = n \cdot [u_{\mathrm{xfem}}(x^+) - u_{\mathrm{xfem}}(x^-)] \tag{2.21}$$

由于 $N_j(x^+) = N_j(x^-) = N_j(x)$，$x^+$ 和 x^- 位移的区别仅仅是 Heaviside 增强函数值和裂尖增强函数的第一项（$\sqrt{r}\sin\left(\frac{\theta}{2}\right)$）的值不同而已，于是 x 点的裂隙开度 w 可进一步写成

$$w = 2n \cdot \sum_{h=1}^{m_h} N_h(x) a_h + 2n \cdot \sqrt{r} \sum_{k=1}^{m_t} N_k(x) b_k^l \tag{2.22}$$

2.3.3 裂缝扩展准则

含裂纹的脆性材料常在低于材料强度极限的情况下失效破坏，从线弹性断裂力学的角度看，其原因是裂纹尖端的应力奇异。为此，引入应力强度因子判断裂纹的扩展状态。油

气藏储集层属于典型的脆性材料，所以水力压裂模型通常采用线弹性断裂力学描述水力裂缝的启裂扩展，其判断准则如下：

$$K \geqslant K_{IC} \tag{2.23}$$

式中：K 是裂尖处应力强度因子；K_{IC} 是岩石断裂韧度，为材料物性参数。实际裂缝的类型相当复杂，包含Ⅰ、Ⅱ和Ⅲ型三种基本类型，如图 2.10 所示。

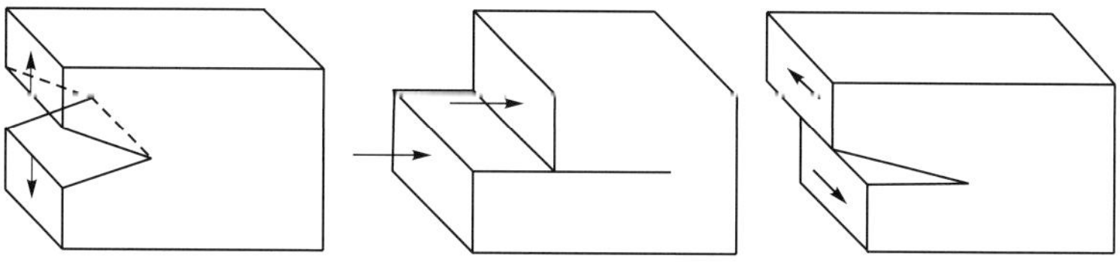

图 2.10　裂缝类型示意图

在水力压裂问题中，Ⅰ型裂缝最为常见，本书将以Ⅰ型裂缝作为研究对象。当然，针对Ⅰ型裂缝的研究方法可以直接推广至其他两个类型的裂缝中。

如图 2.11 所示，J 积分计算应力强度因子是围绕裂缝尖端的围线积分，其值表示的是裂缝扩展单位长度的能量释放率，该方法可以回避无穷大空间假设和裂尖的应力奇异，并且与积分路径无关，一般采用相互作用积分的域形式计算应力强度因子，对于复合型裂缝也能方便求解。J 积分的通用形式如下：

$$J = \int_{\varGamma} \left(W\mathrm{d}y - T_i \frac{\partial u_i}{\partial x} \mathrm{d}\varGamma \right) \tag{2.24}$$

式中：$\varGamma$ 表示围绕裂尖的积分线路；W 表示应变能密度，$W = \sigma_{ij}\varepsilon_{ij}$；$T_i$ 表示面力分量，$T_i = \sigma_{ij} n_j$；u_i 表示位移分量。

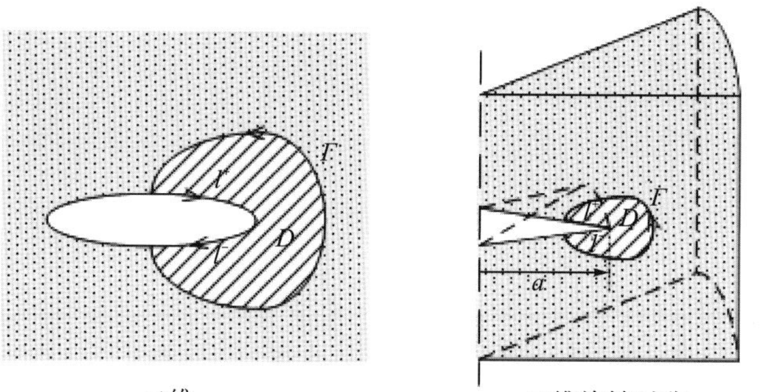

图 2.11　J 积分路径示意图

Ⅰ-Ⅱ复合型裂缝中 J 积分等于纯Ⅰ、Ⅱ两种类型裂缝能量释放率之和，能量释放率又与应力强度因子 K 存在一定的关系，如下所示：

$$J = G_{\mathrm{I}} + G_{\mathrm{II}} = \frac{K_{\mathrm{I}}^2}{E'} + \frac{K_{\mathrm{II}}^2}{E'} \tag{2.25}$$

$$E'=\begin{cases}E, & \text{平面应力}\\ \dfrac{E}{1-\nu^2}, & \text{平面应变}\end{cases} \tag{2.26}$$

式中：ν为泊松比。

为求解复合裂缝的应力强度因子必须引入真实场$\left(\sigma_{ij}^{(1)},\varepsilon_{ij}^{(1)},u_i^{(1)}\right)$和辅助场$\left(\sigma_{ij}^{(2)},\varepsilon_{ij}^{(2)},u_i^{(2)}\right)$两种状态，真实场是真实放入应力应变状态，辅助场采用的是Ⅰ型和Ⅱ型的渐近场，这两种状态的J积分之和：

$$J^{(1+2)}=\int_{\Gamma}\left[\frac{1}{2}\left(\sigma_{ij}^{(1)}+\sigma_{ij}^{(2)}\right)\left(\varepsilon_{ij}^{(1)}+\varepsilon_{ij}^{(2)}\right)\delta_{1j}-\left(\sigma_{ij}^{(1)}+\sigma_{ij}^{(2)}\right)\frac{\partial\left(u_i^{(1)}+u_i^{(2)}\right)}{\partial x_1}\right]n_j\mathrm{d}\Gamma \tag{2.27}$$

式(2.27)为叠加状态的J积分，则

$$J^{(1+2)}=J^{(1)}+J^{(2)}+I^{(1,2)} \tag{2.28}$$

其中，$I^{(1,2)}$为真实场与辅助场两种状态交叉影响的相互作用积分，求解公式如下：

$$I^{(1,2)}=\int_{\Gamma}\left[W^{(1,2)}\delta_{1j}-\sigma_{ij}^{(1)}\frac{\partial u_i^{(2)}}{\partial x_1}-\sigma_{ij}^{(2)}\frac{\partial u_i^{(1)}}{\partial x_1}\right]n_j\mathrm{d}\Gamma \tag{2.29}$$

式(2.29)不易求解，所以在积分项引入一个权函数q，运用散度定理把线积分转化为面积分，在积分区域内的单元节点权函数为1，在积分区域外的单元节点权函数为0，在水力压裂中考虑了渗流场的作用，渗流场以体积力的形式作用在岩石表面，则求解应力强度因子时必须考虑体积力的影响，考虑体积力的相互作用面积分形式：

$$I^{(1,2)}=\int_A\left[\left(\sigma_{ij}^{(1)}\frac{\partial u_i^{(2)}}{\partial x_1}+\sigma_{ij}^{(2)}\frac{\partial u_i^{(1)}}{\partial x_1}-W^{(1,2)}\delta_{1j}\right)\frac{\partial q}{\partial x_j}-f_i\frac{\partial u_i^{(2)}}{\partial x_1}q\right]\mathrm{d}A \tag{2.30}$$

令辅助场为Ⅰ型裂缝的渐近场，$K_{\mathrm{I}}^{(2)}=1$，$K_{\mathrm{II}}^{(2)}=0$，求得真实场Ⅰ型裂缝的应力强度因子：

$$K_{\mathrm{I}}^{(1)}=\frac{E'}{2}I^{(1)} \tag{2.31}$$

令辅助场为Ⅱ型裂缝的渐近场，$K_{\mathrm{I}}^{(2)}=0$，$K_{\mathrm{II}}^{(2)}=1$，求得真实场Ⅱ型裂缝的应力强度因子：

$$K_{\mathrm{II}}^{(1)}=\frac{E'}{2}I^{(2)} \tag{2.32}$$

水力压裂过程涉及的裂缝多为复合型，该类型裂缝的延伸除了需要确定裂缝的等效应力强度因子是否达到断裂韧度外，还需要确定其扩展的方向，即开裂角。常用的判断裂缝扩展准则中最大周向应力扩展准则运用最普遍，计算最简单，本书采用该准则判断裂缝扩展路径。

最大周向应力准则定义的裂缝扩展方向为最大周向拉应力σ_ϕ取最大值的方向，且复合型裂缝的等效应力强度因子K_e大于等于断裂韧度K_{IC}：

$$K_e=\cos\frac{\phi}{2}\left(K_{\mathrm{I}}\cos^2\frac{\phi}{2}-\frac{3K_{\mathrm{II}}}{2}\sin\phi\right)\geqslant K_{\mathrm{IC}} \tag{2.33}$$

裂缝的扩展方向ϕ：

$$\phi = 2\arctan\left(\frac{-2K_{\mathrm{II}}/K_{\mathrm{I}}}{1+\sqrt{1+8\left(K_{\mathrm{II}}/K_{\mathrm{I}}\right)^2}}\right) \tag{2.34}$$

式中：K_{I}、K_{II} 分别为纯 I 型和纯 II 型裂缝的应力强度因子，可运用相互作用 J 积分求出。

2.3.4　方程离散求解

基于扩展有限元数值方法的二维水力压裂模型，主要涉及压裂液流动的渗流场控制方程和岩石变形的固体控制方程。扩展有限元法处理裂缝等不连续问题具有裂缝扩展过程不需要重新划分网格，并且裂缝尖端不需要局部细分的优势，所以本书在模拟过程中采用正交网格划分，并通过耦合求解相应的偏微分方程组。

离散方程组涉及渗流场控制方程和固体场控制方程的离散，其中未知量包括渗流场中基质孔隙压力和裂缝内流体压力、固体场中的两个位移和扩展有限元数值方法中引入的贯穿单元、相交单元和裂尖单元的自由度，渗流场和固体场通过含有流固耦合系数的耦合项联合求解。若求解的总节点数为 N，其中贯穿单元的节点总数为 N_a、交叉单元的节点总数为 N_b、裂尖单元的节点总数为 N_c，含有裂缝的单元占有的节点数为 N_f。采用广义最小残差方法(generalized minimal residual methods，GMRES)进行求解，将以上求解方程组的过程和判断裂缝是否扩展相结合，可以明确水力压裂形成水力裂缝及裂缝网络的整个过程，求解过程主要包括：

(1) 首先确定模拟水力压裂过程中裂缝的存在状态及是否含有天然裂缝，判断离散单元中各个节点是普通节点还是增强节点。

(2) 求解构成渗流场和固体场的耦合方程组。

(3) 判断每条裂缝裂尖的应力状态，明确它们是否发生断裂扩展。

(4) 若存在天然裂隙，需要判断水力裂缝是否与之相交，以及相交后裂缝的走向。

(5) 若裂缝发生扩展，需要不断更新裂缝的形状及利用扩展有限元求解所涉及的增强节点，重复步骤(2)～(5)，直至所有裂缝均不发生扩展停止求解。

具体的流程如图 2.12 所示。

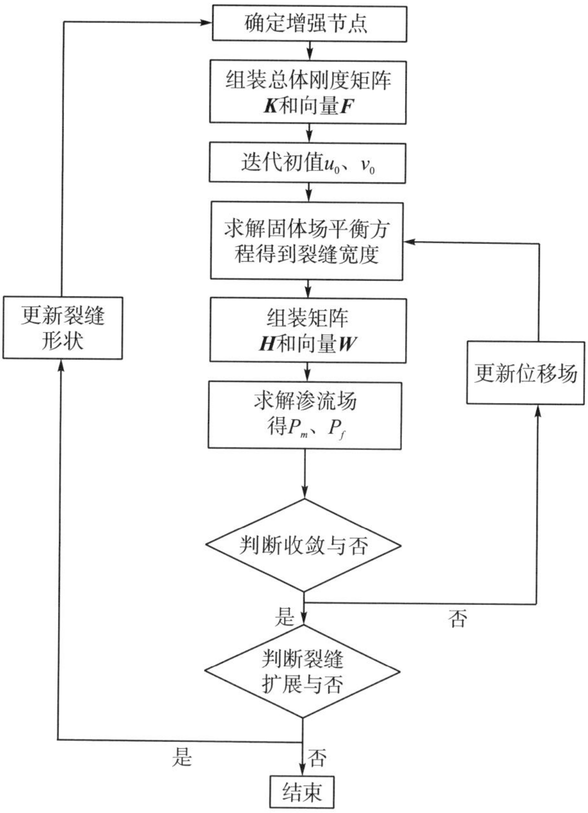

图 2.12　解耦流程图

2.4 人造气藏特征

2.4.1 不同数量天然裂缝的影响

本小节分析水力压裂过程中，遇到具有如图 2.13 分布的天然裂缝的岩石时，水力裂缝的扩展情况。计算区域为 50m×100m 的矩形区域，固体场井筒壁面作为对称边界，另外三条边界法向位移约束为零，天然裂缝的长度均为 4m。天然裂缝(1)到(7)的中心点的坐标分别为(8.25m，49.75m)，(14m，44.25m)，(13m，56.25m)，(17.75m，39.25m)，(17.75m，61.25m)，(16.75m，54.75m)，(21.25m，41.25m)，x 方向和 y 方向的地应力大小分别为 25MPa、15MPa，以恒定流量 0.0003m^2/s 注入压裂液，其他相关参数见表 2.1，存在不同数量天然裂缝时，水力裂缝的扩展情况见图 2.14。

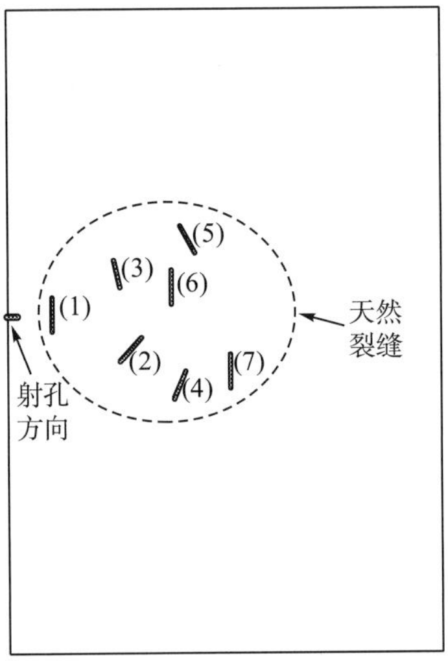

图 2.13 天然裂缝分布示意图

表 2.1 相关参数

相关参数	数值大小
流体黏度μ(Pa·s)	0.001
基质渗透率 K_m(mD)	2.0
弹性模量 E(GPa)	25.0
泊松比ν	0.25
断裂韧度 K_{IC}(MPa·$m^{1/2}$)	1.0

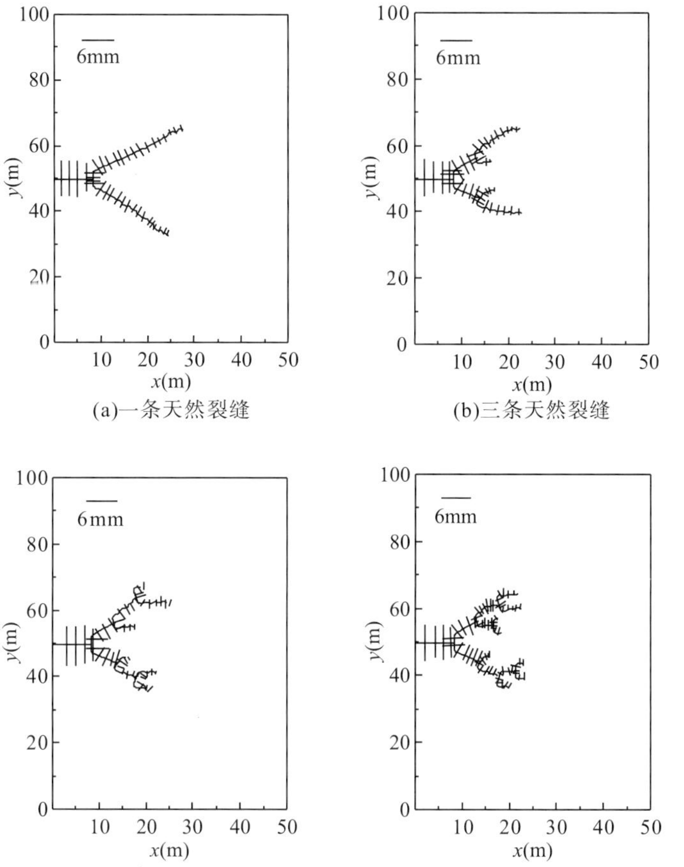

(a)一条天然裂缝 (b)三条天然裂缝

(c)五条天然裂缝 (d)七条天然裂缝

图 2.14 不同天然裂缝下的裂缝宽度分布

图 2.14 显示了水力裂缝遇到不同数量天然裂缝时相应的扩展路径及缝宽分布，图 2.14(a) 中只存在一条天然裂缝(1)，图 2.14(b) 存在三条天然裂缝(1)、(2) 和(3)，图 2.14(c) 有五条天然裂缝(1)、(2)、(3)、(4) 和(5)，图 2.14(d) 有七条天然裂缝(1)、(2)、(3)、(4)、(5)、(6) 和(7)。由图 2.14(a) 可知，遇到一条天然裂缝时，水力裂缝被捕获，沿着天然裂缝(1) 的两端同时对称扩展，改变了压裂方向；由图 2.14(b) 可知，当存在如图所示的三条天然裂缝时，扩展的天然裂缝(1) 被捕获，沿着天然裂缝(2) 和(3) 扩展，再次改变了压裂方向，由于天然裂缝(2) 和(3) 的不对称分布造成之后裂缝的扩展也不对称；由图 2.14(c) 和图 2.14(d) 可知，存在多条天然裂缝时，总的裂缝长度较长，扩展的裂缝将经历多次转向，裂缝纵向的波及面较广，但是裂缝的每次转向都会造成缝宽减小，所形成的裂缝是长窄型。地层初始状态天然裂缝越多越复杂，水力裂缝将沟通越多的天然裂缝形成复杂的裂缝网络，但是形成的裂缝网络中有些裂缝是无效的，不仅不能增加产量反而可能造成更多的压裂液滤失，所以在实施工程压裂之前，相应的地质勘探监测是必需的，测井工程(成像测井) 和三维地震属性反演进行微裂缝模型研究是最经济最快捷有效的方法。

2.4.2 天然裂缝分布的影响

本小节主要研究天然裂缝的初始分布状态对所形成的裂缝网络的影响。计算区域为50m×100m的矩形区域，左边界固体场井筒壁面作为对称边界，另外三条边界法向位移约束为零，天然裂缝的长度均为4m，图2.15(a)、图2.15(b)中天然裂缝中心点的坐标见表2.2，x方向和y方向地应力大小分别为25MPa、15MPa，压裂液及岩石的其他相关参数见表2.1，水力压裂过程遇到如图2.15所示的天然裂缝分布时，所形成的裂缝网络见图2.16。

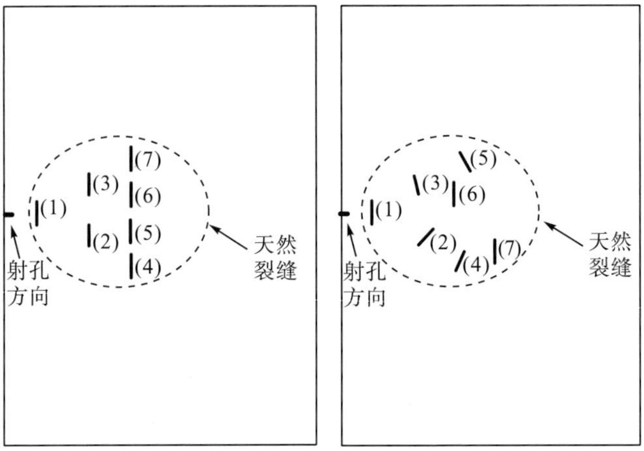

(a)天然裂缝规则分布 (b)天然裂缝随机分布

图2.15 天然裂缝分布示意图

表2.2 天然裂缝坐标

天然裂缝编号	中心点坐标（规则分布）	中心点坐标（随机分布）
(1)	(8.25m，49.75m)	(8.25m，49.75m)
(2)	(13.25m，43.75m)	(14.00m，44.25m)
(3)	(13.25m，55.75m)	(13.00m，56.25m)
(4)	(18.25m，36.75m)	(17.75m，39.25m)
(5)	(18.25m，44.75m)	(17.75m，61.25m)
(6)	(18.25m，54.75m)	(16.75m，54.75m)
(7)	(18.25m，62.75m)	(21.25m，41.25m)

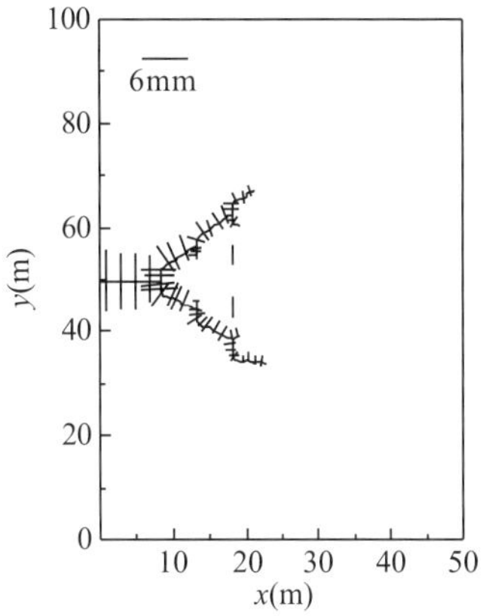

(a)天然裂缝规则分布

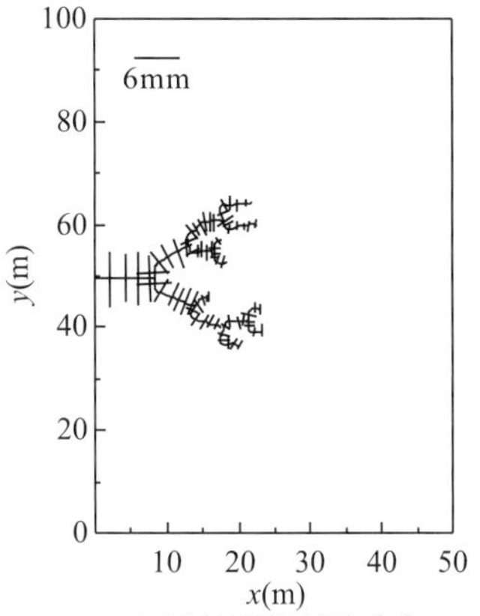

(b)天然裂缝随机分布

图 2.16　不同天然裂缝分布状态下的裂缝宽度分布

图 2.16 显示了水力压裂裂缝遇到不同初始分布状态的天然裂缝时，相应的走向及缝宽分布，图 2.16(a) 中天然裂缝规则分布，形成的裂缝网络相对简单，图 2.16(b) 中天然裂缝随机分布，形成的裂缝网络较复杂。由图 2.16 可知，天然裂缝的存在增大了裂缝网络面积，遇到天然裂缝(1)时，水力裂缝被捕获，沿着天然裂缝(1)的两端同时扩展，改变了压裂方向，更容易沟通其他天然裂缝，图 2.16(a) 中天然裂缝(2)和(3)都只在其中一端发生了扩展，天然裂缝(5)和(6)也未被水力裂缝有效沟通，而图 2.16(b) 随机分布的天然裂缝能使其沿着裂缝两端扩展，七条天然裂缝均被有效沟通。

通过分析可知天然裂缝与层理对裂缝网络形成的影响如下：

(1) 存在较多随机分布的天然裂缝时，水力压裂将形成复杂裂缝网络。对于分布无规律且数量较多的天然裂缝，所形成的有效裂缝网络面积较大，但相互之间存在应力干扰，导致裂缝宽度较小，形成一部分无效的裂缝，在工程实际中容易造成砂堵，后期开采时由于地应力作用导致这部分裂缝闭合，产量下降。

(2) 层理间距与层理间岩石的抗拉强度成正比，对于层理间距较小的岩石结构，水力裂缝在张开的层理中扩展时容易发生转向，与地层中的天然裂隙等互相影响易形成复杂的缝网结构。

(3) 层理黏结强度越大，层理越不容易张开，水力裂缝将穿透层理扩展，此种条件下形成的裂缝较单一，不易形成复杂的裂缝网络。

2.4.3　应力干扰效应

如图 2.17 所示，当水力裂缝以θ角接近天然裂缝时，以相交点 O 为界限将天然裂缝视为两段。与水力裂缝成钝角的天然裂缝段被称为上段，另一段则为下段。由于应力干扰效应，天然裂缝下段受到水力裂缝内流体压力的挤压，法向压力增大，因此更难被开启。如果天然裂缝上下段均被水力裂缝开启，则下段由于水力裂缝内流体压力的挤压效应流体净压力会降低。显而易见的是，水力裂缝与天然裂缝的相交角越小，应力干扰效应的影响就越显著。

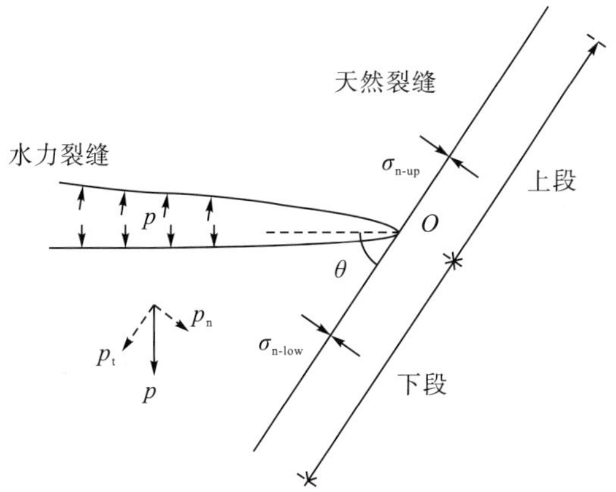

图 2.17 应力干扰效应的示意图

为了对这一现象进行更深入的研究，设置模型中仅含有一条天然裂缝，长度为 20m。考察天然裂缝方位角分别为 30°、45°、60°和 135°四种情况。图 2.18 和图 2.19 给出了水力裂缝开启天然裂缝后的 von Mises 应力分布图和沿开启天然裂缝的缝宽曲线。从图 2.18 中可以看出，天然裂缝方位角为 30°时，天然裂缝下段尖端几乎没有产生应力集中现象。随着天然裂缝方位角的增大，水力裂缝内的流体压力对下段的应力干扰效应逐渐减小，其尖端的应力集中也越明显。

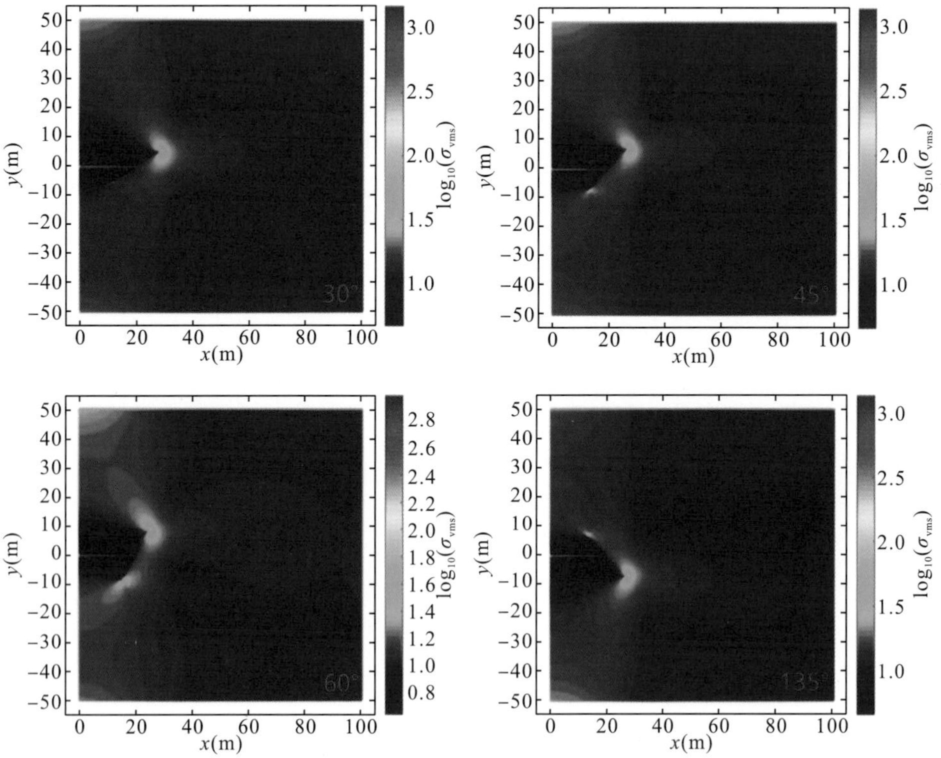

图 2.18 水力裂缝开启天然裂缝后的 von Mises 应力分布图

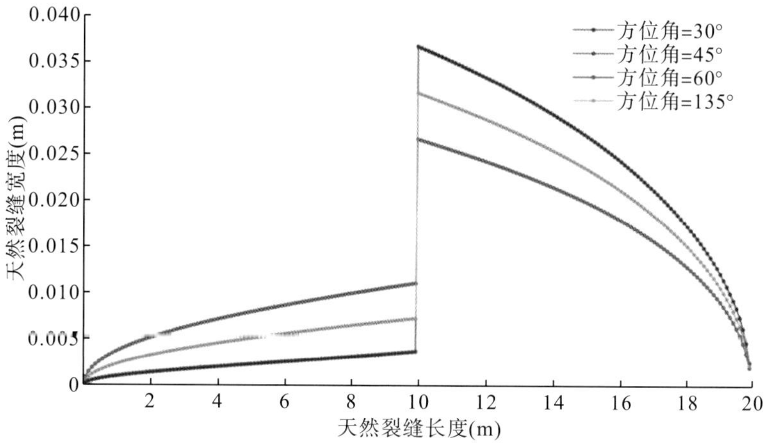

图 2.19　沿开启天然裂缝的缝宽曲线

从图 2.19 所呈现的缝宽曲线中可以看出，裂缝宽度沿开启的天然裂缝分布不是均匀的，其在相交点处存在阶跃间断，被开启的天然裂缝上段明显比下段更宽。并且，阶跃间断的幅度与水力裂缝和天然裂缝相交角度有关，相交点两侧的裂缝宽度差随着天然裂缝方位角的增大而减小。定义与水力裂缝夹角为钝角的裂缝段为上段，因此，45°和 135°的方位角为对称条件，这两种场景下的缝宽曲线完全重合。

2.4.4　具有任意方位角的随机分布天然裂缝

天然裂缝的方位角通常遵循一些储层特征，如层理朝向和岩石充填矿物等。但储层中并非所有天然裂缝的方位都一定相同，因此仍有必要研究一个更为适用的普遍案例。本小节研究随机天然裂缝系统对水力压裂的影响。模型的物理参数和边界条件与 2.4.3 小节相同。模型初始天然裂缝分布如图 2.20 所示，图中蓝色实线代表天然裂缝，其长度相等，方位角和坐标是由随机函数产生。

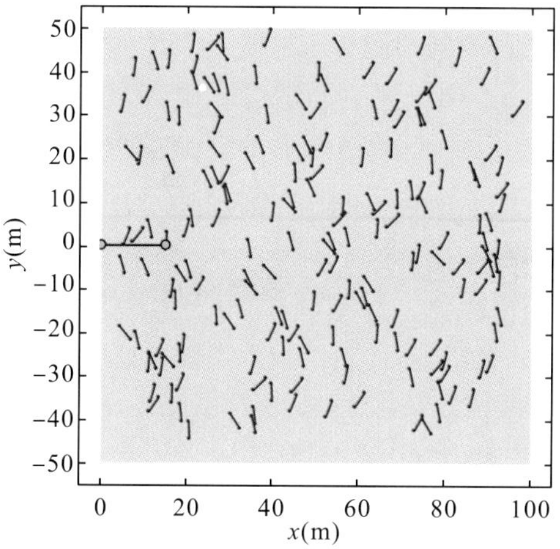

图 2.20　随机天然裂缝的初始分布图

从水力压裂的数学模型可以看出，地应力差是影响水力裂缝与天然裂缝相交过程和裂缝网络分布的重要因素。总体而言，发展水力压裂技术不仅旨在开发页岩气，还需要最大限度地发挥水力裂缝的增产效果(增大性价比)。本小节模拟了两种地应力差条件下的水力裂缝网络生成及扩展的过程。两种情况的地应力差分别为4MPa和1MPa。其他物性参数与2.4.3节模型相同。两种情况的复杂水力裂缝网络扩展形态如图2.21所示，裂缝网络的扩展趋势有很大的不同。在图2.21(a)中，裂缝网络分支可以在 x 轴方向扩展得更深，从而可以刺激距离井筒更远的储层。这是因为水力裂缝更倾向于沿与最大地应力平行的方向扩展，最大主应力越大，其对水力裂缝扩展的影响也越明显。相反，图2.21(b)中裂缝网络分支更倾向于沿 y 轴方向(与井筒平行方向)扩展。裂缝分支在初始水力裂缝附近相互连接，对垂直井筒方向深度地层的刺激效果不足。

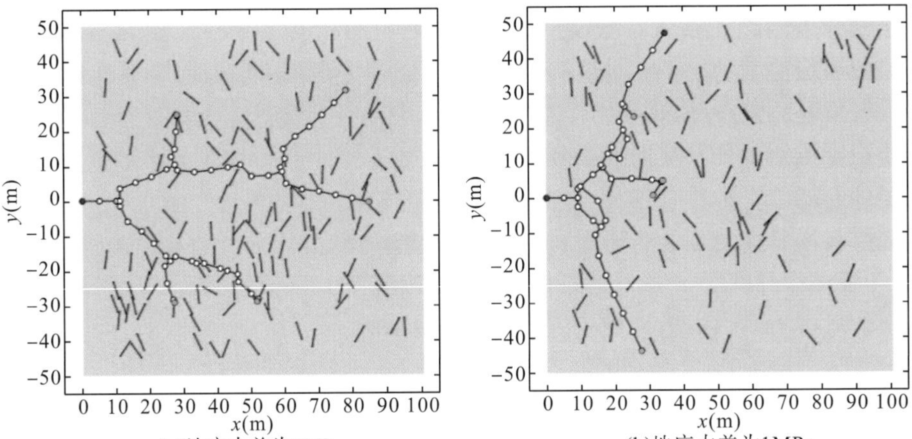

(a)地应力差为4MPa (b)地应力差为1MPa

图2.21 不同地应力条件下裂缝网络几何形态

图2.21(a)中水力裂缝开启天然裂缝后的分支继续沿着前进方向扩展，最终形成树枝状裂缝网络。并且，越靠近“树枝”外侧的分支扩展方向越趋近纵坐标轴。这是中间部分裂缝分支的流体压力产生应力效应，导致此时裂缝面法向应力最小的方向不再是一开始的最大地应力方向。图2.21(b)中由于水力裂缝分支受到前段裂缝内流体压力的干扰，初始裂缝分支扩展方向与图2.21(a)中模型相比更偏向纵轴，从而进一步改变了中间区域的应力分布，导致水力裂缝开启天然裂缝后的部分分支没有沿着前进方向扩展，反而与其他分支相互连接聚集，形成复杂破裂。

通过任意方位角分析可知随机天然裂缝系统对裂缝网络形成的影响如下：

(1)存在于储层中的天然裂缝系统是影响水力裂缝扩展行为和裂缝状态的重要因素。天然裂缝方位角越大，水力裂缝产生的偏移量也越大。并且由于应力干涉现象，水力裂缝更容易开启与其夹角为钝角的天然裂缝段。

(2)储层中含有随机天然裂缝系统时，容易出现更多种类的相交模式。此时，生成复杂裂缝网络的可能性更高。

(3)地应力差越大，水力裂缝分支在与最大地应力平行方向的扩展趋势越明显。由于水力裂缝初始方向与最大地应力方向相同，因此地应力差越大，裂缝网络分支可以在与井筒垂直方向扩展得更深，从而可以刺激距离井筒更远的储层。

2.4.5　页岩各向异性对水力压裂的影响

正交各向异性模型中应力-应变关系、裂缝扩展准则、相互作用积分、变换矩阵、辅助应力场和位移场的计算以及复变量根的选择均有所不同，本小节旨在研究储层力学性质对辅助应力-位移场计算的影响，考察和详细分析水力裂缝在不同正交各向异性条件(如材料角、杨氏模量比、地应力差)下的扩展行为。

作为裂缝扩展方向的决定因素之一，裂尖坐标系下等效断裂韧性在一定程度上受弹性主轴朝向的影响。为了揭示其对裂缝扩展行为的影响，模拟了一系列不同弹性主轴方向的算例。建立模型如图 2.22(b)所示，尺寸为 100m×100m×1m，初始水力裂缝沿全局坐标 x 轴方向，即与最大地应力方向平行。定义材料角(标记为β)为材料 E_1 弹性主轴与全局坐标 x 轴的夹角。各向异性模型参数见表 2.3。

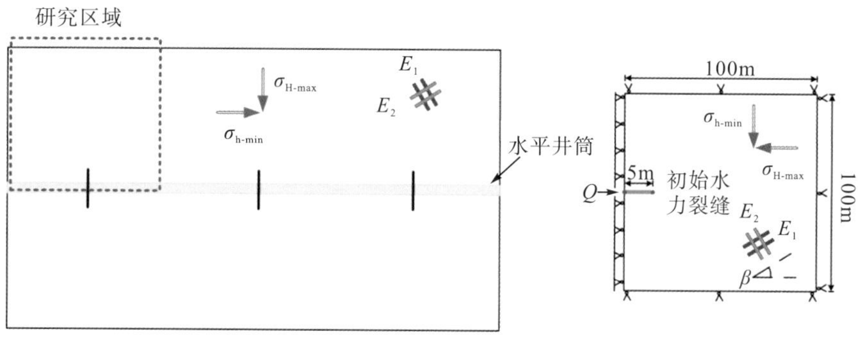

(a)水平井多段压裂示意图　　(b)建模区域

图 2.22　正交各向异性数值模型示意图

表 2.3　正交异性材料水力压裂模拟基本参数

参数	值
E_1	30GPa
E_2	10GPa
泊松比	0.21
K_{IC}^1	1MPa
K_{IC}^2	3MPa
最大原位应力	12MPa
最小原位应力	10MPa
注入压力	20MPa

图 2.23 展示了 7 种不同材料角条件下的裂缝扩展路径。总体来说，材料角β在(0°，90°)范围内时，裂缝会向 y 轴正向方向偏转；β在(90°，180°)范围内时，裂缝会向 y 轴负向方向偏转。当材料角β在(0°，90°)范围内时，材料角越大，裂缝将发生偏转的角度也越大。相反，当β大于 90°时，随着材料角的增大，裂缝的偏转角减小。从图 2.23 中还可以看到，在材料角为 30°和 60°条件下的裂缝扩展路径分别与材料角为 150°和 120°条件下的路径关于全局坐标 x 轴对称。也就是说，材料角为β时的裂缝轨迹与材料角为 180°−β条件下的裂缝轨迹是对称的。

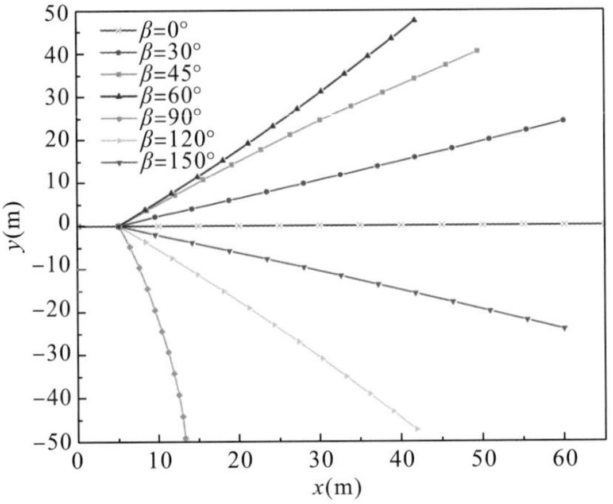

图 2.23　不同材料角条件下的裂缝扩展路径

根据上述结果分析，如果最大地应力方向与 E_1 方向弹性主轴不平行，水力裂缝将偏离其初始方向朝 E_1 弹性主轴偏移。比如，当材料角为 90°时水力裂缝将出现最大偏转角度。根据等效断裂韧性的定义：当 $E_1>E_2$ 时，γ(裂缝扩展方向与原始裂纹夹角)角越小的方向 K_{IC} 的值越小。因此$\theta+\omega$的值越接近于材料角β的方向岩石强度更弱。但裂缝最终偏转的角度并不完全等于材料角，而是裂缝会始终沿最大地应力方向与 E_1 弹性主轴之间的方向扩展。这是因为水力裂缝扩展是一个受多物理场联合作用的过程，而不仅仅受各向异性材料的材料角影响。

各向同性储层水力压裂模型中，水力裂缝倾向于沿最大地应力方向扩展。为揭示岩石正交各向异性和地应力差对裂缝扩展行为的综合影响，模拟了四种不同地应力差异条件的算例。此时，默认固定材料角β为 60°，材料的两个弹性模量、泊松比、剪切模量和断裂韧性与上述模型相同。

在其他参数相同的条件下，在不同的地应力差条件下裂缝具有不同的扩展轨迹如图 2.24 所示。当地应力差为零时，地应力分布对裂缝扩展方向的影响消失。因此，当最小地应力和最大地应力相等时，裂缝的偏转角最大。地应力差的增大会引起裂缝偏移量逐渐减小，裂缝扩展方向会从接近 E_1 方向弹性主轴逐渐向最大地应力方向靠拢。由于水力裂缝初始方向沿最大地应力方向，所以随着地应力差的增大，裂缝偏转角会减小。综上所述，我们认为地应力差会遏制材料的正交各向异性与对裂缝扩展方向的影响。

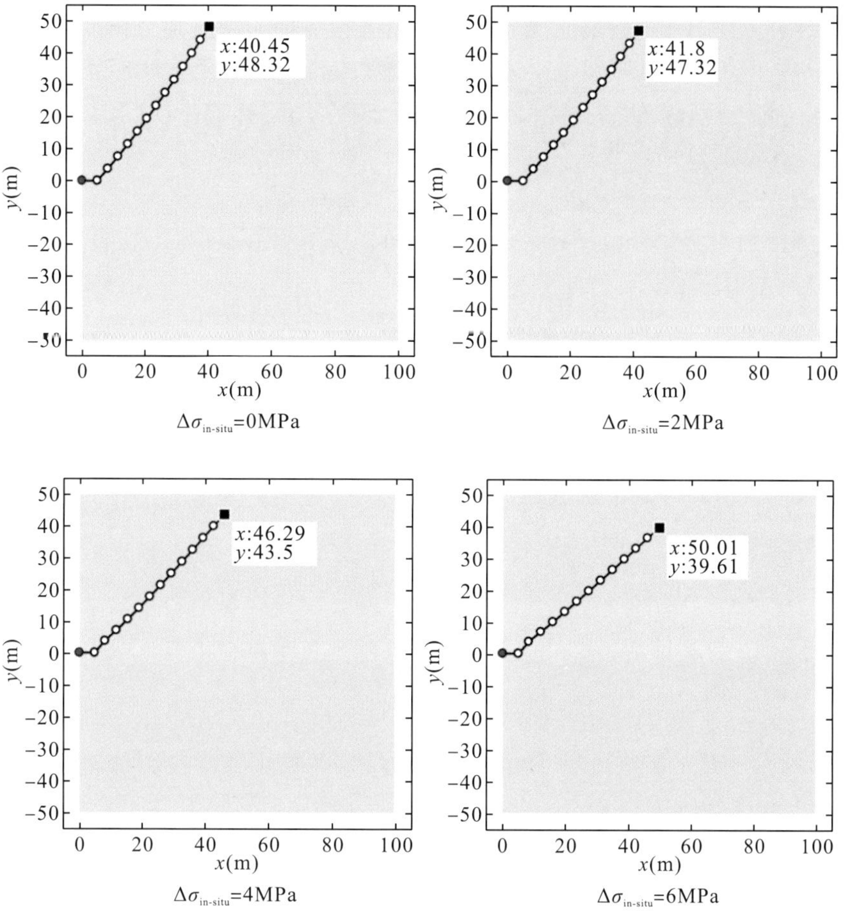

图 2.24　不同地应力差条件下裂缝的扩展轨迹

通过正交各向异性分析可知随机天然裂缝系统对裂缝网络形成的影响如下：

(1) 储层的正交各向异性会明显改变水力裂缝的走向。当材料角(定义为 E_1 方向弹性主轴与全局坐标 x 轴的夹角)不为零时，水力压裂的扩展方向在压裂前期便会发生明显改变。

(2) 当材料角在(0°，90°)范围内时，随着材料角的增加，水力压裂偏离其初始扩展方向的角度增大。且材料角为β的裂缝轨迹与材料角为 $180°-\beta$ 的裂缝轨迹是对称的。

(3) 如果最大地应力的方向与较大弹性模量的主轴方向不同，水力裂缝的偏转角会随着地应力差的增大而减小。即地应力差会遏制储层正交各向异性与对裂缝扩展方向的影响。

第 3 章　页岩气流动的宏微观机理与流动状态

3.1　页岩储层组分与孔隙特征

页岩是具有致密纹理的沉积岩(图 3.1)，页岩储层由粒度极细的黏土、石英等矿物沉积形成，具有孔隙度和渗透率极低的地质特征。页岩由有机质与无机质组成(图 3.2)。有机质主要是动物、植物及微生物等的生物遗体经历页岩沉积成岩热演化蜕变后的衍生有机产物，包括残留赋存其中的生物化石有机碎屑(如生物体腔、笔石体、几丁虫、介形虫、有孔虫等)，以及沥青基质、沥青脉体、原油有机质、包体有机质等；显微镜下，有机质可区可分出藻类体、棘皮体、无定形体、镜质体、惰质体、壳质体等；有机质类型上可细分出腐泥型、腐殖型和腐泥腐殖型。无机质主要由黏土矿物、石英颗粒和其他(长石、方解石等)组成。黏土矿物为片状排列的小颗粒，种类最多的是高岭石、伊利石和蒙脱石等，它们都是双二面体黏土矿物。黏土矿物的特殊结构和物理化学性质控制着页岩的储层结构、吸附能力和富集气体的能力。

图 3.1　页岩整体样本

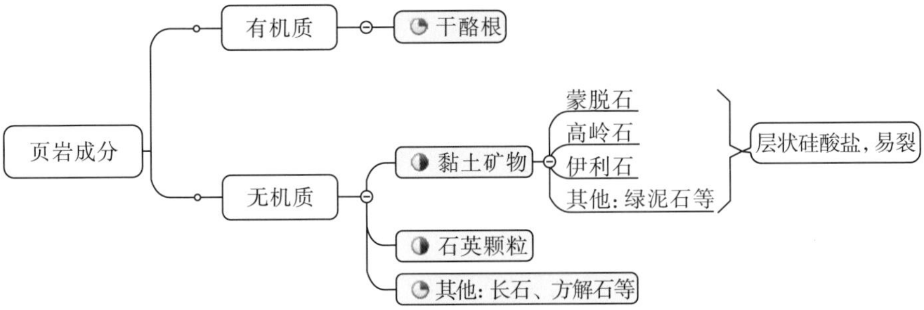

图 3.2　页岩的主要成分

页岩孔隙结构特征包括孔隙的大小、体积、比表面积、形状、连通性和空间分布。页岩孔隙结构特征对页岩储层特征影响很大。页岩地层中的孔径分布和孔隙度是开采页岩气评价的关键参数。常用的定性手段包括聚焦离子束扫描电镜、场发射扫描电子显微镜和原子力显微镜。常用的定量手段包括高压汞注入孔隙率测定法、低温氮气/二氧化碳吸附法、纳米 CT 扫描和图像三维重建等(Wang et al.，2018)。页岩孔隙通常分布在有机质与无机质中(图 3.3)。纳米孔在页岩气藏中丰富，孔径范围从几纳米到几百纳米。在孔隙率分析仪测量的各种页岩孔隙中，按孔隙表面积定义的孔径分布来看，孔径小于 10nm 的孔隙在孔隙总表面积中占据主导位置。一般而言，页岩孔隙形状主要为平板形和圆柱形，以及其他一些不规则的形状，如椭圆形、圆锥形、楔形和墨水瓶形等。

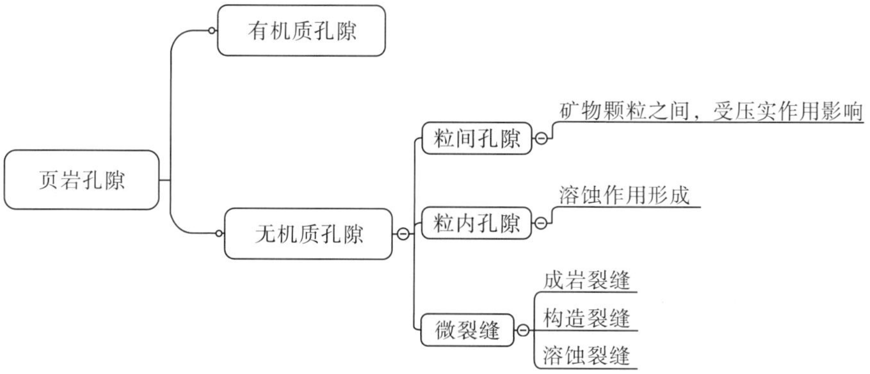

图 3.3　页岩孔隙分类和孔隙类型

孔隙体积影响页岩气的储量，孔径大小影响页岩气的赋存状态。有机质和黏土矿物表面的微孔、中孔中的页岩气以吸附态为主；大孔隙和微裂缝中的页岩气以游离态为主(图 3.4)；孔径越小的孔隙具有更大的比表面积和更强的吸附甲烷能力。页岩孔隙的内表面积贡献排序：微孔(＜2nm)＞中孔(2～50nm)＞大孔(＞50nm)；孔隙体积贡献：中孔＞微孔＞大孔。图 3.5 给出了页岩孔隙和裂缝特点的比较。

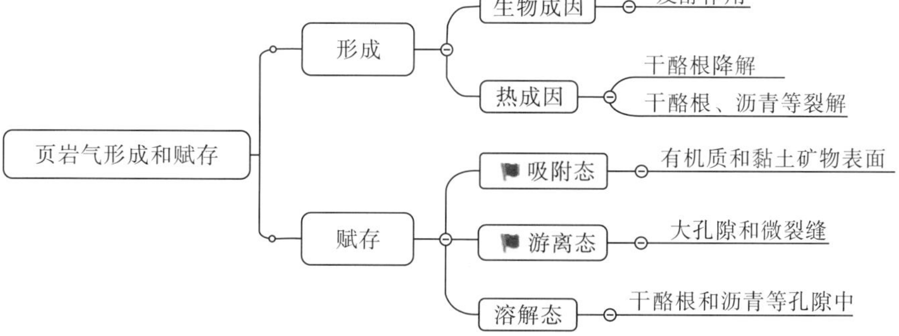

图 3.4　页岩气的形成和赋存分析以及吸附特点比较

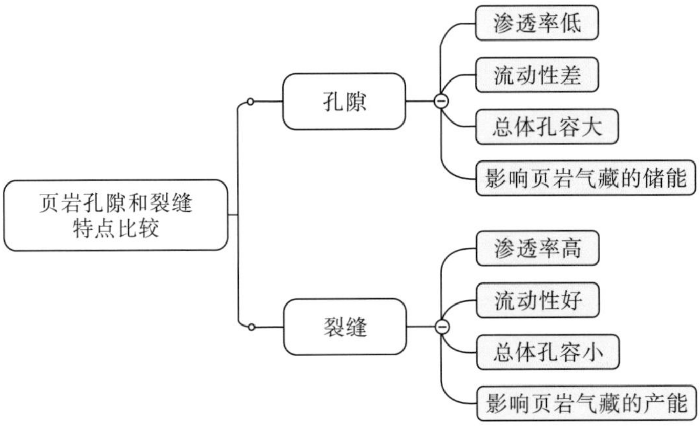

图 3.5 页岩孔隙和裂缝特点比较

3.2 页岩储层黏土矿物晶体结构

黏土矿物从属于层状硅酸盐的一个亚群，是地壳中主要和重要的矿物类型。硅酸盐是由硅和氧与其他元素(主要是铝、铁、镁、钾、钠、钙等)结合而成的化合物的总称。黏土矿物晶体结构的典型特点是分层，每层由连续相接的硅氧四面体或者铝氧八面体组成。黏土矿物样品和晶体结构如图 3.6～图 3.8 所示。

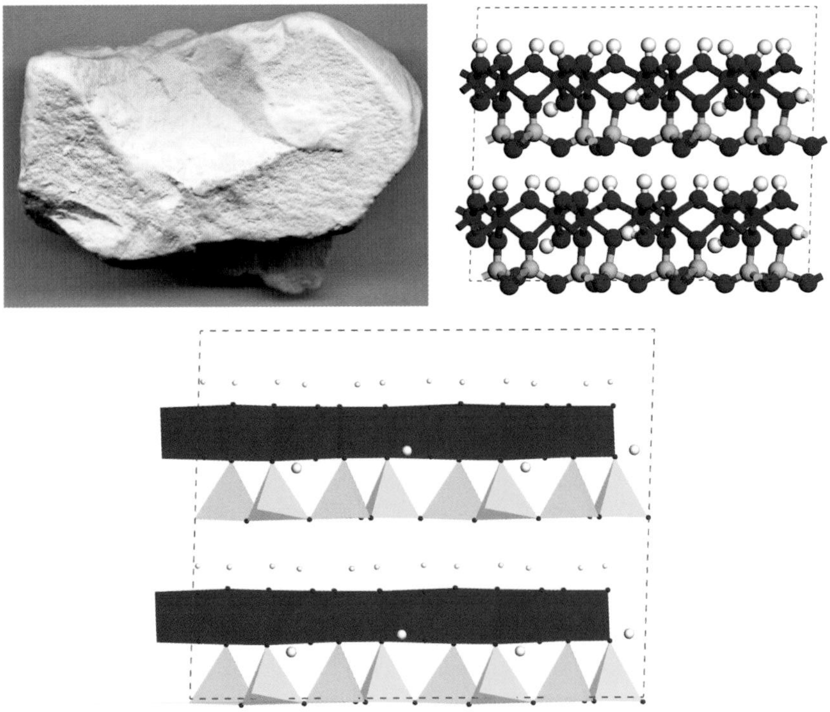

黄色：硅原子；粉紫红色：铝原子；红色：氧原子；白色：氢原子

图 3.6 高岭石岩石样本与其原子晶体结构和多边形表示的晶体结构示意图

黄色：硅原子；粉紫红色：铝原子；红色：氧原子；白色：氢原子；绿色：镁原子；紫色：钾原子

图 3.7　伊利石岩石样本与其原子晶体结构和多边形表示的晶体结构示意图

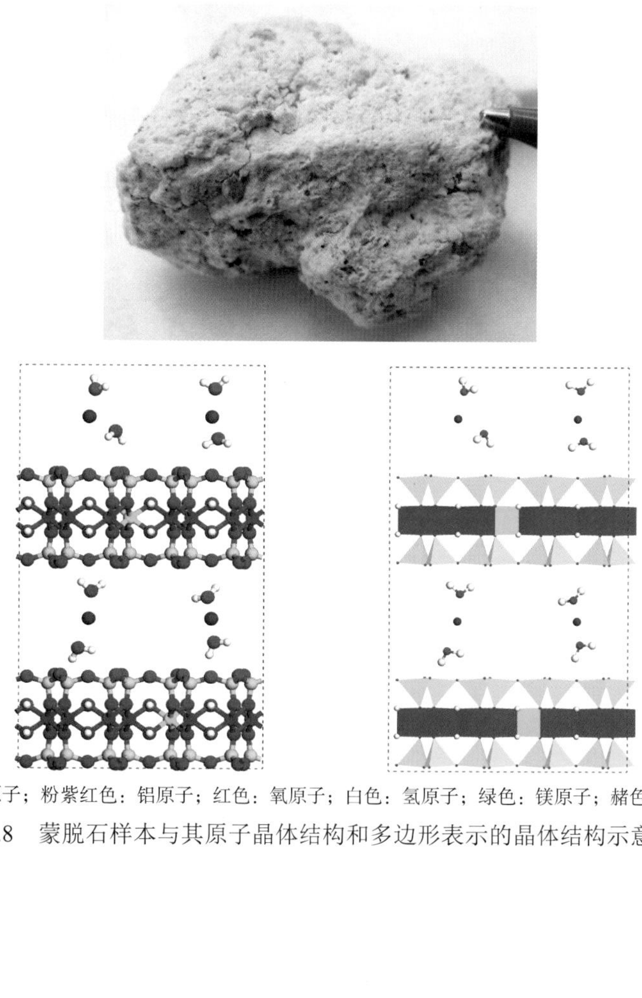

黄色：硅原子；粉紫红色：铝原子；红色：氧原子；白色：氢原子；绿色：镁原子；赭色：钙原子

图 3.8　蒙脱石样本与其原子晶体结构和多边形表示的晶体结构示意图

这三种黏土矿物都是层状的晶体结构：高岭石是 1∶1 型黏土类，因其四面体与八面体比例为 1；而含有两个四面体与一个八面体片比例的伊利石与蒙脱石，通常被称为 2∶1 型黏土类。高岭石层间因电中性含较少的金属离子，而伊利石层间通常分布有钾离子，蒙脱石层间通常分布有钠离子和钙离子。

在黏土矿物中，最常见的元素组分是四面体位点上的 Si^{4+}和八面体位点上的 Al^{3+}。每个四面体或八面体的位置，都有可能被其他阳离子占据(例如 Mg^{2+}，Fe^{3+}等)。当硅或铝被不同价态的阳离子取代时，其结果是黏土表面带有净电荷。这些因离子替换导致的净电荷会趋向于通过表面或层间吸附额外的金属离子得到补偿中和。中间层是黏土结构中各层之间的空间。未吸附到额外金属离子来中和的结构则带有负电荷层，通过占据中间层的阳离子/水合阳离子来补偿。这些夹层电荷补偿阳离子通常是可移动的并且可以与其他阳离子交换，用阳离子交换容量来定义实验上可测量的可交换阳离子量(Murray，2006)。伊利石和蒙脱石都具有一定的吸水膨胀性，其中蒙脱石的层间距随着层间离子和水分子的多少变化最大。

3.3 页岩动载宏观破坏机制

页岩是一种典型的颗粒直径小于 0.0039mm 的细粒沉积岩，由黏土质(主体)兼/或有硅质、钙质、有机质等物质沉积组成，并经历地质埋藏过程中压力与温度双重作用下黏土脱水、成岩胶结压实而成，具有明显的页状或薄片状层理结构，通常呈现出显著的各向异性特征。在页岩油气资源开采过程中，页岩各向异性对井壁稳定、射孔压裂效果具有重要影响。将南方海相志留系龙马溪组露头页岩，经过钻样、切割、打磨等步骤制成具有不同层理倾角的标准岩样，并基于分离式霍普金森压杆(split Hopkinson pressure bar，SHPB)设备进行一维冲击动力学实验，系统研究页岩动载条件下的各向异性力学行为。

3.3.1 页岩 SHPB 动载实验

页岩各向异性动力学实验所用实验设备是中国科学技术大学冲击动力学实验室 SHPB 装置，加载过程中动态应力波信息通过动态应变仪传输到示波器上进行记录保存(图 3.9)，根据示波器所记录到的信号即可计算出整个动载实验过程中试样的应变率及应变信息：

$$\dot{\varepsilon}(t)=\frac{C}{L_s}[\varepsilon_i(t)-\varepsilon_r(t)-\varepsilon_t(t)] \tag{3.1}$$

$$\varepsilon(t)=\frac{C}{L_s}\int_0^t\dot{\varepsilon}(t)\mathrm{d}t=\frac{C}{L_s}\int_0^t\left[\varepsilon_i(t)-\varepsilon_r(t)-\varepsilon_t(t)\right]\mathrm{d}t \tag{3.2}$$

式中：$\varepsilon_i(t)$、$\varepsilon_r(t)$ 分别是入射杆应变片所测量到的入射及反射应力波信息；$\varepsilon_t(t)$ 是透射杆上应变片记录到的透射应力波信息；C 是 SHPB 系统中杆的弹性波波速，但由于入射杆及透射杆均为高强度 40Cr 合金钢制成，因此 C 为常数；L_s 是试样长度；t 为时间。

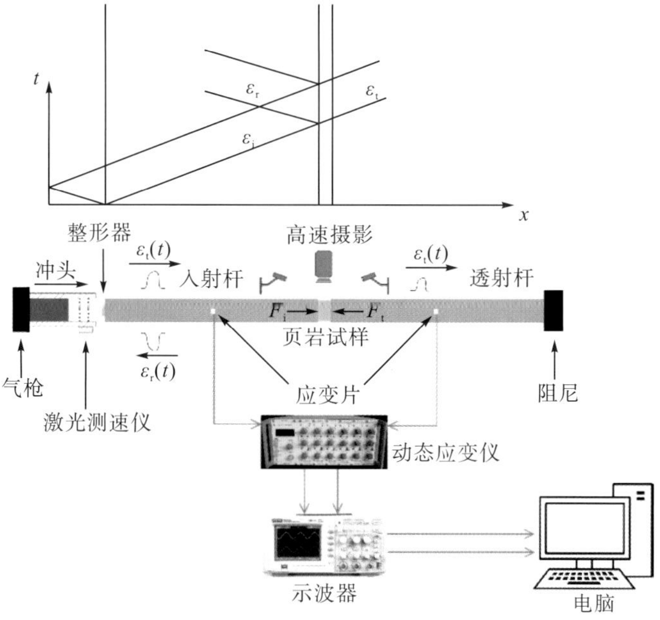

图 3.9　页岩单轴动力学实验所用 SHPB 设备

在得到试样应变率及应变信息后，可进一步得到加载过程中试样所受载荷：

$$F_i(t)=E_bA_b\left[\varepsilon_i(t)+\varepsilon_r(t)\right] \tag{3.3}$$

$$F_t(t)=E_bA_b\varepsilon_t(t) \tag{3.4}$$

$$\sigma(t)=\frac{F_i(t)+F_t(t)}{2A_s}=\frac{A_b}{2A_s}\cdot E_b\left[\varepsilon_i(t)+\varepsilon_r(t)+\varepsilon_t(t)\right] \tag{3.5}$$

上述表达式中：$F_i(t)$、$F_t(t)$分别是入射杆及透射杆两端对试样所施加的压力；$\sigma(t)$为试样动载过程中的应力；E_b、A_b分别是杆的弹性模量及截面面积；A_s为试样的截面面积。

SHPB 实验中，试样的应变率水平通常由撞击杆的速度决定，因为速度越大，所产生的应力波幅值越大，但撞击杆速度最终由气动发射装置的气压决定，因而页岩动态实验为了研究不同应变率水平下的各向异性特征，设置了 0.1MPa、0.15MPa、0.2MPa 三种不同条件发射气压。发射气压上限设置为 0.2MPa，主要因为气压过高时入射杆上应变片容易松动脱落，记录不到有效实验信号，而气压下限设置为 0.1MPa 则是因为气压过低时动载应变率水平低，试样不容易产生破坏，无法研究其动态强度等变形破坏特性。此外，为准确认识层理页岩动态载荷下的破坏模式，在紧挨试样处还安放有高速摄影及照明装置，实验观测所用高速摄影相机的拍摄帧率可到 500000 帧/秒，用以实时观测页岩试样变形破坏过程中的裂纹萌生及扩展演化。

3.3.2　页岩动载破坏模式

SHPB 实验过程中高速摄影所拍摄的试样表观裂纹演化如图 3.10 所示。为便于对比，准静态载荷条件下页岩的裂纹分布图也被一同绘制于图 3.10 中。图中红色虚线表示穿过页岩基质的劈裂破坏裂纹，黄色虚线表示沿着页岩层理面的剪切破坏裂纹，箭头表示加载方向。具有 0°层理倾角的页岩试样在准静态和动态加载破坏过程中裂纹均为穿过页岩基质的劈裂裂纹，破坏模式为典型劈裂破坏；与 0°试样类似，具有 15°层理倾角的试样在不同加载条件下，其破坏模式同样为劈裂破坏。当层理倾角为 30°且加载应变率较低时，试样破坏依然为劈裂破坏。但当应变率增加到 $142.27s^{-1}$ 时，劈裂裂纹产生的同时还产生了剪切破坏裂纹，破坏模式为劈裂、剪切混合破坏。45°及 60°层理倾角试样与 30°很类似，在低强度动载下，主要是劈裂破坏，而在中高应变率时主要为混合破坏。但准静态载荷条件下，层理方向为 45°的试样主要为剪切破坏，60°试样为混合破坏。75°层理倾角试样在不同应变率动载条件下以沿层理方向的剪切破坏为主，出现较少的劈裂裂纹，但准静态载荷下其依然表现出混合破坏模式。90°试样与 0°较为类似，均为穿过基质的劈裂破坏，但应变率较低时，只有一两条劈裂裂纹。

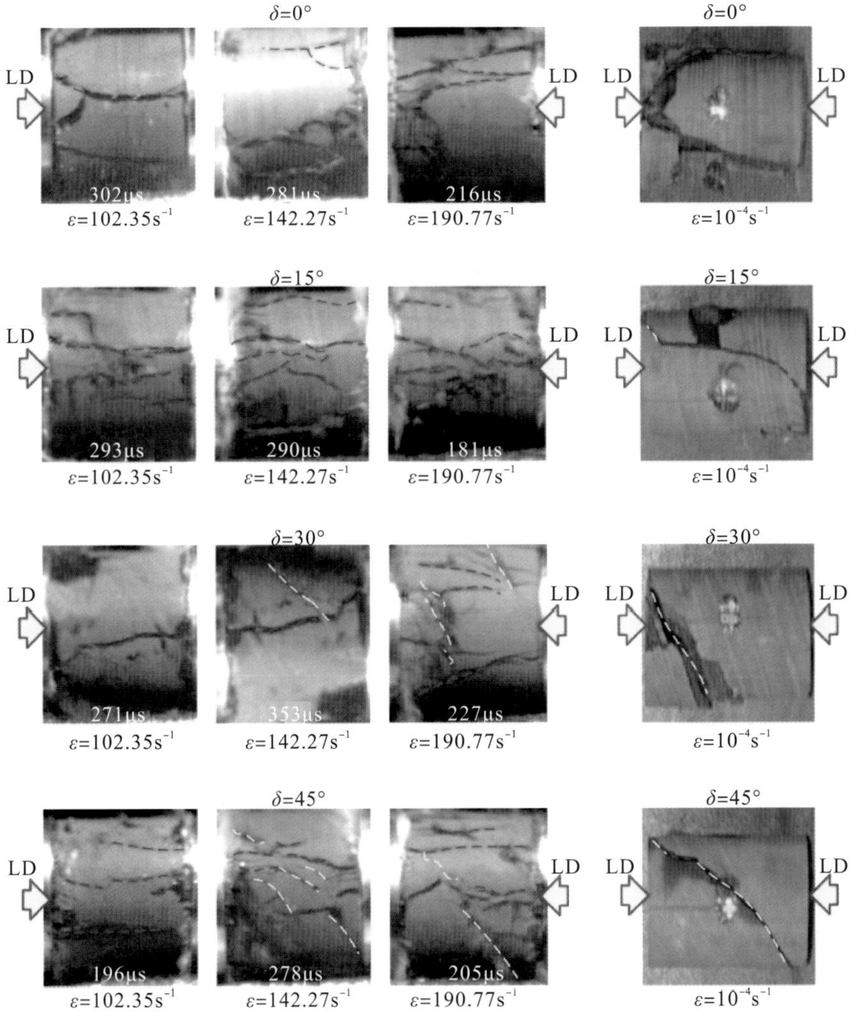

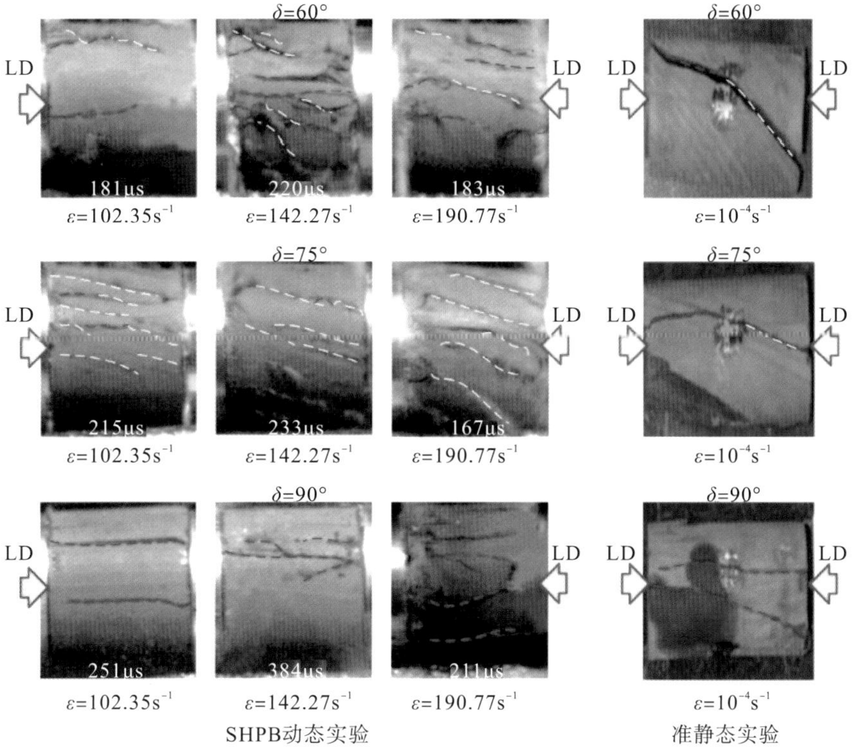

图 3.10 不同加载(LD)模式下页岩试样的表观裂纹

页岩不同应变率及层理倾角下的破坏模式如图 3.11 所示。动载荷条件下，层理倾角相对较低或较高的页岩试样更容易发生劈裂破坏，而中等层理倾角页岩试样容易发生沿层理的剪切破坏或者劈裂、剪切混合破坏。与准静态条件下相比，页岩动载破坏过程中形成

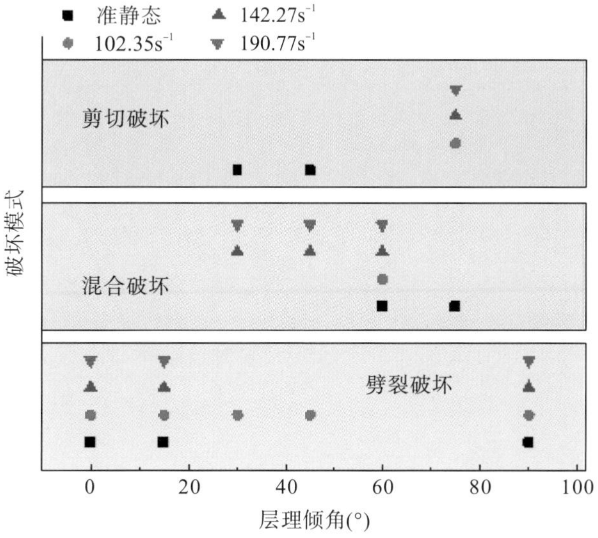

图 3.11 不同加载模式下页岩破坏模式汇总

的裂纹数目及类型往往更加繁多复杂。动载破坏复杂性的主要原因是动载荷下，层理面的存在造成加载过程中更为显著的应力波透射和反射，这些应力波的透射、反射改变试样内部应力场，使得裂纹扩展及最终破坏变得更加复杂；然而在准静态条件下，试样出现一两条剪切或劈裂主裂纹后将失稳，外载荷随即停止，因而页岩试样准静态加载条件下破坏裂纹显得更为简单。

针对页岩动载变形破坏过程中的能量耗散特性展开分析。SHPB 实验中，入射波、反射波、透射波所携带的能量 W_{i}、W_{r}、W_{t} 分别为

$$W_{\mathrm{i}}=\frac{A_{\mathrm{b}}C}{E_{\mathrm{b}}}\int\sigma_{\mathrm{i}}(t)^{2}\mathrm{d}t \tag{3.6}$$

$$W_{\mathrm{r}}=\frac{A_{\mathrm{b}}C}{E_{\mathrm{b}}}\int\sigma_{\mathrm{r}}(t)^{2}\mathrm{d}t \tag{3.7}$$

$$W_{\mathrm{t}}=\frac{A_{\mathrm{b}}C}{E_{\mathrm{b}}}\int\sigma_{\mathrm{t}}(t)^{2}\mathrm{d}t \tag{3.8}$$

其中，$\sigma(t)$ 为根据式(3.5)计算得到的动态应力数据，下标 i、r、t 分别表示入射、反射和透射；A_{b}、E_{b} 分别为 SHPB 系统中杆的横截面积和杨氏模量；C 为杆中纵波波速。

根据式(3.6)～式(3.8)，可以进一步得到动载过程中页岩试样所耗散的能量 W_{ab} 为

$$W_{\mathrm{ab}}=W_{\mathrm{i}}-W_{\mathrm{r}}-W_{\mathrm{t}} \tag{3.9}$$

图 3.12 为层理页岩在不同应变率水平下的能量耗散图，页岩能量耗散随层理倾角的增大呈先减小后增大的趋势，这主要因为破坏强度大的试样所需消耗的能量也相应越大。能量耗散也有较为显著的应变率敏感性，即动载应变率水平增大时，页岩试样将消耗更多的能量。这主要是由于载荷应变率水平较高时，更多微裂纹被激活，这些微裂纹的扩展消耗更多的能量。

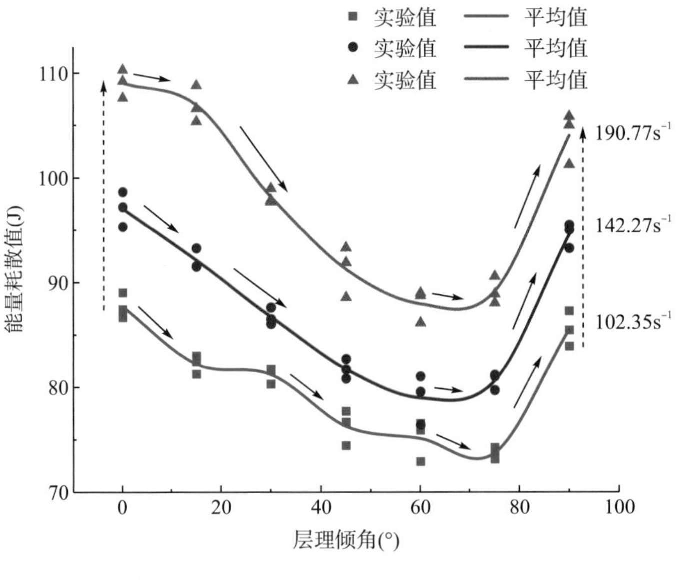

图 3.12 层理页岩不同应变率条件下能量耗散

图 3.13 是不同应变率条件下的能量耗散密度图，根据图中数值进行拟合，可发现能量耗散密度也近似与应变率满足线性关系，表 3.1 中所拟合的参数表明，45°、60°和 75°倾角试样斜率最小，15°倾角试样斜率最大，75°和 15°试样拟合曲线截距最小，0°试样拟合曲线截距最大。页岩试样的能量耗散密度包络线随应变率增大未出现明显变化，这说明能量耗散机制相对复杂，不同层理倾角试样能量耗散在不同应变率条件下依然存在差异。

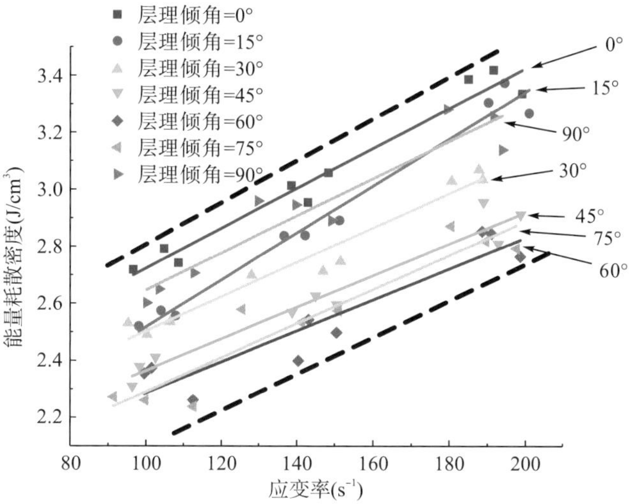

图 3.13　不同层理倾角页岩能量耗散密度与应变率关系图

表 3.1　页岩能量耗散密度与应变率拟合结果

层理倾角 (°)	$W_{unit}=a\dot{\varepsilon}+b$		R^2
	a (J/cm³)	b (J/cm³)	
0	0.007	2.021	0.962
15	0.008	1.693	0.977
30	0.006	1.899	0.960
45	0.005	1.809	0.954
60	0.005	1.742	0.874
75	0.005	1.693	0.991
90	0.006	1.994	0.897

为进一步分析动载下页岩试样的吸能特性，定义能量耗散密度为单位体积试样所消耗的能量：

$$W_{unit}=\frac{W_{ab}}{V_s} \tag{3.10}$$

图 3.14 是页岩试样吸能率图，吸能率定义为试样动载实验中吸收能量与入射波输入能量的比值：

$$\beta=\frac{W_{ab}}{W_i} \tag{3.11}$$

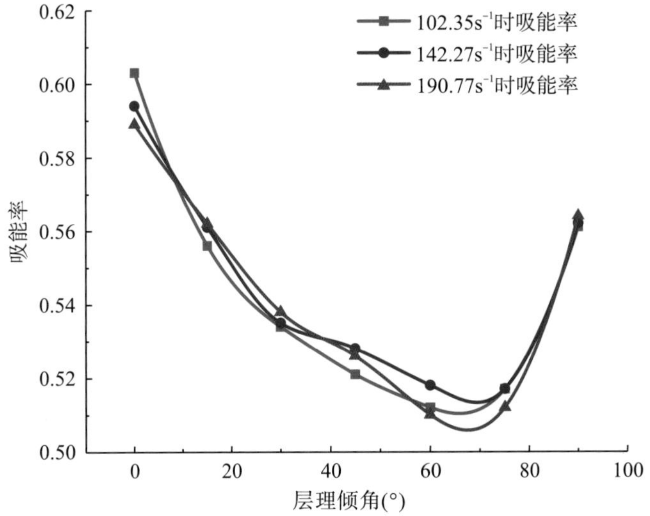

图 3.14　不同层理倾角页岩试样的吸能率

从图 3.14 中可以看出，吸能率随试样层理倾角的增大也有先减小后增大的趋势，但其应变率敏感性不是很明显。图 3.15(a)是三种不同特征应变率下页岩试样的吸能率，尽管应变率水平增大，但吸能率水平依然处于相对稳定数值。总体上，层理倾角为 0°试样吸能率最高，层理倾角为 90°和 15°试样次之，层理倾角为 30°、45°、75°、60°试样吸能率相对减小。吸能率一定程度上反映页岩试样对外界能量输入的反馈程度，为将这种能量反馈与变形破坏进一步结合，图 3.15(b)选取 142.27s^{-1} 应变率条件下几组页岩试样典型破坏图并结合其吸能率进行对比分析，可发现页岩试样破坏程度与其吸能率具有较好相关性。

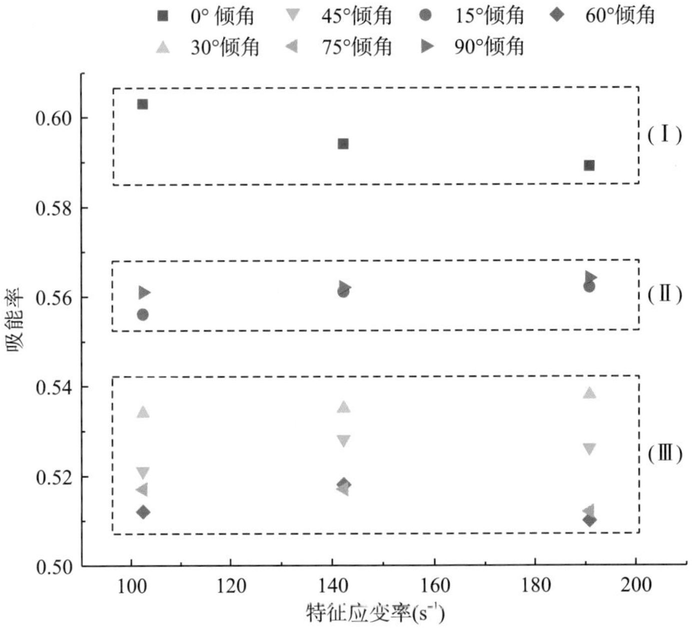

(a) 不同应变率下吸能率

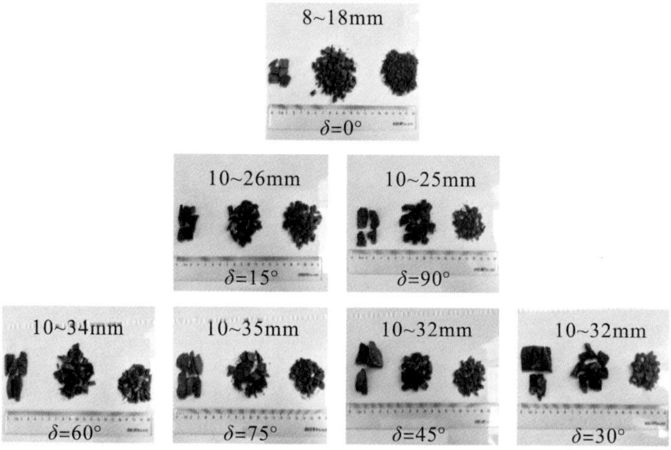

(b)142.27s^{-1}应变率下页岩试样动载破坏后碎块

图 3.15　吸能率分类及试样破坏后碎块

层理倾角为 0°试样吸能率最大，破坏也较为剧烈，碎块尺寸较小，大部分为 8～18mm。层理倾角为 15°和 90°的试样碎块尺寸较 0°试样大，总体为 10～26mm。层理倾角为 30°、45°、60°、75°这四组试样吸能率最低，但其最终碎块尺寸相对较大，总体为 10～35mm。

3.4　页岩中黏土矿物微观水化机理

蒙脱石是黏土矿物之一，由伊利石发育而来。蒙脱石中富含钙离子(Ca^{2+})。通过构建蒙脱石孔隙，其上下表面为岩石的晶体基面，左右表面为岩石的晶体边面，结合分子动力学模拟来观察气水在蒙脱石方形孔中的共存状态以及水化现象。

在分子动力学模拟中，起初蒙脱石内存在着水桥现象，如图 3.16 所示。之后水分子逐渐分散到钙离子周围包络，水桥逐渐消失，形成钙离子的水合物。与裂缝的水桥相比，方形孔隙和圆形孔隙两边的壁面起疏导传导作用，使得水桥越来越小，水分子更多地铺满孔隙壁面。而钙离子被水分子包络形成水合物(图 3.17)，导致蒙脱石层间距趋于增大，是页岩水化、膨胀的一个重要过程。

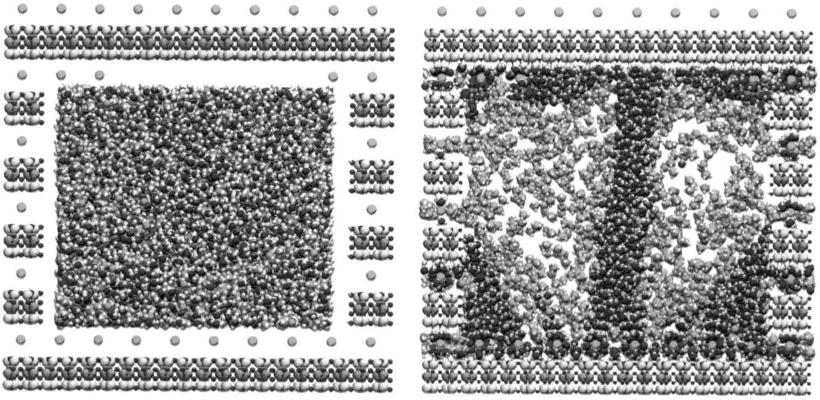

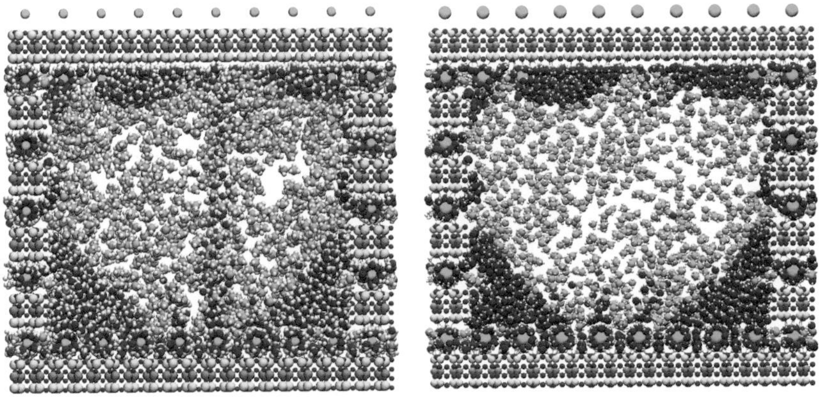

图 3.16　蒙脱石方形孔隙的甲烷与水的平衡形态随时间变化图

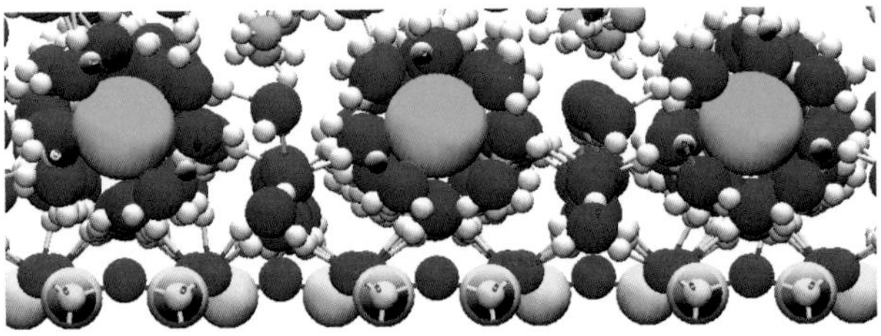

图 3.17　钙离子被水分子包络形成水合物

3.5　页岩气微观吸附机理

3.5.1　页岩气的吸附态与游离态

页岩气的开采是先开采释放出来的游离气，然后随着开采程度加大到地层压力降低至临界解吸压力时，吸附气解吸形成游离气再被开采的动态过程，吸附气对于确定天然气的储量和稳定长期产出都具有重要意义。甲烷是页岩气的主要组分，通常占比 90%以上。甲烷气在页岩储层中以三种状态存储：游离态(自由态)、吸附态，以及有机质中的溶解态。在不同的开采阶段以及不同的页岩气藏中，吸附气占比为 20%～85%。

在页岩气藏中，有机质(干酪根、沥青)和无机物质(黏土矿物、陆源石英、碳酸盐等)共同存在。有机质含量占比为 1%～10%，黏土矿物和陆源石英、生物硅质石英含量占比为 70%～90%，黏土矿物与石英的比例在不同的页岩气藏中有所不同。与石英相比，黏土矿物颗粒更精细，倾向于形成微观尺度的小颗粒，这些粒径极小的黏土颗粒很大程度上有助于孔表面积的发展。不少实验发现了黏土矿物在各种温度和压力下都能吸附大量气体。

黏土孔隙主要由极细结构的黏土颗粒(小于 1μm)聚集形成多孔介质结构。这些孔隙中会暴露出晶体的基面和边缘表面。黏土是极细的、分散的、六边形的颗粒。这些六边形黏土颗粒由基面和边缘表面组成。在颗粒断裂或破碎的过程中，更多的边缘表面会暴露为孔隙表面的一部分。图 3.18 给出了来自中国科学技术大学渗流研究室关于乐页页岩的扫描电镜图像，从图中可以看到大量边缘表面的存在，并且可以看到黏土颗粒呈六边形。Macht 等(2011)使用原子力显微镜测量未经处理的伊利石样品，结果显示特定边缘表面积/基面表面积的比率为 0.16，说明边缘表面的比例不低。Skipper 等(1995)提出黏土层上的多余负电荷主要是由于边缘表面的存在。这些研究表明页岩的表面分为两种，即基面和边缘表面，两种表面在页岩孔隙中都存在。

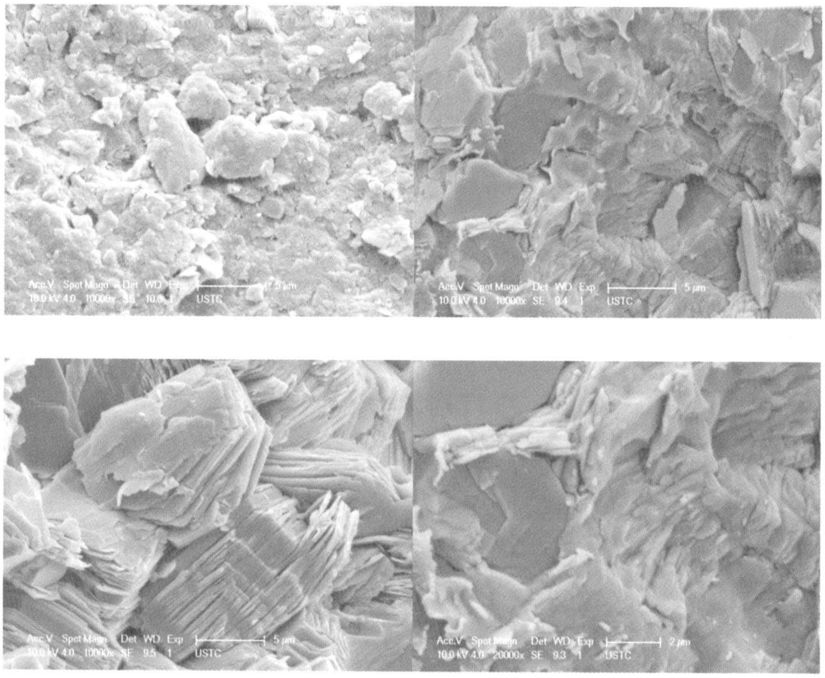

图 3.18　乐页页岩扫描电镜图像

页岩气总体由自由气(游离气)和处于动态平衡的吸附气组成，吸附气进一步可以用绝对吸附和超额吸附描述。绝对吸附量定义为仅存在于吸附态中的气体量，而超额吸附(也称为吉布斯吸附)量是孔系统中总的吸附气量减去处于相同孔体积中的宏观游离气的额外吸附量(Sudibandriyo et al.，2013)。超额吸附量与总吸附量有如下关系：

$$n_{\mathrm{exc}} = n_{\mathrm{tot}} - \rho_{\mathrm{g}} v_{\mathrm{pore}} \tag{3.12}$$

其中，n_{exc} 是超额吸附量；n_{tot} 是孔隙中吸附气体总量；ρ_{g} 是可以通过气体状态方程估算或者实验计算的游离气密度；v_{pore} 是气体所占据的孔隙体积(包括吸附态体积)。超额吸附量可直接通过式(3.12)进行测算。

在实验过程中，绝对吸附量 n_{abs} 和超额吸附量 n_{exc} 可以通过如下公式相关联：

$$n_{\mathrm{exc}} = n_{\mathrm{abs}} - V_{\mathrm{a}}\rho_{\mathrm{g}} = n_{\mathrm{abs}} - \frac{n_{\mathrm{abs}}}{\rho_{\mathrm{a}}}\rho_{\mathrm{g}} = n_{\mathrm{abs}}\left(1 - \frac{\rho_{\mathrm{g}}}{\rho_{\mathrm{a}}}\right) \tag{3.13}$$

其中，ρ_{a} 是吸附态密度；V_{a} 是吸附态体积。n_{abs} 可以通过 n_{exc} 来估算：

$$n_{abs} = n_{exc} \frac{\rho_a}{\rho_a - \rho_g} \tag{3.14}$$

在上述式(3.13)和式(3.14)中，ρ_a和 v_a是由吸附态决定的未知参数，无法通过实验直接探测，特别是在页岩气藏的超临界条件下。许多实验通过假定 ρ_a为常数，将 n_{exc}转化为 n_{abs}，以便将超额吸附数据转化为绝对吸附数据(Arri et al.，1992；Fitzgerad et al.，2005)。在分子模拟中，可以通过代表气体穿过孔隙空间的密度分布的结构特征来区分出吸附态和游离态(Marti et al.，2009)。

3.5.2　页岩孔隙中气体分布特征

通过分子动力学建模方法，构建三种页岩伊利石裂缝孔的分子模型如图 3.19 所示，其孔隙内部表面分别展现 A&C 链边缘表面和 B 链边缘表面等。这些孔隙由两个平行的伊利石基底构成，孔径定义为上下孔隙表面最外层最接近的原子中心之间的垂直距离。出于表面粗糙度的原因，在 A&C 链裂隙孔的情况下，孔径没有很严谨的定义，将孔径定义为表面凸出的四面体边缘氧原子之间的距离。

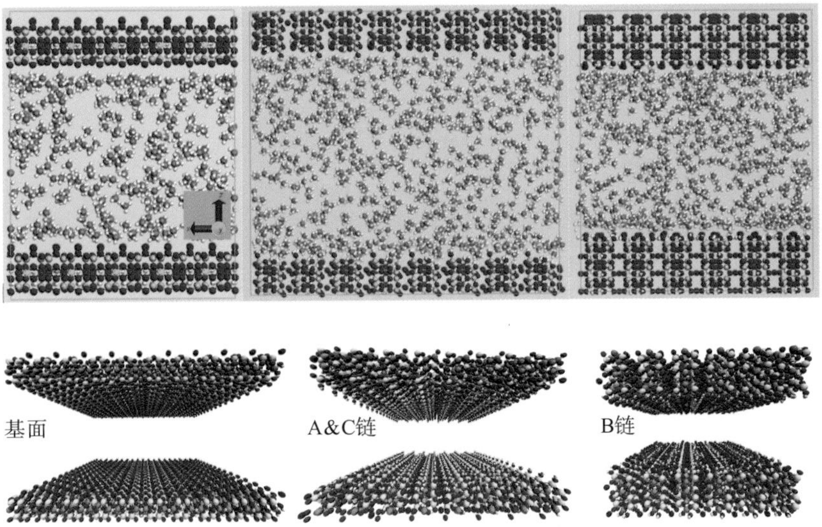

图 3.19　伊利石三种裂缝孔分子模型

图 3.20 给出了伊利石裂缝孔甲烷吸附整体示意图。蒙特卡罗模拟得出的气体总量即是从外部理想气体池进入孔隙系统的总吸附气体量。

图 3.21 和图 3.22 分别给出了甲烷分子在纳米页岩孔隙中的密度分布与压力和孔径关系曲线。图 3.21(a)～(c)中分别为不同压力下伊利石基面裂缝孔、A&C 链裂缝孔和 B 链裂缝孔的时间平均的甲烷密度分布曲线；图 3.21(d)为在压力 30MPa 下对基面、A&C 链和 B 链裂缝孔的密度分布进行比较和曲线的形态分析，孔径为 3nm，温度为 60℃，横轴代表到模拟盒底边界的距离。

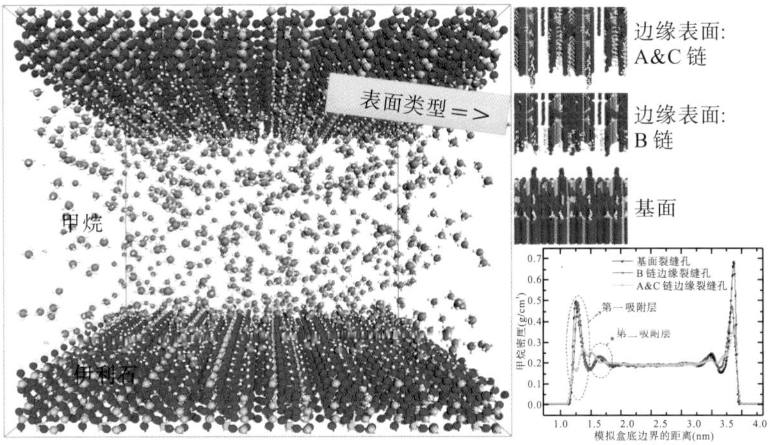

图 3.20　伊利石裂缝孔甲烷吸附整体示意图

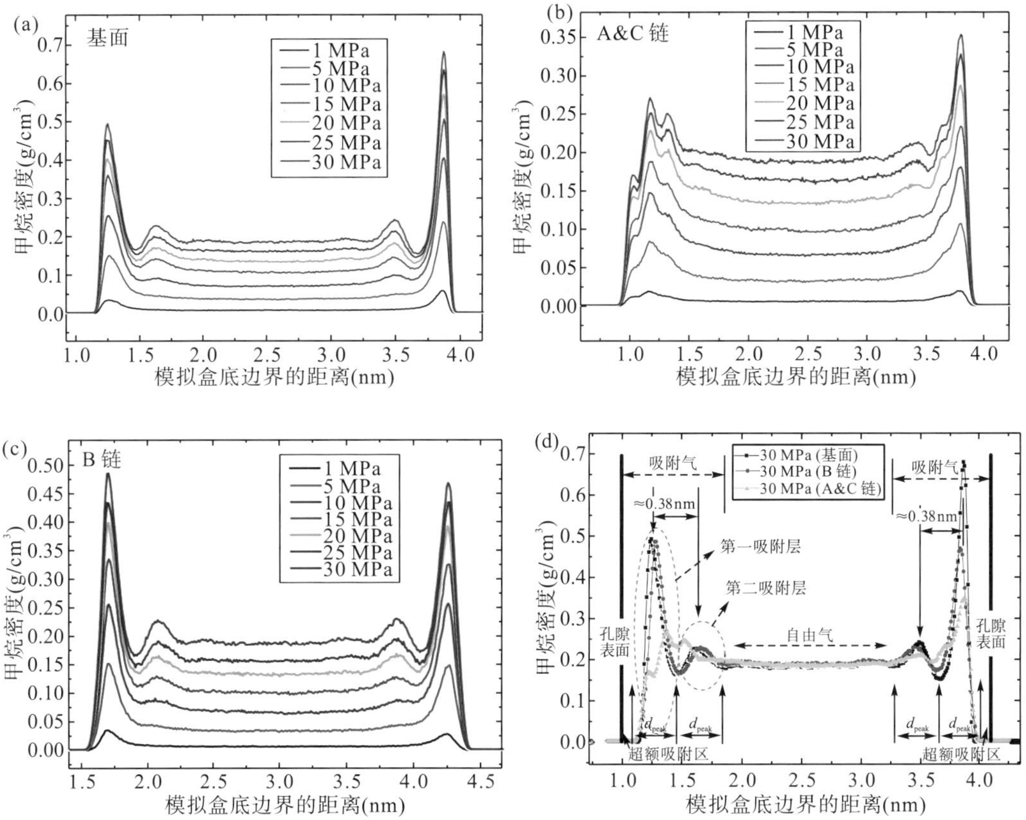

图 3.21　伊利石基面和边面孔甲烷密度分布与压力关系图

从图 3.21 中可以看出，压力对吸附的影响：①密度分布曲线的两端存在一个较高峰，一个较低峰，这两个峰显著地出现在孔隙表面附近，有研究报道过类似曲线形态(Sha et al.，2008；Sharma and Sigh，2015；Nguyen et al.，2015；Kadoura et al.，2016；Li et al.，

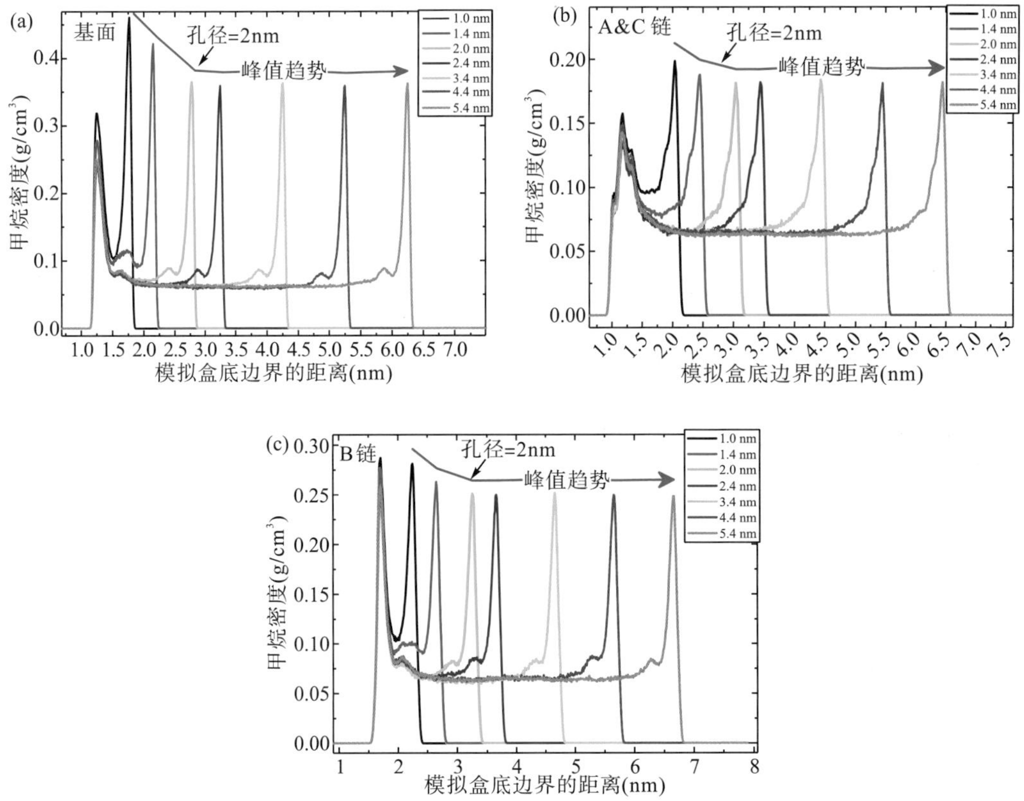

图 3.22 伊利石基面和边面孔内甲烷密度分布与孔径关系图

2016)，表明孔隙表面发生吸附现象。吸附的原因是孔隙表面原子和附近气体原子之间的相互作用比气体分子本身之间的相互作用强(Vadakkepatt et al.，2011)。靠近黏土表面的第一个最接近的峰值比中心区域值大几倍，表明甲烷分子在孔隙表面附近积聚强烈。②游离气密度等于相同压力下的体积密度，模拟模型和参数的合理性，能够从分子水平上对吸附机理进行正确描述。③密度分布曲线不对称，特别是对于基面裂缝孔和 A&C 链边缘表面裂缝孔。在图 3.19 中可以看到不同相对表面上覆盖的 K^+离子的不平衡分布。靠近黏土表面的 K^+离子的存在与氧原子共同作用降低了对甲烷的吸附。④在较低压力(<5MPa)下，仅形成第一吸附层；当压力超过 5MPa 时，产生第二吸附层。甲烷分子在第一吸附层中吸附最强烈，在第二吸附层中吸附程度一般，之后落入游离相中。⑤与具有光滑孔表面的基面或 B 链表面相反，A&C 链表面的密度曲线由于其表面粗糙度并沿着表面几何结构(图 3.21)具有“肩状”曲线形态。⑥随着压力的增加，甲烷分子的规则组织和排列更加明显，密度曲线更尖锐。这意味着气体分子随着压力的增加而更加有规则排列。同时，峰的不对称还表明随着压力上升，甲烷分子进一步趋向于孔隙表面。甲烷气体所在孔隙表面由于吸附导致的密度曲线类似于简谐振荡分布。但是这种简谐式分布只存在于绝对光滑的表面，粗糙的边面则不存在这种简谐分布。而且随着压力的变化，或者气体密度的变化，这种曲线形态还会有所不同。

如图 3.24(a)所示，吸附曲线预测了实验数据的总体趋势。基面裂缝孔比 B 链和 A&C 链裂缝孔具有稍高的绝对吸附量。总体差异并不显著，表明边缘表面对于页岩气的总吸附量有相当的吸附贡献。绝对吸附量遵循基面裂缝孔＞B 链边缘表面孔＞A&C 链边缘表面孔的顺序。原因是甲烷作为高度对称性的分子，对电荷分布不敏感(甲烷的最低非零偶极为八极矩)；相反，甲烷对范德瓦尔斯力更敏感。因为与 O 原子相比，金属离子(Mg^{2+}，Al^{3+}，Si^{4+})和 H 原子具有低得多的伦纳德-琼斯(Lennard-Jones)势参数ε，所以 CLAYFF 力场中导致甲烷更多地吸引 O、K 原子。基面具有较高的 O 原子、K 原子密度，因此具有略高于边缘表面的吸附量。

图 3.24(b)给出了孔径为 1.4nm 和 3.0nm 的不同裂缝孔模型的模拟超额吸附等温线，并与来自 Chen 等(2016)在 2nm 裂隙孔中基底伊利石表面的模拟数据进行了比较。其中，温度为 60℃，超额吸附等温线通过 Liu 等(2013)测量的 $S_{\text{BET}}=11.2\text{m}^2/\text{g}$ 进行归一化，吸附量单位为 cm^3/g。模拟的超额吸附与 Chen 等(2016)在伊利石基底表面的模拟数据非常吻合。不同孔径的超额吸附增加到最大值，然后随压力降低而趋于稳定。超额的吸附能力遵循基面＞B 链边缘表面＞A&C 链边缘表面的顺序，与绝对吸附量一致。超额吸附由吸附态密度和游离气体密度的相对增长率决定。最大超额吸附发生在 15MPa 附近，与 Chen 等(2016)和 Xiong 等(2016，2017)的模拟结果相一致。当压力超过 15MPa 时，甲烷吸附态密度的增加速率开始慢于游离态密度增加速率，导致超额吸附量开始下降。

吸附态密度 ρ_a 是实验中连接超额吸附和绝对吸附的重要参数。然而 ρ_a 不能直接从实验中测量或推导出来；实验人员无法知道吸附态属于哪种状态(液体或气体)，特别是在页岩气藏的超临界条件下，更加无法通过实验确定。关于 ρ_a 的估值有许多文献讨论过，常用的 ρ_a 近似值是在大气压力沸点处的液体密度值 0.421g/cm^3(Fitzgerald et al.，2005)。在极高压力下测得的甲烷气体密度为 0.375g/cm^3 也常作为 ρ_a 的近似值(Dan et al.，1993)。另一种方法是将超额吸附等温线的最后一段线性区域与横坐标压力轴相交来推测，则 ρ_a 是状态方程(equation of state，EOS)在此相交压力下的体积气体密度(Sudibandriyo et al.，2003)。但是所有这些方法都基于有限的实验数据，并且 ρ_a 被视为常数(Heller and Zoback，2014)。

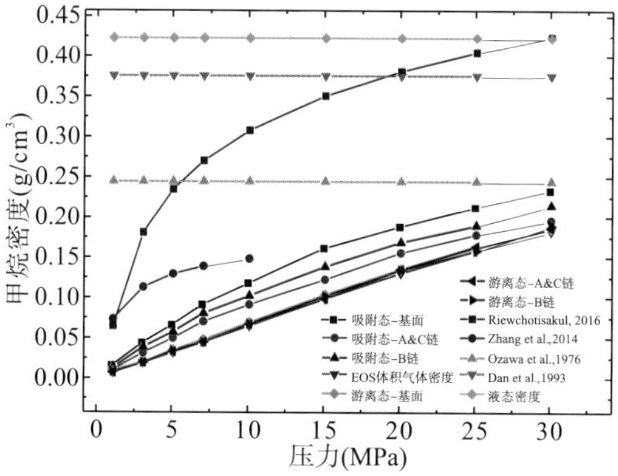

图 3.25　吸附态密度 ρ_a 和游离态密度随压力的变化以及与文献数据对比

计算从表面延伸到吸附区域距离的吸附态体积，使用绝对吸附量除以吸附态体积，计算得到特定温度和压力下的 ρ_a，并与宏观游离气密度以及其他文献中的 ρ_a 进行对比。图 3.25 为 3nm 伊利石裂缝孔隙中的吸附态密度 ρ_a 和游离态密度随压力的变化，以及与宏观游离气密度和其他文献数据的对比。

如图 3.25 所示，模拟的游离气密度与宏观游离气密度[彭-罗宾森(Peng-Robinson)状态方程计算得到]相吻合。在本书的模拟中，吸附态体积保持不变，而 ρ_a 在不同热条件下呈现动态变化。游离气密度随压力增加近乎线性。而 ρ_a 遵循基面＞B 链边缘表面＞A&C 链边缘表面的顺序。ρ_a 比实验中假定的甲烷的液体密度(0.421g/cm^3)或在极高压力下的密度(0.375g/cm^3)低得多。这也表明被吸附的甲烷未液化，同时，从宏观上来说，在页岩储层条件下(高于−189K 的临界温度)甲烷处于超临界状态，不会出现液态。本部分的模拟提出，随着压力从 1MPa 增加到 30MPa，ρ_a 从 0.016g/cm^3 动态变化到 0.233g/cm^3。通过 Pan 等(2016)的超临界杜比宁-拉杜什凯维奇(supercritical Dubinin-Radushkevich，SDR)模型拟合得到的吸附态密度为 0.21～0.46g/cm^3。Riewchotisakul 和 Akkutlu(2016)使用碳纳米管中的甲烷进行分子动力学模拟预测了甲烷吸附态密度 $\rho_a=0.1057\times\ln(P)-0.4629$，其中 P 以 353K 下的 psi(1psi=6.89476×10^{3}Pa)为单位。Zhang 等(2014)计算了 308K 温度下干燥和潮湿的煤中甲烷的 ρ_a 与压力的函数关系。可以看出，这种吸附态密度比本部分的结果稍大一些，因为煤相比黏土对甲烷具有较高的亲和力。Liang 等(2016)和 Xiong 等(2017)采用 Ozawa 等(1976)提出的经验方程式来获得在特定温度下的 ρ_a 并忽略压力依赖性。Ozawa 等(1976)提出的计算 ρ_a 的方程为

$$\rho_a = \rho_b \exp[-0.0025\times(T - T_b)] \tag{3.15}$$

其中，ρ_b 是甲烷沸点处的密度(0.4224g/cm^3)；T 是温度，K；T_b 是大气压力(111.7K)下的甲烷沸点温度。在 60℃使用 Ozawa 等(1976)的公式，得到 ρ_a=0.243g/cm^3。这个值比液态甲烷密度小得多，但与较高压力下 ρ_a(0.016～0.233g/cm^3)的模拟结果更接近，不同之处在于，Ozawa 方程忽略了压力的影响。总之，ρ_a 的计算需要根据热力学条件进行修正，这些模拟数据为实验中将超额吸附转化为绝对吸附提供了数据支持。

3.6 页岩气水两相流动机理

3.6.1 页岩纳米孔中的气水形态

页岩储层在水力压裂中被注入大量压裂液体(滑溜水)，在闷井和返排以及生产过程中，气水两相流动是重要研究内容。但由于页岩储层的微纳尺度效应，达西定律不能完全描述纳米尺度的流动(孔祥言，2010)。Ho 等(2015)利用分子动力学模拟研究了平板状白云母纳米孔中水和甲烷的两相流动，并阐明了毛管力对孔隙结构的重要影响。Bui 等(2017)计算了甲烷通过由硅石和白云母矿物组成的充满水分子的裂缝孔隙的扩散性质，结果表明甲烷的扩散依赖于固体基质和受限水的局部分子性质。Li 等(2017)利用数值方法研究了无机孔隙表面水膜结合对有效水力半径的影响，提出了气体滑移模型。Xu(2014)等基于

煤层气产量数据提出了不同束缚水饱和度下的水气有效渗透率动态预测模型。Shen(2017)等通过使用脉冲衰减渗透技术进行实验，发现渗透率随着吸入页岩的水而大幅波动。Wang 等(2018)提出了一种图像分析方法，用于定量表征视觉实验，用 CT 扫描图像描述裂缝腔型碳酸盐岩储层中的气水流动特征。本书通过分子动力学模拟发现在裂缝型和圆孔型纳米黏土孔中，确定返排液的两种赋存现象：第一种是连接裂缝孔中上下孔隙壁面的水桥；第二种是边缘表水膜，如图 3.26 所示。

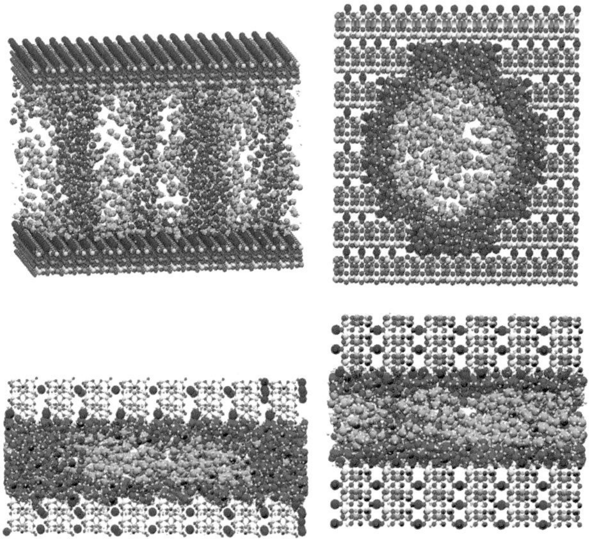

图 3.26　裂缝孔与圆孔内的气水平衡状态分布

在模拟过程中，裂缝孔中的 K^+离子(地层离子)的位置始终位于六边形硅氧烷环的中心，受周围水分子影响很小，原因是这些六边形硅氧烷环的中心点对单个 K^+离子是势能极低的位置，因此即使带有极性的水分子，也难以影响 K^+的位置。K^+离子的局部位置在平衡状态下持续存在于水中。但是，在小于 2nm 的微孔中，K^+离子开始在水分子的影响下移动到孔表面的另一侧，改变裂缝孔两个表面的 K^+离子分布比例，然而水桥现象依然存在。模拟中发现，在相同孔径下，边面裂缝孔内的水桥现象不如基面裂缝孔明显，边面裂缝内的水桥现象会随着孔径增大快速消失变成水膜。模拟中还发现水桥相当坚固，不易移动，受水气比例影响很小。

水桥的存在导致裂缝孔隙表面不被水分子完全覆盖，而是形成岛状水团，并留出部分孔隙表面供甲烷分子吸附，这种现象与水膜是截然不同的，伊利石基面裂缝孔中由水桥现象形成的岛状水团，如图 3.27 所示。

图 3.28 给出了孔径为 50nm 的伊利石基面裂缝孔中，通过记录水分子的轨迹图观察水桥形成过程。在初始状态下，水和气体被人为地放入孔隙空间中；随后水分子开始通过热运动到达孔隙的另一端，并形成锥状。当锥状水团的尖端连接孔隙另一端表面时，更多水分子开始沿着锥状柱行进到对面位置，将锥状柱转化为圆柱形柱。两端形成部分铺展，中

间一段均匀分布，形成一段稍微凹的水桥。这种水桥结构在连接形成之后保持稳定，形成稳定的水桥。含水饱和度影响孔表面被水的覆盖程度，随着水饱和度的增大，除了形成水桥之外，页岩孔隙表面也会被多余水分子覆盖，从而挤占了甲烷气体分子的表面空间。

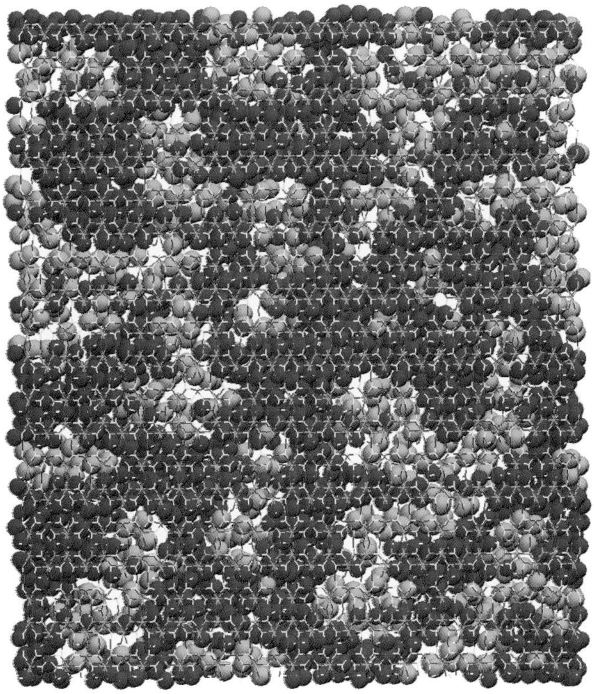

图 3.27 裂缝孔中由水桥现象形成的岛状水团

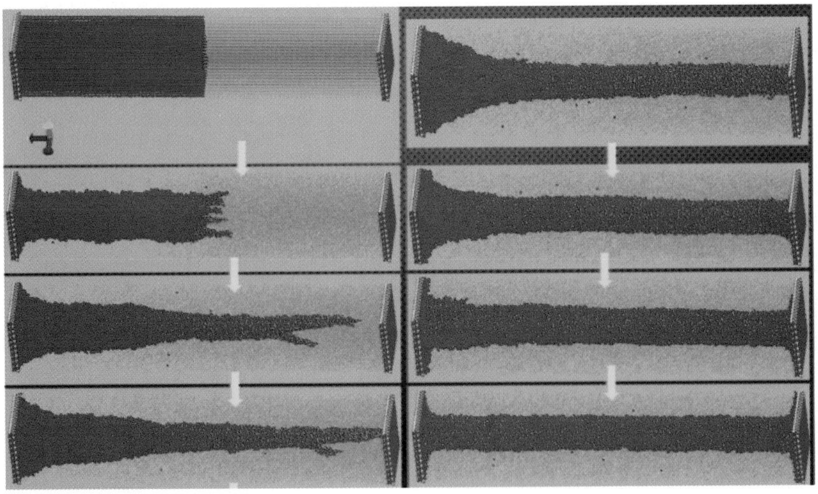

图 3.28 裂缝孔中水桥形成过程

水膜和水桥可以说明两种不同的孔隙吸水机制，在大孔径的边缘裂缝孔和水膜占优势的圆柱形孔隙中，水层沿孔道轴向前进；而在水桥可以形成的裂缝孔中，水层还会朝孔中心径向前进。目前实验中关于水桥存在的直接证据很少，特别是在纳米孔的有限空间内，但是模拟结果证实了某些特殊表面的裂缝孔隙会形成水桥，并且模拟结果显示水桥能够很稳定地抵抗外界扰动。

3.6.2　页岩气水微观渗吸过程

通过构建页岩伊利石孔隙模型，并在孔隙中首先饱和气，然后模拟裂缝中的水侵入基质孔隙的过程，模拟结果如图 3.29 所示。

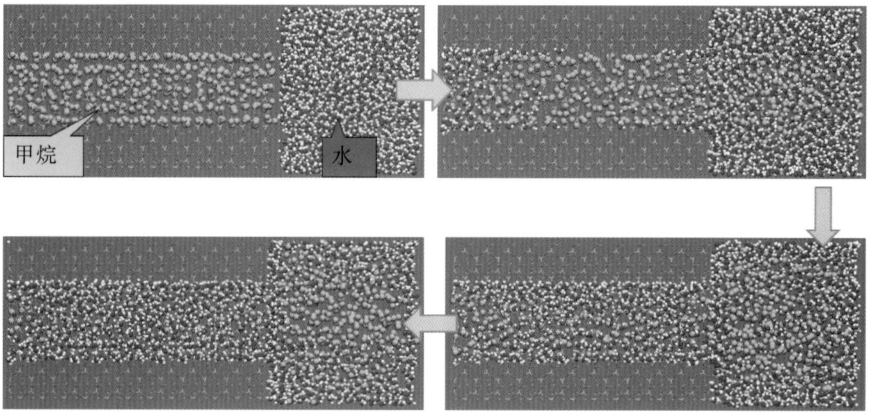

图 3.29　水侵入基质孔中的过程

从图 3.29 可以看到，裂缝中的水容易进入基质孔，首先将大部分气体置换到裂缝中，然后侵入一定的深度，对基质深部的气体形成封堵。该现象从微观上能够解释压裂后，尤其是闷井期间，裂缝中的压裂液水侵入基质，替换出气体或造成水锁。

通过分子动力学模拟了压裂水进入页岩基质储层后，再返排的气水流动特征。图 3.30 显示模拟发现在较大压力梯度下，气体从孔隙流出的比例远大于水，大部分的水在驱替作用下仍滞留在孔隙内，说明基质内的水返排出的比例较小。

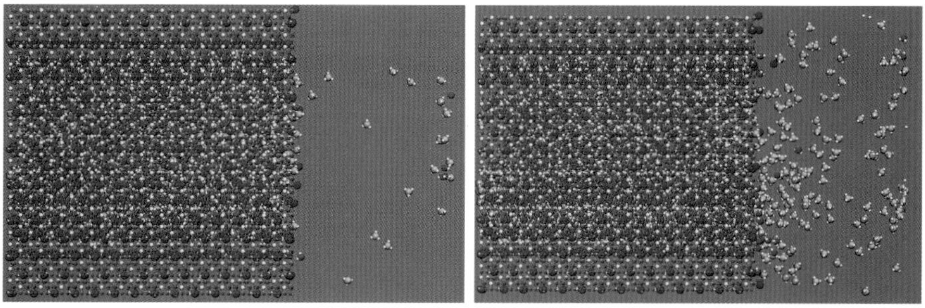

图 3.30　气体从孔隙流出比例远大于水

3.6.3 页岩气水两相流动通道特征

页岩气水两相在不同的压力梯度下，展现出不同的气水流动通道特征。通过构建页岩伊利石裂缝孔隙，模拟不同压力梯度下的气液在孔隙中的流动，发现不同驱替压力下，气水流动特征相差较大。

(1)低压力梯度，气相通道无法形成，气体几乎不流动(图 3.31)。只有少量气体分子通过溶解扩散的方式从基质孔隙中出来。这也可以解释页岩气井闷井期间，有少量气体可以扩散到近井附近。

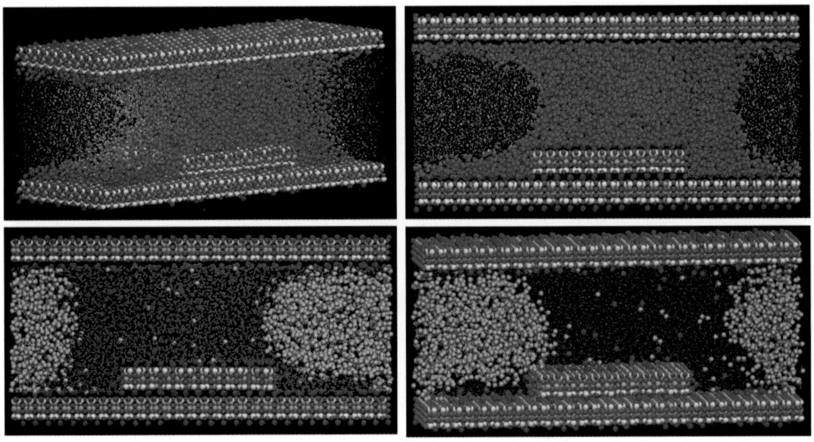

图 3.31 低压力梯度，气相通道无法形成

(2)提高压力梯度，气相通道部分形成，但以段塞流形式出现，如图 3.32 所示。

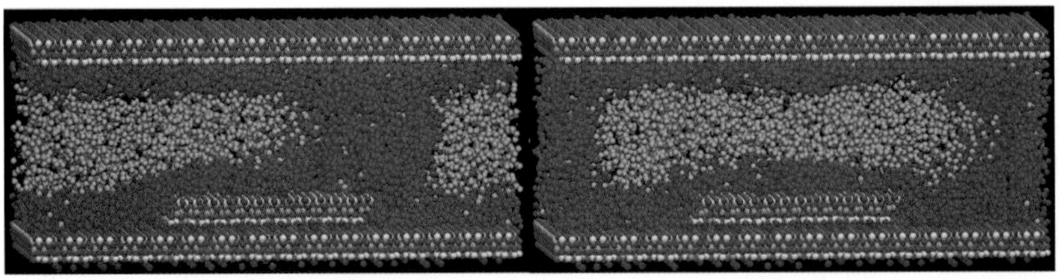

图 3.32 气相通道部分形成，但以段塞流形式出现

(3)继续提高压力梯度，气相从水桥两侧突破，形成两个独立流动通道，此时气体虽然能够流动，但流速慢，水在孔中心的阻力依然有，如图 3.33 所示。

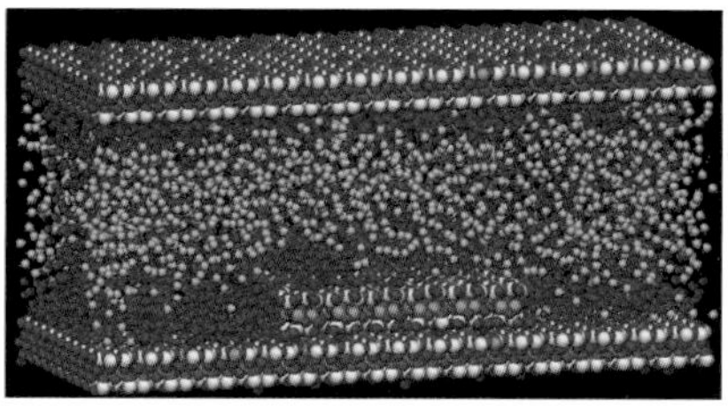

图 3.33　气相从水桥两侧突破，形成两个独立流动通道

(4) 继续提高压力梯度，直到气相完全突破水桥，形成孔中心的气体流动通道(图 3.34)。此时水主要以水膜形式存在，中心无水桥阻挡气体流动，气体流动阻力最小。

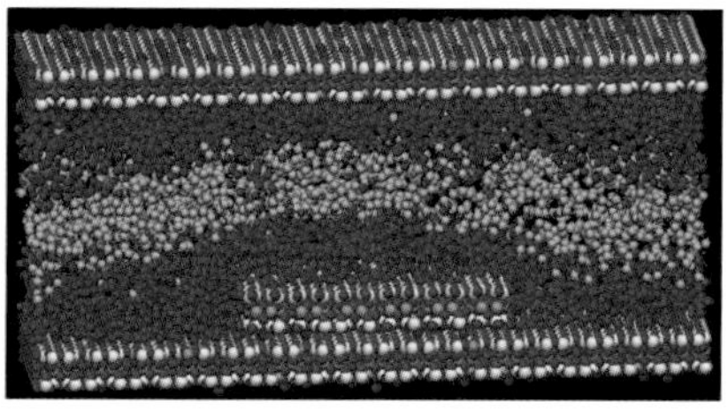

图 3.34　气相完全突破水桥，形成孔中心的气体流动通道

图 3.35 给出了气体完全突破水封气的过程，展示了气相渗流通道的完整形成过程。可以看到水封气除了与壁面水膜相关外，更重要的是与水桥的存在和数量相关。

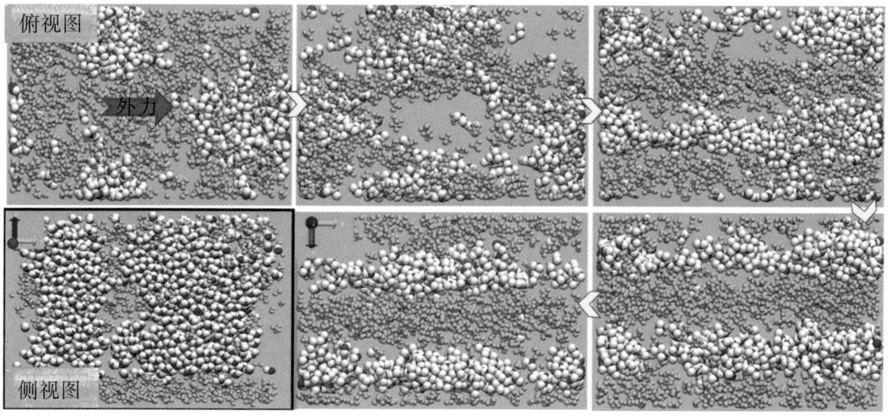

图 3.35　气体完全突破水封气的过程

在低压力梯度下，气体无法对水进行驱替，需要超过一定压力梯度才能流动。该机理能够解释部分页岩气区块闷井返排后产量不佳，原因可能是远处基质地层的压力梯度不足，使得气体无法突破水锁进行渗流流动。

第 4 章　水力压裂高能带数学模型及数值方法

页岩气水平井分段体积压裂作业通过高压泵将大量的压裂液泵入页岩地层，导致井筒附近人造裂缝体的压力升高，从而形成一个以高压力为标志的高能带。高能带虽然使水平井井筒附近周缘地带含水饱和度接近气水两相流含水饱和度的最高值，但也给压裂改造的页岩地层补充了能量——“泵注水补能、增能和蓄能”。这个水平井分段体积压裂形成的“人造高压力能量带”，也就是水力压裂的“储层压裂改造区，改造区的立体范围即为压裂改造体积(SRV)”。这个水力压裂作业的伟大成果——“人造高压力能量带”，本质上就是水力压裂造就形成既高泵压水力造缝构建成有复杂网状缝的改造型地质体，又注水充能蓄能增压的“人造裂缝型页岩气藏”，这是我们认识页岩气开采“一井一藏”的关键基础。鉴于其不言而喻的重要性，我们为此在 2021 年现场试验总结时专门将这个“人造高压力能量带”定义为“水力压裂高能带”，可简称为“高能带”。所以，正确计算出压裂期间和闷井返排阶段的人造页岩气藏地层压力分布和变化状况、圈定高能带范围及其随时间演变特征十分关键，也是压后闷井、返排采气计算的重要理论依据。

鉴于水力压裂形成的人造复杂缝网各个分支裂缝相互关联，准确描述缝网中的流体流动和流动分布非常困难，对裂缝进行适当简化，采用非结构网格的数值模拟方法成为压力分布计算的重要方法。本章将全面介绍基于非结构垂直等分线排比(perpendicuar bisection, PEBI)网格的页岩气数值模拟方法。

4.1　水力压裂压力分布的基本方程

图 4.1 是水平井多段压裂中裂缝与水平井相对位置图，图中给出了水平井井位、各级裂缝位置、裂缝形状，图 4.2 给出了 x-y 平面图，基本假设如下：

(1) 地层均质，但水平及垂直方向渗透率不同。

(2) 对气水两相，采用黑油模型假设，忽略毛管力，并考虑气体扩散及渗吸。

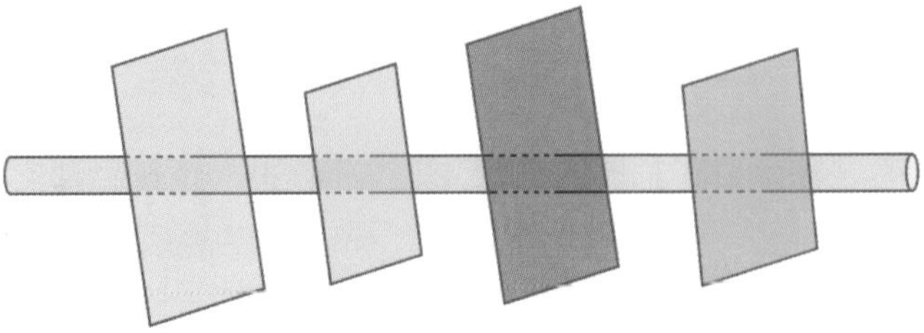

图 4.1　水平井多簇压裂中裂缝与水平井相对位置示意图

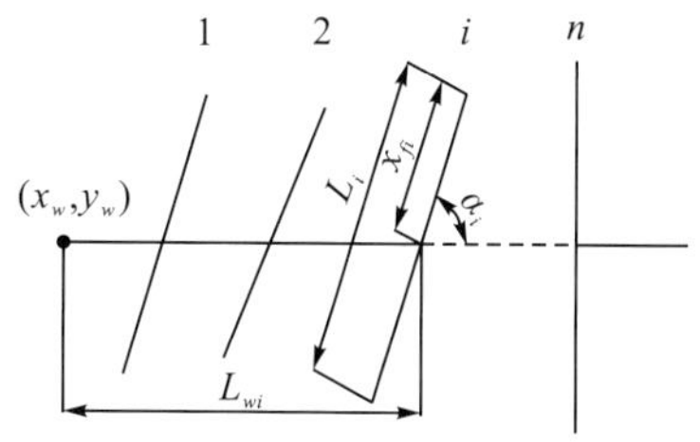

图 4.2　水平井多段压裂 x-y 平面投影示意图

(3) 因压裂及闷井期间地层压力较高(高于原始地层压力)，可以忽略气体吸附效应。

(4) 水平井的 n 条裂缝，每条裂缝半长 x_{fi} 及裂缝间距不等，裂缝平面与井筒水平面成 α_i 角，裂缝与水平井也不对称，定义裂缝长度为 L_i。

(5) 储层中的流体为原有页岩气，压裂期间注入大量的压裂液。

(6) 压裂液及地层微假设为可压缩，气藏各点的温度保持不变，渗流、解吸附、扩散为等温过程，气体参数采用 pVT 计算获得。

(7) 页岩存在渗吸即水气置换，本书将渗吸近似为源汇项，因水进入基岩水相方程中添加了汇项，而气相方程增加了源项。

根据上述假设，水相渗流满足达西定律，可以表示为

$$u_w = -\frac{kk_{rw}}{\mu_w}\left(\nabla p_w + \rho_w g\right) \tag{4.1}$$

式中：u_w 为水相速度；k_{rw} 为水相相对渗透率；ρ_w 为水相密度；μ_w 为水相黏度。

由于考虑气体在压裂及闷井期间的渗吸，因水进入基岩水相方程中添加了汇项，水相的连续性方程可以表示为

$$-\nabla \cdot \dot{m}_w = \frac{\partial m_w}{\partial t} - q_{iw} + q_w \tag{4.2}$$

式中：m_w 是多介质的单位体积中水相的质量；$\dot{m}_w$ 是水相的质量通量；$-\nabla \cdot \dot{m}_w$ 是单位体积内水相流出通量的速率；q_w 为水相源汇强度(单位时间内单位体积的质量)；q_{iw} 是渗吸导致的单位体积中单位时间内进入基岩中水相质量。引入饱和度及体积系数，则

$$\rho_w = \frac{1}{B_w}\left(\rho_{w\text{STC}}\right) \tag{4.3}$$

$$\dot{m}_w = \rho_w u_w \tag{4.4}$$

$$m_w = \rho_w \phi S_w \tag{4.5}$$

将式(4.4)、式(4.5)和式(4.1)代入式(4.2)，用 $\rho_{w\text{STC}}$ 去除得

$$\nabla \cdot \left[\frac{kk_{rw}}{B_w}\left(\nabla p - \gamma_w \nabla z\right)\right] = \frac{\partial}{\partial t}\left(\frac{\phi S_w}{B_w}\right) + q_{wsc}\delta\left(\tau, w\right) - q_{iw} \tag{4.6}$$

式中：γ_w 为相对密度；$\rho_{w\text{STC}}$ 为地面水相密度，kg/m^3；ϕ 为地层孔隙度；S_w 为含水饱和度；q_{wsc} 为初始压裂液注入强度；∇z 为地层垂向变量；B_w 为水的体积系数；$q_{wsc}\delta\left(t=\tau, w\right)$ 表示注入的压裂液强度，由每段压裂的注入量决定；τ 表示每段注入的时刻，w 代表水相。

忽略非线性渗透效应，假设气体的黏性渗透仍满足达西定律，气体的扩散运动服从菲克定律，从而有

$$v = v_d + v_k = -\frac{K_g}{\mu_g}\nabla p - \frac{D}{\rho_g}\nabla \rho_g = -\left(\frac{K}{\mu_g} + DC_g\right)\nabla p \tag{4.7}$$

由于当前处于闷井期间，可以忽略滑移及吸附效应，则气相方程可表示为

$$\nabla \cdot \left(\frac{kk_{rg}}{\mu_g B_g}\nabla p + DC_g \nabla p\right) = \frac{\partial}{\partial t}\left(\frac{\phi S_g}{B_g}\right) + q_{ig} \tag{4.8}$$

式中：D 为浓度扩散系数，m^2/s；C_g 为气体压缩系数，1/Pa；q_{ig} 为渗吸所导致的气汇项的贡献，是时间函数。饱和度及相渗曲线的附加方程如下：

$$S_w + S_g = 1 \tag{4.9}$$

$$\begin{cases} k_{rw} = k_{rw}(S_w) \\ k_{rg} = k_{rg}(S_g) \end{cases} \tag{4.10}$$

很明显上述方程就是在无限大求解区域中也不存在解析解，为此只能采用数值方法进行求解。上述方程需要确定其求解区域，对水平井多段压裂井外边界需要通过地质结构确定，内边界是由多段多簇裂缝定通过水平井进行沟通的流动通道，在此内外边界条件约束下进行方程数值求解，首先需要解决网格划分问题。

4.2　水平井多段压裂的 PEBI 网格划分

网格划分是偏微分方程数值解最重要环节之一，网格划分的质量对油藏数值模拟结果有重要的影响，网格划分的重要性体现在以下三个方面：①油藏数值模拟需对渗流方程进行数值求解，数值求解的首要步骤是方程离散，而网格是方程离散的基础。当离散方法确定时，网格分布决定方程组系数矩阵的结构，从而直接影响计算效率、计算精度和计算时间；②网格对复杂性边界的描述能力、编程的简易程度、断层等约束条件描述的精准度、网格生成的自动化和智能化程度等，直接关系到数值模拟结果的好坏与可信度。③网格生成的任务和工作量常常占据总工作量的大部分。另外，水平井及裂缝都存在走向问题，并且与外边界也存在一定的角度，因此，规则网格难以表征复杂的外边界、水平井多段压裂的裂缝等，而非结构网格是这类问题的优先选择。

4.2.1　网格划分技术概述

网格按拓扑结构可分成结构网格和非结构网格，结构网格是指网格区域内所有的内部点都具有相同的相邻单元，其典型的代表是笛卡儿坐标系网格。结构网格的主要优点：网格数据结构简单、生成的速度快且网格生成的质量好等。结构网格因其简单性和方便性在数值计算领域中有广泛的应用。结构网格的主要缺点：结构网格只适用于形状规则的图形，边界的适用范围比较窄；不便于描述断层尖灭等油藏地质特征；存在严重的网格取向效应。

非结构网格是指网格部分区域内的不同内点相连的网格数目不同，非结构化网格中可能会包含结构化网格的部分。非结构网格的主要优点有：可以逼近任意油藏形状，便于局部加密，易于描述断层等。尤其对水平井多段压裂，非结构网格可以较为准确地表征裂缝、水平井、断层及外边界等。非结构网格的主要缺点有：网格生成困难、数据结构复杂、代数方程组求解困难等。

1. 笛卡儿正交网格

笛卡儿正交网格在油气藏数值模拟中占主导地位，大多情况下它都能取得很好的效果，但它不能精确地描述油藏的边界形状，如断层、尖灭等。用笛卡儿正交网格对油藏进行划分时，不能保证每个网格都有效(部分网格可能没有油层，即死节点)，对区域较大、井数较多的油藏，油井不会都位于网格中心；虽然可以采用局部加密的方法，但会在粗细网格交界处导致新的误差。对水平井或斜井，笛卡儿网格很难与井的方向保持一致，存在严重的网格取向效应。

2. 非正交角点网格

非正交角点网格能灵活地描述油藏边界、流动类型、水平井和断层。其特点是网格的走向可以沿着断层线、边界线或尖灭线，因而，网格可能是扭曲的。角点网格之间的不正交性会导致传导率计算困难、模拟计算时间增加，影响计算结果精度。

3. 曲线网格

曲线网格虽然比长方形网格更有效，如图 4.3 所示，可减少取向效应，易于在差分油藏模拟器中实现等，但 Sharpe 和 Anderson(1990，1991)指出曲线网格仍存在较多缺陷：限于不可压缩流(可压稳态流)和二维问题，虽可描述断层等，但该网格对复杂油藏构造能力仍有限；网格的密疏不能反映实际需求，曲线网格往往比长方形网格有更多的网格块等。

图 4.3　曲线网格示意图

4. PEBI 网格

PEBI 网格是一种局部正交网格，任意两个相邻网格块的交界面一定垂直平分相应网格节点的连线，如图 4.4 所示。PEBI 网格比结构网格灵活，可很好地模拟真实油藏地质边界；可以解决渗透率各向异性问题；近井处可以局部加密并且粗细网格过渡较为平滑，PEBI 网格适合于计算近井径向流；可以应用窗口技术，有效地将水平井与笛卡儿网格或 PEBI 网格衔接，实现任意方向水平井的数值模拟；PEBI 网格取向效应比笛卡儿网格五点差分格式要小，易于构造断层；满足有限差分方法对网格正交性要求，使最终得到的差分方程与笛卡儿网格有限差分法相似；可利用现有的有限差分数值模拟软件。

PEBI 网格的不规则性导致网格块可有任意多的相邻网格，从而给存储、计算带来更多的负担，因而很少使用一般形式的 PEBI 网格对全域油藏进行网格划分，多使用若干特殊形式的 PEBI 网格进行网格划分。

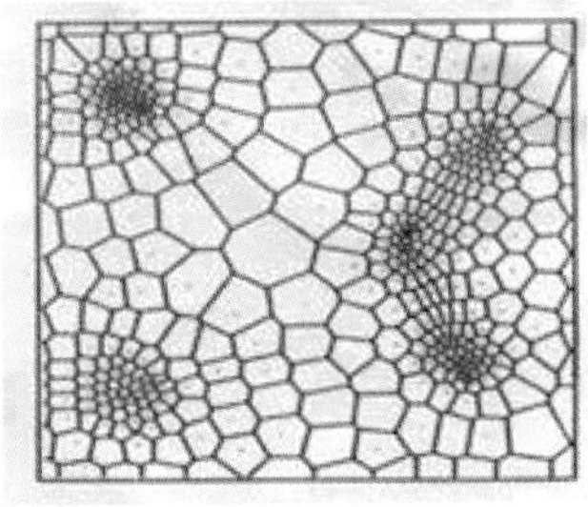

(a)一般形式的PEBI网格

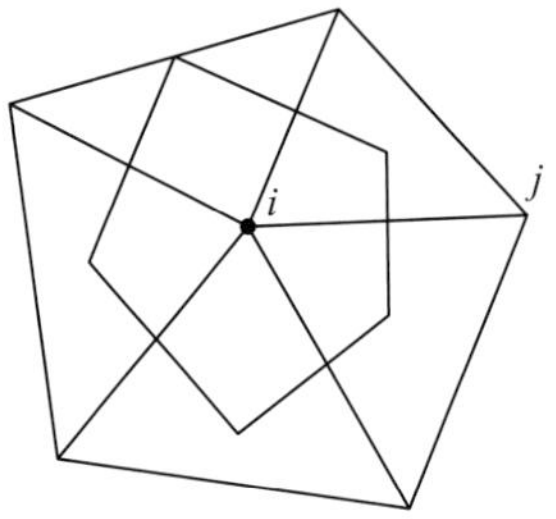

(b)一个PEBI网格及其相邻网格点

图 4.4　PEBI 网格示意图

5. 中点网格

中点网格是由三角形各边中点和重心相互连接而组成的，如图 4.5 所示。对于各向异性油藏，这种网格更适用，因为它允许渗透率张量形式，同时网格取向效应会降低。与 PEBI 网格相比，中点网格的边数更多，增加了稀疏矩阵中非零元素的个数，会导致计算时间的增加。

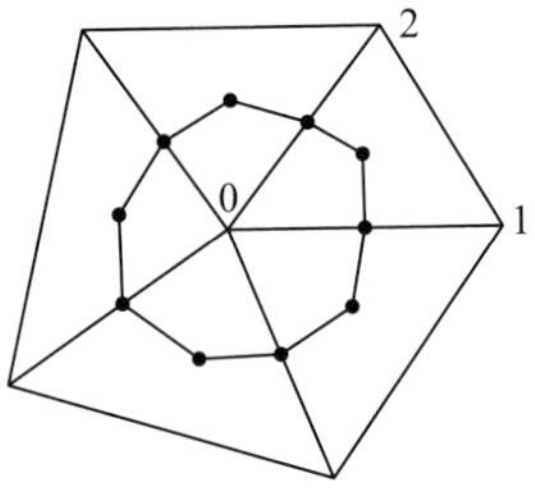

图 4.5　中点网格示意图

6. 径向网格

径向网格是柱坐标系下的网格，在油藏模拟中，径向网格主要用于井眼附近。考虑到油藏存在各向异性和非均质性，可将径向上的圆环进一步划分成多个部分，其优点为可以较为精确地反映井眼附近的流动特征，可以以较小的网格数目得到较高的模拟精度。显然它只适用于圆形边界的油藏模拟，不适用于任意边界的油藏模拟。

7. 混合网格

混合网格通常是以下若干种情况的组合：油井区域的径向网格、断层处的 PEBI 网格、油藏区域的长方形或正方形网格、边界的 PEBI 网格、水平井的 PEBI 网格等；混合网格的优点主要有：①适用于复杂油藏描述，因为 PBEI 网格等非结构网格可精确描述断层、任意边界和水平井等，径向网格可很好地描述近井的流动等；②可保留结构网格高精度的离散化、高速度的求解等优点；③与单种网格相比，混合网格可减少网格块数，从而使系数矩阵规模成平方递减，提高求解速度。总之，混合网格实现了多种坐标体系的结合，既能够较为准确地反映井眼周围流体流动特征、很好地描述断层裂缝等地质特征，又能大大减小网格数目、克服单一网格在模拟过程中的不足，在油藏模拟中得到了普遍的重视与广泛的应用。

4.2.2　PEBI 网格划分过程

每个 PEBI 网格节点对应一个 PEBI 多边形（称为 PEBI 网格单元），PEBI 网格单元就是沃罗诺伊（Voronoi）多边形，沃罗诺伊多边形是在平面 R^2 上，给定了 N 个点 $\left\{P_j\right\}_1^N$ 。对每一个 $P_i\left(i=1,2,\cdots,N\right)$，定义其领域为：在该平面上到 P_i 点的距离比到其他点 $P_j\left(j\neq i\right)$ 的距离更近的点集：

$$S_i=\left\{P\in R^2:\left|PP_i\right|\leqslant\left|PP_j\right|,j\neq i,j=1,2,\cdots,N\right\}$$

该领域即为 P_i 点的沃罗诺伊多边形，而沃罗诺伊图是德洛奈（Delaunay）三角网格的对偶图形，因此，德洛奈三角网格剖分是核心，德洛奈三角网格剖分算法的基本步骤：

(1) 构造一个超级三角形，包含所有散点，放入三角形链表。

(2) 依次插入点集中的散点，找出外接圆包含插入点的三角形，删除该三角形的公共边，将插入点同三角形的全部顶点连接起来，从而完成一个点在德洛奈三角形链表中的插入，插入一个新点的过程如图 4.6 所示。

(3) 根据优化准则对局部新形成的三角形进行优化，将形成的三角形放入德洛奈三角形链表。

(4) 循环执行 (2)，直到所有散点插入完毕。

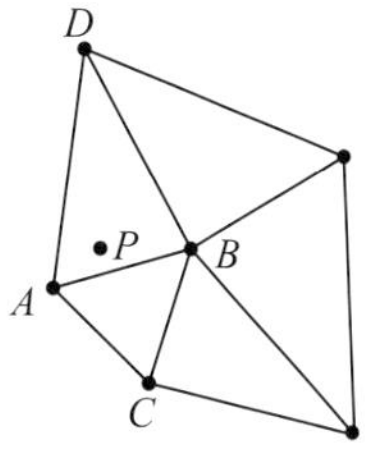

(a)插入新结点P

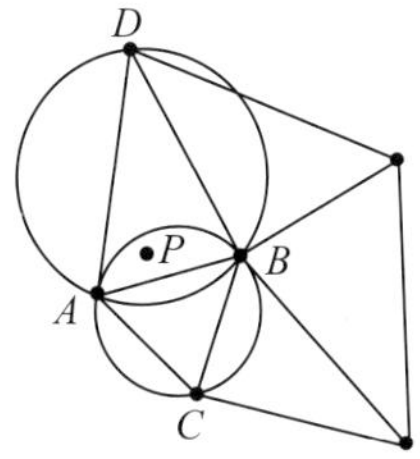

(b)决定如何连接P与其他顶点

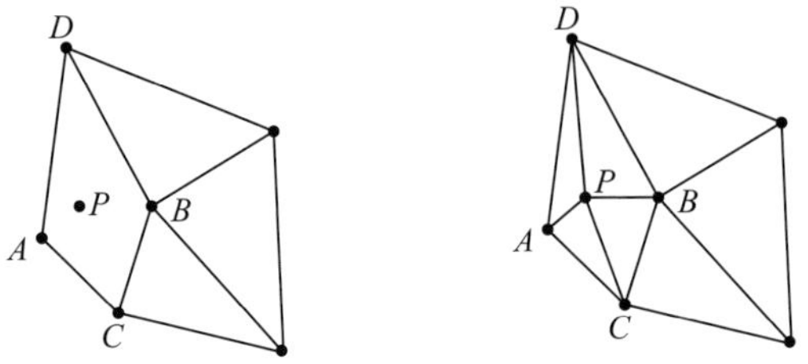

(c)删除边AB　　(d)形成三角形

图 4.6　插入新点

三角形剖分后所得到的非结构网格，并不一定是德洛奈三角形，甚至可能出现边界外的三角形，或者三角形的疏密不合理，所以需要在剖分后进行局部调整。通过对角交换技术改变网格的拓扑连接结构，实现网格局部最小内角最大化。

在水平井多段压裂数值模拟网格划分中，存在边界、断层、水平井、裂缝等元素，网格划分时需要对这些元素进行限制，这些可以归结为如下限定因素：

(1) 限定点：所给定的点必须成为沃罗诺伊图的网格节点，限定点包括垂直井位置、裂缝井各分段中心位置、水平井各分段中心位置。

(2) 限定线：所给定的线必须成为沃罗诺伊多边形的边，不允许出现跨过限定线的网格块，限定线包括边界线、断层、垂直井的井筒、裂缝井的裂缝、水平井的井筒。

图4.7 为一个油藏区域的限定条件示例，其中三条断层构成一个区域，在断层相交处需要设置限定点，保证了网格的质量。根据所要生成的网格点的特征，可以把油藏区域中的元素分为以下几类：

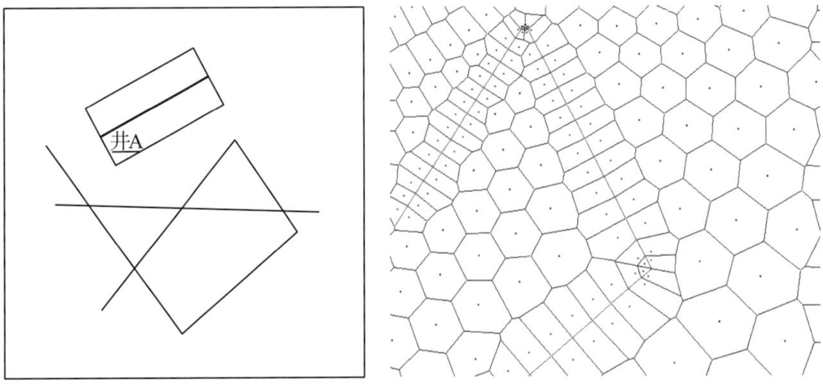

(a)限定条件　　(b)网格不能穿过断层

图 4.7　限定条件示例

(1) 点模块：是一些特殊点的邻域，这些点包括边界多边形的顶点，断层起点、转折点、终点，断层与断层的交点，断层与边界的交点。

(2) 线模块：包括边界、断层除去点模块的邻域。

(3) 圆模块：包括垂直井的邻域。

(4) 椭圆模块：包括裂缝井、水平井的邻域。

(5) 平面模块：油藏区域中的其他区域。

只需要在以上五种模块中分别设置网格点，这些网格点的并集就构成了整个油藏区域的网格点。模块之间因区域重叠可能会出现模块之间的干扰：

(1) 线模块与线模块的干扰：两个线模块距离过近而产生重叠。

(2) 线模块与圆模块的干扰：一个线模块与一个圆模块距离过近而产生重叠。

(3) 圆模块与圆模块的干扰：两个圆模块距离过近而产生重叠。

4.2.3　PEBI 网格生成实例

下面对一个油藏实例给出 PEBI 网格的生成过程，该实例利用交互界面输入油藏的边界、断层、直井、水平井等信息，如图 4.8 所示求解区域中有两口井和一条断层。

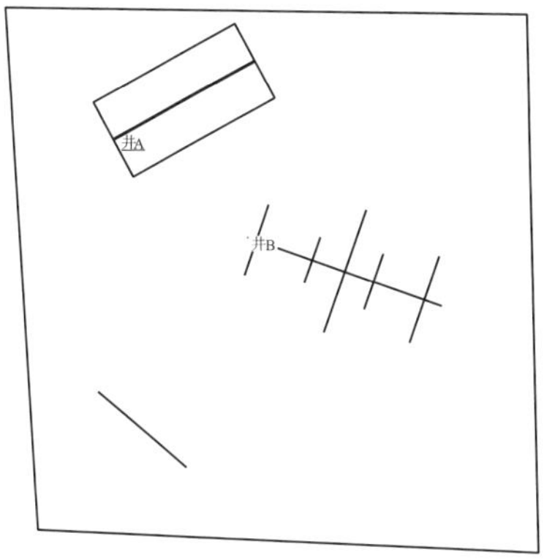

图 4.8　求解区域、断层及井信息

根据用户输入的网格尺寸、网格类型等信息，如图 4.9 所示井 B 的网格参数及计算模型设置，由此进行模块划分，完成平面区域上的布点工作，如图 4.10～图 4.12 所示。

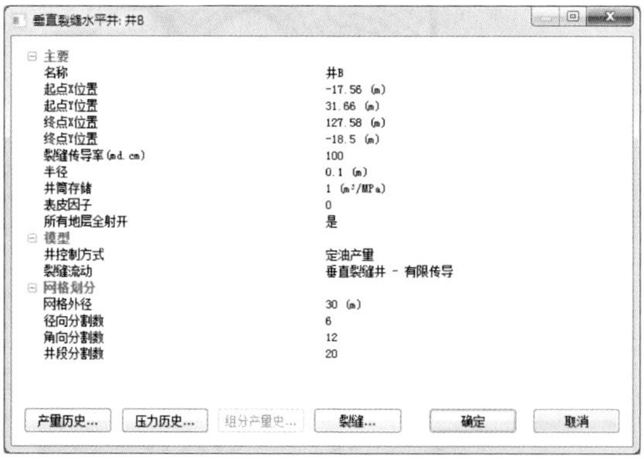

图 4.9　井网格几何参数、计算模型等设置

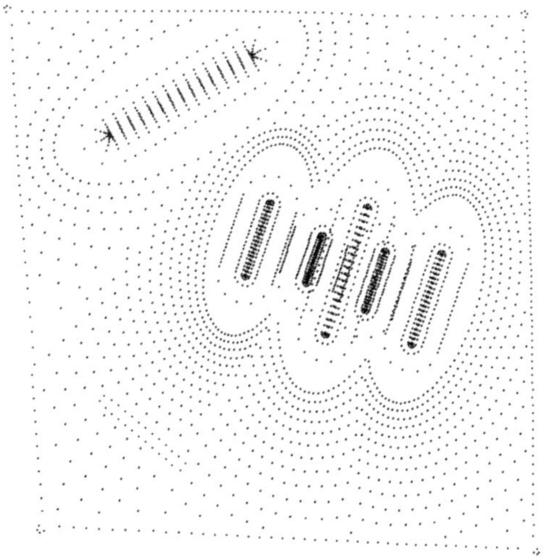

图 4.10　根据 PEBI 点形成规则形成网格点

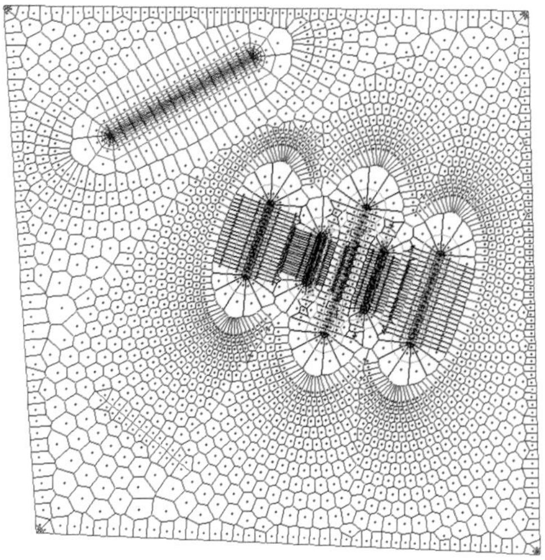

图 4.11　任意边界计算区域中两口井一条断层的 PEBI 网格

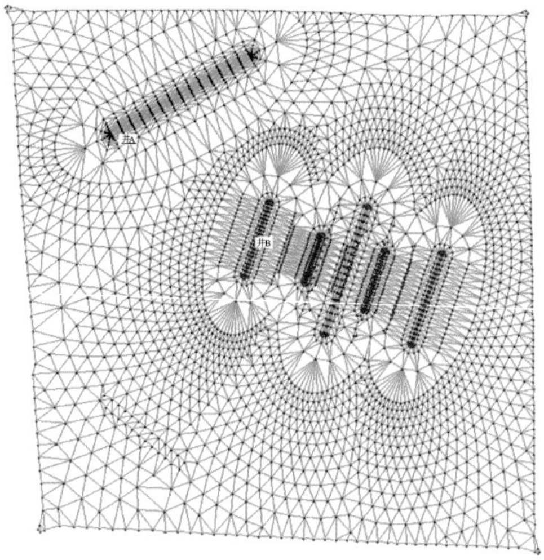

图 4.12　任意边界计算区域中两口井一条断层的德洛奈三角剖分

4.3　页岩气高能带方程离散

式(4.6)、式(4.8)、式(4.9)和式(4.10)给出了页岩气压后地层压力分布满足的方程组，求解这个偏微分方程组只能通过计算机数值模拟求解。有限差分方法是计算机数值模拟最早采用的方法，源于牛顿、欧拉，至今仍被广泛运用。有限差分法把导数用网格节点上的差商代替进行离散，从而建立以网格节点上的值为未知数的代数方程组。

例如，由 u 的泰勒级数展开

$$u_j^{n+1} = u_j^n + \Delta t\left(\frac{\partial u}{\partial t}\right)_{j,n} + \frac{\Delta t^2}{2!}\left(\frac{\partial^2 u}{\partial t^2}\right)_{j,n} + \cdots \tag{4.11}$$

式中：u 为速度，m/s；t 为时间，s。可得

$$\left(\frac{\partial u}{\partial t}\right)_{j,n} = \frac{u_j^{n+1} - u_j^n}{\Delta t} - \frac{\Delta t}{2!}\left(\frac{\partial^2 u}{\partial t^2}\right)_{j,n} - \cdots \tag{4.12}$$

忽略二阶导数项，可得时间向前差分：

$$\left(\frac{\partial u}{\partial t}\right)_i^n \approx \frac{u_i^{n+1} - u_i^n}{\Delta t} \tag{4.13}$$

类似可得空间向前差分：

$$\left(\frac{\partial u}{\partial x}\right)_i^n \approx \frac{u_{i+1}^n - u_i^n}{\Delta x} \tag{4.14}$$

$$\left(\frac{\partial^2 u}{\partial x^2}\right)_i^n \approx \frac{\dfrac{u_{i+1}^n - u_i^n}{\Delta x} - \dfrac{u_i^n - u_{i-1}^n}{\Delta x}}{\Delta x} = \frac{u_{i+1}^n - 2u_i^n + u_{i-1}^n}{\Delta x^2} \tag{4.15}$$

差分方法是一种直接将微分问题变为代数问题的近似数值解法，数学概念直观，表达简单，是发展较早且比较成熟的数值方法。其优点为：构造简单，直观易懂；计算效率较高，便于在计算机中实现；能够达到较高精度，且不难实现。其缺点为：处理复杂区域时面临很大困难；对单元剖分要求较高，只适用于结构网格。随着计算技术发展，出现了有限元差分法及有限体积法。有限元比较适合固体力学数值计算，在处理流体守恒性、强对流、不可压缩等问题时有一定的局限性。

有限体积法是在有限差分法基础上发展而来的，它的基本思想是将求解区域划分为一系列不重叠的控制体积，并使每个网格点周围有一个控制体积；然后将待解的微分方程对每一个控制体积积分，得出一组离散方程，其中的未知数是网格点上的因变量的个数。从积分区域的选取方法看来，有限体积法属于加权剩余法中的子区域法；从未知解的近似方法看来，有限体积法属于采用局部近似的离散方法。有限体积法的离散思想使守恒定律自动被满足，如质量守恒、动量守恒、能量守恒等，使得这种数值方法具有明显的物理意义。

有限体积基本解题步骤如下：

(1)将计算区域划分为一系列不重叠的控制体积，并使每个网格点周围有一个控制体积。

(2)将待解的微分方程对每一个控制体积进行积分，得出一组离散方程，其中的未知量是网格点上的因变量的个数。

(3)求解代数方程组获得微分方程的近似解。

4.3.1　流动方程控制体积近似

PEBI 网格是非结构网格，一个网格与多个网格相邻，相邻网格的数目不固定。图 4.13 给出的是网格 i 及其邻接网格的情形，其相邻网格的编号分别为 1、2、3、4、5、6。

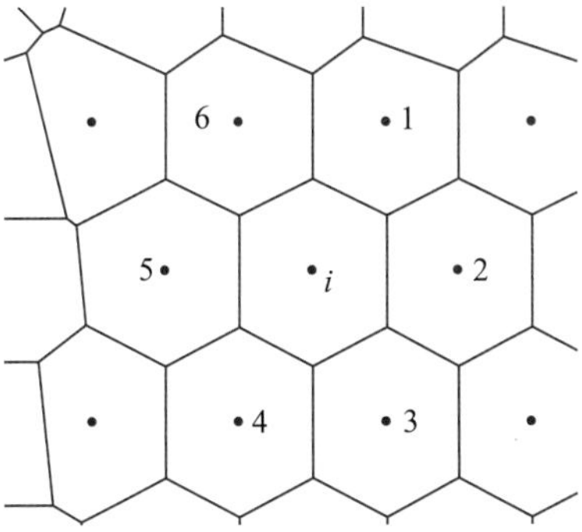

图 4.13　PEBI 网格 i 及其相邻网格

每个网格的编号是按给定的算法自动生成的，因此，每个网格的相邻网格编号可能是“杂乱无章的”，不可能像图 4.13 那样有规律。PEBI 非结构网格中的拓扑关系，只能反映在数据结构中，而不能像规则网格那样通过下标以显式的方式给出。本书中，记网格 i 为当前网格，网格 i 的体积为 V_i，用 $\sum_j$ 表示网格 i 的所有相邻网格，其中 j 为相邻网格的编号。

4.3.1.1　水相方程的离散

方程(4.6)、方程(4.8)分别是页岩气压后地层压力分布的水相与气相流动方程。这里以水相流动方程为例，给出其离散过程。在网格 i 中[图 4.14(a)]，对方程(4.6)进行体积分：

$$\iiint_{V_i} \nabla \cdot \frac{kk_{rw}}{B_w}\left(\nabla p - \gamma_w \nabla z\right) \mathrm{d}\Omega = \iiint_{V_i} \frac{\partial}{\partial t}\left[\frac{\phi S_w}{B_w}\right] \mathrm{d}\Omega + \iiint_{V_i} \left[q_{wsc}\delta\left(\tau, w\right) - q_{iw}\right] \mathrm{d}\Omega \tag{4.16}$$

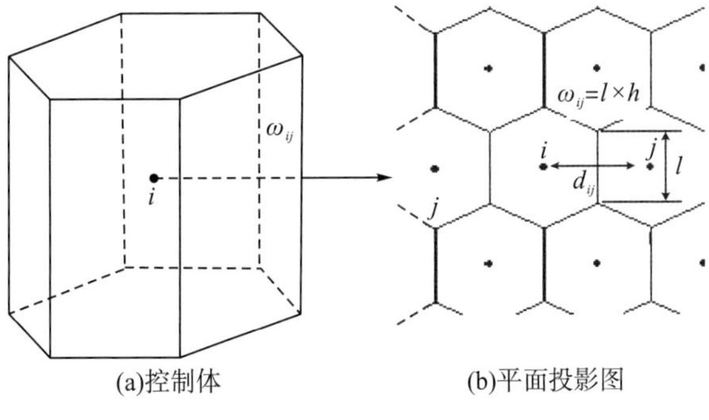

图 4.14　网格参数示意图

应用高斯定理，则方程(4.16)左边的体积分可以变为面积分：

$$\iiint_{V_i} \nabla \cdot \left[\frac{kk_{rw}}{\mu_w B_w}\left(\nabla p - \gamma_w \nabla z\right)\right] \mathrm{d}\Omega = \oiint_S \frac{kk_{rw}}{\mu_w B_w}\left(\nabla p - \gamma_w \nabla z\right) \cdot \vec{n} \mathrm{d}S \tag{4.17}$$

根据 PEBI 网格的特点，相邻网格中心点的连线垂直于两个网格的相邻面，因而每个面的法线与流动方向平行，这使得面积分大大简化。假设相邻面上的黏度、体积系数及压力等参数都是常数，因而有

$$\oiint_S \left[\frac{kk_{rw}}{\mu_w B_w}(\nabla p-\gamma_w \nabla z)\right]\cdot \vec{n}\mathrm{d}s=\sum_j\left[\left(\frac{kk_{rw}}{\mu_w B_w}\right)_{ij}\omega_{ij}(\nabla p-\gamma_w \nabla z)\right] \tag{4.18}$$

式中：$\sum_j$ 表示对每个面进行求和，对应图 4.14(a)就表示对 8 个面进行求和；ω_{ij} 为流动截面积。将相邻面上的偏导数值用相邻网格点处的值近似表示，则方程(4.18)可进一步改写为

$$\oiint_S \left[\frac{kk_{rw}}{\mu_w B_w}(\nabla p-\gamma_w \nabla z)\right]\cdot \vec{n}\mathrm{d}s=\sum_j\left[\left(\frac{kk_{rw}}{\mu_w B_w}\right)_{ij}\frac{\omega_{ij}}{d_{ij}}(p_j-p_i-\gamma_w(z_j-z_i))\right] \tag{4.19}$$

其中，d_{ij} 为网格中心距离，如图 4.14 所示。

对累积项的积分，有

$$\iiint_{V_i}\frac{\partial}{\partial t}\left(\frac{\phi S_w}{B_w}\right)\mathrm{d}\Omega+\iiint_{V_i}\left[q_{wsc}\delta(\tau,w)-q_{iw}\right]\mathrm{d}\Omega=\frac{V_i}{\Delta t}\left[\left(\frac{\phi S_w}{B_w}\right)_i^{n+1}-\left(\frac{\phi S_w}{B_w}\right)_i^{n}\right]+q_{wsc}-q_{iw} \tag{4.20}$$

联立方程(4.20)与方程(4.19)，方程(4.16)变为

$$\sum_j T_{ij,w}[p_j-p_i-(D_j-D_i)]=\frac{V_i}{\Delta t}\left[\left(\frac{\phi S_w}{B_w}\right)_i^{n+1}-\left(\frac{\phi S_w}{B_w}\right)_i^{n}\right]+q_{wsc}-q_{iw} \tag{4.21}$$

其中，p_j、p_i 为网格 i 与网格 j 的压力；V_i 为网格 i 的体积(对于二维问题则为网格单元 i 的面积)；$D_j=\gamma_w z_j$ 为压裂液在地下的容重 γ_w 与从某一基准面算起的高度 z_j 的乘积。$T_{ij,w}$ 为传导系数，是 PEBI 网格流动系数 $\lambda_{ij,w}$ 与其几何因子 G_{ij} 的乘积：

$$T_{ij,w}=\lambda_{ij,w}G_{ij} \tag{4.22}$$

$\lambda_{ij,w}$ 为相对渗透率和黏度、体积系数的比值，即

$$\lambda_{ij,w}=\left(\frac{k_{rw}}{\mu_w B_w}\right)_{ij} \tag{4.23}$$

几何因子 G_{ij} 为两相邻 PEBI 网格 i、j 间流体流动的断面面积 ω_{ij} 和渗透率 k_{ij} 的乘积与这两个 PEBI 网格中心点间的距离 d_{ij} 的比值：

$$G_{ij}=\frac{k_{ij}\cdot\omega_{ij}}{d_{ij}} \tag{4.24}$$

其中，$\omega_{ij}=l\times h$，l 为网格相邻边的长度，h 为网格的高度，即油层的厚度(图 4.14)。对于非均质油藏，$k_i\neq k_j$，对于不等厚油藏 $\omega_i\neq\omega_j$，因而 k_{ij},ω_{ij} 在相邻面上的取值不能简单地等同于某个网格上的值，要加权平均。这将在后面论述。图 4.15 给出了相邻面的面积相等与不相等两种情形。

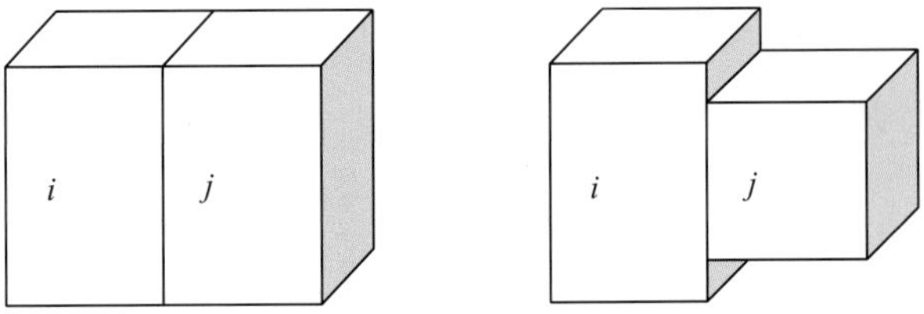

(a)两相邻面大小相等 (b)两相邻面一大一小

图 4.15 两网格的相邻面

4.3.1.2 方程右端时间项的离散

右端的时间项 $\frac{\partial t}{\partial t}$ 也称为累积项，是对时间的一阶偏导数，可记为

$$\frac{\partial f}{\partial t} \approx \frac{1}{\Delta t}\Delta_t(f) = \frac{1}{\Delta t}(f^{n+1} - f^n)$$

如果展开式满足下列形式，则称展开式是守恒的

$$\Delta_t(f) = (f^{n+1} - f^n)$$

对于多相流的强非线性方程，非守恒形式的展开可能降低稳定性，并产生较大的物质平衡误差。因此这里采用守恒的展开形式。

f 指方程(4.6)和方程(4.8)中右端累积项中的 $\frac{\phi S_w}{B_w}$ 及 $\frac{\phi S_g}{B_g}$，可统一写成 $f = UVY$，$\Delta_t(f) = \Delta_t(UVY)$ 的守恒形式展开：

$$\Delta_t(f) = \Delta_t(UVY) = (UVY)^{n+1} - (UVY)^n$$

满足以上的展开形式很多，以下是其中的一种：

$$\Delta_t(UVY) = (VY)^n \Delta_t U + U^{n+1}(Y)^n \Delta_t V + (UV)^{n+1} Y^n + (UV)^{n+1}\Delta_t Y \tag{4.25}$$

研究表明，按式(4.25)展开时方程的收敛性较好，式(4.25)中的 $\Delta_t U$、$\Delta_t V$、$\Delta_t Y$ 也应用守恒形式展开：

$$\Delta_t \phi = \phi^{n+1} - \phi^n = \frac{\phi^{n+1} - \phi^n}{p^{n+1} - p^n}(p^{n+1} - p^n)$$

$$\Delta_t\left(\frac{1}{B_w}\right) = \frac{1}{B_w^{\ n+1}} - \frac{1}{B_w^{\ n}} = \frac{\frac{1}{B_w^{\ n+1}} - \frac{1}{B_w^{\ n}}}{p^{n+1} - p^n}(p^{n+1} - p^n)$$

方程(4.6)和方程(4.8)中右端累积项按守恒式(4.25)展开，可统一写成下面的式子：

$$\Delta_t\left(\frac{\phi S_l}{B_l}\right) = S_l^n\left[\frac{1}{B_l^n}\frac{\partial \phi}{\partial p} + \phi^{n+1}\frac{\partial(1/B_l)}{\partial p}\right]\Delta_t p + \left(\frac{\phi}{B_l}\right)^{n+1}\Delta_t S_l \tag{4.26}$$

其中，l 为 g 或 w。若求解变量为 (p, S_w)，有 $\Delta_t S_g = -\Delta_t S_w$，则累积项中与油相相关的离散形式为

$$\Delta_t\left(\frac{\phi S_w}{B_w}\right) = S_w^n\left[\frac{1}{B_w^n}\frac{\partial \phi}{\partial p} + \phi^{n+1}\frac{\partial(1/B_w)}{\partial p}\right]\Delta_t p + \left(\frac{\phi}{B_w}\right)^{n+1}\Delta_t S_w \tag{4.27}$$

累积项不存在空间加权的问题，因而累积项中的变量都是网格 i 的变量，以上都省略了下标 i。这样水相方程(4.6)有限体积离散方程可表示为

$$\sum_j [T_{ij,w}(\Delta p - \gamma_w \Delta z)]^{n+1} = C_{wp}\delta p + C_{ww}\delta S_w + q_{wsc}^{n+1} - q_{iw}^{n+1} \tag{4.28}$$

其中，$C_{wp} = \dfrac{V_i}{\Delta t}\left[\dfrac{1}{B_w^n}\dfrac{\partial \phi}{\partial p} + \phi^{n+1}\dfrac{\partial(1/B_w)}{\partial p}\right]S_w^n$；$C_{ww} = \dfrac{V_i}{\Delta t}\left(\dfrac{\phi}{B_w}\right)^{n+1}$；$\Delta p = p_j - p_i$；$\Delta z = z_j - z_i$。

气组分方程(4.8)离散后变成：

$$\sum_j \left[T_{ij,g}(\Delta p + DC_g - \gamma_g \Delta z)\right]^{n+1} = C_{gp}\delta p + C_{gg}\delta S_g + q_{ig}^{n+1} \tag{4.29}$$

其中，$C_{gp} = \dfrac{V_i}{\Delta t}\left[\dfrac{1}{B_g^n}\dfrac{\partial \phi}{\partial p} + \phi^{n+1}\dfrac{\partial(1/B_g)}{\partial p}\right]S_g^n$；$C_{gg} = \dfrac{V_i}{\Delta t}\left(\dfrac{\phi}{B_g}\right)^{n+1}$；$\Delta p = p_j - p_i$；$\Delta z = z_j - z_i$。

4.3.2　几何因子的空间加权

几何因子 $G_{ij} = \dfrac{k_{ij}\cdot \omega_{ij}}{d_{ij}}$ 是一个只与网格有关的参数，这里将讨论相邻网格的厚度与渗透率不相等情形下的几何因子空间加权方法。

如图 4.16 所示，网格 i 和 j 的间距为 d，相邻公共边长为 l，设两网格的高度分别为 h_i 和 h_j，渗透率分别为 K_i 和 K_j，网格 i 流向网格 j 的流量为 Q_{ij}，两个网格间的传导系数为 T_{ij}，$\omega_i = lh_i$，$\omega_j = lh_j$，则由达西定律可得

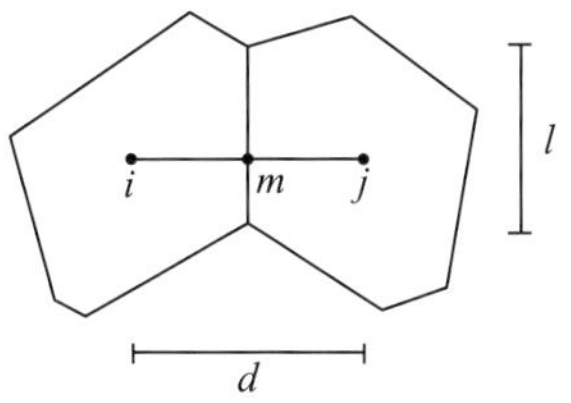

图 4.16　计算 T_{ij} 示意图

$$Q_{ij} = K_i\lambda_{ij}\frac{\omega_i}{d/2}(p_m - p_i) = K_j\lambda_{ij}\frac{\omega_j}{d/2}(p_j - p_m) \tag{4.30}$$

$$Q_{ij} = T_{ij}\cdot(p_j - p_i) \tag{4.31}$$

由 $p_j - p_i = (p_j - p_m) + (p_m - p_i)$ 及式(4.30)和式(4.31)，可得

$$Q_{ij} = T_{ij}\cdot(p_j - p_i) = T_{ij}\cdot(p_j - p_m) + T_{ij}\cdot(p_m - p_i) = T_{ij}\left(\frac{Q_{ij}}{K_j\lambda_{ij}\dfrac{\omega_j}{d/2}} + \frac{Q_{ij}}{K_i\lambda_{ij}\dfrac{\omega_i}{d/2}}\right)$$

化简有

$$1=T_{ij}\left(\frac{1}{K_j\lambda_{ij}\dfrac{\omega_j}{d/2}}+\frac{1}{K_i\lambda_{ij}\dfrac{\omega_i}{d/2}}\right)=T_{ij}\frac{d}{2\lambda_{ij}}\left(\frac{1}{\omega_j K_j}+\frac{1}{\omega_i K_i}\right)$$

可推出

$$T_{ij}=\frac{2\lambda_{ij}}{d}\left(\frac{\omega_i\omega_j K_i K_j}{\omega_i K_i+\omega_j K_j}\right) \tag{4.32}$$

从而有

$$G_{ij}=\frac{1}{d}\left(\frac{2\omega_i\omega_j K_i K_j}{\omega_i K_i+\omega_j K_j}\right) \tag{4.33}$$

4.3.3 传导率系数的空间加权处理

网格 i 与 j 间的传导率 $T_{ij,w}=\lambda_{ij,w}G_{ij}$ 由两部分组成：一是和压力与饱和度有关的量 $\lambda_{ij,w}=\left(\dfrac{k_{rw}}{\mu_w B_w}\right)_{ij}$；二是仅与网格有关的几何因子 $G_{ij}=\dfrac{k_{ij}\cdot\omega_{ij}}{d_{ij}}$。这里主要讨论 $\lambda_{ij,w}=\left(\dfrac{k_{rw}}{\mu_w B_w}\right)_{ij}$ 中的弱非线性项 B_l^{n+1}、μ_l^{n+1} 与强非线性项 k_{ro}^{n+1} 的空间加权。

一般地，传导率项可写为

$$Gf_p\left(p_o\right)f_s\left(S_w,S_g\right)=Gf_pf_s \tag{4.34}$$

式中：G 为几何因子，$G=\dfrac{k_{ij}\omega_{ij}}{d_{ij}}$；$p_o$ 为油相压力。

f_p 为与压力有关的函数：$f_p\equiv\dfrac{1}{\mu_l B_l}$，该函数是空间弱非线性，其空间加权的方式对结果影响有限，可用上游加权或中心加权来赋值。设网格 i 与网格 j 是相邻网格，则弱非线性项 $f_{p,ij}$ 的加权方式为

$$f_{p,ij}=\begin{cases}f_{p,i} & p_i>p_j\\ f_{p,j} & p_i\leqslant p_j\end{cases} \tag{4.35}$$

f_s 为与饱和度有关的函数：$f_s\equiv\left(k_{rl}\right)$，它是强非线性函数，强非线性特性参数 k_{rl}（$l=w,g$）的加权形式对计算结果影响很大，f_s 可用单点上游加权或两点上游加权近似。

1. 单点上游加权法

设网格 i 与网格 j 是相邻网格，则强非线性项 $f_{s,ij}$ 的加权方式为

$$f_{s,ij}=\begin{cases}f_{s,i} & p_i>p_j\\ f_{s,j} & p_i\leqslant p_j\end{cases}$$

例如，当 $f_p\equiv k_{rw}$ 时

$$k_{rw,ij}=\begin{cases}k_{rw,i} & p_i>p_j\\ k_{rw,j} & p_i\leqslant p_j\end{cases}$$

2. 两点上游加权法

对于一维均匀尺寸分布网格系统，如果 l 相是从网格块 i 到网格 i+1 流动的，则 $K_{rl_{(i+1)/2}}$ 的加权通常表示为

$$K_{rl_{(i+1)/2}}=1.5K_{rl_i}-0.5K_{rl_{i-1}}$$

或者，如果 l 相是从网格块 i+1 到网格 i 流动的，则

$$K_{rl_{(i+1)/2}}=1.5K_{rl_{i+1}}-0.5K_{rl_{i+2}}$$

尽管单点上游加权为一阶近似，两点上游加权为二阶近似，但这两种方法都收敛于一个实际上是正确的结果。Todd 和 Peters(2019)研究认为，对同样网格系统，两点上游加权将产生更尖锐的驱替前沿。如果相对渗透率利用显式方法进行线性化，则这两种方法具有相同的计算效率；然而，如果相对渗透率是用全隐式方法进行线性化的，两点上游加权方法会增加非零元素个数，增加计算与存储负担。对非结构网格，两点上游加权实现困难。

4.4　裂缝井的内边界条件

对水平井多段压裂，每一簇裂缝都是井筒与地层沟通的通道，假定每簇裂缝都等效为垂直裂缝，并且裂缝井附近采用混合网格技术，与裂缝井轴线相垂直方向的网格按指数增长规律增长，如图 4.17 所示。

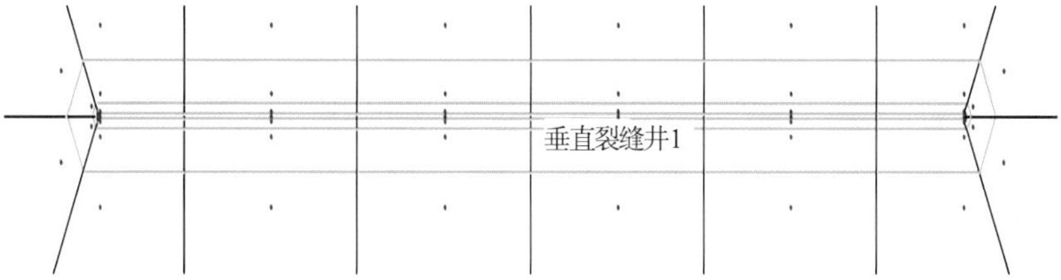

图 4.17　裂缝井精细网格

可以将裂缝视作边界。对于这种模型，可以简化为二维情形，设井筒位于裂缝中间，如图 4.18 所示，裂缝附近采用矩形网格。

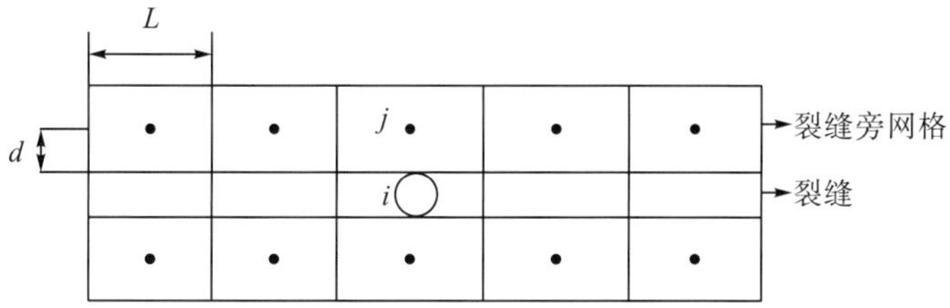

图 4.18　水平井多段压裂每簇裂缝井模型

对于裂缝段 i，其相邻网格为 j，从裂缝相邻网格进入的流量表示为

$$q_f = \frac{1}{B\mu}\frac{hL}{d}(p_j - p_{wf,i}) \tag{4.36}$$

其中，h 为层厚度；d 为裂缝旁网格到裂缝边的距离；L 为裂缝分段的网格边长；p_j 为网格压力；$p_{wf,i}$ 为井底压力；B 为体积系数；μ 为黏度。

对水平井多段压裂，设总共有 N 簇，将第 k 簇共划分 N_k 个网格，如图 4.19 所示，每簇总流量：

$$q_{f,k} = \sum_{j=1}^{N_k}\left(\frac{1}{B\mu}\frac{hL}{d}\right)_j (p_{k,j} - p_{wf,i,k}) \tag{4.37}$$

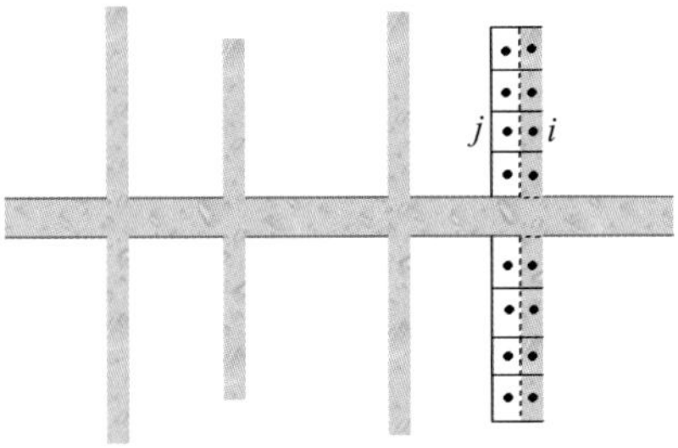

图 4.19　水平井多段压裂网格划分示意图

水平井多段压裂的总流量

$$q_t = \sum_{k=1}^{N} q_{f,k} = \sum_{k=1}^{N}\sum_{j=1}^{N_k}\left(\frac{1}{B\mu}\frac{hL}{d}\right)_j (p_{k,j} - p_{wf,i,k}) \tag{4.38}$$

方程(4.36)给出了一簇裂缝的井流量与网格压力及井底压力之间关系，考虑到压裂期间的地层及井筒压力非常大，压裂液也存在压缩性，根据压缩系数定义：

$$C_f = -\frac{1}{V}\frac{\mathrm{d}V}{\mathrm{d}p} \tag{4.39}$$

对方程(4.39)进行变换，可以得到应流体压缩而产生的流量：

$$Q_c = \frac{\mathrm{d}V}{\mathrm{d}t} = -C_f V\frac{\mathrm{d}p}{\mathrm{d}t} \tag{4.40}$$

式中：V 为井筒体积，可以垂直段及水平段管柱尺寸计算得到。

当水平井多段合采时，地面流量与井底压力之间 $Q_{sc} = Q_c + q_t$ 存在转换关系，其差分形式为

$$Q_c^{n+1} = Q_{sc}^{n+1} - q_t^{n+1} = -\frac{C_f V}{\Delta t}(p_{wf}^{n+1} - p_{wf}^{n}) \tag{4.41}$$

式中：Q_{sc} 为地面流量；p_{wf} 为井底压力，假设裂缝为无限传导，所有裂缝网格的压力都相同，井底压力与地面流量形成一个表达式：

$$p_{wf}^{n+1}=\frac{Q_{sc}^{n+1}-\sum_{k=1}^{N}\sum_{j=1}^{N_k}\left(\frac{1}{B\mu}\frac{hL}{d}\right)_j(p_{k,j}^{n+1})-\frac{C_fV}{\Delta t}p_{wf}^{n}}{\frac{C_fV}{\Delta t}+\sum_{k=1}^{N}\sum_{j=1}^{N_k}\left(\frac{1}{B\mu}\frac{hL}{d}\right)_j} \tag{4.42}$$

4.5　系数矩阵中的非零元素位置

方程(4.6)、方程(4.8)经过离散、线性化后得到的线性方程组具有稀疏性的特点。每个网格 i 对应一个方程，只有与网格 i 相邻的网格，其系数才可能不为零，其余的系数皆为零。系数矩阵的非零元素呈现出稀疏性。

在规则网格中，系数矩阵中非零元素的位置与网格的编号密切相关。对于 PEBI 网格，除了网格的编号影响非零元素的位置外，由于 PEBI 网格可能同时包括径向网格、矩形网格、六边形网格及一般形式的 PEBI 网格，每个网格的相邻网格数目是不确定的，即可能是四个、五个、六个等情形，这也使得非零元素的位置呈现出不规则性。

若讨论网格编号下的非零元素位置，是比较烦琐的。这里为简单起见，通过一个实例看非零元素的分布形式。

选取国内某个油藏区域，进行 PEBI 网格划分，如图 4.20 所示，网格总数为 272 个。

在图 4.20 所示的网格下对单相流方程进行离散与线性化，可得到最终的线性方程组。由于井采用显示处理形式，没有增加新的变量，变量的个数同网格的个数，因而线性方程组的系数矩阵为 272×272 阶的方阵。图 4.21 给出了系数矩阵中非零元素的位置。

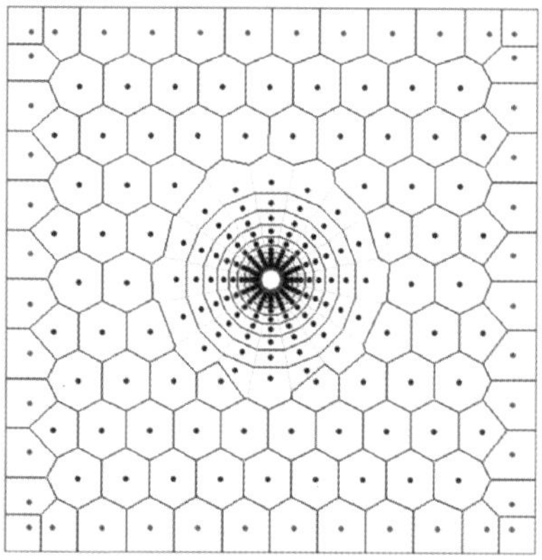

图 4.20　含径向网格和六边形网格的混合网格

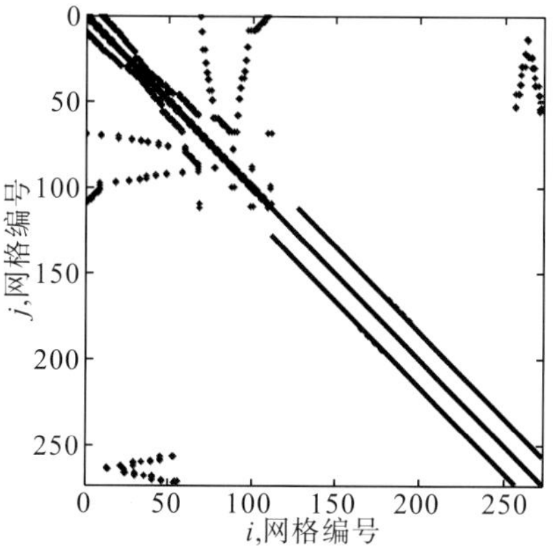

图 4.21　系数矩阵非零元素位置

显然，非零元素的位置是不规则的，该线性方程组具有如下特点。

1. 稀疏性

有限体积方法的基本思想是将求解区域划分为一系列不重叠的控制体积，然后利用微分方程对每一个控制体积积分，得出一组离散方程。每个 PEBI 网格就是一个控制体。由于每个网格(一个控制体积)只与周围的几个相邻网格存在流量的交换，这种情况在系数矩阵上就表现为稀疏性。这是因为每个网格至少对应一个方程，也就是矩阵的一行元素，在该行元素中除了对角元素(网格块对应元素)非零外，只有与网格相邻的网格所对应的元素非零，其他元素的值都等于零。显然，生成的矩阵是一个稀疏矩阵。

2. 不规则性

水平井多段压裂采用的网格是混合网格，即在求解区域的空间离散过程中使用了多种网格划分技术，包括径向网格划分技术、矩形网格划分技术以及 PEBI 网格划分技术。而采用这几种网格划分算法产生的每个网格周围的邻近网格数目是不同的，其中，径向网格周围有四个相邻网格，矩形网格周围也有四个相邻网格，而 PEBI 网格周围的相邻网格数目是不定的，即可能是四个、五个、六个等多种情况。因而，在该混合网格基础上离散得到的稀疏矩阵就具有了不规则的特性。

3. 大规模性

对水平井多段压裂使用气水两相流动方程，一个网格对应压力及含水饱和度两个变量。若井采用隐式处理方法，每个井至少对应一个变量。在网格划分时，每层要划分为一层网格；对于厚层，垂向上的地层或流体属性往往有较大的差别，需要将其划分为多层网格；在数值试井中，要精确计算井底压力，水平井所在层要划分为多层网格。因而，在进行区域离散时往往有很多的网格，所得到的稀疏矩阵将是一个高阶的矩阵。

4. 非对称性

对于单相渗流，其系数矩阵是对称的。对于多相渗流，非显式线性化的线性方程组，当传导率线性化时，饱和度项是通过上游加权获得的，导致系数矩阵是非对称的。

4.6 线性方程组求解方法

由于形成的代数方程组具有稀疏性、不规则性、大规模性及非对称性特点，为加快计算速度，首先对系数矩阵进行预处理，使矩阵中非零系数尽量集中然后再求解，方程求解采用代数多重网格+最小残余量法(generalized minimal residual，GMRES)，代数多重网格较复杂，这里介绍一下 GMRES。

GMRES 是一种克雷洛夫(Krylov)子空间方法，其思想是：使用类似有限元空间原理方法中的投影方法来求解逼近方程的解。通常，在有限的子空间 $\vec{x}_0+K_m$ 中求得解 $\vec{x}_m$，使得余量与另一个子空间 L_m 正交，即

$$\vec{b}-[\boldsymbol{A}]\vec{x}_m \perp L_m \tag{4.43}$$

K_m 即被称为 Krylov 子空间，满足定义：

$$K_m([\boldsymbol{A}],\vec{r}_0)=\mathrm{span}(\vec{r}_0,[\boldsymbol{A}]\vec{r}_0,[\boldsymbol{A}]^2\vec{r}_0,\cdots,[\boldsymbol{A}]^{m-1}\vec{r}_0) \tag{4.44}$$

其中，$\vec{r}_0$ 为余量，$\vec{r}_0=\vec{b}-[\boldsymbol{A}]\vec{x}_0$。

GMRES 应用了标准的 Krylov 子空间 K_m，且 $L_m=[\boldsymbol{A}]K_m$ 的构造方法。有限子空间 $\vec{x}_0+K_m$ 中的任意向量 $\vec{x}$ 可表示为

$$\vec{x}=\vec{x}_0+[\boldsymbol{V}_m]\vec{y} \tag{4.45}$$

其中，$\vec{y}$ 为 m 维向量；$[\boldsymbol{V}_m]$ 是 m 维 Krylov 子空间的一个基矩阵。那么 GMRES 的思想就是求得下式的极小值，使其满足误差要求。

$$J(y)=\left\|\vec{b}-[\boldsymbol{A}]\vec{x}\right\|_2=\left\|\vec{b}-[\boldsymbol{A}](\vec{x}_0+[\boldsymbol{V}_m]\vec{y})\right\|_2 \tag{4.46}$$

为了计算方便，通常先正交化 K_m，由此引入正交化算子 $[H_m]$，即海森伯格(Hessenberg)矩阵。并与 $[\boldsymbol{V}_m]$ 产生下一个迭代步的构造公式：

$$[\boldsymbol{A}][\boldsymbol{V}_m]=[\boldsymbol{V}_{m+1}][\boldsymbol{H}_m] \tag{4.47}$$

由 $[\boldsymbol{V}_m]$ 的正交性可知，$\left\|\vec{b}-[\boldsymbol{A}]\vec{x}\right\|_2$ 的极小值等价于求解 $\left\|\beta\vec{e}_1-[\boldsymbol{H}_m]\vec{y}\right\|_2$ 的极小值。最后，代入方程 $\vec{x}_m=\vec{x}_0+[\boldsymbol{V}_m]\vec{y}_m$，得到 $[\boldsymbol{A}]\vec{x}=\vec{b}$ 的近似解。

4.7　压裂高能带实例计算

页岩气高能带是页岩气开发的重要特征，通过高能带的计算一方面可了解压裂液注入地层后压力的分布情况，另一方面可以通过压力分布计算了解地层压裂液的到达区域，本节将通过一个具体的实例给出压后高能带变化情况。

图 4.22 是计算井例的井身结构图，该井水平井段 1516m，分 15 段进行压裂，通过压裂期间对裂缝监测评价，得到各段裂缝相关参数及 SRV 区域的渗透率等参数。该井原始地层压力 39MPa，计算区域为 2400m×1200m 的矩形，孔隙度为 0.05，压裂液黏度为 4.71mPa·s，压裂液的压缩系数 $4.85\times10^{-4}\mathrm{MPa}^{-1}$，压裂液的体积系数为 1.03，气体 PVT 状态方程按甲烷气体计算，气体扩散系数 $D=7\times10^{-7}(\mathrm{m}^2/\mathrm{s})$。图 4.23 是计算井例的各压裂段裂缝长度分布图，图 4.24 是计算井例的各压裂段区域渗透率分布图，图 4.25 是计算井例的各段裂缝高度分布图。

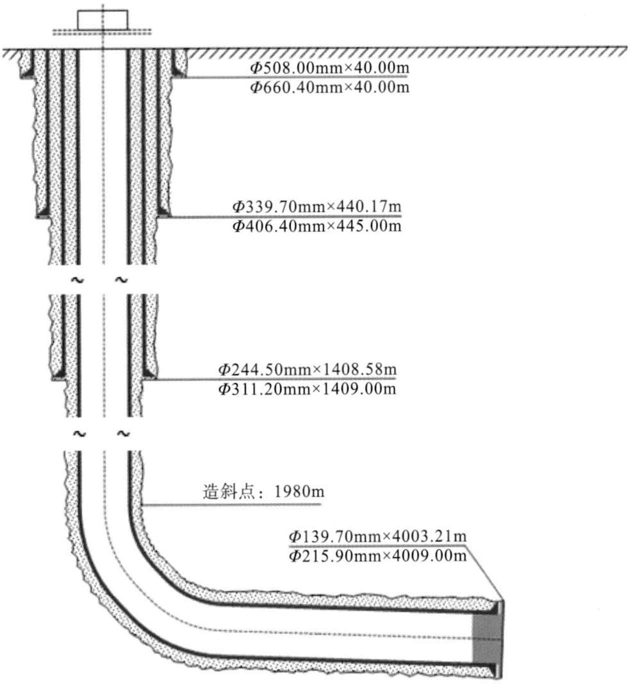

图 4.22 计算井例的井身结构图

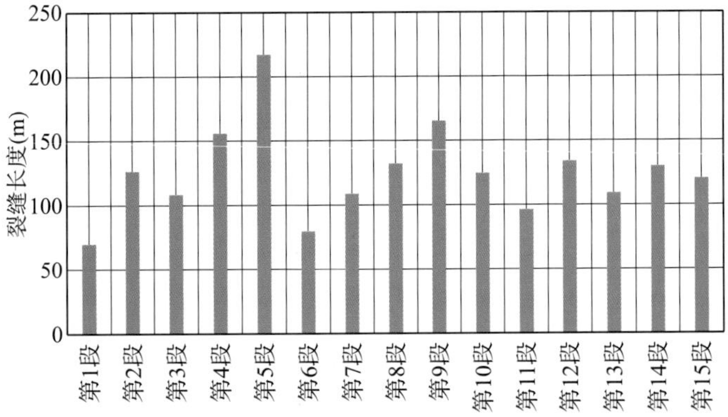

图 4.23 计算井例的各压裂段裂缝长度分布图

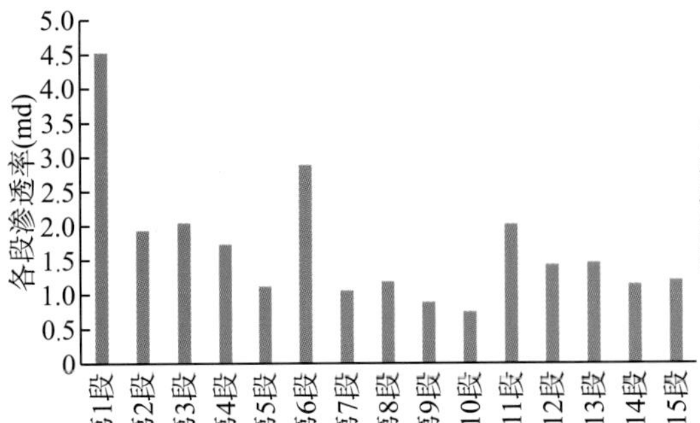

图 4.24 计算井例的各压裂段区域渗透率分布图

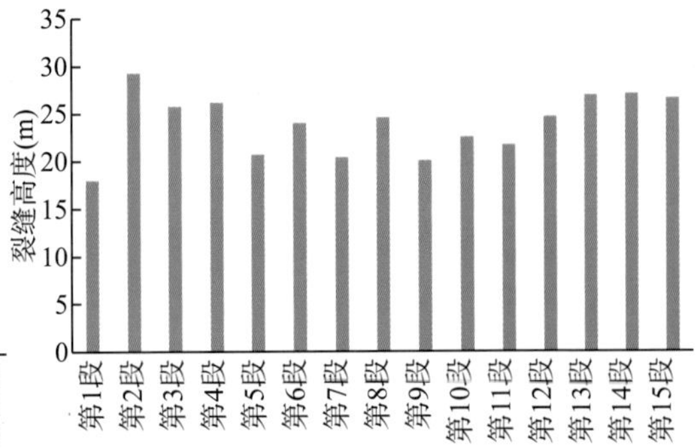

图 4.25 计算井例的各压裂段裂缝高度分布图

图 4.26 是由自主研发的非结构网格数值模拟软件绘制的井例计算区域、水平井方位及裂缝分布图，图 4.27 是相应的 PEBI 网格图，图 4.28 是 PEBI 网格及渗透率分布区域图。

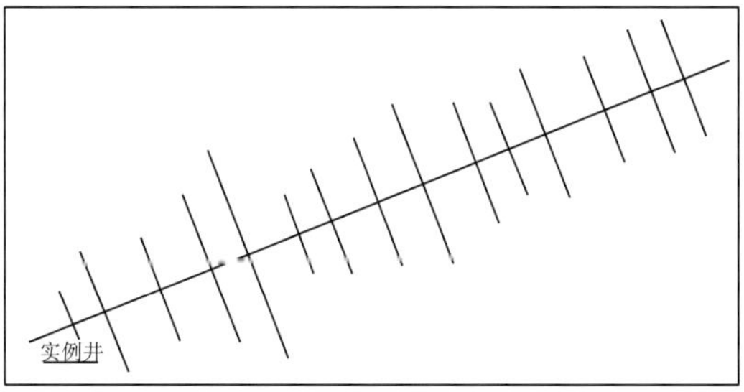

图 4.26　井例计算区域、水平井方位及裂缝分布图

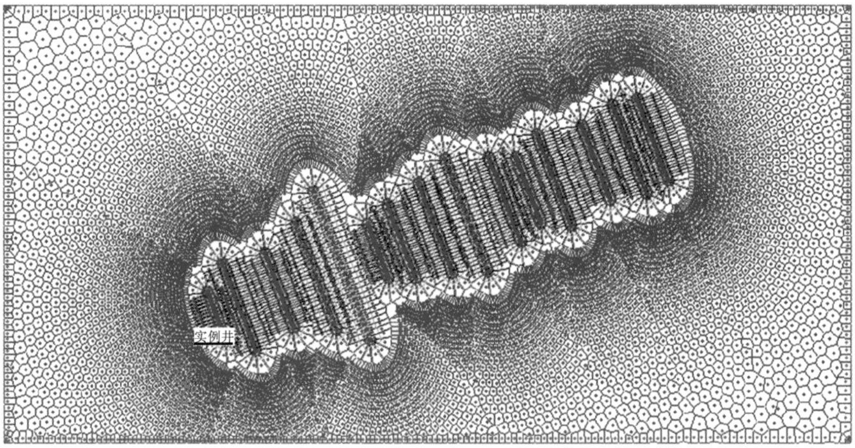

图 4.27　计算区域、水平井方位及裂缝 PEBI 网格图

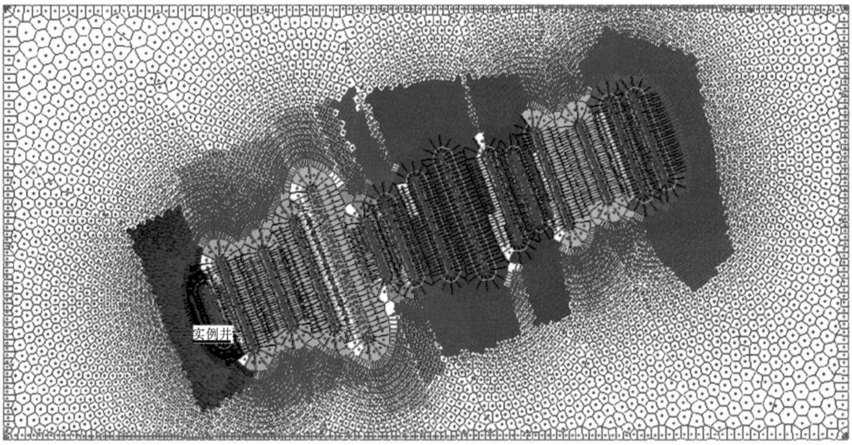

图 4.28　PEBI 网格及渗透率分布区域图

图 4.29～图 4.34 是采用本章提出的数值计算方法，基于图 4.27 的网格计算得到的不同时刻压力分布图。可以看出：刚停泵时裂缝附近压力最高，压力分布非常陡峭(即裂缝附近压裂梯度大)，各段间压力相互干扰少。停泵后随着闷井时间的增加，压裂液沿裂缝向地层内渗流，导致井壁附近压力变平缓，压力边界不断向外扩散。图 4.33 和图 4.34 说明：当闷井 10 天后压力分布变化缓慢，到第 12 天时各裂缝附近压力几乎一致。

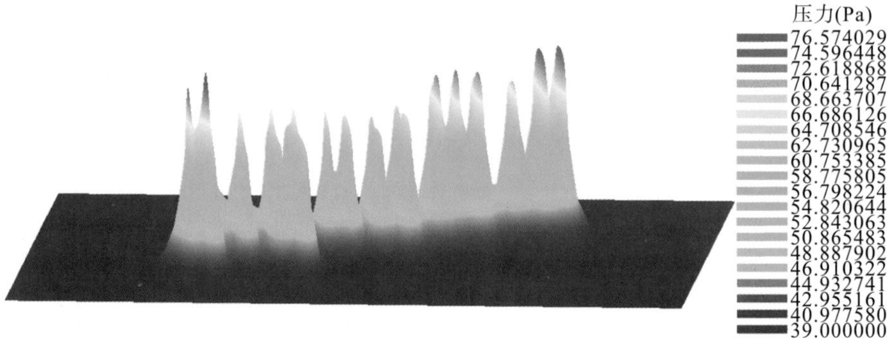

图 4.29 计算井例压裂停泵时刻压力分布图

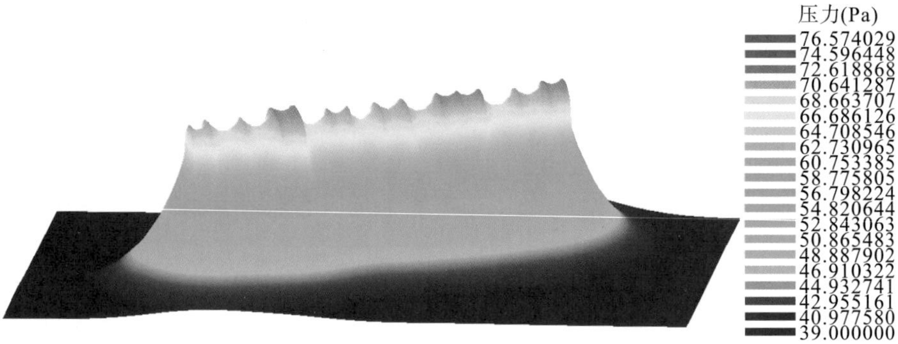

图 4.30 计算井例闷井第 1 天压力分布图

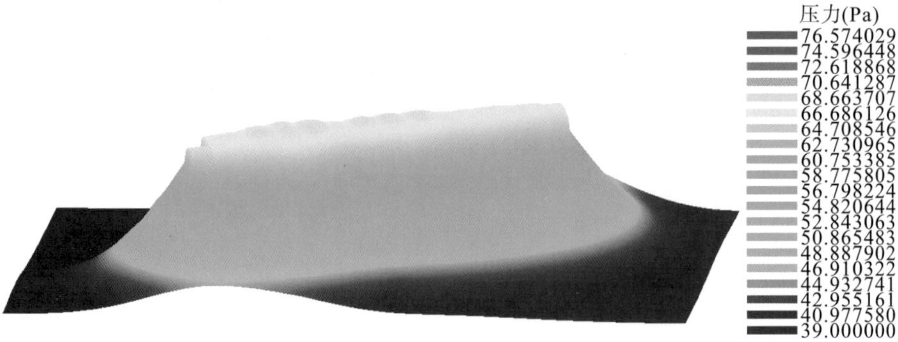

图 4.31 计算井例闷井第 2 天压力分布图

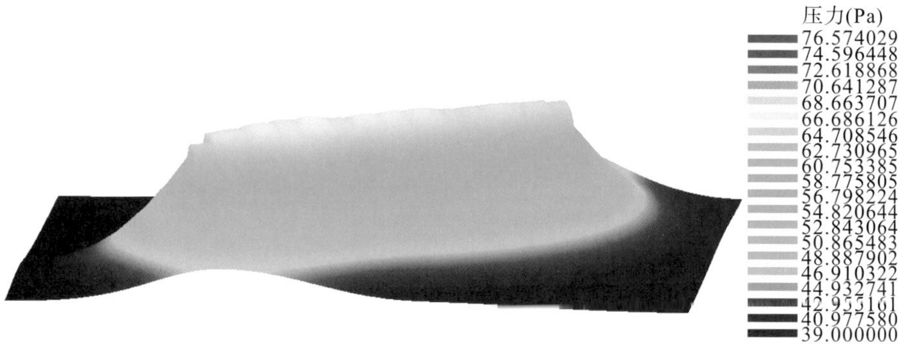

图 4.32　计算井例闷井第 5 天压力分布图

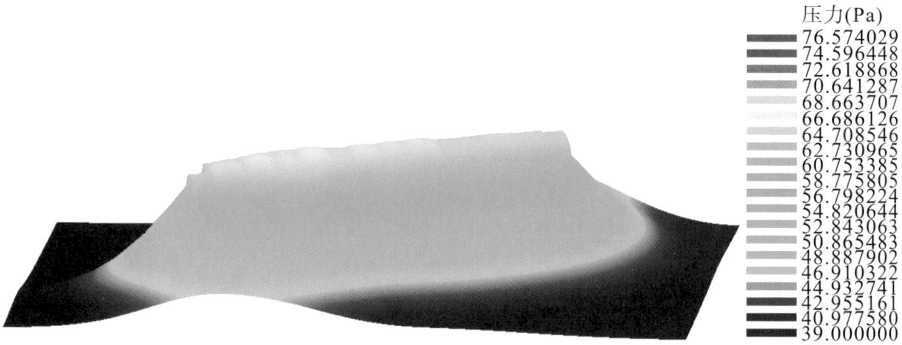

图 4.33　计算井例闷井第 10 天压力分布图

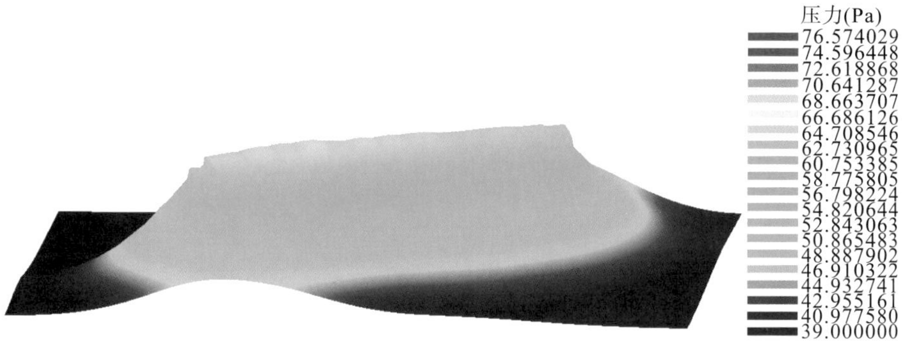

图 4.34　计算井例闷井第 12 天压力分布图

第 5 章　水力压裂人造裂缝效果评价理论方法

5.1　非牛顿液固管流计算

对于以页岩储层为代表的极低渗透油气藏的压裂改造，由于其渗透性极差，井底地层压力恢复耗时长、费用高，且影响当年产能贡献和产量任务考核，所以其井底压力恢复曲线难以完整测量和规范监测，一般都在地面进行压力和流量测量，另外在对压裂施工曲线进行分析解释时，我们获得的也往往是地面的压力数据。而试井分析和生产数据分析基于的理论都是渗流力学理论，其中需要关键的压力是井底压力，这些分析也就需要将井口压力数据折算到井底压力，如何提高折算的精度是个艰难考验。将井口施工压力较为准确地折算到井底压力，需要已知压裂液组分、井筒内温度分布、井筒管柱和地面管道的粗糙度、内径度和折弯度、压裂液注入量变化、液体的密度及不同液体的含量、管道摩阻和地面压力变化等多项参数。油管中压裂液流动过程复杂，为了较为精确地确定井底压力，需要利用已知的参数对油管中流动进行研究。

5.1.1　变流量、变密度及变黏度下井筒垂直管流算法

压力折算是流体在管流中的流动计算问题，为考虑一般性，我们考虑垂直管流计算。根据能量守恒原理，写出微小管段两截面间的能量平衡关系式，通常用微分式表达出来：

$$v\mathrm{d}p+u\mathrm{d}u+g\mathrm{d}H+\frac{fu^2}{2d}\mathrm{d}L+\mathrm{d}W=0 \tag{5.1}$$

或

$$\frac{\mathrm{d}p}{\rho}+g\mathrm{d}H+u\mathrm{d}u+\frac{fu^2}{2d}\mathrm{d}L+\mathrm{d}W=0 \tag{5.2}$$

式中：p 为压力，Pa 或 $\mathrm{N/m^2}$；v 为压裂液比容，$\mathrm{m^3/kg}$；ρ 为压裂液密度，$\mathrm{kg/m^3}$；L、H 分别表示两截面之间水平长度、垂向高差，m；u 为压裂液速度，m/s；g 为重力加速度，$\mathrm{m/s^2}$；d 为管径，m；f 为摩阻系数，量纲一；W 为外界对压裂液做功，J/kg。

式(5.1)和式(5.2)物理意义相同，即在所取两截面之间的管段内，流动过程获得的能量等于重力势能、动能变化、克服摩阻和功能交换所需能量之和。两式中，每一能量项的单位都相同，J/kg。例如：

$v\mathrm{d}p$：

$$\frac{\mathrm{m^3}}{\mathrm{kg}}\cdot\frac{\mathrm{N}}{\mathrm{m^2}}=\frac{\mathrm{m\cdot N}}{\mathrm{kg}}=\frac{\mathrm{J}}{\mathrm{kg}}$$

$u\mathrm{d}u$：

$$\frac{\mathrm{m}}{\mathrm{s}}\cdot\frac{\mathrm{m}}{\mathrm{s}}=\frac{\mathrm{mkg}}{\mathrm{s}^2}\cdot\frac{\mathrm{m}}{\mathrm{kg}}=\frac{\mathrm{m\cdot N}}{\mathrm{kg}}=\frac{\mathrm{J}}{\mathrm{kg}}$$

$g\mathrm{d}H$：

$$\frac{\mathrm{m}}{\mathrm{s}^2}\cdot\mathrm{m}=\frac{\mathrm{mkg}}{\mathrm{s}^2}\cdot\frac{\mathrm{m}}{\mathrm{kg}}=\frac{\mathrm{m\cdot N}}{\mathrm{kg}}=\frac{\mathrm{J}}{\mathrm{kg}}$$

对一口正常压裂井，在地面压力保持固定的方式注入压裂液，全井的施工数据是相对稳定的，井筒内的流动符合稳定流动要求。

(1)讨论的压裂井是一口垂直井，非斜井。因此，如果将油管下到产层中部，井有多深，下井的油管也就有多长，井深和管长都用符号 H 表示。

(2)压裂液从地面流进油管，全程没有利用高压气体带动透平机，也没有安装压缩机对气体增压，所以 $\mathrm{d}W=0$。

(3)介绍气井油管流动、推导油气井油压梯度计算公式时，“动能项忽略不计”几乎成了石油类院校教材的共同语言。这里，针对我们定义的油管复杂井流，保留动能项。

仅考虑以上三点，上述方程式(5.2)可以进一步写成

$$\frac{\mathrm{d}p}{\rho}+g\mathrm{d}H+u\mathrm{d}u+\frac{fu^2}{2d}\mathrm{d}H=0 \tag{5.3}$$

式(5.3)就是压裂液在油管稳定流动能量方程。该式清楚表明：在任何油管段，两截面间的压差消耗于举升、动能和摩损三个方面的能耗。

根据解决各种油气井实际问题的需要，式(5.2)还有另外三种表达形式，以供选用。

(1)压力表示：

$$\mathrm{d}p+\rho g\mathrm{d}H+\rho u\mathrm{d}u+\frac{f\rho u^2}{2d}\mathrm{d}H=0 \tag{5.4}$$

(2)压头表示：

$$\frac{\mathrm{d}p}{\rho g}+\mathrm{d}H+\frac{u\mathrm{d}u}{g}+\frac{fu^2}{2dg}\mathrm{d}H=0 \tag{5.5}$$

(3)压力梯度表示：

$$\frac{\mathrm{d}p}{\mathrm{d}H}=\left(\frac{\mathrm{d}p}{\mathrm{d}H}\right)_{el}+\left(\frac{\mathrm{d}p}{\mathrm{d}H}\right)_{acc}+\left(\frac{\mathrm{d}p}{\mathrm{d}H}\right)_{f}=\rho g+\frac{\rho u\mathrm{d}u}{\mathrm{d}H}+\frac{f\rho u^2}{2d} \tag{5.6}$$

式中：$\frac{\mathrm{d}\rho}{\mathrm{d}H}$为总梯度，$\mathrm{N/(m^2\cdot m)}$；$\left(\frac{\mathrm{d}\rho}{\mathrm{d}H}\right)_{el}$为举升梯度，$\mathrm{N/(m^2\cdot m)}$；$\left(\frac{\mathrm{d}\rho}{\mathrm{d}H}\right)_{acc}$为加速度梯度，$\mathrm{N/(m^2\cdot m)}$；$\left(\frac{\mathrm{d}\rho}{\mathrm{d}H}\right)_{f}$为摩阻梯度，$\mathrm{N/(m^2\cdot m)}$。

式(5.4)～式(5.6)是描述油管内同一流动规律的不同表达形式。无论哪一种形式，仍然还是通用公式。上述表达式的计算涉及流体物性(如密度、黏度等)、摩阻等，下面将分别介绍每项的计算方法。

5.1.2 非牛顿液固管流方程数学求解

流体物性包括压裂液的黏度、体积系数、密度和压缩系数等，这些参数一般可以通过实验得到，在没有实验数据时可以采用石油工业中普遍采用的经验公式，相关的公式请参考《油藏工程》或《流体物理》等教科书，考虑到本书中的重点是压力计算，且这些算法非常成熟，这里就不赘述。本节重点是对压裂液中加砂导致的液体变密度和油管摩阻系数的进行处理。

1. 变密度计算

在压裂过程中为了避免裂缝闭合必须添加支撑剂，支撑剂目数通常是按照希望获得的裂缝导流能力来确定。大直径的支撑剂能提供更好的裂缝导流能力，但是也会因为在裂缝中桥堵而增加砂堵的危险。支撑剂通过能力对于水力压裂的重要性，体现在通过套管射孔进入裂缝和支撑剂在裂缝中前进两个方面。如果实施的是裸眼压裂，就没有射孔的通过限制，通过能力主要来自水力裂缝。这些现象早已被认识，因此早期的压裂模型主要用来确定前置液体积以获得超过 2.5 倍支撑剂直径的宽度。同时不同时间的加砂浓度不相同(图 5.1)，这样不同时间下的混合液的密度也不相同，当密度发生变化时，折算的井底压力也发生变化。

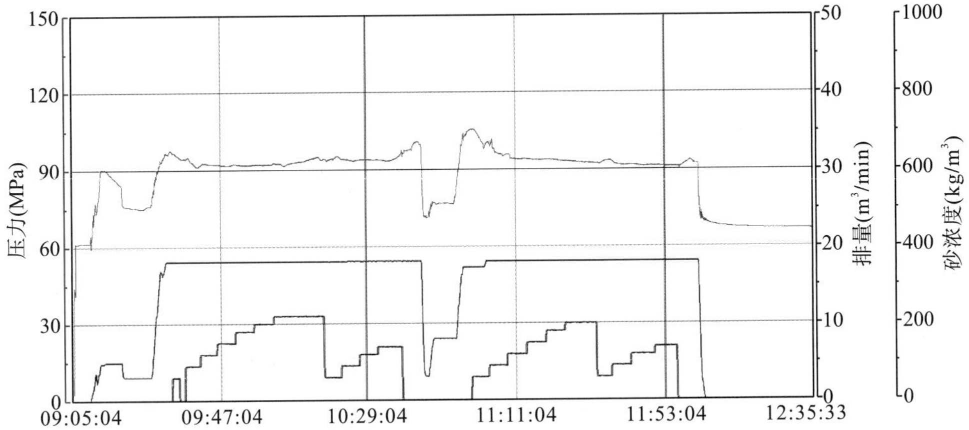

图 5.1 某井第十一段压裂施工曲线

针对压裂液的变密度，液体的密度是混合液的密度，井筒内的压力梯度通过混合液体平均密度计算。混合液体的平均密度的计算：

$$\bar{\rho}=\rho_w\left[1+\frac{V_{pc}}{\rho_w}\left(1-\frac{\rho_w}{\rho_{pc}}\right)\right] \tag{5.7}$$

式中：$\bar{\rho}$ 为压裂液与砂混合物的密度，kg/m^3；ρ_w 为压裂液的密度，kg/m^3；ρ_{pc} 为支撑剂(砂)的体积密度，kg/m^3；V_{pc} 为支撑剂(砂)的浓度，kg/m^3。

计算混合液体平均密度的准确方法如下：图 5.2 给出了不同时间下的排量，图 5.3 所示的不同时间下的加砂浓度图，压裂液密度及支撑剂(砂)的体积密度同上式。可以通过时间 t 内的积分计算平均密度。

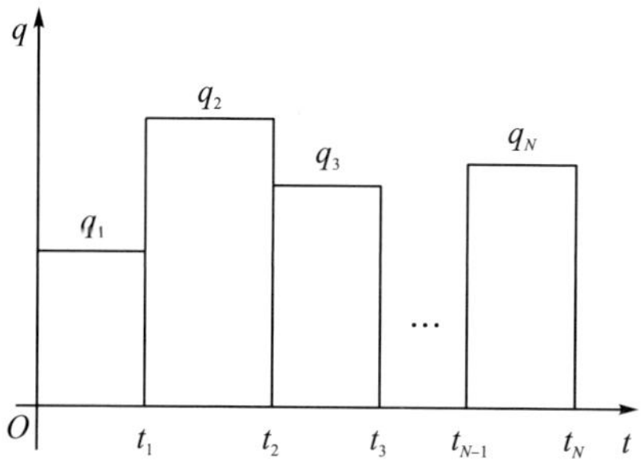

图 5.2　不同时间下的排量图

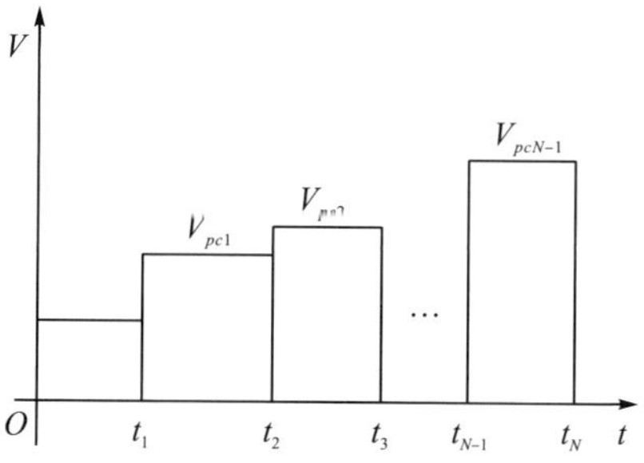

图 5.3　不同时间下的加砂浓度图

(1)油管的体积：

$$A_T = \pi r_p^2 h$$

(2)时间 t 内水的体积可由积分表示：

$$A_w = \int_0^t q(\tau)\mathrm{d}\tau$$

(3)时间 t 内砂的体积可由积分表示：

$$A_{pc} = \int_0^t q(\tau)V_{pc}(\tau)\mathrm{d}\tau / \rho_{pc}$$

(4)如果砂没有充满井筒，则平均密度：

$$\overline{\rho} = \frac{\left(\pi r_p^2 h - A_{pc}\right)\rho_w + A_{pc}\rho_{pc}}{\pi r_p^2 h} \tag{5.8}$$

2. 变黏度下的油管摩阻系数计算

实际的管道并非光滑，压裂液流过管道时会产生沿程阻力，根据管道沿程摩阻系数试验研究，人工粗糙管的摩阻系数 f 与雷诺数 Re 和相对粗糙度 e/d 有关，沿程摩阻系数可用单相管流的 Moody 图(图 5.4)给出。

流动存在层流与湍流之分，沿程摩阻系数的计算也非常复杂，Nikuradse(1933)给出了完全粗糙管区，计算摩阻系数的公式：

$$\frac{1}{\sqrt{f}} = 2\lg\frac{d}{e} + 1.14 \tag{5.9}$$

Jain(2006)给出的公式覆盖了 Moody 图上的光滑管区、过渡区和全部完全粗糙管区：

$$\frac{1}{\sqrt{f}} = 1.14 - 2\lg\left(\frac{e}{d} + \frac{21.25}{Re^{0.9}}\right)f \tag{5.10}$$

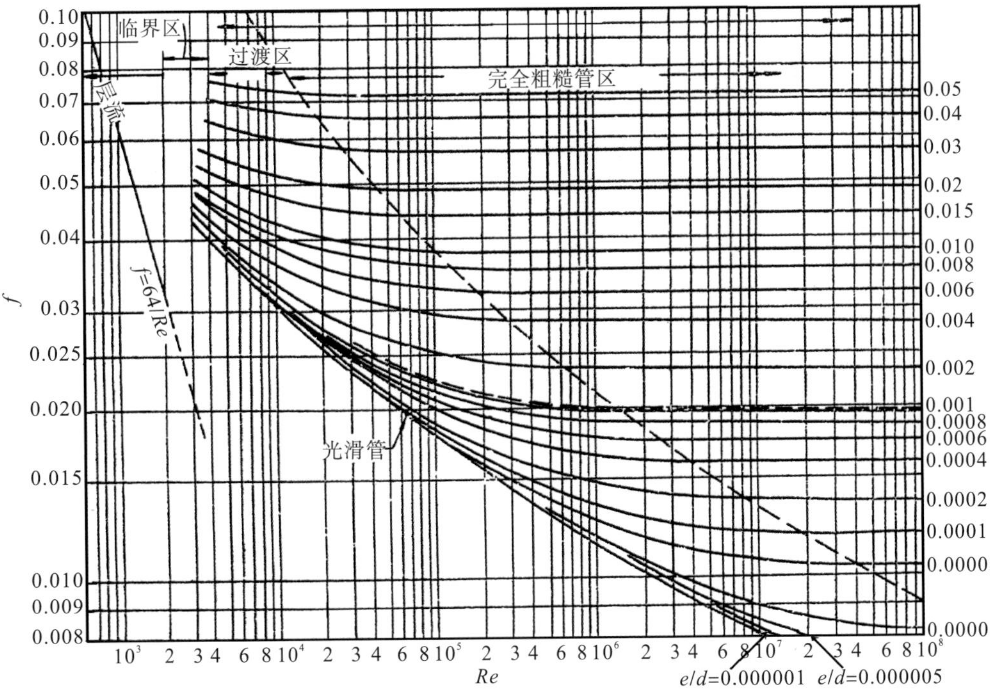

图 5.4 单相管流 Moody 图

5.2 水锤波滤波方法

水力压裂停泵后，在井口处测得的压力变化主要是由储层渗流引起的压降，虽然停泵时间短，但注入量大，所以通过对压降数据进行分析，应该可以获得井下储层的地层压力、渗透率及人造裂缝半长。通过对大量的压裂施工压力数据分析后，发现在关井停泵期间，常伴随有剧烈压力波动出现。这是因为停泵时，井口处压裂液流量在极短时间内降为零，使得井口处压力出现一个突然的下跌，而由于水流体具有自身的惯性和可压缩性，这个压力突降将以压力波的形式向井底传播，并在井底反射(压裂射孔段)而产生水流冲击波，这种水流冲击波来回产生的力量很大，就像锤子敲打管子那样明显清晰，因此称为“水锤”现象或“水锤效应”。另外对于某些压裂施工数据，当压力计比较灵敏时，会将地表井口附近的机械振动引起的压力波动记录下来。由于压力衰减过程中常伴随有剧烈压力振荡，试井分析方法一直没有应用到压裂施工数据分析，使得水力压裂停泵后的压力数据分析始终是定性分析。

本章中使用滤波处理水力压裂停泵后的压力数据，并采用数据反演方法进行地层参数反演：通过选择适当的低通滤波方法，从施工数据中滤除水锤等噪声的干扰，获得储层渗流引起的压降曲线，从而能够对裂缝参数、地层压力及渗透率进行实时分析，可实时对压裂进行评估。与关井压力恢复测试等常规试井分析方法对比，本计算模块在压裂完成后可直接对裂缝和原始地层参数进行分析，不需要进行试产、关井等一系列复杂的过程，节省了大量人力、物力和时间。

5.2.1　滤波原理

对压裂停泵后地面压力降落数据分析，需要解决两大问题，首先是滤除停泵水锤等噪声干扰数据，其次是压降数据反演，这里给出相关方面的基础理论。

1. 停泵水锤

图 5.5 为某致密油井压裂停泵后地面实测的压力数据，从图中可以看到在停泵初期压力出现了强烈的压力波动。

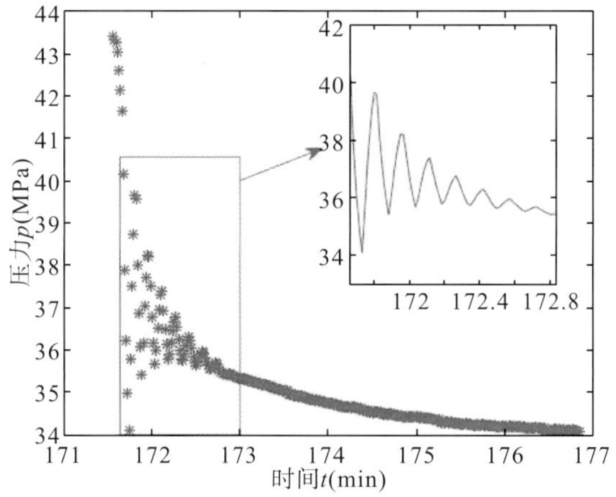

图 5.5　某致密油井压裂施工停泵压力数据随时间变化图

从图 5.5 中可以看到压裂停泵初期的压力波动振幅较大，随着时间增加，振幅减小，约在 7 个周期后基本衰减为零；且压力波动周期保持不变，约为 9s。这些特点符合停泵水锤的特征。

压裂停泵水锤是由停泵产生的压力振荡，而停泵过程持续时间相对于停泵后整个压降的时间域来说极为短暂，可以看作是一种短时激励，因此停泵后实际测得的施工压力数据 $p(t)$ 是由渗流引起的压降 $p_t(t)$ 在停泵激励 $h_s(t)$ 下的输出，三者关系为施工数据是压降和停泵激励的卷积结果(*表示卷积符号)，即

$$p(t)=p_t(t)*h_s(t) \tag{5.11}$$

而停泵激励在整个时域上的力学表现为逐渐衰减的水锤 $p_h(t)$

$$p(t)=p_t(t)+p_h(t) \tag{5.12}$$

对施工压力数据、渗流压降、停泵激励和停泵水锤分别作傅里叶变换，得到其频域分布

$$\begin{cases} P(\omega)=\mathcal{F}\{p(t)\} \\ P_t(\omega)=\mathcal{F}\{p_t(t)\} \\ H_s(\omega)=\mathcal{F}\{h_s(t)\} \\ P_h(\omega)=\mathcal{F}\{p_h(t)\} \end{cases} \tag{5.13}$$

根据傅里叶变换的卷积性质和线性性质有

$$P(\omega)=P_t(\omega)*H_s(\omega) \tag{5.14}$$

$$P(\omega)=P_t(\omega)+P_h(\omega) \tag{5.15}$$

2. 滤波原理

滤波是一种以物理硬件或计算机计算模块的形式实现数据分析处理的方法。传统滤波方法以傅里叶变换为基础，通过选择合适的传递函数完成对杂波信号的滤除。具体过程可概括为对原始数据信号 $p(t)$ 进行傅里叶变换得到其频域分布 $P(\omega)$：

$$P(\omega)=\mathcal{F}\{p(t)\}=\int_{-\infty}^{+\infty}p(t)\mathrm{e}^{-\mathrm{i}\omega t}\mathrm{d}t \tag{5.16}$$

再乘以传递函数 $H(\omega)$，得到处理后的频域分布 $P_f(\omega)$，即

$$P_f(\omega)=P(\omega)*H(\omega) \tag{5.17}$$

对式(5.17)进行傅里叶逆变换得到滤波后的数据信号 $p_f(t)$：

$$p_f(t)=\mathcal{F}^{-1}\{P_f(\omega)\}=\frac{1}{2\pi}\int_{-\infty}^{\infty}P_f(\omega)\mathrm{e}^{\mathrm{i}\omega t}\mathrm{d}\omega \tag{5.18}$$

通过选择适当的传递函数 $H(\omega)$ 和截止频率 f_c，使获得的 $p_f(t)$ 近似等于渗流压降 $p_t(t)$，则有

$$P_t(\omega)\approx P(\omega)*H(\omega) \tag{5.19}$$

数字滤波器是由数字乘法器、加法器和延时单元组成的一种算法，其功能是对输入离散信号的数字代码进行运算处理，放大或衰减信号频谱中的某个部分，以达到改变信号频谱的目的。与模拟滤波相比，主要是将傅里叶变换用离散傅里叶变换代替，实际操作中一般使用快速傅里叶变换(fast Fourier transform，FFT)进行计算。

从设计方法上分类，数字滤波可分为有限冲击响应(finite impulse response，FIR)滤波和无限冲击响应(infinite impulse response，IIR)滤波。以低通滤波为例，理想低通滤波的冲击响应为 $h_{LP}(n)=\dfrac{\sin(2\pi f_c nT_s)}{n\pi T_s}$。其中 f_c 为截止频率，T_s 为采样间隔。h_{LP} 有无穷多个冲激响应，这种具有无穷多个冲激响应的滤波器称为无限冲激响应滤波器，如果对无限长冲激响应进行截尾，可变成有限冲激响应滤波器。

滤波手段多种多样，应根据不同的需要，设计合适的滤波器以达到去除噪声信号的目的。考虑到实际情况，对水锤进行滤波时，应做到以下两点：①滤波后边界点及无波动部分的压力数据与原实测数据不可有较大的失真；②滤波后的压力曲线应尽可能平滑。

分解采用 IIR 滤波和 FIR 滤波对图 5.5 中的压力数据进行数据处理，图 5.6 和图 5.7 是对图 5.5 中数据进行滤波处理后得到的渗流压降曲线 $p_t(t)$。可以看到得到的曲线是压力随时间递减的曲线，符合压裂停泵导致的压降曲线特征。

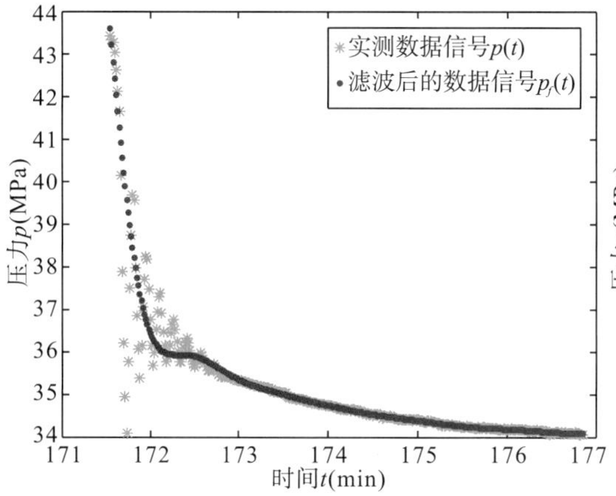

图 5.6　针对某井停泵水锤的 IIR 滤波处理结果

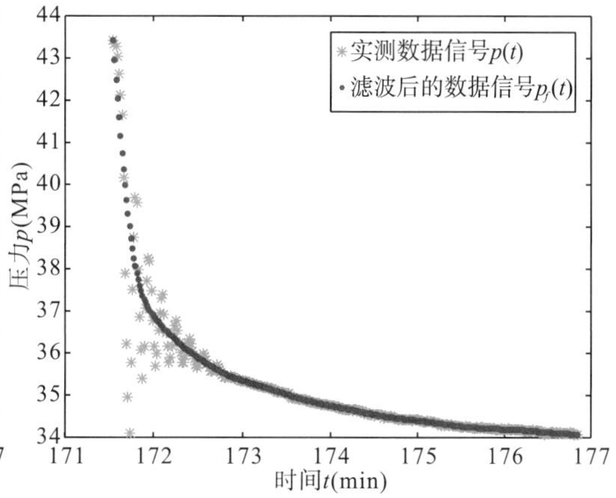

图 5.7　针对某井停泵水锤的 FIR 滤波处理结果

与 IIR 滤波器相比，FIR 滤波器具有绝对稳定、极值点数据不会失真和确保严格的线性相位的优点，这对于实际工程应用是极为重要的。

5.2.2　FIR 滤波方法介绍

本节以一口实际压裂井为例，该井为 31 级水平井多级压裂。图 5.8 为该井第四级压裂施工停泵后实测压力变化数据，第四级压裂注入液量 2500m^3 左右，通过井口压力计记录的地面压力由于水锤和渗流的联合作用，压力波动很大。

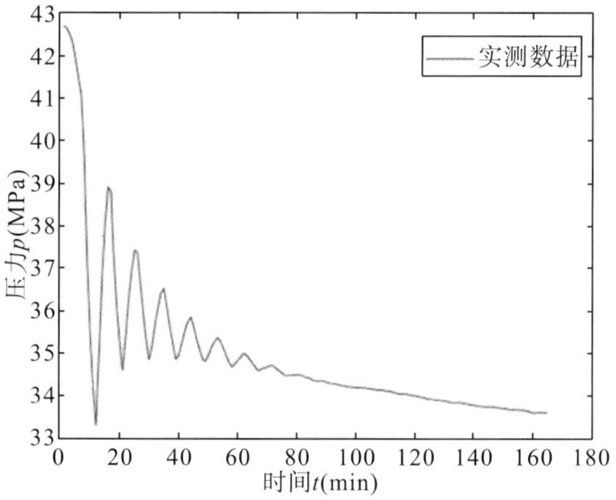

图 5.8　某井第四级压裂施工停泵压力图

如果对停泵后实测压力数据直接求导，压力及导数双对数图质量很差，同时实测数据点(散点)与理论曲线吻合度较差，如图 5.9 所示，不经过滤波处理的数据无法进行分析。

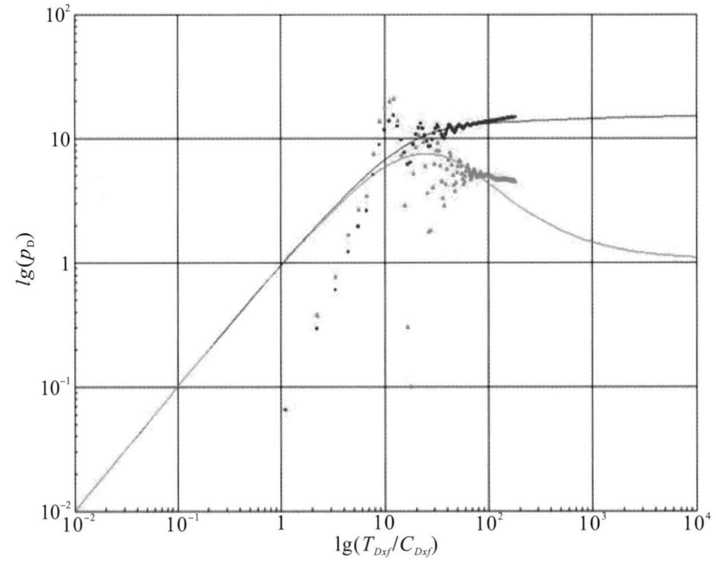

图 5.9 没有滤波的压力及导数双对数图

首先介绍滤波基本原理，所有经典滤波方法的基础为傅里叶变换，对输入信号 $x(t)$ 进行傅里叶变换，得到其频域分布(频谱)：

$$X(\omega)=\mathcal{F}\left[x(t)\right]=\int_{-\infty}^{+\infty}x(t)\mathrm{e}^{-\mathrm{i}\omega t}\mathrm{d}t \tag{5.20}$$

设滤波器传递函数为 $H(\omega)$，令 $Y(\omega)=H(\omega)X(\omega)$，得到滤波后的频谱，再对 $Y(\omega)$ 进行傅里叶逆变换，得到滤波后的信号：

$$y(t)=\mathcal{F}^{-1}\left[Y(\omega)\right]=\frac{1}{2\pi}\int_{-\infty}^{\infty}Y(\omega)\mathrm{e}^{\mathrm{i}\omega t}\mathrm{d}\omega \tag{5.21}$$

对于经典滤波方法，不同的滤波器的区别在于传递函数 $H(\omega)$ 不同，对于巴特沃思(Butterworth)滤波器，其传递函数可表示为

$$\left|H(\omega)\right|^2=\frac{1}{1+\left(\dfrac{\omega}{\omega_c}\right)^{2n}} \tag{5.22}$$

式中：ω_c 为截止频率；n 为滤波器阶数；ω为频率变量。

FIR 滤波器是对经典的理想低通滤波器的逼近算法，理想低通滤波器传递函数为

$$H\left(\mathrm{e}^{\mathrm{j}\omega T_s}\right)=\begin{cases}1, & 0\leqslant|\omega|\leqslant\omega_c\\ 0, & \omega_c<|\omega|\leqslant\dfrac{1}{2}\omega_s\end{cases} \tag{5.23}$$

式中：ω_s 为采样频率的归一化角频率。

FIR 滤波器的优点：①整条曲线平滑无起伏；②无反馈运算，误差较小。

FIR 滤波方法的局限：滤波器阶数较高；一般无解析设计公式，需通过计算机辅助设计完成。

对本实例的滤波结果如图 5.10 所示。

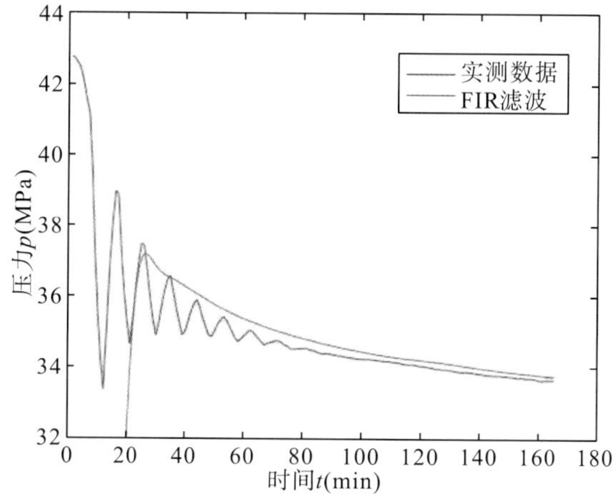

图 5.10　30 阶 FIR 滤波结果

可以发现 FIR 滤波在本例中出现严重的数据失真，这是由相位延迟引起的。考虑到实际工程应用，为了消除相位延迟带来的影响，首先在起始点之前补充一些数据点(图 5.11)，然后对前部数据(无波动部分)直接采用实测数据(图 5.12)。最后将补充数据截掉即可得计算模块分析结果如图 5.13 所示。

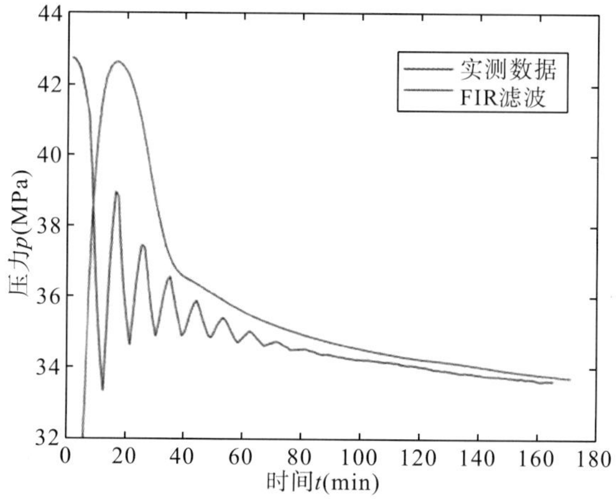

图 5.11　修正后的 FIR 滤波结果

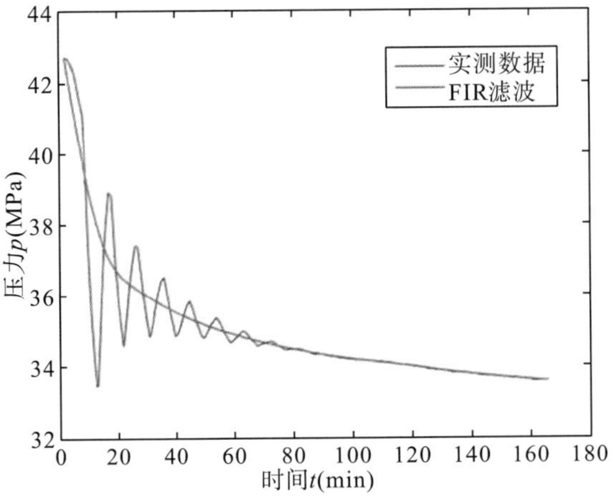

图 5.12 修正后的 FIR 滤波计算结果

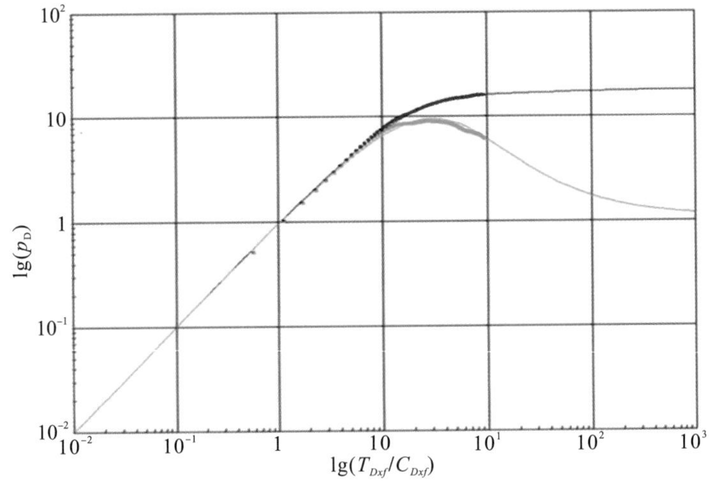

图 5.13 FIR 滤波后的双对数曲线拟合图

需要注意本方法存在以下几个问题：①补充数据点也参与了滤波，会带来一定的误差；②在前部采用实测数据点，但此时水锤已经形成，故曲线上的数据点比实际渗流压降曲线点偏低。

5.2.3 倒谱分析方法

水力压裂作业过程中的射孔、投球、停泵等工况，均会产生水锤现象。其中停泵后的压力脉动，反映了流体在井下反射的次数(频次)。高精度压力监测装置得益于较高的分辨率，能够发现和记录压力的短时间脉动，我们也就可以通过对该压力信号特征进行分析解释，可以计算进液点位置等参数。

5.2.3.1　阻抗分析

在水力学中，振荡压力与振荡流量的比值称为阻抗，阻抗是一个由振幅、频率与相位定义的复数：

$$Z=\frac{He^{i\omega t(1+\varphi)}}{Qe^{i\omega t}}=\frac{H}{Q}e^{i\omega\varphi} \tag{5.24}$$

式中：Z 为阻抗，s/m^2；H 为水头，m；Q 为流量，m^3/s；t 为时间，s；ω为角频率，rad/s；φ 为水头与流量相位角，rad。

阻抗分析中，另一个重要的概念是特征阻抗，用来描述压力与流量运动方向均相同的情况。假设压力与流量发生振荡的套管中摩擦是常数，此时的相位角等于 0 或π/ω，因此式(5.24)中的虚部不再存在，其表达式可以简化如下：

$$Z^c=\frac{\rho c}{A} \tag{5.25}$$

式中：c 为波速，m/s；A 为导管横截面对应的面积，m^2。

压力振荡在井筒中传播时，由于井筒几何形状的变化(包括井筒半径变化或者桥塞的存在)以及井筒完整性的变化(包括裂缝与漏失)，振荡压力在这些位置会发生变化，可以定义反射系数如下：

$$R=\frac{Z_2^c-Z_1^c}{Z_2^c+Z_1^c} \tag{5.26}$$

式中：Z_1^c 为压力波通过导管之前的阻抗，s/m^2；Z_2^c 为压力波通过导管之后的阻抗，s/m^2。考虑压力波在裂缝处的反射，由于裂缝提高了井筒的截面积，此时的反射系数 R 为负值。

5.2.3.2　裂缝处压力反射特征

水击波压力在裂缝处发生反射，在数据形式上可以假设为与周期性脉冲响应信号发生作用，周期性脉冲响应中的反射系数就是上述阻抗分析中的反射系数。其数学形式如下：

$$w(t)=\delta(t)+\sum_{n=1}^{+\infty}R^n\delta(t-nT) \tag{5.27}$$

式中：$w(t)$ 表示裂缝处的冲激响应函数；$\delta(t)$ 为单位脉冲函数；T 为压力脉冲的周期。

5.2.3.3　压力波的倒谱分析原理

停泵后的地面压力可以被描述为地下压力信号与噪声信号，其表达式为式(5.28)。压力信号 $u(t)$ 是需要处理的有用信号，当压力计比较灵敏时，会将地表机械振动引起的压力波动记录下来，这部分信号就是噪声信号 $n(t)$。首先通过 FIR 低通滤波器对数据进行预处理，过滤高频的噪声信号，保留需要的压力信号。

$$y(t)=u(t)+n(t) \tag{5.28}$$

在水平井压裂停泵瞬间，井口处压裂液流量在极短时间内降为零，使得井口处压力出现一个突然的下跌，由于流体具有惯性和可压缩性，这个压力突降将以压力波的形式向井底传播，并在井底产生反射，形成水锤。该压力波在裂缝处发生反射，该反射过程可以使用式(5.29)的卷积过程表示。

$$u(t)=s(t)*w(t) \tag{5.29}$$

其中，$s(t)$表示原始压力信号；$w(t)$表示裂缝处反射产生的信号；*表示卷积符号。

对于多段压裂的情景，压力波会在不同的裂缝处均产生反射，多个信号叠加。同时，压力波在井筒传导过程中，其振幅不断地衰减。压力波信号中由反射产生的部分最终会趋于零。

停泵压力由于裂缝处的反射，地面高精度压力监测计信号是由原始水锤波信号与反射信号产生的卷积序列。如果想要得到裂缝的信息，必须通过信号处理方法得到卷积信号中的$w(t)$。倒谱技术就是一种能够处理卷积信号的方法，该技术最早用来处理地震波的反射过程。首先对上述信号进行傅里叶变换：

$$\mathcal{F}[(s*w)(t)]=\mathcal{F}(s)\mathcal{F}(w) \tag{5.30}$$

傅里叶变换能够将卷积信号变换为乘积信号，但是乘积域信号仍然难以区分两个不同的信号，因此对乘积信号进行对数变换，成为相加信号。

$$\lg\left[\left|\mathcal{F}(s)\mathcal{F}(w)\right|\right]=\lg\left[\mathcal{F}(s)\right]+\lg\left[\mathcal{F}(w)\right] \tag{5.31}$$

$$\hat{u}=\mathcal{F}^{-1}\left[\lg\left|\mathcal{F}(u)\right|\right]=\hat{s}+\hat{w} \tag{5.32}$$

通过式(5.31)将乘积信号变换为相加信号，此时的变换仍然在频率域，需要将信号重新变换回时间域。倒谱变换就是对信号进行上述一系列的处理，变换得到的结果仍然在时间域，为了与原始时间相区别，将自变量称为倒频。倒谱变换在地震信号处理、声音信号处理中有着广泛的应用，其完整定义为式(5.32)。

由于裂缝处的阻抗为负值，在时间倒谱图中，阻抗负值较大处是进液点位置；而裂缝对应的位置阻抗有着较小的负值；压力波在井筒反射时(如多段压裂中的桥塞)，对应倒谱为正值。在压裂施工期间，考虑将多段压力的倒谱图进行对比分析，能够发现其对应的负值较大处。

根据倒谱计算得到了裂缝处的压力波对应的反射时间。建立进液点位置的计算方法：

$$2x_L=c\cdot t_p \tag{5.33}$$

式中：t_p为倒谱分析中压力波反射时间；c是波速。

5.3 水力压裂停泵压降分析方法

5.3.1 单段单簇模型

5.3.1.1 物理模型

从地层渗流角度，水力压裂形成裂缝后大量的压裂液短时间内进入地层，本质上就是一个渗流过程。图 5.14 给出了地层中有一条裂缝时的示意图。为计算压裂液进入地层后产生的压力漏斗，采用以下假设：

(1) 页岩地层简化为地层中一条主裂缝，主裂缝附近存在一个椭圆形的 SRV 区域，SRV 区域外的是未改造区域。

(2) 页岩地层及进入页岩地层的压裂液均视作微可压缩。

(3) 页岩地层中压裂液满足达西定律，且忽略重力、毛管力。

(4) 考虑到启裂时间较短，不考虑注入时间的影响，仅考虑压裂时注入的压裂液体积为 V_m，其质量为δ_m。

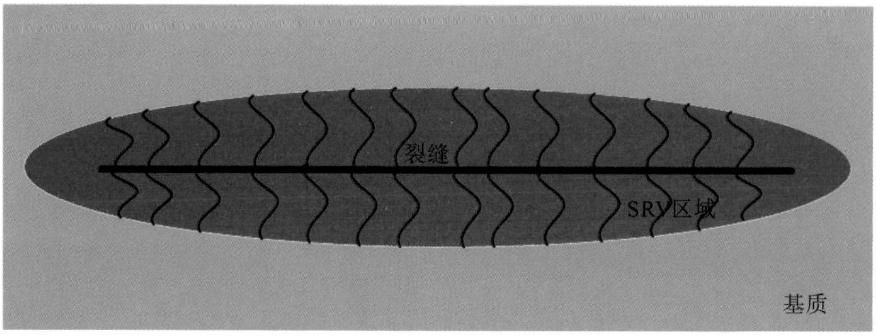

图 5.14　地层中有一条裂缝示意图

5.3.1.2　数学模型及求解方法研究

根据 5.3.1.1 节中的假设，选择在 $t=\tau$ 时刻，点 $M'(x,y,t)$ 处注入质量为δm 的流体，则密度ρ 所满足的方程(密度分布的δ 函数法)及其定解条件为(孔祥言，2010)：

$$\frac{\partial^2\rho}{\partial x^2}+\frac{\partial^2\rho}{\partial y^2}=\frac{1}{3.6\chi}\frac{\partial\rho}{\partial t} \tag{5.34}$$

$$\rho(x\to\pm\infty,y\to\pm\infty,t)=\rho_i \tag{5.35}$$

$$\rho(x,y,t=\tau)=\begin{cases}\rho_i & (x,y)\notin M'\\ \infty & (x,y)\in M'\end{cases} \tag{5.36}$$

令 $\Delta\rho(x,y,t)=\rho_i-\rho(x,y,t)$，并对 $\Delta\rho(x,y,t)$ 作空间坐标 x，y 的傅里叶变换：

$$\bar{\rho}(\lambda,\mu,t)=\int_{-\infty}^{+\infty}\int\exp[(\lambda x'+\mu y')\mathrm{i}]\Delta\rho(x',y',t)\mathrm{d}x'\mathrm{d}y' \tag{5.37}$$

根据边界条件式(5.36)及傅里叶变换性质，傅里叶变换后方程变成

$$\frac{\mathrm{d}\bar{\rho}}{\mathrm{d}t}=3.6\chi\bar{\rho}\left[(-\mathrm{i}\lambda)^2+(-\mathrm{i}\mu)^2\right]=-3.6\chi\left(\lambda^2+\mu^2\right)\bar{\rho} \tag{5.38}$$

$$\bar{\rho}\,|_{t=\tau}=\exp(\lambda\xi+\mu\zeta) \tag{5.39}$$

很明显，常微分方程(5.38)的解为

$$\bar{\rho}(\lambda,\mu,t)=\exp\left[-3.6\chi\left(\lambda^2+\mu^2\right)(t-\tau)+\mathrm{i}(\lambda\xi+\mu\zeta)\right] \tag{5.40}$$

对方程(5.40)作傅里叶逆变换，于是实空间上的解 $\Delta\rho(x,y,t)$ 可表示为

$$\begin{aligned}\Delta\rho(x,y,t)&=\frac{1}{(2\pi)^2}\int_{-\infty}^{+\infty}\int\exp[-\mathrm{i}(\lambda x+\mu y)]\cdot\Delta\bar{\rho}\mathrm{d}\lambda\mathrm{d}\mu\\&=\frac{1}{(2\pi)^2}\int_{-\infty}^{+\infty}\exp\left[-3.6\chi\lambda^2-\mathrm{i}\lambda\left(x-\xi\right)\right]\mathrm{d}\lambda\cdot\int_{-\infty}^{+\infty}\exp\left[-3.6\chi\mu^2-\mathrm{i}\mu\left(y-\zeta\right)\right]\mathrm{d}\mu\end{aligned} \tag{5.41}$$

而积分：

$$\frac{1}{2\pi}\int_{-\infty}^{+\infty}\mathrm{e}^{-3.6\chi\lambda^2-\mathrm{i}\lambda(x-\xi)}\mathrm{d}\lambda=\frac{\mathrm{e}^{-(x-\xi)^2/[14.4\chi(t-\tau)]}}{2\sqrt{3.6\pi\chi(t-\tau)}} \tag{5.42}$$

将式(5.42)代入方程(5.41)，最后得到$\rho(x,y,t)$的表达式：

$$\rho=\rho_i+\frac{A}{14.4\pi\chi(t-\tau)}\exp\left[-\frac{(x-\xi)^2+(y-\zeta)^2}{14.4\chi(t-\tau)}\right] \tag{5.43}$$

式中：A 为待定常数，它与注入量 δ_m 有关； $\chi=\dfrac{k}{\phi\mu C_t}$ 为页岩地层导压系数，μm^2·MPa/(mPa·s)；k 为页岩地层渗透率，μm^2；μ 为流体黏度，MPa·s；ϕ 为页岩地层孔隙度；C_t 为页岩地层综合压缩系数，MPa^{-1}。

下面确定方程(5.43)中的常数 A。设 $r^2=(x-\xi)^2+(y-\zeta)^2$，在 $t>\tau$ 任意时刻，单位厚度的多孔介质中，流体质量增量 δ_m 为

$$\delta_m=\int_0^{2\pi}\int_0^{\infty}\phi\Delta\rho(r,\theta)r\mathrm{d}r\mathrm{d}\theta=2\pi\phi\int_0^{\infty}\frac{A\mathrm{e}^{-r^2/[14.4\chi(t-\tau)]}}{14.4\pi\chi(t-\tau)}r\mathrm{d}r \tag{5.44}$$

令 $u=r^2/[14.4\chi(t-\tau)]$，则 $r\mathrm{d}r=7.2\chi(t-\tau)\mathrm{d}u$，于是方程(5.44)可写成

$$\delta_m=\phi A\int_0^{\infty}\exp[-u]\mathrm{d}u=\phi A \tag{5.45}$$

所以

$$A=\delta_m/\phi \tag{5.46}$$

将式(5.46)代入方程(5.43)得

$$\rho=\rho_i+\frac{\delta_m}{14.4\pi\phi\chi(t-\tau)}\exp\left[-\frac{r^2}{14.4\chi(t-\tau)}\right] \tag{5.47}$$

根据状态方程、体积增量δ_v 和质量增量δ_m 之间的关系($\delta_m=\rho_i\delta_v$)，压力在地层中的分布 $\tilde{p}(x,y,t)$ 的表达式为

$$\tilde{p}(x,y,t)=p_i+\frac{\delta_v}{345.6\pi\phi\chi C_t(t-\tau)}\exp\left[-\frac{(x-\xi)^2+(y-\zeta)^2}{14.4\chi(t-\tau)}\right] \tag{5.48}$$

上述推导可见《高等渗流力学》(第 2 版，中国科学技术大学出版社，2010) 207、208 页。

对于单段单簇井，假设沿裂缝方向为 x 轴，且注入时刻τ=0，注入量为 V_m，这样方程(5.48)中ζ=0，且$\delta_v=V_m/(2x_fh)$。通过对方程(5.48)沿 x 轴积分(图 5.15)，得到单段单簇井的压力分布 $p(x,y,t)$。

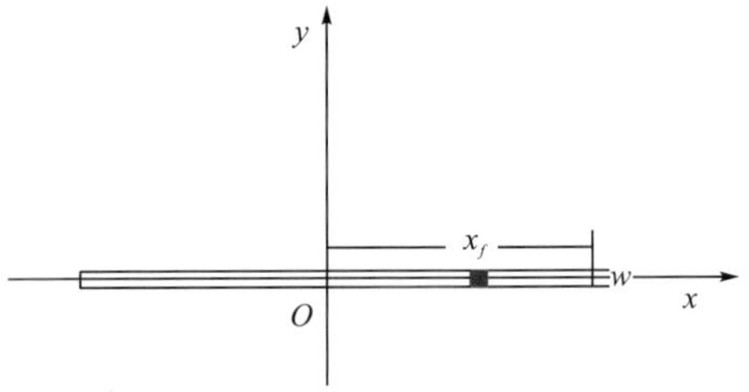

图 5.15　单段单簇井坐标系及点源积分示意图

$$\begin{aligned} p(x,y,t) &= p_i + \frac{\delta_v}{345.6\pi\phi\chi C_t}\int_{-x_f}^{x_f}\frac{1}{t}\exp\left[-\frac{(x-\xi)^2+y^2}{14.4\chi t}\right]\mathrm{d}\xi \\ &= p_i + \frac{V\exp\left[-y^2/(14.4\chi t)\right]}{86.4\pi\phi x_f h C_t\sqrt{3.6\pi\chi t}}\left[\mathrm{erf}\left(\frac{x_f+x}{\sqrt{14.4\chi t}}\right)+\mathrm{erf}\left(\frac{x_f-x}{\sqrt{14.4\chi t}}\right)\right] \end{aligned} \tag{5.49}$$

通过定义无因次参数，可以得到无因次压力表达式

$$P(x_D,y_D,t_D) = \frac{V_D\exp\left[-y_D^2/(4t_D)\right]}{4\sqrt{\pi t_D}}\left[\mathrm{erf}\left(\frac{1+x_D}{2\sqrt{t_D}}\right)+\mathrm{erf}\left(\frac{1-x_D}{2\sqrt{t_D}}\right)\right] \tag{5.50}$$

式中：$t_D=\dfrac{36kt}{\phi\mu c_t x_f^2}$，无因次时间；$P_{WD}=\dfrac{(P_i-P_{Wf})kh}{1.842\times10^{-3}qB\mu}$，无因次井底压力；$-E_i(-x)=\int_x^\infty\dfrac{\mathrm{e}^{-u}}{u}\mathrm{d}u$，指数积分函数；$\mathrm{erf}(x)=\dfrac{\pi}{\sqrt{2}}\int_0^x\mathrm{e}^{-u^2}\mathrm{d}u$，误差函数；$k$ 为地层绝对渗透率，μm^2；B 为流体体积系数；q 为压裂液日注入量，m^3/d；C_t 为综合压缩系数，1/MPa；x_f 为水力压裂裂缝半长，m；h 为地层有效厚度，m；μ为流体黏度，MPa·s；ϕ 为地层孔隙度。

利用叠加原理，由于油藏被局限在边界之间，那么油藏中一口单段单簇井，映象井的个数也就有无穷多个。考虑到井筒存储和表皮效应，使用映象井并将油藏拓展成无限大的平面，其井底压力可表示成

$$P_{WD}(t_D)=P(x_D,y_D,t_D)+P_{WLD}(t_D) \tag{5.51}$$

式中：$P_{WLD}(t_D)$ 为映象井在井底处所产生的压力分布。

$$P_{WLD}(t_D)=-\frac{1}{2}\sum_{n=1}^{\infty}(-1)^n\left[E_i\left(-\frac{A_n^2}{t_D}\right)+E_i\left(-\frac{A_n^2+L_{2D}^2}{t_D}\right)\right]+\frac{1}{2}E_i\left(-\frac{L_{2D}^2}{t_D}\right) \tag{5.52}$$

考虑 C_D 和 S_f 后，采用井底压力卷积形式的解，得到在拉普拉斯空间上井底压力的表达式：

$$\overline{P_{WD}}(u)=\frac{u\overline{P_D}(u)+S_f}{u\left\{1+C_D u\left[u\overline{P_D}(u)+S_f\right]\right\}} \tag{5.53}$$

其中，$\overline{P_D}(u)$ 为拉普拉斯空间上不考虑 C_D、S 瞬时源井底压力；$C_D=\dfrac{C}{2\pi\phi C_t h x_f^2}$ 为无量纲井筒存储常数；S_f 为裂缝表皮因子。

5.3.1.3　压力响应特征曲线

对式(5.43)进行数值拉普拉斯反演，就可以得到给定时间下的井底压力及导数数值解，然后绘制成井底压力及导数双对数曲线，即 $\lg P_{WD}\sim\lg t_{Dxf}$ 和 $\lg P'_{WD}\sim\lg t_{Dxf}$ 的组合曲线（$P'_{WD}=\mathrm{d}P_{WD}/\mathrm{d}(\ln t_{Dxf})$）。很明显，这类典型曲线中的参数有无因次井储系数 C_{Dxf}、S_m、裂缝半长（x_f）、导流系数（f_{wd}）、边界距离（L_1）等，其中 S_m 是垂直裂缝表皮系数，$S_m\geqslant0$。

图 5.16 所示为 C_{Dxf}=0.0001，S_m=0.01，x_f=90m，f_{wd}=500，Re=50 时的一条典型曲线，从图中可以看出：页岩地层中单段单簇模型的典型曲线是由五部分组成。

第Ⅰ部分井筒存储段，在这一部分中，受井筒存储的影响，压力及其导数双对数曲线重合，并且为45°的直线段。

第Ⅱ部分是由井筒存储段向线性流段过渡的表皮段，在这部分中，压力导数出现峰值，其峰值的高低受 S_m 值影响，S_m 越大这一峰值越高。

第Ⅲ部分是线性流段，在这一部分中压力及其导数曲线近似平行，且其直线段斜率都为1/2。主要是由裂缝中的线性流动所引起。

第Ⅳ部分是过渡流段，地层线性流结束后，会逐渐向边界段发展。

第Ⅴ部分是边界流，这一部分的曲线形态主要是流动遇到SRV区域边界，产生了边界效应，压力曲线逐渐变平，导数曲线逐渐下掉。

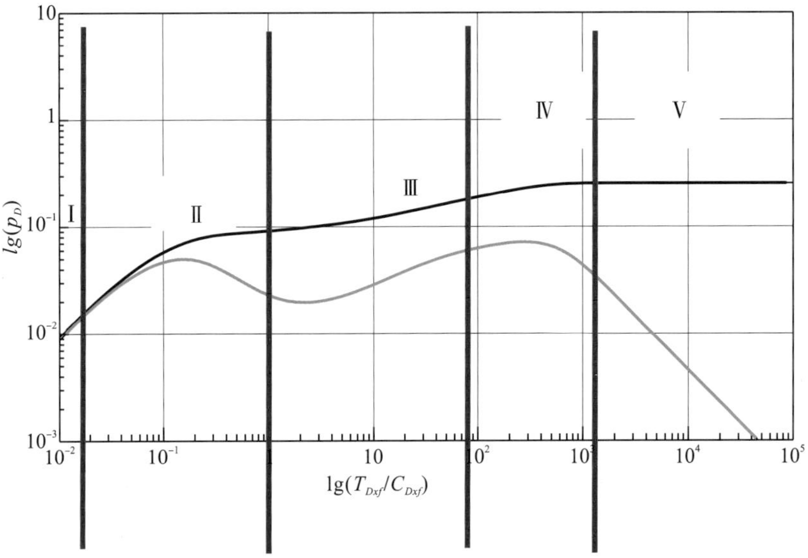

图5.16 双对数典型曲线图版

为了分析单段单簇模型中敏感参数的影响，本节选取基础参数为 C_{DS}=3e^{-6}，S_m=0.08，x_f=90m，f_{wd}=500，绘制单段单簇模型典型曲线图版。

1. 表皮系数的影响

表皮系数用来表述井筒附近地层受到的污染，对单段单簇模型的表皮系数进行分析，结果如图5.17所示。从图中可以看出：

(1)表皮系数主要影响表皮阶段出现的时间，表皮系数越大，井储阶段持续时间越长，表皮阶段出现得越晚，压力曲线整体越高。相应地，表皮系数还会影响线性流阶段开始的时间，表皮系数越大，线性流阶段开始得越晚，主要原因是表皮阶段出现得较晚且持续时间长，导致裂缝线性流出现得较晚。

(2)表皮系数影响表皮阶段、裂缝线性流阶段的压力和压力导数曲线的距离(张口大小)，表皮系数越大，压力和压力导数之间的开口越大。主要原因是表皮系数越大，导致井筒附近的压降越大，压力曲线相应会升高，导致整体开口变大。

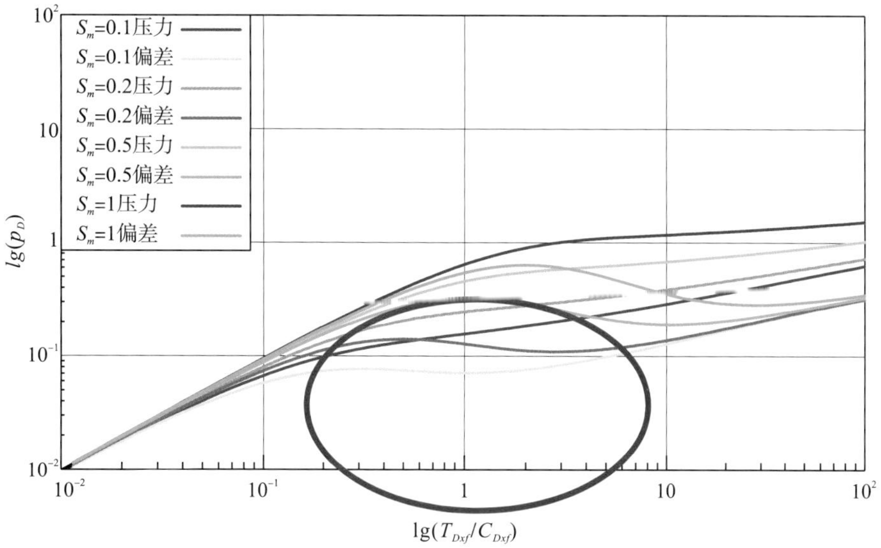

图 5.17　表皮系数对单段单簇模型的影响

2. 裂缝半长的影响

裂缝半长（x_f）直接影响裂缝的流动能力，对单段单簇模型的裂缝半长参数进行分析，结果如图 5.18 所示。

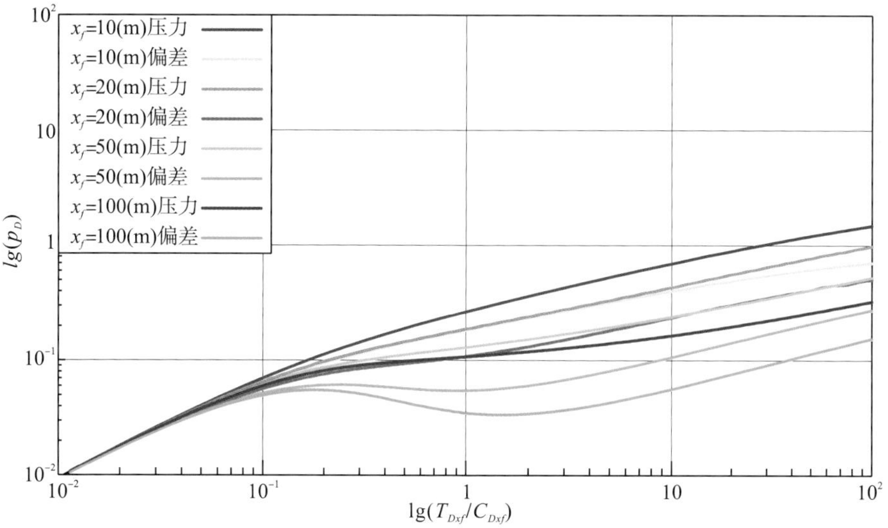

图 5.18　裂缝半长对单段单簇模型的影响

(1) 裂缝半长越大，线性流开始的时间越晚，主要是因为裂缝越长，相对来说污染会更多一些，导致表皮阶段越长；线性流阶段持续时间越长，说明裂缝半长主要影响的就是裂缝线性流阶段。

(2)裂缝半长越大，压力和压力导数之间的距离越大，这是因为半长越大，裂缝流动能力越强，压力变化速度快，压力曲线升高快，导数最低点越低，从而导致压力和导数之间的开口越大。

3. 导流系数的影响

裂缝导流系数(f_{wd})代表裂缝内的导流能力，对单段单簇模型的导流系数参数进行分析，结果如图 5.19 所示：

(1)导流系数主要影响表皮阶段及表皮和裂缝线性流之间的过渡流阶段，导流系数越大，表皮阶段的压力和压力导数越小，压力和压力导数之间的距离越大，线性流开始的时间越早。

(2)值得注意的是，导流系数在超过 100 后，变化非常微小。在实际应用中，由于本条特性，导致高流动能力裂缝情况下，导流系数很难给出一个准确的值。

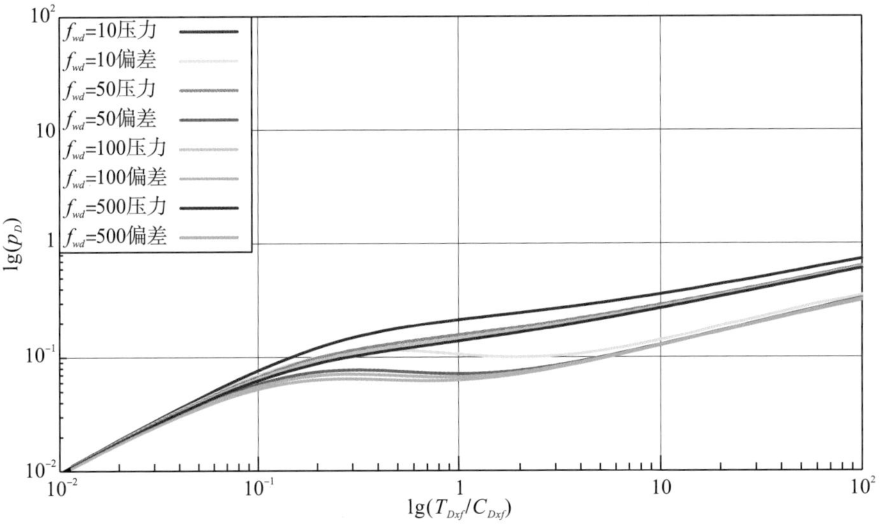

图 5.19 导流系数对单段单簇模型的影响

4. 边界距离的影响

边界距离(L_l)代表裂缝距离 SRV 区域边界的距离，对单段单簇模型的边界距离参数进行分析，结果如图 5.20 所示：

(1)边界距离对井储、表皮段没有任何影响，只会影响线性流结束时间、过渡流段出现时间和边界段出现时间。边界距离越大，线性流持续时间越长，过渡流段出现得越晚，边界流段出现得越晚。

(2)边界距离越大，压力曲线最终变平情况出现得越晚，曲线形态越高，说明边界距离越大，压力降越大，这是因为边界距离越大，SRV 面积越大，最终平衡状态下的平均压力会越低。

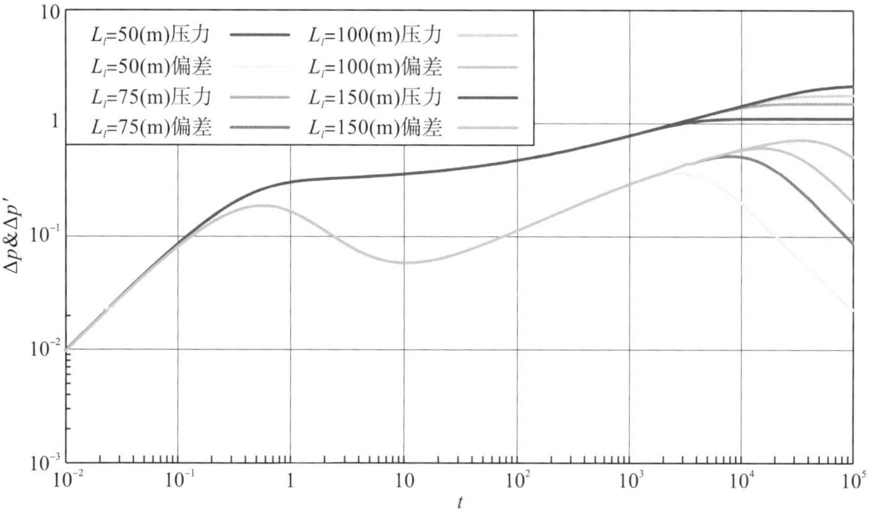

图 5.20　边界距离对单段单簇模型的影响

5.3.2　单段多簇模型

5.3.2.1　物理模型

图 5.21 给出了单段多簇井的物理模型。为建立相关的方程，采用如下基本假设：

(1) 页岩地层中沿水平井段存在多簇裂缝，每簇裂缝附近都存在若干微裂缝群，所有微裂缝集体形成一个 SRV 区域，区域形状如图 5.21 所示，SRV 区域外是未改造区域。

(2) 页岩地层及进入页岩地层的压裂液均视作微可压缩。

(3) 页岩地层中压裂液满足达西定律，且忽略重力、毛管力。

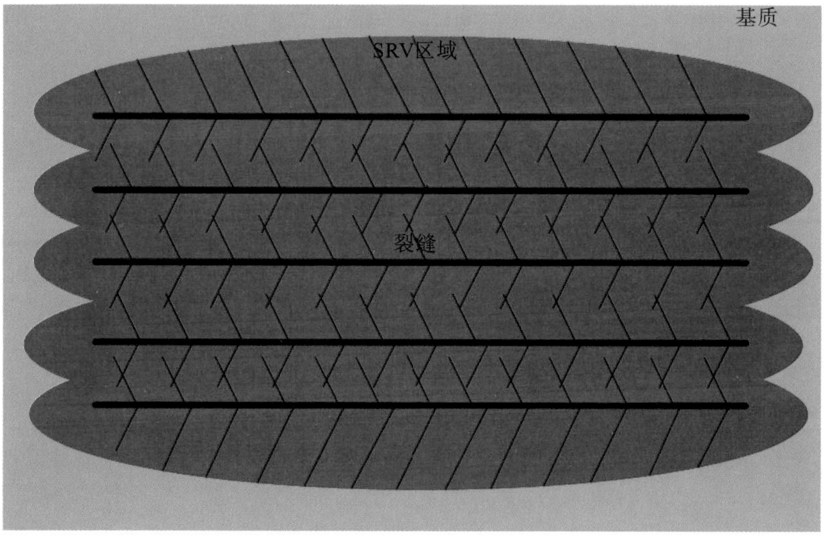

图 5.21　单段多簇示意图

(4)考虑到启裂时间较短，不考虑注入时间的影响，仅考虑压裂时注入的压裂液体积为 V_m，其质量为δ_m。

(5)每簇裂缝的性质均保持不变。

(6)流体不会通过水平井身流入井筒，全部从裂缝流入井筒。

(7)裂缝之间互相平行且垂直于水平井，每条裂缝的半长可不同，间距也可不同。

5.3.2.2 数学模型及求解方法研究

对于单段多簇井的压力分布，Horner 等(1999)给出了其井底压力的计算方法。以矩形边界($x_e \times y_e$)为例，水平井位置为(x_w, y_w)，为了求解拉普拉斯空间下的压力 $\overline{p}_D$，定义 $q_{Dj}=q_j/q$，q_j 和 q 分别为第 j 条裂缝的流量和所有裂缝总流量，建立拉普拉斯空间流量与标准压力的关系如下：

$$\sum_{j=1}^{n}\overline{q}_{Dj}=\frac{1}{s} \tag{5.54}$$

$$\overline{p}_{Di}(s)=\sum_{j=1}^{n}s\overline{q}_{Dj}\overline{p}_{Dij}(s) \tag{5.55}$$

$$\overline{p}_{Dij}(s)=\pi\int_0^{\infty}S_{xD}(t_D)S_{yD}(t_D)e^{-st_D}\mathrm{d}t_D \tag{5.56}$$

$$S_{xD}=\frac{2}{x_{eD}}\left[1+\frac{2x_{eD}}{\pi}\sum_{n=1}^{\infty}\frac{1}{n}\exp\left(-\frac{n^2\pi^2\alpha t_D}{x_{eD}^2}\right)\cdot\sin\frac{n\pi}{x_{eD}}\cos\frac{n\pi x_{wD}}{x_{eD}}\cos\frac{n\pi x_D}{x_{eD}}\right] \tag{5.57}$$

$$S_{yD}=\frac{1}{y_{eD}}\left[1+2\sum_{n=1}^{\infty}\exp\left(-\frac{n^2\pi^2 t_D/\alpha}{y_{eD}^2}\right)\cos\frac{n\pi y_{wD}}{y_{eD}}\cos\frac{n\pi y_D}{y_{eD}}\right] \tag{5.58}$$

$$t_D=\sqrt{\eta_x\eta_y}\frac{t}{x_f^2} \tag{5.59}$$

$$\alpha=\sqrt{\frac{\eta_x}{\eta_y}},\eta=\frac{k}{\phi\mu c} \tag{5.60}$$

由于所有的裂缝通过水平井连接在一起，我们可以认为每条裂缝在水平井处的压力均相等。根据无量纲压力的定义，有如下矩阵方程：

$$\begin{bmatrix} s\overline{p}_{D11} & s\overline{p}_{D12} & s\overline{p}_{D13} & \cdots & s\overline{p}_{D1n} \\ s\overline{p}_{D21} & s\overline{p}_{D22} & s\overline{p}_{D23} & \cdots & s\overline{p}_{D2n} \\ \vdots & \vdots & \vdots & & \vdots \\ s\overline{p}_{Dk1} & s\overline{p}_{Dk2} & s\overline{p}_{Dk3} & \cdots & s\overline{p}_{Dkn} \\ \vdots & \vdots & \vdots & & \vdots \\ s\overline{p}_{Dn1} & s\overline{p}_{Dn2} & sp_{Dn3} & \cdots & s\overline{p}_{Dn} \\ s & s & s & \cdots & s \end{bmatrix}\begin{bmatrix} \overline{q}_{D1} \\ \overline{q}_{D2} \\ \vdots \\ \overline{q}_{Dk} \\ \vdots \\ \overline{q}_{Dn} \\ \overline{p}_D \end{bmatrix}=\begin{bmatrix} 0 \\ 0 \\ \vdots \\ 0 \\ \vdots \\ 0 \\ 0 \\ 1 \end{bmatrix} \tag{5.61}$$

对式(5.61)求解，可以得到拉氏空间中的井底压力解：

$$\overline{p}(x_D,y_D,f(s))=\sum_{j=1}^{n}s\overline{q}_{Dj}\cdot\pi\int_0^{\infty}S_{xDj}(x_D,x_{wDj},t_D)S_{yDj}(y_D,y_{wDj},t_D)\mathrm{e}^{-f(s)t_D}\mathrm{d}t_D \tag{5.62}$$

其中，

$$S_{xDj}=\frac{2x_{fDj}}{x_{eD}}\left[1+\frac{2x_{eD}}{\pi}\sum_{n=1}^{\infty}\frac{1}{n}\exp\left(-\frac{n^2\pi^2t_D}{x_{eD}^2}\right)\cdot\sin\frac{n\pi}{x_{eD}}\cos\frac{n\pi x_{wDj}}{x_{eD}}\cos\frac{n\pi x_D}{x_{eD}}\right] \tag{5.63}$$

$$S_{yDj}=\frac{1}{y_{eD}}\left[1+2\sum_{n=1}^{\infty}\frac{1}{n}\exp\left(-\frac{n^2\pi^2t_D}{y_{eD}^2}\right)\cos\frac{n\pi y_{wDj}}{y_{eD}}\cos\frac{n\pi y_D}{y_{eD}}\right] \tag{5.64}$$

根据拉普拉斯空间中无量纲压力分布以及每条裂缝的流量贡献，那么在物理空间中的相应结果可以通过拉普拉斯反变换得到。本书采用 Stehfest (1970) 方法来进行拉普拉斯数值反演。

根据 Stehfest 方法，式 (5.60) 可以通过下式进行变换到物理空间中，

$$p_D(x_D,y_D,t_{aD})=\frac{\ln 2}{t}\sum_{i=1}^{N}V_i\overline{p}\left[x_D,y_D,f(s)\right] \tag{5.65}$$

其中，$V_i=(-1)^{\frac{N}{2}+i}\sum_{k=\left[\frac{i+1}{2}\right]}^{\min\left(i,\frac{N}{2}\right)}\frac{k^{\frac{N}{2}+1}(2k)!}{\left(\frac{N}{2}-k\right)!k!(k-1)!(i-k)!(2k-i)!}$，$N$ 为偶数，在多数情况下，取 N=8，10，12 比较合适(孔祥言，2010)。

5.3.2.3　压力响应特征曲线

对式 (5.65) 进行数值拉普拉斯反演，就可以得到给定时间下的井底压力及导数数值解，然后绘制成井底压力及导数双对数曲线。

图 5.22 是 C_{Dxf}=0.01，S_m=0.2，x_f=25m，L=10m，Re=50 时的一条典型曲线，页岩地层中单段多簇模型的典型曲线由五部分组成。

第 I 部分井筒存储段，在这一部分中，受井筒存储的影响，压力及其导数双对数曲线重合，并且为 45°的直线段。

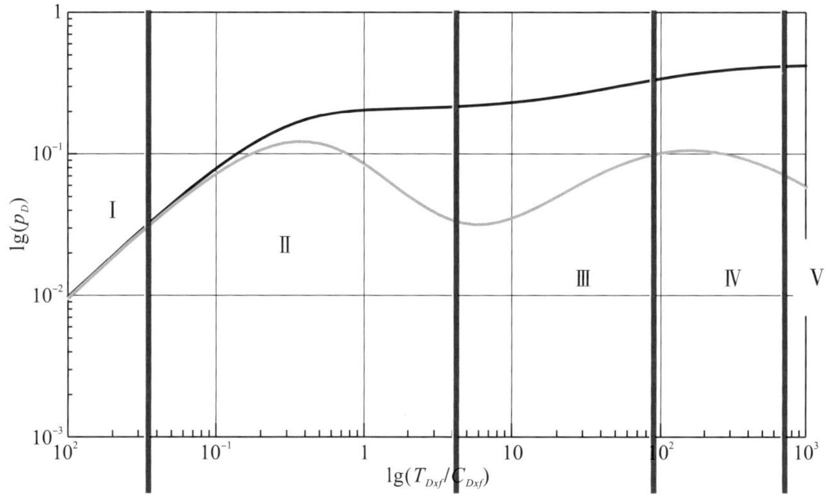

图 5.22　压力及导数双对数典型曲线图版

第Ⅱ部分是由井筒存储段向线性流段过渡的表皮阶段，在这部分中，压力导数出现峰值，其峰值的高低受 S_m 值影响，S_m 越大这一峰值越高。

第Ⅲ部分是干扰线性流段，在这一部分中压力导数曲线直线段斜率为 1/2 至 1 之间，主要是由于裂缝中的线性流受到裂缝间干扰所引起。

第Ⅳ部分是过渡流段，地层线性流结束后，会逐渐向边界段发展。

第Ⅴ部分是边界流，这一部分的曲线形态主要是流动遇到 SRV 区域边界，产生了边界效应，压力曲线逐渐变平，导数曲线逐渐下掉。

为了分析单段多簇模型中敏感参数的影响，本节选取基础参数为 C_{DS}=2.18×10^{-5}，S_m=0.2，x_f=25m，L=10m，裂缝条数=4，绘制单段多簇模型典型曲线图版。

1. 水平段长的影响

水平段长（L_h）代表单段多簇模型的单段长度，与裂缝条数共同影响簇间距。对单段多簇模型的水平段长参数进行分析，结果如图 5.23 所示。

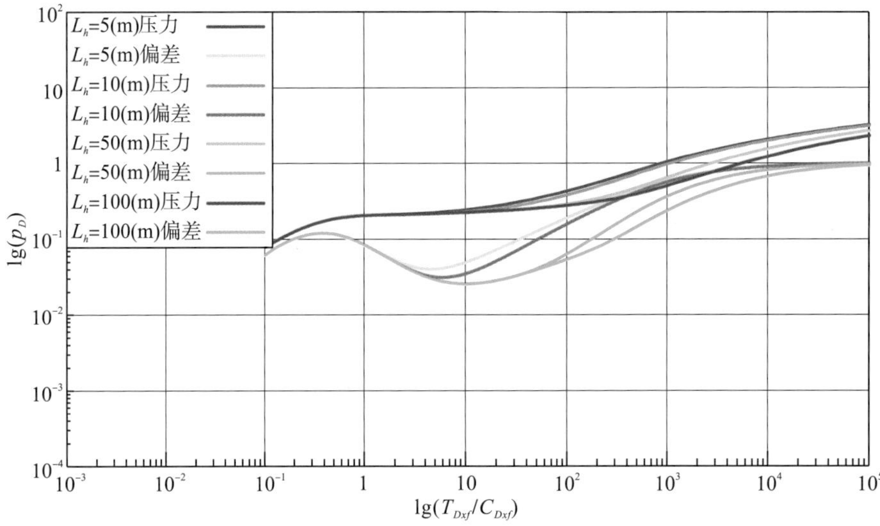

图 5.23 水平段长对单段多簇模型的影响

从图 5.23 中可以看出：

(1) 水平段长对井储段没有任何影响，只会影响表皮阶段向线性流过渡阶段和干扰线性流阶段。水平段长越小，干扰线性流出现得越早，干扰线性流阶段的导数斜率越大，干扰线性流结束得越早。由于水平段长越小会导致簇间距越小，即裂缝间的干扰越严重，形成的 SRV 区域越小，因此整体干扰线性流的开始和结束都会越早。

(2) 水平段长越小，会导致压力和压力导数曲线整体偏上，也就是压力降落速度更快。

(3) 当水平段长较长时，干扰线性流段会出现前期斜率为 1/2 的情况，说明此时尚未发生缝间干扰，后期斜率增加，开始缝间干扰。水平段长越大，缝间干扰发生时间越靠后。

2. 裂缝半长的影响

裂缝半长直接影响了裂缝的流动能力，对单段多簇模型的裂缝半长参数进行分析，结果如图 5.24 所示。

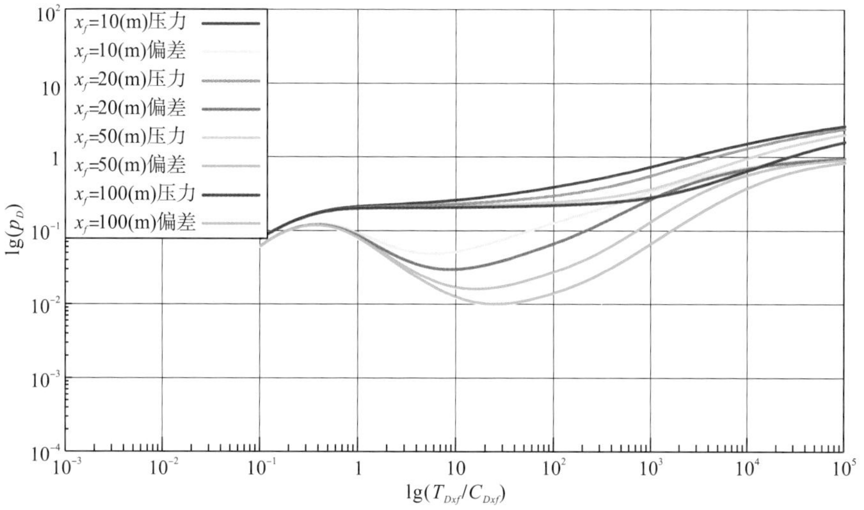

图 5.24　裂缝半长对单段多簇模型的影响

从图 5.24 中可以看出：

(1) 裂缝半长越大，干扰线性流开始的时间越晚，主要是因为裂缝越长，相对来说污染会更多一些，导致表皮阶段越长；干扰线性流阶段持续时间越长，说明裂缝半长主要影响的就是裂缝干扰线性流阶段。

(2) 裂缝半长越大，压力和压力导数之间的距离越大，这是因为半长越大，裂缝流动能力越强，压力变化速度快，压力曲线升高快，导数最低点越低，从而导致压力和导数之间的开口越大。

3. 表皮系数的影响

表皮系数代表井筒附近地层在钻井、压裂、测试工程作业和排采生产过程中受到的污染程度，对单段多簇模型的表皮参数进行分析，结果如图 5.25 所示。

(1) 表皮系数主要影响表皮阶段出现的时间，表皮系数越大，井储阶段持续时间越长，表皮阶段出现得越晚，压力曲线整体越高。相应地，表皮系数还会影响线干扰性流阶段开始的时间，表皮系数越大，干扰线性流阶段开始得越晚，主要原因是表皮阶段出现得较晚且持续时间长，导致裂缝干扰线性流出现得较晚。

(2) 表皮系数影响表皮阶段、裂缝干扰线性流阶段的压力和压力导数曲线的距离(张口大小)，表皮系数越大，压力和压力导数之间的开口越大。主要原因是表皮系数越大，导致井筒附近的压降越大，压力曲线相应会升高，从而导致整体开口变大。

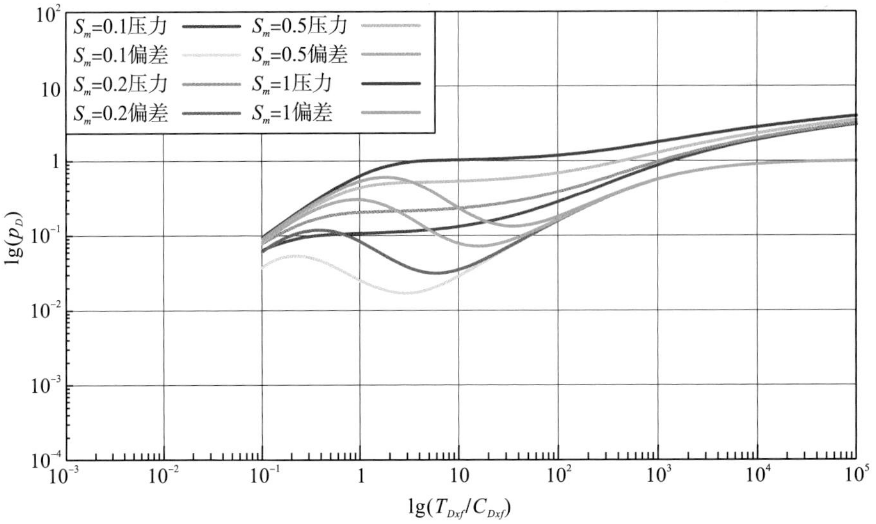

图 5.25 表皮系数对单段多簇模型的影响

4. 边界距离的影响

边界距离代表裂缝距离 SRV 区域边界的距离，对单段多簇模型的边界距离参数进行分析，结果如图 5.26 所示。

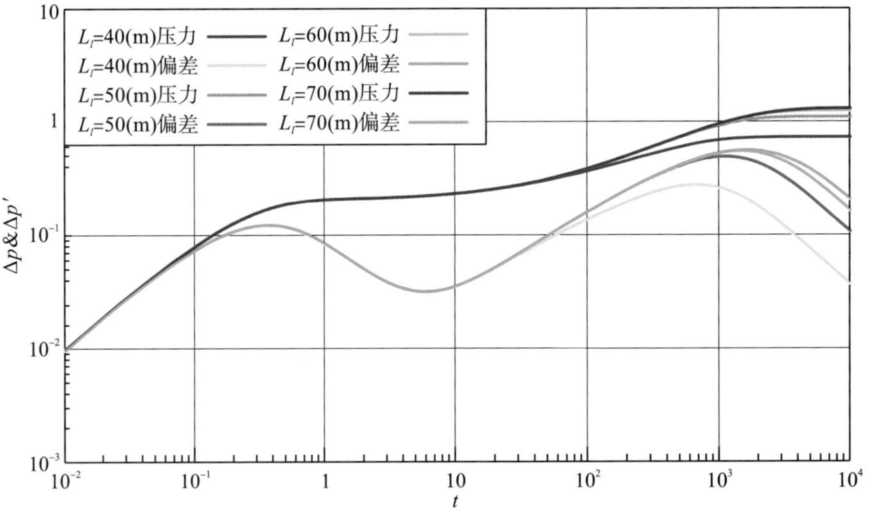

图 5.26 边界距离对单段多簇模型的影响

从图 5.26 中可以看出：

(1) 边界距离对井储、表皮段没有任何影响，只会影响干扰线性流结束时间、过渡流段出现时间和边界段出现时间。边界距离越大，干扰线性流持续时间越长，过渡流段出现得越晚，边界流段出现得越晚。

(2)边界距离越大，压力曲线最终变平情况出现得越晚，曲线形态越高，说明边界距离越大，压力降越大，这是因为边界距离越大，SRV 面积越大，最终平衡状态下的平均压力会越低。

5. 簇数的影响

裂缝簇数代表裂缝单段多簇中裂缝的条数，在裂缝总长一定的条件下对单段多簇模型的簇数进行分析，结果如图 5.27 所示。

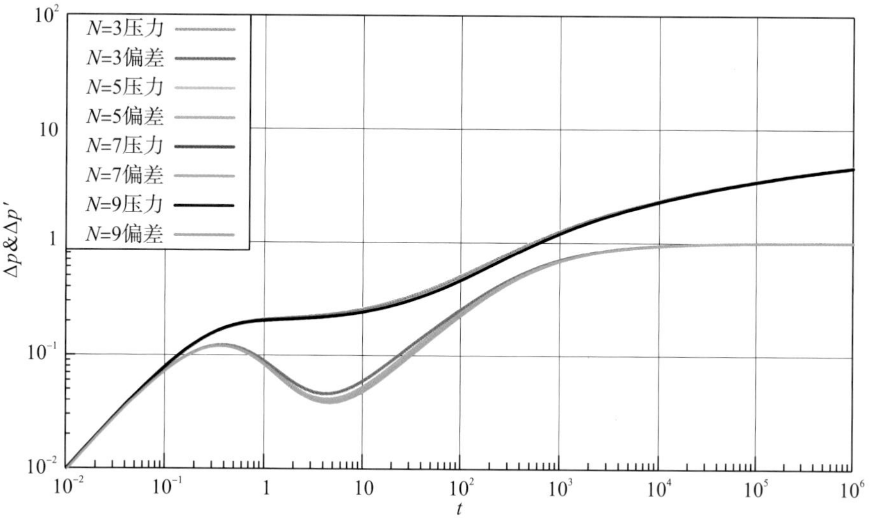

图 5.27　簇数对单段多簇模型的影响

从图 5.27 中可以看出：

(1)簇数对井储段没有影响。簇数越大，干扰线性流开始的时间越晚，主要是因为裂缝簇数多，相对来说污染会更多一些，导致表皮阶段越长；干扰线性流阶段斜率更大，说明簇数越多，裂缝之间的干扰越严重。

(2)簇数越大，压力和压力导数之间的距离越小，这是因为簇数越大，裂缝之间干扰越强，压力变化速度变慢，从而导致压力和导数之间的开口越小。

5.4　基于停泵压降分析的水力压裂效果评估方法

通过 5.3 节的计算，可以获得水平井多段体积压裂单段压裂井口压力压降模型的典型曲线图版。将实际的停泵数据绘制在双对数坐标轴上，与典型曲线图版进行拟合，即可得到压裂规模相关参数。以某页岩油井第 17 段为例，除原始停泵数据外，还需要的原始参数如表 5.1 所示。

表 5.1 停泵压降试井输入原始参数

参数	数值	单位
地层厚度	30	m
孔隙度	0.04	
油井半径	0.12	m
裂缝宽度	2	mm
压裂液量	1408.1	m^3
井筒体积	180	m^3
流体压缩系数	0.000475	MPa^{-1}
注入时间	4	h
产层中深	3863	m
流体密度	1000	kg/m^3
支撑剂密度	2000	kg/m^3
流体黏度	40	mPa·s
体积系数	1.1	
综合压缩系数	0.001	MPa^{-1}

通过科学计算和图版反演，可以获得相关的拟合参数和地层参数，如表 5.2 所示。

表 5.2 停泵压降试井输出结果参数

参数	数值	单位
平均压力	86.2223	MPa
渗透率	3.9785	mD
井储常数	4.76×10^{-3}	m^3/MPa
表皮系数	0.5	
裂缝半长	147.285	m
裂缝高度	26.5933	m
SRV 面积	16258.74	m^2
SRV 体积	432373	m^3
时间拟合值	700.018	1/h
压力拟合值	0.20645	MPa^{-1}
组合参数	1.38×10^{-4}	
导流系数	600	

下面详细介绍具体参数的获得过程。

5.4.1 裂缝半长等参数的反演

通过压力及导数双对数曲线拟合可以得到地层及裂缝参数，拟合过程如下：

(1)瞬时裂缝源给出了无因次井底压力的表达式：

$$P_{WD}\left(t_D\right)=\frac{V_D}{2\sqrt{\pi t_D}}\mathrm{erf}\left(\frac{1}{2\sqrt{t_D}}\right) \tag{5.66}$$

式中：无因次压力 $P_{WD}=172.8\pi\left[p_{wf}\left(t\right)-p_i\right]C_t$；无因次时间 $t_D=\frac{3.6kt}{\phi\mu C_t x_f^2}$；无因次注入量 $V_D=\frac{V_m}{hx_f^2}$；x_f 为裂缝半长，m；V_m 为注入的压裂液量，m^3。

(2)时间与压力拟合值及 V_D 通过迭代得到裂缝半长 x_f 和渗透率 k。由于原始地层压力 p_i 的值未知，整个求解过程中存在不确定性，因此我们采用迭代求解的方式，先给出一个假定原始地层压力，然后计算地层参数，模拟理论压力，当理论压力与实测压力一致时，即假定参数是正确的，否则调整参数重新计算。

具体过程为通过方程(5.66)合并 $P_{WD}\left(t_D\right)/V_D$ 与实测压力拟合可以计算出裂缝半长 x_{f0}，由时间拟合值得到渗透率 k_0。以 x_{f0} 和 k_0 作为初始值，由输入的注入时间 t_p 和注入量 V_m，由方程(5.66)计算的理论压力与实测压力相一致，最终得到裂缝半长 x_f 和渗透率 k。其迭代过程步骤如下：

①给定泵注时间 t_p、液量 V_m 及 t_p 对应的压力 p_{wp}；

②由 $P_{WD}\left(t_D\right)/V_D$ 及时间拟合值得到裂缝半长 x_{f0} 和渗透率初值 k_0；

③根据无量纲量定义计算 $t_D=\frac{3.6kt}{\phi\mu C_t x_f^2}$ 和 $V_D=\frac{V_m}{hx_f^2}$；

④由方程(5.66)计算因次压力 P_{WD}；

⑤ P_{WD} 的定义计算出 t_p 下的压力 $p_{wf}\left(t\right)=p_i+\frac{P_{WD}}{172.8\pi C_t}$；

⑥如果 $\left|p_{wf}\left(t_p\right)-p_{wp}\right|/p_{wp}<10^{-6}$，获得裂缝半长及渗透率；否则重新确定裂缝半长(考虑到 $P_{WD}\left(t_D\right)$ 随 V_D 递增，V_D 与裂缝半长递减，当 $p_{wf}\left(t_p\right)-p_{wp}>0$ 时，裂缝半长减小，否则增加)，并由时间拟合值得到渗透率，跳转到③一直迭代下去，直至满足 $\left|p_{wf}\left(t_p\right)-p_{wp}\right|/p_{wp}<10^{-6}$。

(3)由 C_{Dxf} 可得到井筒存储常数：

$$C=\frac{\phi C_t x_f' h}{2\pi}\left[C_{Dxf}\right] \tag{5.67}$$

5.4.2　裂缝高度的反演

井筒及裂缝中的流体是高压流体，压力的变化必然改变流体的体积，根据压缩系数的定义

$$C_f=-\frac{1}{V}\frac{\mathrm{d}V}{\mathrm{d}p} \tag{5.68}$$

对方程(5.68)积分可得

$$V = V_0 \exp\left[-C_f\left(p_0 - p\right)\right] \tag{5.69}$$

式中：C_f 为压裂液的压缩系数，MPa^{-1}；p_0 为停泵时刻的压力，MPa；p 为停泵 t 时间的压力，MPa；V 为压力为 p 下的压裂液体积，m^3；V_0 为井筒与裂缝的体积之和，也是压力为 p_0 下的压裂液体积，m^3。

$$V_0 = V_w + 2x_f \cdot h \cdot w \tag{5.70}$$

式中：V_w 为井筒体积，m^3；x_f 为停泵压力解释的裂缝半长，m；h 为压裂液漏失高度，m；w 为裂缝宽度，m。

由于停泵后井筒中的流体处于静止状态，停泵时间 t 小时，井口压力由 p_0 降为 p，其压差（$p_0 - p$）与井底压力差相同。压差导致的压裂液体积差（$V-V_0$）就是停泵后裂缝进入地层的压裂液量，可以根据达西定律计算得

$$V_L = 4x_f h \frac{k}{\mu} \int_0^t \int_{-x_f}^{x_f} \frac{\partial p\left(x, y=0, \tau\right)}{\partial y} \mathrm{d}x \mathrm{d}\tau \tag{5.71}$$

式中：V_L 为停泵时间 t 小时的压裂液漏失量，m^3；k 为停泵压力解释的渗透率，μm^2；μ 为压裂液的黏度，mPa·s。

根据方程（5.69）及方程（5.70）由流体压缩产生的体积差为

$$\Delta V = \left(V_w + 2x_f \cdot h \cdot w\right)\left\{1 - \exp\left[-C_f\left(p_0 - p\right)\right]\right\} \tag{5.72}$$

方程（5.71）和方程（5.72）得到的体积相等，这样就可以得到压裂液漏失高度 h 的表达式为

$$h = \frac{V_w I(p) / I(t)}{4x_f k / \mu - 2x_f \cdot w \cdot I(p) / I(t)} \tag{5.73}$$

式中：$I(t) = \int_0^t \int_{-x_f}^{x_f} \frac{\partial p\left(x, y=0, \tau\right)}{\partial y} \mathrm{d}x \mathrm{d}\tau$；$I(p) = 1 - \exp\left[-C_f\left(p_0 - p\right)\right]$。

5.4.3　压力停泵数据反映的裂缝形态

在实际的水力压裂作业实施中，人造裂缝形态在压裂施工曲线上也有所不同，切割缝（图 5.28，单一裂缝）与缝网缝（图 5.29，压碎一片区域）是最常见的裂缝形态，图 5.30 是缝网缝的简化模型，通过建立不同的渗流方程，可以计算不同裂缝类型压力曲线形态（图 5.31 和图 5.32）。

图 5.28　压裂出一条缝示意图（切割缝）

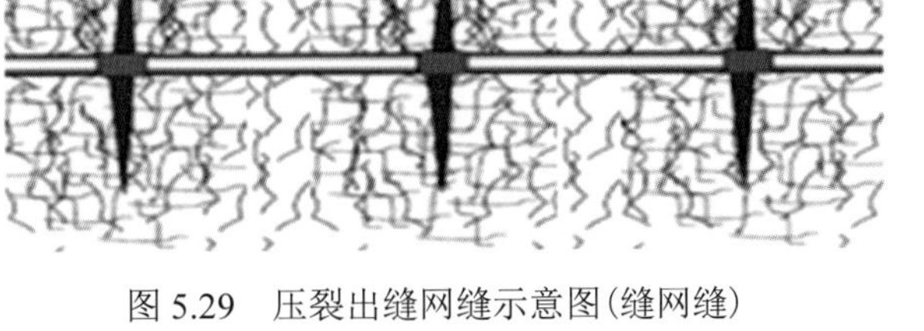

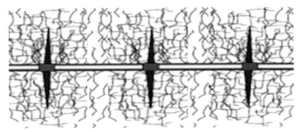

图 5.29　压裂出缝网缝示意图（缝网缝）

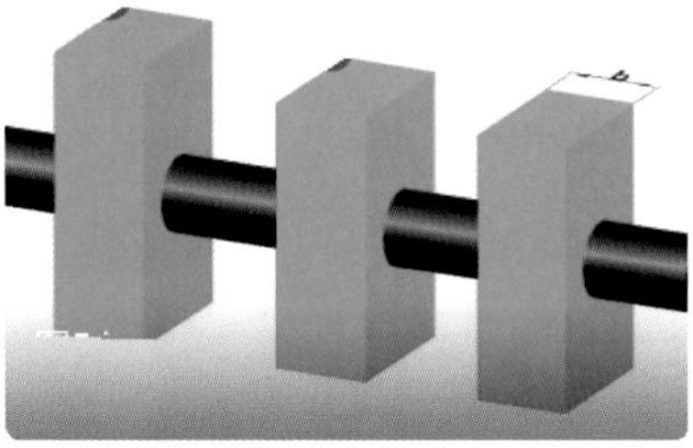

图 5.30　实际计算中缝网缝的简化模型

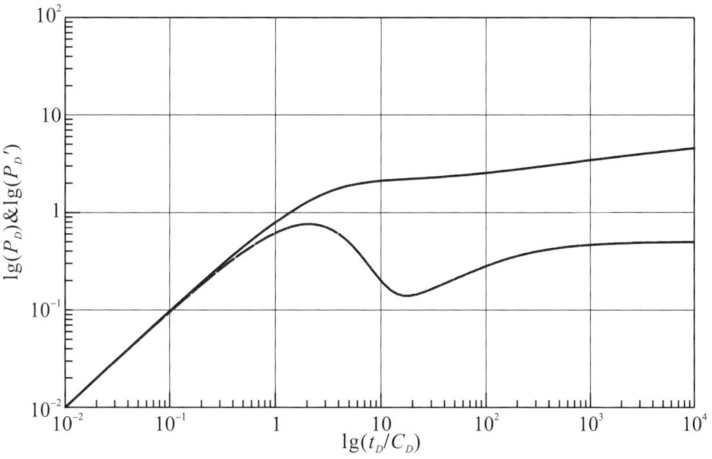

图 5.31　切割缝时的压力及导数双对数曲线

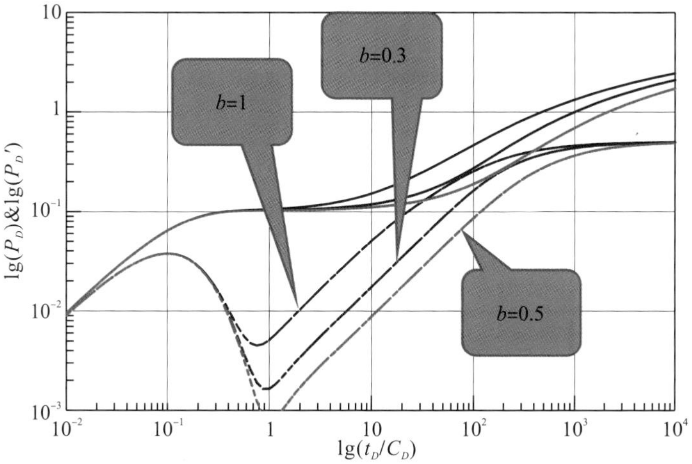

图 5.32　缝网缝不同宽度比时的压力及导数双对数曲线

通过我们对近 1000 段的裂缝分析，归纳出如图 5.33 所示 4 类典型的裂缝形态，这些图形对认识裂缝类型有重要的帮助。

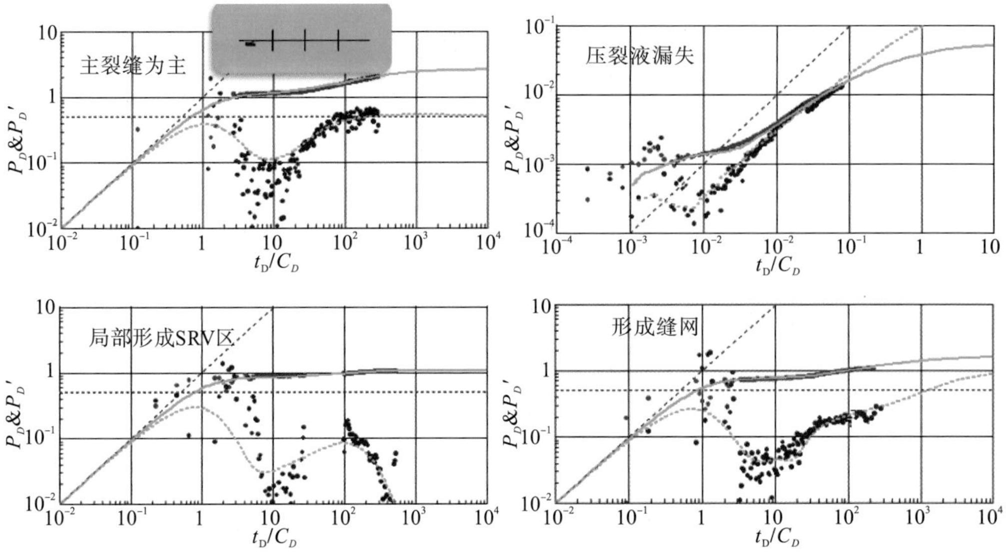

图 5.33 不同类型缝形态所对应的压力及导数双对数曲线

(1) 主裂缝为主：导数曲线出现明显的 1/2 线性流。

(2) 压裂液漏失：压力及导数中井储与表皮部分曲线混乱，表皮系数很大，有明显的压裂液漏失情况。

(3) 局部形成 SRV 区：导数曲线突然下降，井底流动遇到 SRV 区域的边界。

(4) 形成缝网：导数曲线的斜率处于 0 到 1/2 之间，受到径向流和线性流的共同作用，说明压裂形成了一个椭圆形的改造区域，区域内存在多条短裂缝。

5.4.4 SRV 区域面积计算

当大量压裂液进入地层后，压裂液到达的位置地层压力必然发生变化。如果获得每段的裂缝长度、渗透率、裂缝导流系数等参数，采用脉冲点源理论，计算注入期间压力分布，通过压力分布就可以绘制出储层压裂改造体积 SRV 区域、裂缝主力区域等。

利用纽曼(Newman)乘积法原理将多维渗流方程，表示成多个一维源函数的乘积，从而获得水平井多段压裂的压力分布函数。

由于低渗透油气藏采用水平井多段压裂，各裂缝流量的总和即为总产量，拉普拉斯空间下的流量与井底压力的关系如下：

$$\sum_{j=1}^{n}\overline{q}_{Dj}=\frac{1}{s} \tag{5.74}$$

$$\overline{P}_{WDi}[f(s)]=\sum_{j=1}^{n}s\overline{q}_{Dj}\overline{P}_{Dij}[f(s)] \tag{5.75}$$

式中：

$$\overline{P}_{Dij}[f(s)]=\pi\int_{0}^{\infty}P_D\left(t_D\right)\mathrm{e}^{-f(s)t_D}\,\mathrm{d}t_D$$

$$p_D\left(t_D\right)=\int_0^{t_D} G_{xD}\left(\tau_D\right) G_{yD}\left(\tau_D\right) \mathrm{d} \tau_D$$

对矩形全封闭地层 G_{xD} 及 G_{yD} 分别为

$$G_{xD}\left(\tau_D\right)=\frac{1}{x_{eD}}\left\{1+2 \sum_{n=1}^{\infty} \exp \left[-\frac{n^2 \pi^2\left(\tau_D\right)}{2 x_{eD}^2}\right] \cos \frac{n \pi x_{wD}}{x_{eD}} \cos \frac{n \pi x_D}{x_{eD}}\right\} \tag{5.76}$$

$$G_{yD}\left(\tau_D\right)=\frac{2}{y_{eD}}\left\{1+\frac{2 y_{eD}}{\pi} \sum_{n=1}^{\infty} \frac{1}{n} \exp \left[-\frac{n^2 \pi^2\left(\tau_D\right)}{2 y_{eD}^2}\right] \sin \frac{n \pi}{y_{eD}} \cos \frac{n \pi y_{wD}}{y_{eD}} \cos \frac{n \pi y_D}{y_{eD}}\right\}$$

联合方程，最终得到如下线性方程组：

$$\begin{bmatrix} f(s)\bar{P}_{D1,1} & f(s)\bar{P}_{D1,2} & f(s)\bar{P}_{D1,3} & \cdots & f(s)\bar{P}_{D1,n} \\ f(s)\bar{P}_{D2,1} & f(s)\bar{P}_{D2,2} & f(s)\bar{P}_{D2,3} & \cdots & f(s)\bar{P}_{D2,n} \\ \vdots & & & & \\ f(s)\bar{P}_{Dk,1} & f(s)\bar{P}_{Dk,2} & f(s)\bar{P}_{Dk,3} & \cdots & f(s)\bar{P}_{Dk,n} \\ \vdots & & & & \\ f(s)\bar{P}_{Dn,1} & f(s)\bar{P}_{Dn,2} & f(s)\bar{P}_{Dn,3} & \cdots & f(s)\bar{P}_{D,n} \\ s & s & s & \cdots & s \end{bmatrix}\begin{bmatrix} \bar{q}_{1D} \\ \bar{q}_{2D} \\ \vdots \\ \bar{q}_{kD} \\ \vdots \\ \bar{q}_{nD} \\ \bar{P}_{WD} \end{bmatrix}=\begin{bmatrix} 0 \\ 0 \\ \vdots \\ 0 \\ \vdots \\ 0 \\ 0 \\ 1 \end{bmatrix} \tag{5.77}$$

求解方程(5.77)得出的水平井多段压裂的每一段流量 $\bar{q}_{iD}$，根据杜阿梅尔(Duhamel)原理，可以得到水平井多段压裂的压力分布：

$$p(x, y, t)=p_i-\frac{B \mu}{345.6 \pi k h} \sum_{k=1}^N \int_0^t q_k(t-\tau) p_u(x, y, \tau) \mathrm{d} \tau \tag{5.78}$$

式中：q_k 为由方程(5.78)求解得到的每一段的流量；p_u 由方程(5.79)求得

$$p_u(x, y, \tau)=G_{xD}(x, \tau) G_{yD}(y, \tau) \tag{5.79}$$

求解方程(5.79)的关键是计算方程(5.77)并按方程(5.78)的积分给出压力分布，方程(5.77)是一个线性代数方程，其计算速度主要取决于计算方程(5.76)，由于方程(5.76)中主要是积分和无限求和。因此非常适合在图形处理器(graphics processing unit，GPU)下并行计算，这里以 $P_D\left(t_D\right)$ 的积分计算为例说明 GPU 下的计算过程：

$$\begin{aligned} P_D & =\int_0^{t_D} G_{xD}\left(\tau_D\right) G_{yD}\left(\tau_D\right) \mathrm{d} \tau_D=\sum_{i=0}^{N-1} \int_{i \cdot \Delta t_D}^{(i+1) \cdot \Delta t_D} G_{xD}\left(\tau_D\right) G_{yD}\left(\tau_D\right) \mathrm{d} \tau_D \\ & =\frac{t_D}{6 N} \sum_{i=0}^{N-1}\left[\widehat{G}_{xD}(2 i) \widehat{G}_{yD}(2 i)+4 \widehat{G}_{xD}(2 i+1) \widehat{G}_{yD}(2 i+1)+\widehat{G}_{xD}(2 i+2) \cdot \widehat{G}_{yD}(2 i+2)\right] \end{aligned}$$

式中：

$$\widehat{G}_{xD}(i)=G_{xD}\left(\frac{i}{2} \Delta \tau_D\right)=\frac{1}{x_{eD}}\left\{1+2 \sum_{n=1}^{N_x} \exp \left[-\frac{n^2 \pi^2\left(i \Delta \tau_D\right)}{2 x_{eD}^2}\right] \cos \frac{n \pi x_{wD}}{x_{eD}} \cos \frac{n \pi x_D}{x_{eD}}\right\}$$

$$\widehat{G}_{yD}(i)=G_{yD}\left(\frac{i}{2} \Delta \tau_D\right)=\frac{2}{y_{eD}}\left\{1+\frac{2 y_{eD}}{\pi} \sum_{n=1}^{N_y} \frac{1}{n} \exp \left[-\frac{n^2 \pi^2\left(i \Delta \tau_D\right)}{2 y_{eD}^2}\right] \sin \frac{n \pi}{y_{eD}} \cos \frac{n \pi y_{wD}}{y_{eD}} \cos \frac{n \pi y_D}{y_{eD}}\right\}$$

p_D 的计算过程如下：

(1) 在求积点 i 上，自 $n_x=1$ 到 N_x 求 $\sum_{n=1}^{N_x}\frac{1}{n}\exp\left[-\frac{n^2\pi^2\left(i\Delta\tau_D\right)}{2y_{eD}^2}\right]$ 项的值，并计算 $\widehat{G}_{xD}(i)$；

(2) 在求积点 i 上，自 $n_y=1$ 到 N_y 求 $\sum_{n=1}^{N_y}\frac{1}{n}\exp\left[-\frac{n^2\pi^2\left(i\Delta\tau_D\right)}{2y_{eD}^2}\right]$ 项的值，并计算 $\widehat{G}_{yD}(i)$；

(3) 根据(1)(2)两步计算结果，计算所有求积点 i=0 到 $N-1$ 上的 $\sum_{i=0}^{N-1}\frac{1}{n}\exp\left[-\frac{n^2\pi^2\left(i\Delta\tau_D\right)}{2y_{eD}^2}\right]$ 项的值得到 p_D。

上述计算过程可简化为如下二重循环。

```
for i = 0  to  N − 1 do
    for nx = 1  to  Nx  do
        计算 ĜxD(i)
    for ny = 1  to  Ny  do
        计算 ĜxD(i)
计算 pD
```

显然，这三重循环可以很方便地用 GPU 的合并(Reduction)算法实现。具体步骤如下：

(1) 计算 $\widehat{G}_{xD}(i)$ 和 $\widehat{G}_{yD}(i)$，将 N_x 项 $\widehat{G}_{xD}(i)$ 合并为 $\widehat{G}_{xD}(i), N_y$ 项 $\widehat{G}_{yD}(i)$ 合并为 $\widehat{G}_{yD}(i)$。

(2) 将 N 项 $\widehat{G}_{xD}(i)\widehat{G}_{yD}(i)$ 合并为 m_D，这样 GPU 的计算复杂度为 $O\lg\left[(N_x)+\lg(N_y)+\lg(N)\right]$，而 CPU 的计算复杂度为 $O\left[N\left(N_x+N_y\right)+N\right]$，显然 GPU 可大大减少计算的时间复杂度。

SRV 区域可以理解为压力分布中受干扰的压力边界。图 5.34 就是一口井的压力分布图，可以看出压力分布由 3 个部分组成：红色区域是没有受到压裂扰动的区域，蓝色是得到充分改造的区域，绿色是两者的过渡带。通过对该图的图形处理，获得 SRV 区域及压裂核心区域。

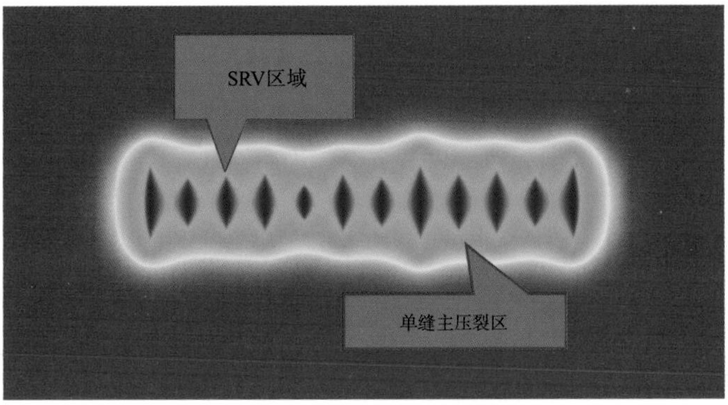

图 5.34　压力分布图

第 6 章　页岩气闷井返排制度优化及合理配产

页岩气储层，通常无自然产能。需要钻长水平井和水平井分级体积压裂、一体化试气关键技术支撑引领，页岩气井才能获得高产的效益开发。非常规的页岩气藏，本质上讲是体积压裂改造形成“一井一藏”的人造气藏，这是由页岩气储层的微纳米级孔隙储集空间极低渗特征、层理缝微裂缝与岩石力学性质和地应力结构特征、非均质特性共同决定的。因此，页岩气开发的工作流程，是在完成水平井钻井和固井后，还需要进行规模的体积压裂、闷井扩能、返排测试及生产排水采气，这与常规气藏开发程序差异很大，需求的技术工艺要求高、也复杂得多。

通过系统总结十五年的中国南方山地页岩气勘探开发创新实践，得出一个根本性的经验认识和深刻体会：压后闷井和测试采气环节是实现页岩气人造气藏预期产能产量的核心保障，压后形成的有效压裂改造体积(ESRV)区域大小和区域内的渗透率、孔隙度、裂缝规模及平均压力等，是页岩气优化闷井时间及合理配产的核心要素，也是影响和控制页岩气开采的最终产能与预期产量的关键所在。页岩气的闷井时间优化及合理配产，目前广泛应用的主要是基于经验的定性描述，没有形成定量的计算方法，本章将探讨从物理模型的建立到数学方程求解定量给出页岩气闷井时间优化及合理配产的方法。

6.1　页岩气闷井时间优化

页岩气大规模压裂导致大量的压裂液进入地层，使人造裂缝系统附近的地层出现高压力能量区(本书已将其定义为“高能带”)，如图 6.1 所示的红色区域，高压液体逐渐从裂

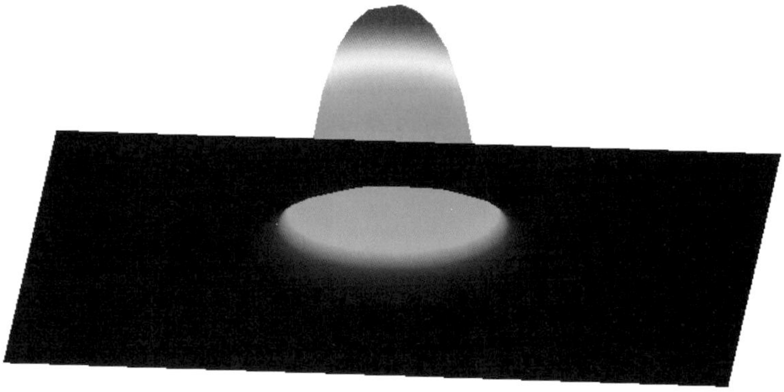

图 6.1　裂缝附近三维压力分布示意图

缝向地层内部延伸到原始地层压力处，如图 6.1 所示的蓝色区域，即液体通过渗流向地层内部流动，高能带变得平坦。页岩存在渗吸，在闷井期间部分压裂液进入页岩基质置换出其中的甲烷气体，同时压裂施工后裂缝附近压力高且气体浓度几乎为零，而气体通过浓度差向裂缝附近扩散，出现了气液双向传质的现象。因此，闷井时间优化需从以下三个方面综合考虑：①裂缝闭合；②高压带平缓；③气体在井筒附近聚积。

6.1.1 裂缝闭合分析

水力人造裂缝闭合期的压力解释即裂缝闭合前的压降分析，由压降分析模型和解释方法组成。为获得合理的裂缝几何尺寸、压裂液滤失系数等解释结果，分析模型必须能够准确描述压后裂缝动态响应以及压裂液滤失特征，解释方法必须科学合理，准确可靠。在裂缝闭合前的压降分析中，拟合压力 p^* 的确定非常关键，因为拟合压力的准确程度将直接影响压裂液滤失系数、裂缝几何尺寸等参数估算的可靠性。拟合压力通常采用 G 函数分析法、数学拟合法和特征点法来确定。

6.1.1.1 G 函数压降分析法

传统的 G 函数压降分析法求解拟合压力的方法有曲线拟合法、直线斜率确定法、改进的 G 函数分析法等。

1. 曲线拟合法

关井后任两个时间差的压力差可表达为

$$\Delta p\left(\delta_0,\delta\right)=p^*G\left(\delta,\delta_0\right) \tag{6.1}$$

$$\delta=\frac{\Delta t}{t_p} \tag{6.2}$$

式中：$\Delta p\left(\delta_0,\delta\right)=p(\delta_0)-p(\delta)$；$t_p$ 为压裂时的注入时间。

压力差标准函数为

$$G\left(\delta,\delta_0\right)=\frac{4}{\pi}\left[g\left(\delta\right)-g\left(\delta_0\right)\right] \tag{6.3}$$

无量纲流体滤失体积函数：

$$g\left(\delta\right)=\begin{cases}\dfrac{4}{3}\left[\left(1+\delta\right)^{\frac{3}{2}}-\delta^{\frac{3}{2}}-1\right] & (\text{高效率}) \\ \left(1+\delta\right)\sin^{-1}\left(1+\delta\right)^{-\frac{1}{2}}+\delta^{\frac{1}{2}} & (\text{低效率})\end{cases} \tag{6.4}$$

由式(6.4)可作出无量纲流体滤失体积函数 $g(\delta)$ 与 δ 的函数曲线(图 6.2)，无量纲时间函数 $G(\delta,\delta_0)$ 与 δ 的函数曲线形式，如图 6.3 所示。无量纲时间函数 $G(\delta,\delta_0)$ 与 δ 的曲线即为图版曲线。

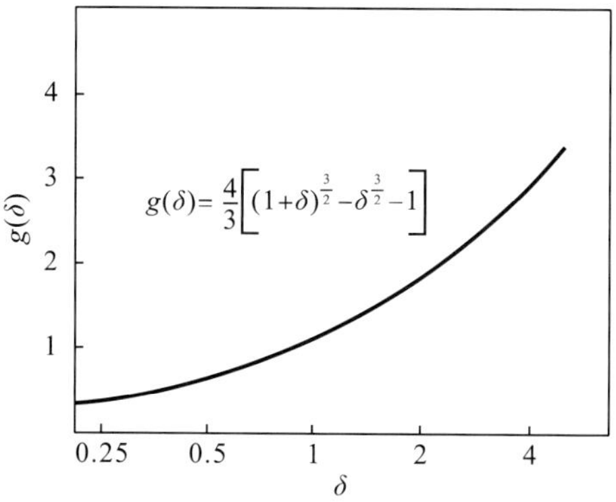

图 6.2　$g(\delta)$ 与 δ 的函数曲线

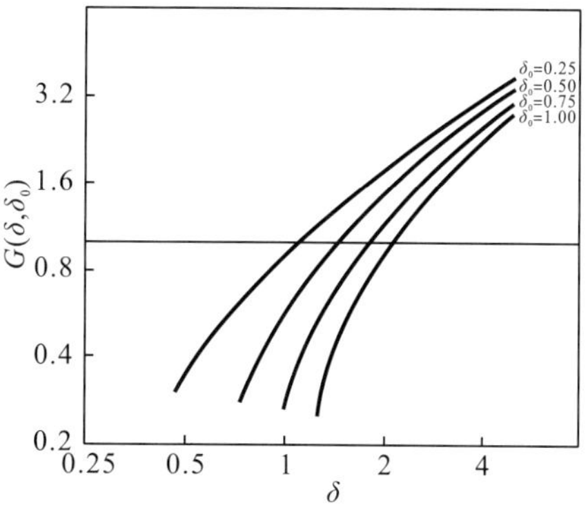

图 6.3　求压差用的图版曲线

曲线拟合的方法与步骤为：首先根据压降测试数据，作 $\Delta p(\delta,\delta_0)$ 与 δ 关系曲线，坐标与图 6.3 一致。然后将图版曲线(图 6.3)蒙在 $\Delta p(\delta,\delta_0)$ 与 δ 的关系曲线上，先使两个曲线的 $\delta=1$ 重合，然后上下移动，使曲线重合。最后相应于 $G(\delta,\delta_0)=1$ 的 Δp 值就是拟合压力 p^*。

2. 直线斜率确定法

利用直线斜率确定拟合压力的方法是以实测压力为纵坐标，以实测时间计算出的 G 函数时间为横坐标，在直角坐标系中作图，其结果为一直线，该直线的斜率就是拟合压力。对直线斜率法进行改进，利用最小二乘法求取直线斜率，减小了误差，而且运算速度较快，可作为一种较好的解释方法进行应用。

3. 改进的 G 函数分析法

传统 G 函数压降分析法的理论最早是由 Nolte 提出的，只有在储层为均匀介质时，其拟合结果较好，计算结果才有实际指导意义。这种方法的主要缺陷是，它所作的一些假设与现场实际施工有较大差别。如假设裂缝高度固定，因此不适用于三维裂缝模型，另外，曲线拟合方法与人为操作有关，一般具有较大误差和局限性，并且操作不便。因此，有必要对传统 G 函数压降分析法继续改进，建立一种易于操作、适合三维模型并且不失准确性的新型分析方法。

以压裂液效率高为例：

$$G(\delta)=\frac{16}{3\pi}\left[(1+\delta)^{\frac{3}{2}}-\delta^{\frac{3}{2}}-1\right] \tag{6.5}$$

$$p(\delta)=P_{\mathrm{ISIP}}-p(t) \tag{6.6}$$

式中：P_{ISIP} 为瞬时关井压力(instantaneous shut-in pressure)。

对于每一个 δ，由上面的表达式可以求出相应的 G 和 p 值，然后采用一阶差分的数值计算方法，求出每个 δ 对应的 $\frac{\mathrm{d}p}{\mathrm{d}G}$：

$$\left(\frac{\mathrm{d}p}{\mathrm{d}G}\right)_k = f(\delta)_k = \frac{p(\delta)_{k+\frac{1}{2}} - p(\delta)_{k-\frac{1}{2}}}{G(\delta)_{k+\frac{1}{2}} - G(\delta)_{k-\frac{1}{2}}} \tag{6.7}$$

拟合压力 p^*等于以 G 函数为横坐标、实测压力为纵坐标的压降曲线的斜率，即 $p^* = \frac{\mathrm{d}p}{\mathrm{d}G}$。

由于拟合压力 p^*与滤失系数线性相关，当 $\frac{\mathrm{d}p}{\mathrm{d}G}$ 不是常数时，反映出此时的滤失与压力相关；当 $\frac{\mathrm{d}p}{\mathrm{d}G}$ 持续不变时，说明水力裂缝正处于闭合阶段，此时的滤失是与压力无关的滤失。因此绘出 $\frac{\mathrm{d}p}{\mathrm{d}G}$ 与 G 的关系曲线，水平段对应的 $\frac{\mathrm{d}p}{\mathrm{d}G}$ 就是拟合压力 p^*。

在应用该方法时，有时 $\frac{\mathrm{d}p}{\mathrm{d}G}$ 的水平段并不是十分明显，有时仅有水平趋势出现。为便于判断，从数学意义上，构造了叠加导数 $G\frac{\mathrm{d}p}{\mathrm{d}G}$，同时绘出 $\frac{\mathrm{d}p}{\mathrm{d}G}$，$G\frac{\mathrm{d}p}{\mathrm{d}G}$ 与 G 的关系图，相应的 $\frac{\mathrm{d}p}{\mathrm{d}G}$ 表现为水平直线，据此可以求解出拟合压力。显然，直线段出现之前，压裂液滤失行为与压力大小有关；与此同时，滤失与压力无关的裂缝闭合阶段将在 $G\frac{\mathrm{d}p}{\mathrm{d}G}$ 与 G 的关系图表现为直线段，偏离直线段的点就是裂缝闭合点。

用特征点法计算拟合压力，可以克服曲线拟合方法人为操作的误差，而且简单方便、准确快捷，下面对此方法进行介绍。

根据公式(6.3)知，当 $G(\delta,\delta_0)=1$ 时，拟合压力与压差相等。

$$G(\delta,\delta_0) = \frac{4}{\pi}\left[g(\delta) - g(\delta_0)\right] \tag{6.8}$$

在实际应用中，一般情况下都很难预先确定裂缝延伸指数的数值。假如取裂缝延伸指数上、下限结果的算术平均值，则无因次流体滤失体积函数为

$$g(\delta) = \frac{2}{3}\left[(1+\delta)^{\frac{3}{2}} - \delta^{\frac{3}{2}}\right] + \frac{1}{2}\left[(1+\delta)\arcsin - \frac{1}{\sqrt{1+\delta}} + \sqrt{\delta}\right] \tag{6.9}$$

整理式(6.9)、式(6.8)得

$$\frac{4}{3}\left[(1+\delta)^{\frac{3}{2}} - (1+\delta_0)^{\frac{3}{2}} - \delta_0^{\frac{3}{2}}\right] + \left[(1+\delta)\arcsin\frac{1}{\sqrt{1+\delta}} - (1+\delta_0)\arcsin\frac{1}{\sqrt{1+\delta_0}}\right] + \sqrt{\delta} - \sqrt{\delta_0} = \frac{\pi}{2} \tag{6.10}$$

由式(6.10)可知，当 δ_0 已知时，可利用迭代试算法确定出 δ 值，整个计算拟合压力的过程见图 6.3。

由于 t_i 是特征时间点，因此对应的压力 $p(t_i)$ 就是实测压力，在实测的压力与时间数据资料中可直接找到。t_i' 虽是计算出的时间点，当实测时间点很密集时(例如间隔 1～2min 测一个点)，也可直接找到对应的压力 $p(t_i')$。对时间点比较稀疏的测试数据，可以采用内插法确定对应的压力 $p(t_i')$。

6.1.1.2　闭合后压力分析

闭合后压力分析是诱发裂缝闭合后压力衰减数据采集的一部分。不同于基于恒速率解法的压力瞬态分析(pressure transient analysis，PTA)，闭合后压力分析主要基于脉冲解法。两者最基本的不同在于恒速率解法取决于关井前流动速率，而脉冲解法取决于确定的体积。之所以采用脉冲解法，是因为该方法注入时间短，而且假定整个注入体积是立即注入的。实际上液体的注入是需要一定时间的，因此数据直到衰减时间远大于注入时间才会与特征导数匹配。然而对于脉冲解法有着不同的操作可以产生不同的解释。如果记录了足够长的压力衰减过程直至径向流开始，那么通过诊断性分析是可以获得合理的油藏压力和地层渗透率的估算值的。射孔流入测试分析(perforation inflow test analysis，PITA)和Soliman/Craig 解法促进了分析模型的应用。与传统 PTA 方法使用了很多年的分析工作流程类似，这两种方法促进了诊断性分析结果的验证和改进。建模允许用户在不知道详细流通状态的情况下与传统流动变化规律相比较。

1. 线性流分析

如果确定了流动是脉冲线性流，就可以估算流体损失系数 C_R 和 C_T。脉冲线性流的控制方程为

$$p_w(t)-p_i=477\times C_T\sqrt{\frac{\pi\mu}{k\phi c_t}}\times F_{L1} \tag{6.11}$$

式中：c_t 为压缩导数；F_{L1} 是线性时间函数的近似值，脉冲线性流在 F_{L1}(F_{L1} 或 F_{L2})与压力关系曲线中的图形呈现一条直线。脉冲线性流曲线应该通过衰减数据曲线的直线部分(导数曲线图中一条斜率为 $-\frac{1}{2}$ 的直线)。闭合压力从闭合前分析中获得。如果产生了径向流，渗透率可以通过脉冲径向流分析获得。

当闭合压力和渗透率确定后，脉冲线性流曲线可以估算 p^* 和流体损失系数 C_R 与 C_T。两个 ACA(Nolte)线性时间函数都以 1.0(关井早期,代表裂缝开始闭合时间)和 0.0(关井晚期，代表关井时间无穷大)为边界。p^* 代表延长直线至 F_L=0 处(相当于关井时间无限大)的压力。流体损失系数为

$$\begin{aligned} C_R&=\frac{\Delta p_{\text{total}}}{477}\cdot\frac{k\phi c_t}{\pi\mu},\Delta p_{\text{total}}=p_c-p_i \\ C_T&=\frac{\Delta p_{\text{reservoir}}}{477}\cdot\frac{k\phi c_t}{\pi\mu},\Delta p_{\text{reservoir}}=p(\Delta t_c)-p_t \end{aligned} \tag{6.12}$$

式中：C_T 为总流体损失系数；C_R 为油藏流体损失系数；t_c 为闭合时间；p_c 为闭合压力；$p(\Delta t_c)$ 是线性流直线延长至闭合时间 t_c 处的压力，在 t_c 处 F_L=1.0；p_i 为初始压力估算值。

2. 径向流分析

如果确定了流动为脉冲径向流，就可以推算 p^*(推测压力)和渗透率。ACA(Nolte)径向时间函数 F_{R1} 有最小值 0.0(关井晚期)，代表关井时间无穷大。p^*是通过将直线延长至

F_{R1}=0 得到的压力值。径向流的控制方程为

$$p_w(t)-p_i=251000\cdot\frac{Q_t\mu}{kht_c}\cdot F_{R1} \tag{6.13}$$

在压力与 F_{R1} 关系图中，在闭合后衰减曲线中径向流部分呈现线性趋势。径向流直线应穿过衰减数据的径向流部分(导数曲线中斜率为−1 的一条直线)。径向流直线的斜率为 m_{R1}，则渗透率可以通过下述方程计算：

$$p_w(t)-p_i=m_{R1}\times F_{R1}$$

$$m_{R1}=251000\frac{Q_t\mu}{kht_c}$$

$$kh=251000\frac{Q_t\mu}{m_{R1}t_c}$$

导数曲线中脉冲径向流直线的位置(Der)可以进行一个近似计算

$$\text{Der}=251000\frac{Q_t\mu}{kht_c}F_{R1}$$

6.1.2 压裂液注入导致的压力分布

与页岩气开发相比，压裂注入时间十分短暂，为此，我们采用源函数理论得到压力分布。假设矩形区域中有一条裂缝，考虑到地层中的油是微可压缩流体，同时假设地层中裂缝半长为 x_f，瞬时($\tau=0$)注入体积为 V 的压裂液后，采用瞬时源δ函数及纽曼乘积解，矩形地层封闭地层中一口垂直裂缝井(井位及边界如图 6.4 所示)的压力分布可以表示为

$$p(x,y,t)=p_i+\frac{V}{\phi C_t h}\frac{1}{y_e}\left\{1+2\sum_{n=1}^{\infty}\exp\left[-\frac{3.6n^2\pi^2\chi t}{y_e^2}\right]\cos\left(\frac{n\pi y_w}{y_e}\right)\cos\left(\frac{n\pi y}{y_e}\right)\right\}\cdot$$

$$\frac{x_f}{x_e}\left\{1+\frac{2x_e}{\pi x_f}\sum_{n=1}^{\infty}\frac{1}{n}\exp\left[-\frac{3.6n^2\pi^2\chi t}{x_e^2}\right]\sin\left(\frac{n\pi x_f}{x_e}\right)\cos\left(\frac{n\pi x}{x_e}\right)\cos\left(\frac{n\pi x_w}{x_e}\right)\right\} \tag{6.14}$$

式中：$\chi=k/(\phi\mu C_t)$ 为导压系数，m^2/s；k 为地层渗透率，μm^2；ϕ 为地层孔隙度；h 为地层有效厚度，m；μ 为地层中流体黏度，mPa·s；C_t 为综合压缩系数，MPa^{-1}；p_i 为地层原始压力，MPa；x_f 为裂缝半长，m；V 为压裂液注入的总量，m^3；(x_w,y_w) 为油井位置，m；(x_e,y_e) 为矩形边界的边长，m。

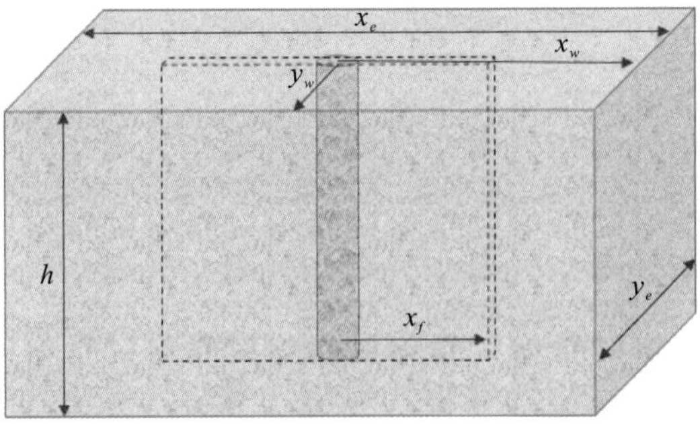

图 6.4 矩形封闭地层中一口垂直裂缝井

定义以下无量纲量

无量纲压力：$P(x_D,y_D,t_D)=\dfrac{\left[p_i-p(x,y,t)\right]kh}{1.842\times10^{-3}qB\mu}$，无量纲时间：$t_D=\dfrac{3.6kt}{\phi mC_t x_f^2}$，无量纲距离 $x_D=x/x_f$，$y_D=y/x_f$，$x_{eD}=x_e/x_f$，$y_{eD}=y_e/x_f$，方程(6.14)可以写成

$$P_D(x_D,y_D,t_D)=V_D\frac{1}{y_{eD}}\left\{1+2\sum_{n=1}^{\infty}\exp\left[-\frac{n^2\pi^2t_D}{y_{eD}^2}\right]\cos\left(\frac{n\pi y_{wD}}{y_{eD}}\right)\cos\left(\frac{n\pi y_D}{y_{eD}}\right)\right\}\cdot$$
$$\frac{2}{x_{eD}}\left\{1+\frac{2x_{eD}}{\pi}\sum_{n=1}^{\infty}\frac{1}{n}\exp\left[-\frac{n^2\pi^2t_D}{x_{eD}^2}\right]\sin\left(\frac{n\pi}{2x_{eD}}\right)\cos\left(\frac{n\pi x_D}{x_{eD}}\right)\cos\left(\frac{n\pi x_{wD}}{x_{eD}}\right)\right\}$$

式中：q 为油井排采期间的日产量，m^3/d；B 为流体体积系数；$V_D=\dfrac{V\pi k}{\phi C_t x_f^2 qB\mu}$，无量纲注入的压裂液体积。

考虑到页岩气以甲烷为主，这里采用黑油模型。PEBI 网格是非结构网格，一个网格与多个网格相邻，相邻网格的数目也不固定，如图 6.5 所示，由于 PEBI 网格具有正交性，采用有限体积法对气水两相方程进行有限体积法离散。

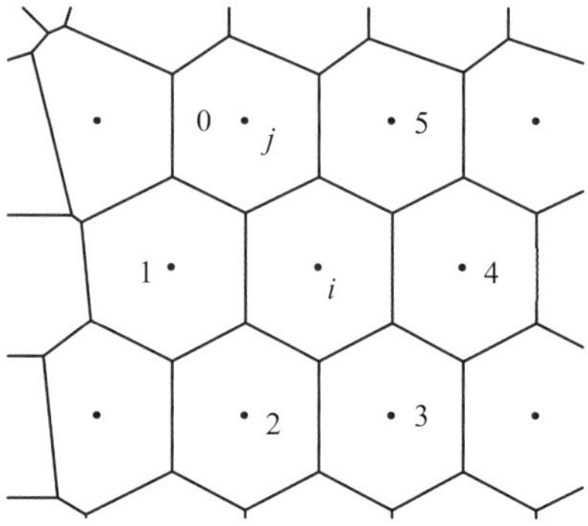

图 6.5　PEBI 网格 i 及其相邻网格，相邻网格编号为 0～5

考虑 PEBI 网格中的任一网格 i，如图 6.6 所示，记网格 i 相邻网格的编号为 j，用 $\sum\limits_j$ 形式表示对网格 i 的所有相邻网格求和，水相与气相方程的隐式离散方程分别为

$$\sum_j[T_{ij,w}(\Delta p-\gamma_w\Delta Z)]^{n+1}=C_{wp}\delta p+C_{ww}\delta S_w \tag{6.15}$$

$$\sum_j\left[\left(T_{ij,g}+D_mC_g\right)\left(\Delta p-\gamma_g\Delta Z\right)\right]^{n+1}=C_{gp}\delta p+C_{gg}\delta S_g \tag{6.16}$$

式中：γ_l 为地下流体重度(l 为 w 或 g，表示水相或气相)，ΔZ 为从某一基准面算起的高度，$T_{ij,l}=\lambda_{ij,l}G_{ij}$ 为传导系数，几何因子 G_{ij} 为两相邻网格 i、j 间的相邻面的面积 ω_{ij}、渗透率 K_{ij} 与这两网格中心点间的距离 d_{ij} 的比值，即

$$G_{ij}=K_{ij}\omega_{ij}/d_{ij} \tag{6.17}$$

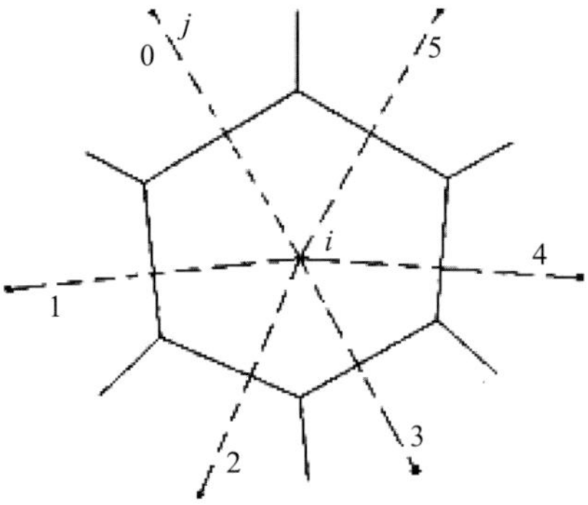

图 6.6 PEBI 网格单元 i 与相邻网格 j

$\lambda_{ij,l}$ 为相对渗透率和黏度、体积系数的比值，即

$$\lambda_{ij,l}=\left(\frac{K_{rl}}{\mu_l B_l}\right)_{ij} \tag{6.18}$$

$$C_{wp}=\frac{V_i}{\Delta t}\left[\frac{1}{B_w^n}\frac{\partial\phi}{\partial p}+\phi^{n+1}\frac{\partial(1/B_w)}{\partial p}\right]S_w^n$$

$$C_{ww}=\frac{V_i}{\Delta t}\left(\frac{\phi}{B_w}\right)^{n+1}$$

$$\Delta p=p_j-p_i$$

$$\Delta Z=Z_j-Z_i$$

$$\delta f=f^{n+1}-f^n$$

$$C_{gp}=\frac{V_i}{\Delta t}\left[\frac{1}{B_g^n}\frac{\partial\phi}{\partial p}+\phi^{n+1}\frac{\partial(1/B_g)}{\partial p}\right]S_g^n$$

$$C_{gg}=\frac{V_i}{\Delta t}\left(\frac{\phi}{B_g}\right)^{n+1}$$

式中：f 表示求解变量 p、S_w 及 S_g；K_{rl}、μ_l 及 B_l（$l=w,g$）分别为水及气相相对渗透率、黏度及体积系数；ϕ 为孔隙度；C_g 为气体压缩系数；V_i 为第 i 网格单元的体积；Δt 为 n+1 时间步与 n 时间步时间步长；下标 w 表示水相，g 表示气相。

采用解析与数值计算相结合的方法，可以计算不同时刻压力分布曲线，图 6.7 给出压力边界线的示意图，压力边界可以从压力分布数据中得到，计算过程：①计算地层压力分布；②按 $|p_e-p_i|/p_i<0.001$ 计算出边界压力 p_e（油气藏开发中泄油半径边界压力也按此定义）；③由边界压力 p_e 计算压力等值线；④边界压力为 p_e 的等值线定义为 SRV 区域的压力边界线，如图 6.7 示意图；⑤对闷井期间地层压力分布进行数值模拟，获得不同时间下压力为 p_e 的等值线，比较 1 天内等值线位置，两者之差就是每天边界线移动速度。

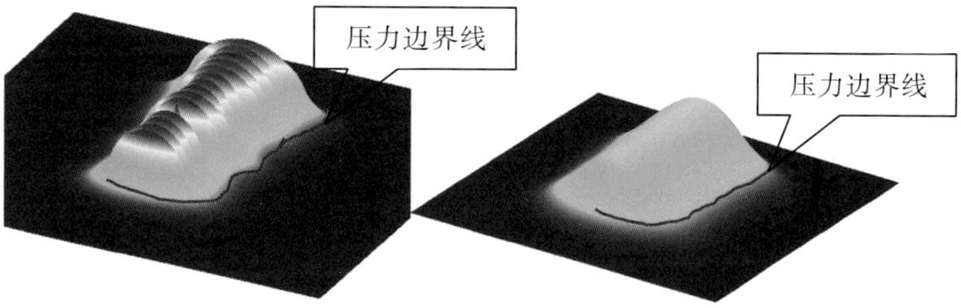

图 6.7　不同闷井时间下的压力分布图

6.1.3　气体浓度扩散计算

气液双向传质表明：压裂液流动满足渗流方程，实现了从高压向低压的渗流。气体一方面满足渗流方程，另一方面满足菲克(Fick)扩散理论，扩散导致的速度 v_a 可以表示为

$$v_a = -\frac{D_m}{c}\nabla c \tag{6.19}$$

式中：D_m 为质量扩散系数，m^2/s；$c = m/V$，气体浓度，单位体积上气体质量，kg/m^3。

从浓度定义可知，对于地层中气体扩散，浓度就是地层中气体的密度，根据真实气体的状态方程，气体的密度可以表示为

$$\rho = \frac{pM}{RzT} \tag{6.20}$$

根据气体压缩系数定义

$$C_g = \frac{1}{\rho}\frac{\partial \rho}{\partial p} \tag{6.21}$$

根据式(6.20)和式(6.21)，扩散导致的速度 v_a 可以改写为

$$v_a = -D_m C_g \nabla p \tag{6.22}$$

式中：M 为混合气体的单位摩尔质量，kg/kmol；$R = 8.314$，普适气体常数，kJ/(kmol·K)；z 为真实气体的偏差因子；T、ρ 及 C_g 分别为气体温度(K)、密度(kg/m^3)及压缩系数(1/Pa)。

通过比较气体渗流方程，气体的速度是渗流速度与扩散速度之和，这样只需要将 PEBI 网格下的方程(6.18)中的气相传导系数 $\lambda_{ij,g}$ 修改为 $\lambda_{ij,g} = \left(\frac{K_{rg}}{\mu_g B_g} + \frac{D_m c_g}{B_g}\right)_{ij}$，就可以直接计算气体扩散导致的压力变化。

6.1.4　闷井时间优化定量计算

考虑到页岩气都需要经过大规模体积压裂，适当闷井不仅有利于裂缝闭合，也有利于让页岩有一段的渗吸时间和高压带的最高峰变得平坦。裂缝闭合、高能带计算及地层中的气水比都可以通过理论计算，为此，闷井最优时间可以定量表示，其规则如下：

(1) 裂缝要求闭合：对多簇裂缝可能每簇裂缝闭合时间与闭合压力不同，要求每簇裂缝闭合，裂缝闭合可以通过 G 函数、线性流及 Bounder 导数图判断。

(2) 压力边界线移动速度小于 0.1 (m/D)，这一条件基本保证了 SRV 区域停止外扩。

(3) 井壁附近的气水比大于 100。

6.2 页岩气排采制度优化

页岩气排采本质上是地层渗流-裂缝导流-井筒管流-水嘴节流一体化流动过程，地层渗流、裂缝导流及井筒管流将在第 7 章详细描述，这里仅介绍水嘴节流计算。

6.2.1 水嘴节流计算

水嘴的作用就是流体通过不同直径管道后造成阻力，从而限制流体的流速，达到控制产量的目的，管径与压力损失之间的关系是首先需要确定的关系式。流体流动中起支配作用的基本物理定律是：①质量守恒定律；②动量转换和守恒定律；③能量转换和守恒定律；④热力学第二定律。其中，前三个定律可以写作张量形式的守恒方程，被称为流体力学基本方程；热力学第二定律反映了流体流动中的热力学过程，即耗散效应。

对于本节研究的水嘴流动，其流动区域中流体为水，且流体速度相对于流体中音速很低，因此可以认为是不可压流动，密度 e 为常数，整个流场为无源场，认为在流体流动过程中，没有热交换，温度不发生变化，则可不考虑温度场。对于水嘴中的高速流动，Re ＞2000，流动是湍流，流动控制方程包含质量守恒方程、动量守恒方程，及湍流模型方程。

(1) 连续方程：流体流动的连续性方程反映了质量守恒定律，其方程为

$$\frac{\partial \rho}{\partial t}+\nabla\cdot(\rho v)=\frac{\mathrm{d}\rho}{\mathrm{d}t}+\rho\nabla v \tag{6.23}$$

(2) 运动方程：运动方程又称为动量守恒方程，其方程为

$$v_j\frac{\partial v_i}{\partial x_j}=-\frac{1}{\rho}\frac{\partial p}{\partial x_i}+v\frac{\partial^2 v_i}{\partial x_j \partial x_j}+f_i \tag{6.24}$$

(3) 湍流模型方程：标准双方程 k-ε 湍流模型来，其湍流动能 k 方程为

$$v_i\frac{\partial k}{\partial x_i}=\frac{\partial}{\partial x_i}\left(C_k\frac{k^2}{\varepsilon}\frac{\partial k}{\partial x_i}\right)+p_k-\varepsilon \tag{6.25}$$

湍流动能耗散率 ε 方程为

$$v_i\frac{\partial \varepsilon}{\partial x_i}=\frac{\partial}{\partial x_i}\left(C_k\frac{k^2}{\varepsilon}\frac{\partial \varepsilon}{\partial x_i}\right)+C_{\varepsilon 1}\frac{\varepsilon}{k}p_k-C_{\varepsilon 2}\frac{\varepsilon^2}{k} \tag{6.26}$$

式中：p 为流体微元上的压力；v 为运动学黏性系数；ρ 为流体密度；f 为外力；$k=\frac{1}{2}(\overline{u}'^2+\overline{v}'^2+\overline{w}'^2)$，$u$，$v$，$w$ 为直角坐标系下三个坐标轴方向流体流动的速度分量，

$p_k = \frac{1}{2} p_{ii}$，方程中 C_k、$C_{\varepsilon 1}$、$C_{\varepsilon 2}$、C_μ 均为常数，一般通过典型实验获得，k 为湍流动能，ε 为湍流动能耗散率。

标准 k-ε 模型是个半经验公式，主要是基于湍流动能和湍流动能耗散率。k 方程是个精确方程，ε 方程是个由经验公式导出的方程。k-ε 模型假定流场完全是湍流，分子之间的黏性可以忽略。

对水嘴内流动区域进行简化，可以划分结构网格，如图 6.8 和图 6.9 所示。将流动控制方程在结构网格上进行方程离散，采用中心差分格式进行方程差分离散。

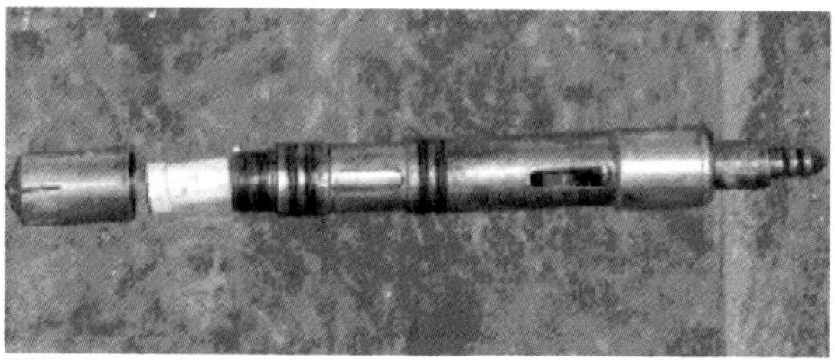

图 6.8　实际水嘴照片

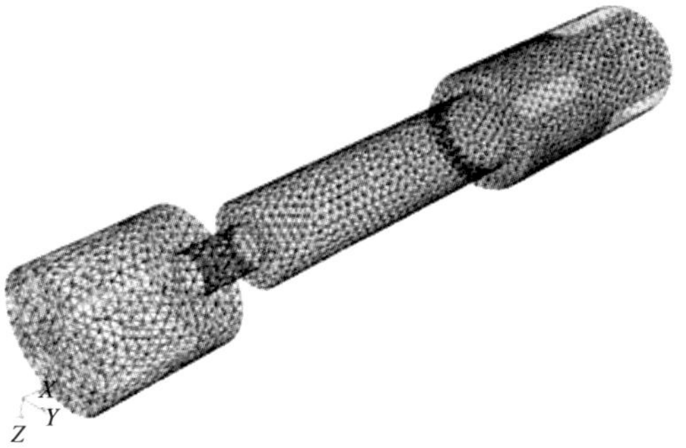

图 6.9　简化后的水嘴及网格图

连续性方程：

$$\frac{u_{i+1,j,k} - u_{i-1,j,k}}{2\Delta x} + \frac{u_{i,j+1,k} - u_{i,j-1,k}}{2\Delta y} + \frac{u_{i,j,k+1} - u_{i,j,k-1}}{2\Delta z} = 0 \tag{6.27}$$

动量方程 x 方向(y，z 方向类似)：

$$\begin{aligned} & u_{i,j,k}\frac{u_{i+1,j,k} - u_{i-1,j,k}}{2\Delta x} + v_{i,j,k}\frac{u_{i,j+1,k} - u_{i,j-1,k}}{2\Delta y} + w_{i,j,k}\frac{u_{i,j,k+1} - u_{i,j,k-1}}{2\Delta z} \\ & = -\frac{1}{\rho}\frac{p_{i+1,j,k} - p_{i-1,j,k}}{2\Delta x} + \nu\left[\frac{u_{i+1,j,k} - 2u_{i,j,k} + u_{i-1,j,k}}{\Delta x^2} + \frac{u_{i,j+1,k} - 2u_{i,j,k} + u_{i,j-1,k}}{\Delta y^2}\right. \\ & \left. + \frac{u_{i,j,k+1} - 2u_{i,j,k} + u_{i,j,k-1}}{\Delta z^2}\right] + F_x \end{aligned} \tag{6.28}$$

湍流动能 k 方程：

$$u_{i,j,k}\frac{k_{i+1,j,k}-k_{i-1,j,k}}{2\Delta x}+v_{i,j,k}\frac{k_{i,j+1,k}-k_{i,j-1,k}}{2\Delta y}+w_{i,j,k}\frac{k_{i,j,k+1}-k_{i,j,k-1}}{2\Delta z}$$

$$=C_k\left[\frac{\frac{k_{i,j,k}^2}{\varepsilon_{i,j,k}}\frac{k_{i+1,j,k}-k_{i,j,k}}{\Delta x}-\frac{k_{i-1,j,k}^2}{\varepsilon_{i-1,j,k}}\frac{k_{i,j,k}-k_{i-1,j,k}}{\Delta x}}{\Delta x}+\frac{\frac{k_{i,j,k}^2}{\varepsilon_{i,j,k}}\frac{k_{i,j+1,k}-k_{i,j,k}}{\Delta y}-\frac{k_{i,j-1,k}^2}{\varepsilon_{i,j-1,k}}\frac{k_{i,j,k}-k_{i,j-1,k}}{\Delta y}}{\Delta y}\right. \tag{6.29}$$

$$\left.+\frac{\frac{k_{i,j,k}^2}{\varepsilon_{i,j,k}}\frac{k_{i,j,k+1}-k_{i,j,k}}{\Delta z}-\frac{k_{i,j,k-1}^2}{\varepsilon_{i,j,k-1}}\frac{k_{i,j,k}-k_{i,j,k-1}}{\Delta z}}{\Delta z}\right]+\frac{1}{2}p_{ll}-\varepsilon_{i,j,k}$$

湍流动能耗散率ε方程：

$$u_{i,j,k}\frac{\varepsilon_{i+1,j,k}-\varepsilon_{i-1,j,k}}{2\Delta x}+v_{i,j,k}\frac{\varepsilon_{i,j+1,k}-\varepsilon_{i,j-1,k}}{2\Delta y}+w_{i,j,k}\frac{\varepsilon_{i,j,k+1}-\varepsilon_{i,j,k-1}}{2\Delta z}$$

$$=C_k\left[\frac{\frac{k_{i,j,k}^2}{\varepsilon_{i,j,k}}\frac{\varepsilon_{i+1,j,k}-\varepsilon_{i,j,k}}{\Delta x}-\frac{k_{i-1,j,k}^2}{\varepsilon_{i-1,j,k}}\frac{\varepsilon_{i,j,k}-\varepsilon_{i-1,j,k}}{\Delta x}}{\Delta x}+\frac{\frac{k_{i,j,k}^2}{\varepsilon_{i,j,k}}\frac{\varepsilon_{i,j+1,k}-\varepsilon_{i,j,k}}{\Delta y}-\frac{k_{i,j-1,k}^2}{\varepsilon_{i,j-1,k}}\frac{\varepsilon_{i,j,k}-\varepsilon_{i,j-1,k}}{\Delta y}}{\Delta y}\right. \tag{6.30}$$

$$\left.+\frac{\frac{k_{i,j,k}^2}{\varepsilon_{i,j,k}}\frac{\varepsilon_{i,j,k+1}-\varepsilon_{i,j,k}}{\Delta z}-\frac{k_{i,j,k-1}^2}{\varepsilon_{i,j,k-1}}\frac{\varepsilon_{i,j,k}-\varepsilon_{i,j,k-1}}{\Delta z}}{\Delta z}\right]+C_{\varepsilon 1}\frac{\varepsilon_{i,j,k}}{k_{i,j,k}}p_{ll}-C_{\varepsilon 2}\frac{\varepsilon_{i,j,k}^2}{k_{i,j,k}}$$

使用上述差分方程对不同口径水嘴在不同入口流速下的总压损失进行模拟，入口流速范围为4～10m/s，水嘴注水孔直径分别为2.2mm、3.2mm、4.0mm、5.0mm、6.0mm、7.0mm、7.8mm、12.0mm，结果如图6.10所示。

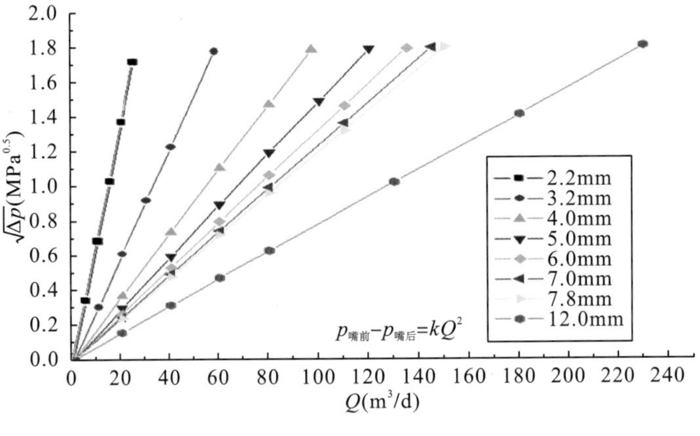

图6.10 不同尺寸水嘴的N-S方程计算水嘴损失曲线

6.2.2 气体通过气嘴流动

单相气体流经气嘴的压降由下面公式计算。

$$p_1 - p_2 = \frac{1.5\times10^{-8}\gamma_g p_1}{Z_1 T_1}\left(1-\beta^4\right)\left[\frac{17.6447 Z_1 T_1 q_{sc}}{p_1 d_z^2 C_d Y}\right]^2 \tag{6.31}$$

式中：$\beta = d_z/d$；$Y = 1-\left[0.41+0.35\beta^4\right]\left(\frac{p_1-p_2}{Kp_1}\right)$为膨胀系数；$d$为油管内径，mm；$d_z$为气嘴直径，mm；$C_d$为流量系数，建议$C_d$=0.9；$q_{sc}$是通过气嘴的气体流量，m^3/d；$p_1$为气嘴入口端面上的压力，MPa；$p_2$为气嘴出口端面上的压力，MPa；$Z_1$为气嘴入口状态下的偏差系数；$\gamma_g$为气体相对密度；$K$为绝热系数。

因 $Y=f(\Delta p)$，式(6.31)中Δp为未知数，应用迭代法求解。通常，Y=0.67～1.0，近似计算建议取 Y=0.85。拟单相气体通过安全阀的流动也用上式近似计算。

当流动处于亚临界流状态时，其流量可以表示为

$$q_{sc} = \frac{4.066\times10^3 p_1 d^2}{\sqrt{\gamma_g T_1 Z_1}}\sqrt{\left(\frac{k}{k-1}\right)\left[\left(\frac{p_2}{p_1}\right)^{\frac{2}{k}} - \left(\frac{p_2}{p_1}\right)^{\frac{k+1}{k}}\right]} \tag{6.32}$$

当流动处于临界流状态时，产气量为

$$q_{sc} = A\frac{4066 p_1 d^2}{\sqrt{\gamma_g T_1 Z_1}} \tag{6.33}$$

式中：

$$A = \sqrt{\left(\frac{k}{k-1}\right)\left[\left(\frac{2}{k+1}\right)^{2/(k-1)} - \left(\frac{2}{k+1}\right)^{(k+1)/(k-1)}\right]} \tag{6.34}$$

其中，$k = C_p / C_V$；$C_p = \sum y_i C_{pi}$；$C_V = C_p - 1.987$。

6.2.3　气液混合物通过油嘴流动

气液两相混合物通过油嘴流动存在临界流和亚临界流两种流动状态，如果油嘴下流压力与上游压力之比大于临界压力比，流动为亚临界流；如果下游压力与上游压力之比小于或等于临界压力比时，流动成为临界流，流量达到最大，临界流量与上游压力成正比。临界压力比一般为 0.5～0.6，对于特定的油嘴和油藏流体，其临界压力比稍有不同，可用试验确定其精确值。软件中取临界压力比为 0.55。

由于大多数现场条件下的页岩气流动为临界流状态，故软件中选用了 Gilbert 和 Ros 提出的公式。

Gilbert 公式：

$$P_1 - 0.1 = 0.169 q_L (\mathrm{GLR})^{0.546} / {D_{ch}}^{1.89} \tag{6.35}$$

Ros 公式：

$$P_1 = 0.318 q_L (\mathrm{GLR})^{0.5} / {D_{ch}}^{2.0} \tag{6.36}$$

式中：p_1为油嘴上游端面上的压力，MPa；q_L为产液量，m^3；GLR 为生产气液比，m^3/m^3；D_{ch}为油嘴开孔直径，1/64in(1in=2.54cm)。

6.2.4 气液两相排采制度选择

页岩气开采除了返排初期纯液体外，将经历很长一段时间的气液两相流阶段，初期排液原则上井口压力曲线，压力下掉、曲线光滑，如果出现井口压力曲线振荡，表明地层可能有气井进入井筒。

当进入气液两流时，除了地层考虑气水两相流外，井筒也需要考虑不同气水比时的流态变化，其中显著特点就是产气量上升，井口压力也上升，这里称这种现象为憋气。我们可以从积分曲线(图 6.11)上进行判断，为此，定义压力时间均值：

$$IP(\Delta t)=\frac{\int_0^{\Delta t}p(\tau)\mathrm{d}\tau}{\Delta t} \tag{6.37}$$

定义压力偏差：

$$DP(\Delta t)=p(\Delta t)-\frac{\int_0^{\Delta t}p(\tau)\mathrm{d}\tau}{\Delta t} \tag{6.38}$$

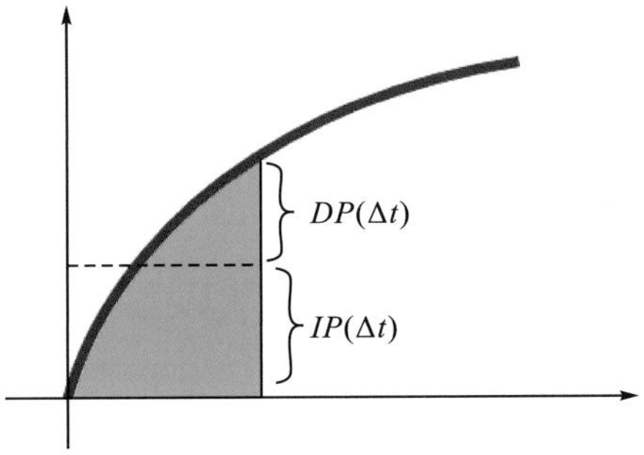

图 6.11 $IP(\Delta t)$ 和 $DP(\Delta t)$ 函数的物理意义

从式(6.37)和式(6.38)定义可知，当井口压力升高时，压力时间均值和压力偏差都变成了随时间的递减函数。通过分析生产数据中压力时间均值和压力偏差的双对数曲线，可以看到在后期曲线下降，这表示井筒内积聚了大量气体，定义为憋压。如图 6.12 所示。

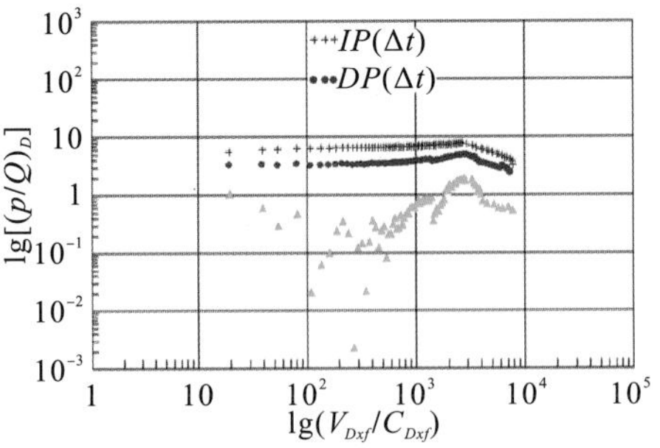

图 6.12 压力时间均值及偏差双对数图

6.2.5　排采优化原则

优化原则即排液阶段坚持“连续、稳定、精细、控压”原则，通过控制排液强度提高压裂井段及裂缝动用面积，增大人造页岩气藏的产能，可参考表 6.1 中原则调整水嘴。

表 6.1　页岩气井调整水嘴基本原则

阶段	生产表象	排采对策
闷井	停泵压力降至稳定	焖井 7～10d(若压力仍高于 45MPa，选用 2mm 油嘴缓慢返排，待压力降至 45MPa 以下后进行钻塞)
初期纯排液	开井返排至井口见气，点火并能连续燃烧	初期采用 3mm、3.5mm、4mm 逐级上调油嘴排液，每级油嘴至少持续 5d，根据压降速率调整油嘴;
见气初期	井口见气至产气量快速上升，井口压力由平稳变为稳定上升	逐级调整油嘴(4～8mm 油嘴 0.5mm 为一级)，每级油嘴至少持续 3d
气相突破	产气量快速上升、井口压力由下降或稳定变为上升	逐级调整油嘴，每级油嘴至少持续 3d(探索产气量峰值)
稳定测试	产气量、井口压力趋于稳定	下调压力较稳定油嘴稳定测试 5d 以上(根据压降确定产量)，建议油嘴不宜过大

依据上述原则，①纯液体换水嘴：对于纯液体情况，可根据图 6.10 中嘴损曲线判断是否更换水嘴，如果流量、水嘴及压差之间满足压差大于 5MPa，建议更换水嘴；②气液两相流：可以通过气嘴计算气体速度，如果气体速度大于声速，建议更换水嘴；③根据图 6.12 中的生产数据分析，当压力时间均值和压力偏差的双对数曲线在后期下降时，建议更换水嘴。

6.3　页岩气合理配产

配产是天然气开采过程中的关键环节之一，其对页岩气井的开采具有重要影响。不合理的配产易造成气井快速水侵、水锁、气锁、出砂、积液，气井产量快速递减及采收率极低。因此，如何确定天然气合理配产，保证天然气持续稳定高效开采具有重要意义。

6.3.1　页岩气井合理配产步骤

气井配产最重要的两个参数就是动态储量 EUR 及气井无阻流量 Q_{AOF}，但由于每口井地质状况、多相流体及开采工艺不同，如岩性疏松易出砂、裂缝吐砂、多个产层、气水关系复杂易出水、储量动用程度不均衡等，配产方案都不相同，即使常规气藏也没有形成气井配产方案标准。对页岩气井配产，不仅是合理分配产量问题，还需要考虑井筒积液、应力敏感、裂缝闭合、水合物防治及气流冲蚀等。为了实现气井合理配产，本书归纳出实现气体合理配产的流程，如图 6.13 所示。

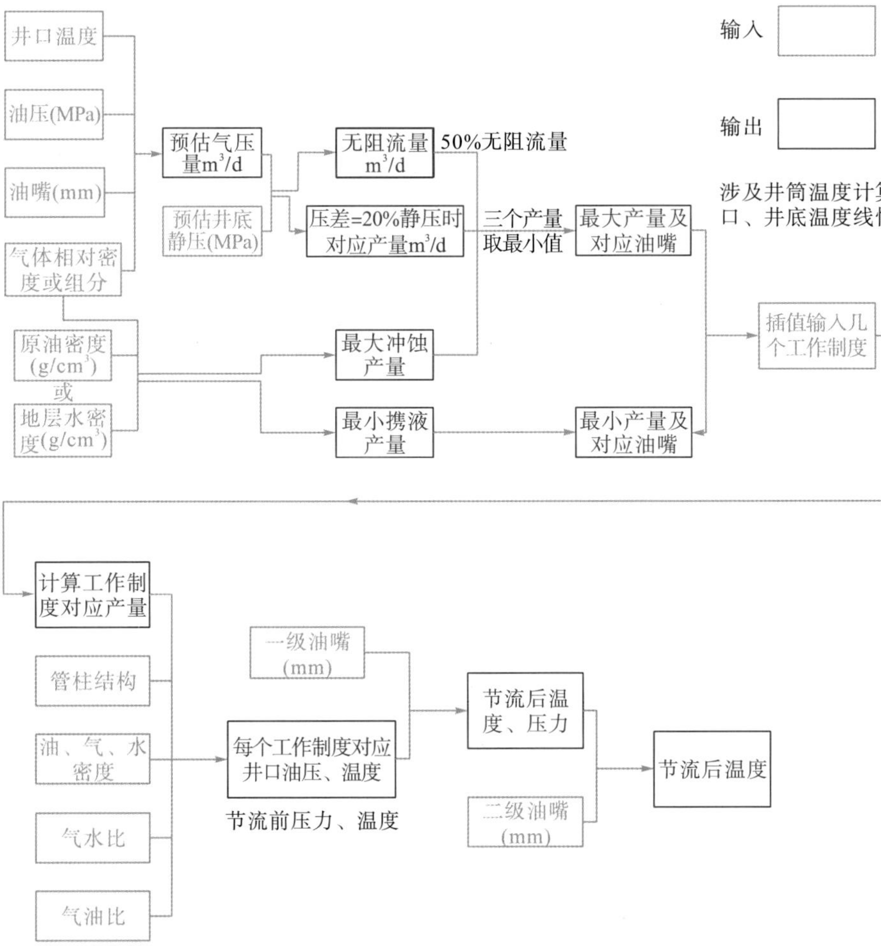

图 6.13　气井合理配产计算流程

页岩气藏是人造裂缝型气藏，页岩气的合理配产需要充分考虑页岩气井的渗流特征、人造裂缝应力敏感性、产量递减特征、气水两相特征和生产特征，要特别注重其呈现分阶段变化和分区差异性。根据页岩储层应力敏感、页岩吸附和实际生产情况，一般采用定产控压的生产方式。在此基础上，借鉴常规气藏配产方法，根据该区块页岩气井实际生产特征，分阶段动态合理配产。页岩气合理配产主要步骤有：

(1) 通过对页岩气压裂、闷井及前期试气数据分析，确定页岩气藏动态储量 EUR 和气井无阻流量 Q_{AOF}。气井无阻流量是单相气体情况下得到的数值，而实际页岩气开采涉及气水两相流，因此，通常将无阻流量的 $\frac{1}{5}$ 到 $\frac{1}{6}$ 作为页岩气藏配产的依据之一。

(2) 利用试气分析得到的相关参数，通过 4 个流量的试井设计，模拟产能试井，获得配产所需的产能方程。

(3) 页岩气开采需要经历一段较长时间的气水两相流动阶段，但这种流动不同于常规气藏水侵导致的气水两相流动，页岩气的产液量会随着时间降低，因此，需要通过分析前期试气数据来获得井壁附近的含水饱和度。

(4) 使用上述数据及页岩气水两相流理论，首先通过定产控压预测未来气水产量，以此作为气藏配产的依据之一。

(5) 考虑井筒积液、气蚀、应力敏感及水合物生成的辅助条件。

(6) 采用数值模拟进行产能预测。对页岩气井压裂、闷井及返排数据分析实现对裂缝的评价进而获得页岩气产能评价的基本参数在其他章节已有充分描述，这里重点介绍与井筒积液、气蚀、应力敏感及水合物生成相关的基本公式。

6.3.2　最小携液临界产量预测

页岩气开采是典型的气液两相流，井筒中出现气液两相流，就有出现积液的可能。图 6.14 描述了高气液比气井井筒积液的过程。多数高气液比气井在正常生产时的流态为环雾流，液体以液滴的形式由气体携带到地面，气体呈现连续相。但是，当气相流速太低，不能提供足够的能量使井筒中的液体流出井口时，液体将与气流呈反方向流动并积存于井底，形成积液。

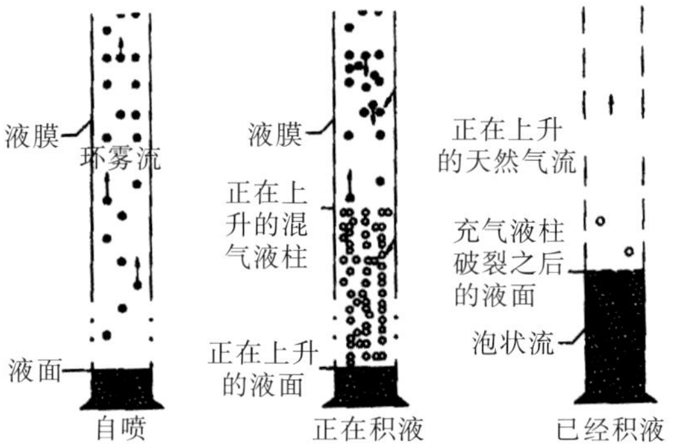

图 6.14　气井积液过程示意图

气井开始积液时，井筒内气体的最低流速称为气井携液临界流速，对应的流量称为气井携液临界产量。当井筒内气体实际流速小于气井携液临界产量时，气流就不能将井内液体全部排出井口。

早期 Duggan (1999) 通过统计认为当气井生产最低流速小于 1.524m/s 时，气井就会产生积液。

6.3.2.1　球模型

Turner (1989) 针对高气液比 (大于 1367m^3/m^3)，流态为雾状流的气井，假设液滴为圆球体，建立了液滴模型。根据液滴在井筒中受力 (气体对液滴的拽力、液滴的重力)，图尔纳 (Turner) 推导出了气井携液临界速度，并进一步计算出临界流量。在实际应用时图尔纳推荐将计算结果上调 20%来提高与现场实际数据的拟合度。

临界流速：

$$u_{cr}=6.6\left[\frac{\sigma(\rho_L-\rho_g)}{\rho_g^2}\right]^{0.25} \tag{6.39}$$

式中：u_{cr} 为气井临界流速，m/s；ρ_L、ρ_g 分别为液相和气相的密度，kg/m^3；σ 为气液界面张力，N/m。

临界产量：

$$q_{cr}=u_{cr}A\frac{p}{ZT}$$

该模型只适用于雷诺数小于 22000，井口压力大于 3.4475MPa 的情况，计算值偏大。

6.3.2.2 椭球模型

李闽等(2002)基于液滴在高速气流中呈椭球体模型，采用类似于 Turner 的方法，推导出气井携液的临界流量公式：

临界流速：

$$u_{cr}=2.5\left[\frac{\sigma(\rho_L-\rho_g)}{\rho_g^2}\right]^{0.25} \tag{6.40}$$

李闽等(2002)计算的临界流量大约为 Turner 公式的 38%。

6.3.2.3 近似球模型

彭朝阳(2010)根据魏纳等(2008)实验认为，液体在高速气流的作用下破碎分散成粒径很小的液滴，小液滴受到前后气流压差的作用较小，因此形态上变化不会很大，仍然接近于圆球体。液滴在气流的作用下呈高宽比接近 0.9 的椭球体，而不是扁平状椭球体。因此推导出：

临界流速：

$$u_{cr}=4.54\left[\frac{\sigma(\rho_L-\rho_g)}{\rho_g^2}\right]^{0.25} \tag{6.41}$$

6.3.2.4 综合模型

还有其他很多近似的临界流速计算公式，区别只在于系数的不同(表 6.2)。

表 6.2 不同携液临界流量模型系数表

系数	Turner	Colemon	Nosseir	刘广峰	李闽	王毅忠	彭朝阳
	模型 1	模型 2	模型 3	模型 3	模型 4	模型 5	模型 6
拽力系数	0.44	0.44	0.2	0.2	1	1.17	0.3236
系数 a	6.6	4.45	6.65	6.65	2.5	2.25	4.54

因此，都可以写成统一形式：

$$u_{cr} = a\left[\frac{\sigma(\rho_L - \rho_g)}{\rho_g^2}\right]^{0.25} \tag{6.42}$$

式中：a 是一个和拽力系数、液体模型有关的参数，$a=(4g/3C_D)^{0.25}$；C_D 为拽力系数，是和雷诺数有关的参数(图 6.15)；通过数据拟合成下式：

$$C_D = \frac{24}{Re} + \frac{3.409}{Re^{0.3083}} + \frac{0.0000368Re}{1+450000Re^{1.054}} \tag{6.43}$$

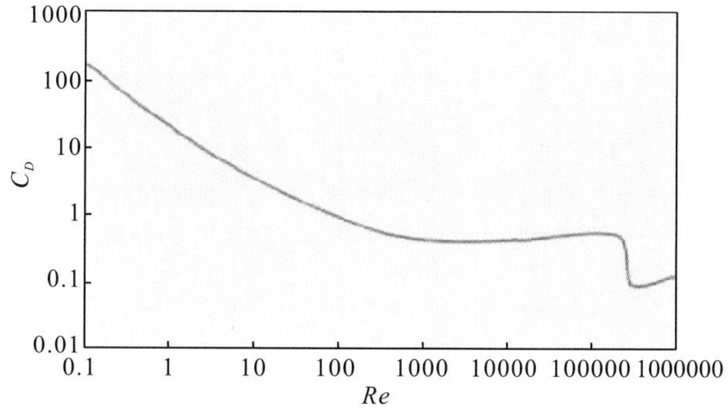

图 6.15　拽力系数和雷诺数关系图

6.3.3　最大冲蚀产量计算

当气井产气量很大时，高速气体在管内流动时会发生显著的冲蚀作用，对井筒管壁和井下工具产生冲蚀磨损，此时气体的临界流速称为冲蚀流速。高压高产气井生产时必须考虑高速的气流对管柱内壁的冲蚀。气体冲蚀流速的计算，由于其受到众多因素的影响，目前还没有准确的计算方法。

6.3.3.1　API RP 14E 推荐方法

冲蚀的先决条件是必须有固相颗粒的存在，其次是高流速，其值受管柱内径影响最大，随管柱内径增大而最大，随温度降低而增加(影响较小)，随压力增加而增加(影响小，比温度影响大)

冲蚀速度：

$$V_e = \frac{C}{3.281\rho_m^{0.5}} \tag{6.44}$$

$$\rho_m = \frac{1799801.36\gamma_l P + 2198.98rP\gamma_g}{28819.45p + 6.62RZ(1.8T + 0.6)} \tag{6.45}$$

式中：p 为压力，MPa；T 为温度，K；Z 为气体压缩因子；R 为气液比；d 为油管内径，mm；C 为经验值，没有严格的取值，根据美国石油工程师协会推荐：①与材料、硬度、弹性模量、冲击角度等有关，范围为 100～200；②耐腐蚀合金可取 200，P110SS 材质可取 150；③存在硫化氢时，在钢材表面形成硫化铁腐蚀层，取值 95；④存在二氧化碳时，在钢材表面形成碳酸铁腐蚀层，取值 90；如果是 Fe_3O_4，取值 150；⑤在二氧化碳环境中的 Cr 钢，取值 160～300，具体取值取决于腐蚀层中尖晶的类型（$FeCr_2O_4$ 或 Cr_2O_4）。

6.3.3.2 经验拟合公式

影响气井管柱是否有冲蚀可能性的主要因素包括压力、气体密度、气液比和管径。通过优化设计，选取压力、气体密度、气液比和管径作为优化参数，选择防冲蚀允许最大产气量作为目标函数，进行优化设计。应用优化设计软件得到 18 个系数组合，可拟合出防冲蚀允许最大产气量计算式：

$$\begin{aligned}Q_{\max}^{1.96} &= 218285 + 43.52729p - 682751\gamma_g + 6.53822r - 109.84984d - 234.5p\gamma_g \\ &+ 0.019438pr + 3.69045pd - 6.25576\gamma_g r - 399.86966\gamma_g d + 0.022344rd \\ &- 1.31567p^2 + 553338\gamma_g^2 - 0.000845332r^2 + 2.97995d^2\end{aligned} \tag{6.46}$$

6.3.4 水合物预测方法

天然气水合物是天然气在开采、加工和运输过程中在一定温度、压力下天然气中某些轻烃（C_1～C_5）组分与液态水形成的冰雪状复合物。水合物的生成，一般需要同时具备三个条件：①气体中有液态水存在或含有过饱和状态的水汽；②有足够高的压力和足够低的温度；③气体压力波动或流向突变产生搅动或有晶体存在，都能够促进水合物的形成。当高于水合物的临界温度时，不论压力多大，也不会生成气体水合物。

为了防止水合物的形成，必须确保三个条件不会同时满足。在测试中，最容易控制的条件是第二个条件。

现在已经有多种方法可以用来预测天然气水合物生成的压力和温度。主要可分为相平衡法、热力学统计法、图版法、波诺马列夫法四类。下面做简要介绍。

6.3.4.1 相平衡法

预测气体水合物的分子热力学模型是以相平衡理论为基础的。在天然气水合物体系中一般有三相共存，即水合物相、气相、富水相或冰相。根据相平衡准则，平衡时多组分体系中的每个组分在各相中的化学位相等。通常以水作为考察对象，因此在平衡状态下，水在水合物相 H 中的化学位应等于水在富水相或冰相中的化学位，即

$$\Delta\mu^H = \Delta\mu^w \tag{6.47}$$

1. $\Delta\mu^H$ 的计算

Vander Waals 和 Platteeuw（1958）根据水合物晶体结构特点，应用统计热力学方法，结合朗缪尔气体等温吸附理论推导出计算空水合物晶格和填充晶格相态的化学位差的公式：

$$\Delta\mu^H = RT\sum_i v_i ln\left(1 + \sum_j C_{ij} f_j\right) \tag{6.48}$$

式中：i 为水合物晶格空穴的类型，i=1，2；j 为客体分子的类型数目（组分数）；v_i 为水合物晶格单元中 i 型空穴数与构成晶格单元的水分子数之比，是水合物结构的特性常数；对

Ⅰ型结构水合物：v_1=1/23，v_1=3/23；对Ⅱ型结构水合物：v_1=2/17，v_1=1/17；f_i为客体分子 j 在平衡各相中的逸度，Pa；C_{ij}为客体分子 j 在 i 型空穴中的朗缪尔常数，它反映了水合物空穴中客体分子与水分子之间相互作用的大小：

$$C_{ij}=\frac{a_{ij}}{T}\exp\left(\frac{b_{ij}}{T}+\frac{d_{ij}}{T^2}\right) \tag{6.49}$$

a_{ij}，b_{ij}，d_{ij}的取值见表 6.3、表 6.4。

表 6.3　计算结构Ⅰ型小、大洞穴朗缪尔常数

组分	小洞穴			大洞穴		
	$a_{ij}(10^3)$	$b_{ij}(10^{-3})$	$d_{ij}(10^{-6})$	$a_{ij}(10^3)$	$b_{ij}(10^{-3})$	$d_{ij}(10^{-6})$
C_1	0.0486681	2.495265	0.04435273	0.1744596	2.45682	0.03298235
C_2	0	0	0	0.00681542	3.973025	0.04648871
C_3	0	0	0	0.00069078	3.753454	0.05196844
i-C_4	0	0	0	0	0	0
n-C_4	0	0	0	0	0	0
N_2	0.06378685	2.239165	0.03749328	0.2197608	2.019079	0.02647857
CO_2	0.00007543	4.189479	0.04384257	0.00762223	3.663201	0.02901211
H_2S	0.0018976	4.159501	0.04612894	0.2861215	3.871123	0.03407918

表 6.4　计算结构Ⅱ型小、大洞穴朗缪尔常数

组分	小洞穴			大洞穴		
	$a_{ij}(10^3)$	$b_{ij}(10^{-3})$	$d_{ij}(10^{-6})$	$a_{ij}(10^3)$	$b_{ij}(10^{-3})$	$d_{ij}(10^{-6})$
C_1	0.0470456	2.47385	0.0441309	0.9045891	2.223118	0.01560289
C_2	0	0	0	0.1080831	3.991668	0.02397593
C_3	0	0	0	0.00180538	6.512835	0.03497519
i-C_4	0	0	0	0.0000051	7.196937	0.04955848
n-C_4	0	0	0	0.0000014	6.842408	0.04424423
N_2	0.06329998	2.219133	0.03879059	1.200932	1.743634	0.01259045
CO_2	0.00007154	4.180468	0.04341002	0.00076437	2.897102	0.01510854
H_2S	0.00181608	4.135996	0.04594356	0.273724	3.207237	0.01569558

2. $\Delta\mu^w$的计算

对于纯水相(液态水或冰)，Marshall 等(1987)提出计算$\Delta\mu^w$的公式：

$$\Delta\mu^w=\Delta\mu_w^0\frac{T}{T_0}-\left(\Delta C_{pw}^0T_0-\Delta h_w^0-0.5bT_0^2\right)\left(1-\frac{T}{T_0}\right)-T\left(\Delta C_{pw}^0-bT_0\right)\ln\frac{T}{T_0}$$
$$-0.5bT\left(T-T_0\right)+\Delta V_w\left(p-p_0\right)-RT\ln a_w \tag{6.50}$$

式中：$\Delta\mu_w^0$为在 T_0(通常取 273.15K)和零压力下，空水合物晶格和富水相(冰相)间的化学位差；Δh_w^0为在 T_0(通常取 273.15K)和零压力下，空水合物晶格与富水相(冰相)间的摩尔焓差；ΔC_{pw}^0为在 T_0(通常取 273.15K)和零压力下，空水合物晶格与富水相(冰相)间的热容差；ΔV_w 为空水合物晶格与富水相(冰相)间的摩尔体积差；b 为热容的温度系数；a_w 为富水相中水的活度。

水合物热力学基础数据见表 6.5。

表 6.5 水合物热力学基础数据(T_0=273.15K)

特性	单位	结构 I	结构 II
$\Delta\mu_w^0$	J/mol	1120	931
Δh_w^0(固)	J/mol	1714	1400
Δh_w^0(液)	J/mol	−4207	−4611
ΔV_w(固)	cm^3/mol	2.9959	3.39644
ΔV_w(液)	cm^3/mol	4.5959	4.99644
ΔC_{pw}^0 ($T>T_0$)	J/(mol·K)	−34.583	−36.8607
b($T>T_0$)	J/(mol·K)	0.189	0.1809
ΔC_{pw}^0 ($T<T_0$)	J/(mol·K)	3.315	1.029
b($T<T_0$)	J/(mol·K)	0.0121	0.00377

3. a_w 的计算

(1)纯水：a_w=1。

(2)富水相：

$$a_w = 1 - \sum_{j \neq w} f_i x_{0j} \exp\left(-\frac{\overline{V_j}(p-1)}{82.06T}\right)$$

$$x_{0j} = \exp\left(A_{0j} + \frac{B_{0j}}{T}\right)$$

式中：f_i 为客体分子 i 在气相中的逸度，用状态方程计算；$\overline{V_j}$ 为客体分子 j 在富水相中的偏摩尔体积，对乙烯取 60，其他组分取 32。A_{0j}、B_{0j} 的取值见表 6.6。

表 6.6 计算气体溶解度系数表

组分	A_{0j}	B_{0j}
C_1	−16.826277	1559.0631
C_2	−18.400368	2410.4807
C_3	−20.958631	3109.391
i-C_4	−20.108263	2739.7313
n-C_4	−22.150557	3407.2181
N_2	−17.934347	1933.381
CO_2	−14.283146	2050.3267
H_2S	−15.1003508	2603.9795

6.3.4.2　热力学统计法

已知天然气的组成、压力 p，采用统计热力学方法计算水合物的生成温度，并用牛顿迭代法来求解。

$$\ln Z=\gamma \tag{6.51}$$

$P<6.865$MPa：$\ln Z=3.5151705-0.01436065T$。

$P>6.865$MPa：$\ln Z=8.97511-0.03303965T$。

若含硫化氢：$\ln Z=5.40696-0.021337T$。

$\gamma=0.2709109\log(1-\Sigma\theta_1)+0.1354109\log(1-\Sigma\theta_2)$。

$\theta_{ij}=(C_{ij}+p_i)/(1+\Sigma C_{ij}p_j)$、$C_{ij}=\exp(A_{ij}-B_{ij}T)$，$i$=1、2，$A_{ij}$、$B_{ij}$ 的取值见表 6.7。

表 6.7　A、B 值

		C_1	C_2	C_3	C_4	H_2S	CO_2	N_2
小孔隙	A_{1i}	6.0499	9.4892	−43.67	−43.67	4.9258	23.035	3.2485
	B_{1i}	0.02844	0.04058	0	0	0.00934	0.09037	0.02622
大孔隙	A_{2i}	6.2957	11.941	18.276	13.6942	2.403	25.271	7.559
	B_{2i}	0.02845	0.0418	0.046613	0.02773	0.024475	0.09781	0.00633

求解：

$P<6.865$MPa：

$$f(T)=3.5151705-0.01436065T+0.117660901\ln(1+\Sigma C_{1j}py_j)+0.05883045\ln(1+\Sigma C_{2j}py_j)$$

$$f'(T)=-0.01436065T-0.117660901\frac{\sum B_{1j}C_{1j}y_j p}{\left(1+\sum C_{1j}y_j p\right)}-0.05883045\frac{\sum B_{2j}C_{2j}y_j p}{\left(1+\sum C_{2j}y_j p\right)}$$

初值：$T=6.38\ln p+262$，用牛顿迭代 $T_{k+1}=T_k-\dfrac{f(T)}{f'(T)}$ 可解。

6.3.4.3　图版法

矿场实践中常用的方法是，根据实验数据并用分配常数，绘制不同密度的天然气形成水合物的温度与压力关系曲线(图 6.16)，曲线上的数据为天然气的相对密度，所对应的温度即是该点压力条件下的水合物形成温度，每条曲线的左边为水合物生成区，右边为非生成区。天然气从井底向井口流动过程中，温度和压力都要逐渐降低，根据压力和温度曲线图可确定沿程各点是否形成水合物。

将其数值化：

$P=10^{(p_1-3)}$。

当 $\gamma_g=0.55$：$p_1=3.419517+5.202743\times10^{-2}T-5.307049\times10^{-5}T^2+3.98805\times10^{-6}T^3$。

当 $\gamma_g=0.6$：$p_1=3.009796+5.284026\times10^{-2}T-2.252739\times10^{-4}T^2+1.511213\times10^{-5}T^3$。

当 $\gamma_g=0.7$：$p_1=2.814824+5.019608\times10^{-2}T-3.722427\times10^{-4}T^2+3.781786\times10^{-6}T^3$。

当γ_g=0.8：$p_1=2.70442+5.82964\times10^{-2}T-6.639789\times10^{-4}T^2+4.008056\times10^{-5}T^3$。

当γ_g=0.9：$p_1=2.613081+5.715702\times10^{-2}T-1.871161\times10^{-4}T^2+1.93562\times10^{-5}T^3$。

当γ_g=1.0：$p_1=2.527849+0.0625\times10^{-2}T-5.781353\times10^{-4}T^2+3.069745\times10^{-5}T^3$。

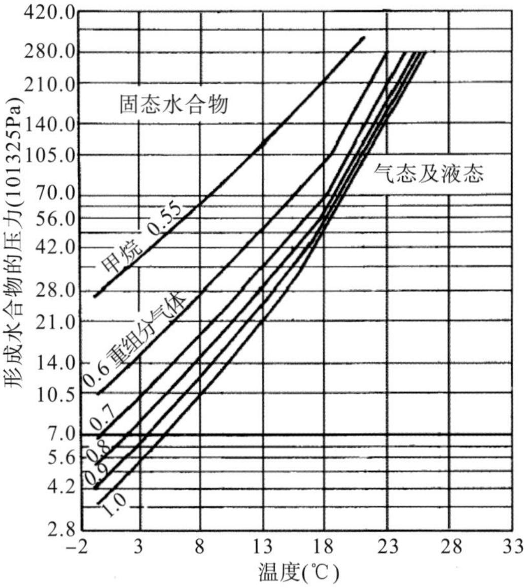

图 6.16 天然气水合物预测图版

6.3.4.4 波诺马列夫法

已知天然气的组成、温度，可采用波诺马列夫公式计算水合物的生成压力。波诺马列夫对大量实验数据进行了回归整理，得出不同密度的天然气水合物形成条件方程：

$$T>273.15\text{K}:\ \lg p=-1.0055+0.0541(B+T-273.15)$$

$$T<273.15\text{K}:\ \lg p=-1.0055+0.00171(B_1+T-273.15)$$

波诺马列夫法导数拟合图、导数取值见图 6.17 和表 6.8 所示。

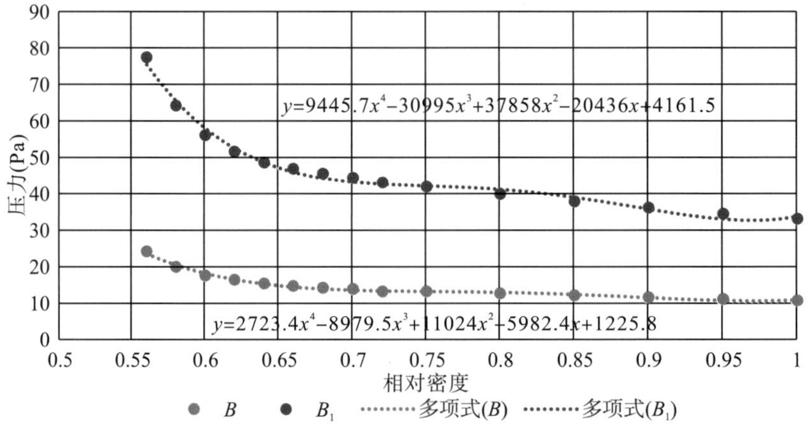

图 6.17 波诺马列夫法系数拟合图

表 6.8　不同相对密度下波诺马列夫法系数取值表

参数	相对密度														
	0.56	0.58	0.6	0.62	0.64	0.66	0.68	0.7	0.72	0.75	0.8	0.85	0.9	0.95	1
B	24.25	20	17.67	16.45	15.47	14.76	14.34	14	13.27	13.32	12.74	12.18	11.66	11.17	10.77
B_1	77.4	64.2	56.1	51.6	48.6	46.9	45.6	44.4	43.1	42	39.9	37.9	36.2	34.5	33.1

6.3.5　防止水合物生成回压控制技术研究

针对水合物生成的几个重要因素，有 4 条途径可以防止水合物生成。

(1) 脱除天然气中的水分，这一条件在气井生产时实施难度很大。

(2) 降低压力：一种方式是安装井下油嘴降低井口压力，但部分井受后续工艺影响，难以实施；另一种方式是放大油嘴生产，但在实际操作中也存在一定难度，比如试井时需要使用小油嘴进行生产，或者生产时为防止底水也必须使用小油嘴。

(3) 向气流中加入化学抑制剂：该方法实施方便，但成本较高。

(4) 提高天然气的流动温度：天然气在节流前生产水合物的可能性较低，节流后因为天然气膨胀吸热，会降低节流后的流动温度，达到水合物生成条件。目前现场主要采用加热(热交换器、电热带)提高节流后天然气流动温度，来防止水合物生成。通过计算发现还有一种简便、可行方法就是通过提高节流后的压力，来提高节流后的流动温度(图 6.18)。该办法在现场很容易实施，但是由于节流后的流动压力不可能太高(太高就需要增加节流级数)，因此该办法需要和加热结合使用。

利用节流后压力和温度关系图以及水合物生成预测图，就可以在现场条件满足的前提下尽可能降低水合物生成的可能性(图 6.19，Tu 表示热力学模型，RE 表示储层模型，Bo 表示钻孔模型)。

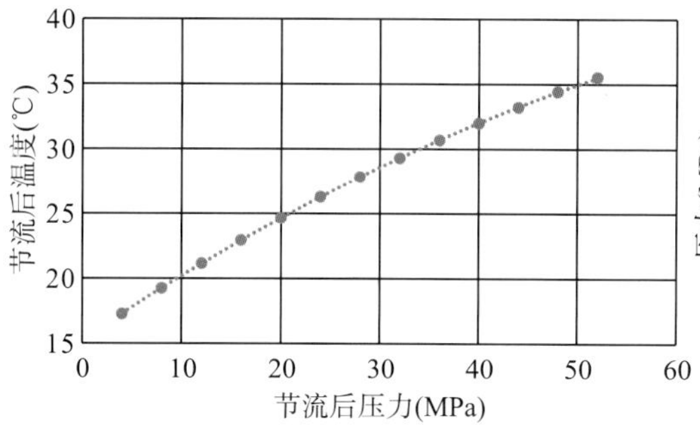

图 6.18　节流后压力和温度关系图

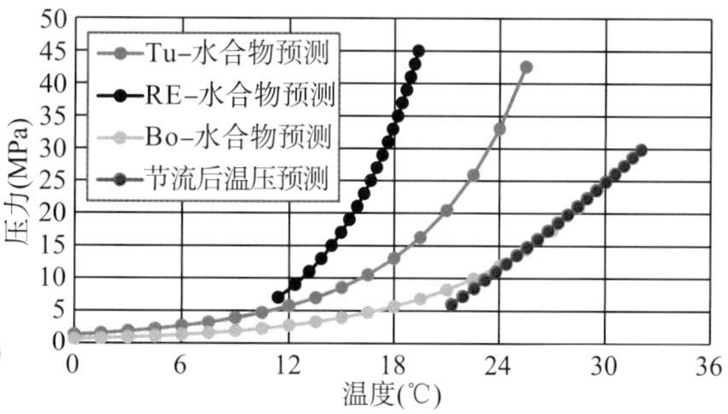

图 6.19　防止水合物生成回压控制图

第 7 章　排液采气数据综合分析方法

7.1　常规压力-流量数据分析方法

7.1.1　压力瞬态分析方法

本节主要介绍压力瞬态分析方法的理论基础、原理及反演方法，并以反演结果为基础进行页岩气井产能预测，为页岩气排采制度优化提供技术保障。

7.1.1.1　压力降落分析方法

压力降落分析方法是目前较为常用的一种试井分析方法，主要是对以单一产量 q 生产的压力降落数据进行分析处理，并与双对数典型曲线图版进行拟合（卢德唐等，2009）。压力降落分析方法的基本步骤如下：

(1) 整理实测的井底压力降落数据，并检查数据是否有错漏等问题。然后在此基础上求出井底压力差 $\Delta p = p_{ini} - p_{wf}$ 及相应的压力导数 $\mathrm{d}\Delta p/\mathrm{d}t \cdot t$。

(2) 根据井筒类型建立相应的数学模型（垂直裂缝井、多段压裂水平井等），并求解得到无量纲井底压力 $p_D\left(t_D\right)$ 解和压力导数，绘制成无量纲压力降落典型曲线图版。具体无量纲定义如下：

$$p_D = \frac{2\pi\left(p_{ini} - p_{wf}\right)kh}{q_{sc}B\mu} \tag{7.1}$$

$$t_D = \frac{kt}{\phi\mu C_t x_f^2} \tag{7.2}$$

$$B_g = \frac{p}{ZT}\left[\frac{Z \cdot T}{p}\right]_{SC} \tag{7.3}$$

式中：B 为气体体积系数，T 为温度，ϕ为孔隙度，k 代表地层渗透率，μ 为流体黏度，C_t 为综合压缩系数，Z 为气体压缩系数。

(3) 将步骤 (1) 中整理得到的压力差Δp、压力导数 $\mathrm{d}\Delta p/\mathrm{d}t \cdot t$ 以及实测时间 t 分别取对数。在对数周期上，按与步骤 (2) 得到的压力降落图版坐标相同的尺寸绘制成双对数压差及其导数实测曲线。

(4) 拖动实测的压差及导数曲线与步骤 (2) 得到的图版曲线进行拟合。拟合过程中，操作人员可以不断地调整曲线参数 $C_D\mathrm{e}^{2S}$ 以及地层参数（如裂缝半长）等。经过不断拟合调试后，找出一条与实测曲线拟合效果最佳的典型曲线，并记录下 $C_D\mathrm{e}^{2S}$ 值。

(5) 确定最佳拟合曲线后，在实测曲线上随意选取一个记录点 M，记录该点的实测压力差值 Δp_{MP} 和实测时间值 t_{MP}。同时也需要记录该点对应于图版上的无量纲压力值 $\left(p_D\right)_{Mp}$ 和无量纲时间值 $\left(t_D / C_D\right)_{MP}$。

(6) 由记录的数据，得到时间拟合值 t_M、压力拟合值 p_M：

$$t_M = \frac{\left(t_D / C_D\right)_{MP}}{t_{MP}} \tag{7.4}$$

$$p_M = \frac{\left(p_D\right)_{MP}}{\Delta P_{MP}} \tag{7.5}$$

(7) 根据上述得到的数据，可以计算：

$$\frac{kh}{\mu} = \frac{qB \cdot p_M}{2\pi} \tag{7.6}$$

$$C = \frac{2\pi kh \cdot t_M}{\mu} \tag{7.7}$$

$$C_D = \frac{C}{2\pi \phi C_t h r_w^2} \tag{7.8}$$

$$S = \frac{1}{2}\ln\left(\frac{C_D e^{2S}}{C_D}\right) \tag{7.9}$$

这里以一口全射开井为例，地层条件为圆形封闭地层。按照上述提供的步骤，我们进行了压降数据拟合，如图 7.1 所示。从图中可以看出明显的井储段、表皮段、径向流段和边界控制流段。

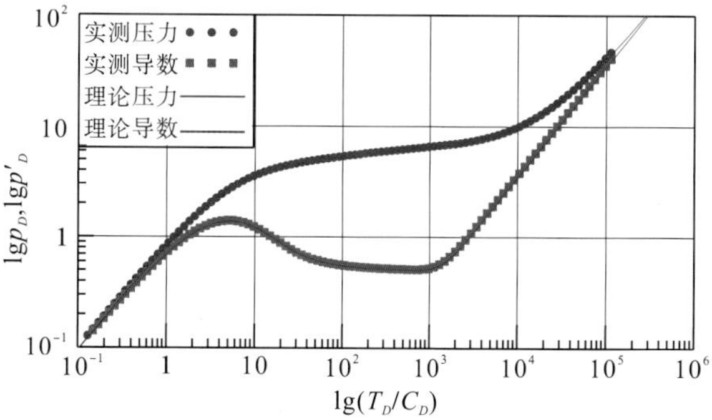

图 7.1　压力降落试井分析方法

7.1.1.2　压力恢复分析方法

关井压力恢复试井是目前最常用的试井分析方法，主要是对一定产量 q 生产 t_p 时间后关井的井底压力恢复的压力数据 $p_{ws}(\Delta t)$ 进行分析处理，并与双对数典型曲线图版进行拟合（卢德唐等，2009）。关井压力恢复分析方法的步骤如下：

(1) 整理实测的井底压力恢复数据，确保数据不存在错漏等问题。然后在此基础上求出压力差 $\Delta p = p_{ws}(\Delta t) - p_{wf}(t_p)$，以及压力导数 $\mathrm{d}\Delta p / (\mathrm{dln}\,\Delta t)(1 + \Delta t / t_p)$。

(2) 将步骤 (1) 中整理得到的压力差 Δp、压力导数 $\mathrm{d}\Delta p / (\mathrm{dln}\,\Delta t)(1 + \Delta t / t_p)$ 以及实测时

间 t 分别取对数。在对数周期上，绘制成双对数压差及其导数实测曲线。

(3) 根据理论推导内容，建立无量纲压力降落典型曲线图版。

(4) 将 t_p 无量纲化成 t_{pD}/C_D，根据式(7.10)、式(7.11)计算压力恢复数据的无量纲井底压力和导数，并绘制成双对数典型曲线图版。

$$p_{WSD}\left(\Delta t_D\right)=p_{WD}\left(t_{pD}\right)+p_{WD}\left(\Delta t_D\right)-p_{WD}\left(t_{pD}+\Delta t_D\right) \tag{7.10}$$

$$\frac{\mathrm{d}p_{WSD}}{\mathrm{d}\left(\Delta t_D/C_D\right)}\left(\Delta t_D/C_D\right)\frac{t_{pD}+\Delta t_D}{t_{pD}}=\frac{1}{2} \tag{7.11}$$

式中：p_{WSD} 代表无量纲关井恢复井底压力：p_{WD} 为生产期间的无量纲井底压力降。

(5) 拖动双对数压差及其导数实测曲线与步骤(2)得到的图版曲线进行拟合。拟合过程中，操作人员需要不断地调整曲线参数 $C_D\mathrm{e}^{2S}$ 以及地层参数(如裂缝半长)等，直到得到与实测曲线拟合效果最佳的典型曲线，并记录下此时的 $C_D\mathrm{e}^{2S}$ 值。

(6) 确定最佳拟合曲线后，在实测曲线上随意选取一个记录点 M，记录该点的实测压力差值 Δp_{MP} 和实测时间值 t_{MP}，以及该点对应于图版上的无量纲压力值 $\left(p_D\right)_{Mp}$ 和无量纲时间值 $\left(t_D/C_D\right)_{MP}$。由记下的数据，得到时间拟合值 t_M、压力拟合值 p_M。压恢试井的时间、压力拟合值的定义与压降试井相同。

(7) 根据上述得到的数据，可以计算：

$$\frac{kh}{\mu}=\frac{qB\cdot p_M}{2\pi} \tag{7.12}$$

$$C=\frac{2\pi kh\cdot t_M}{\mu} \tag{7.13}$$

$$C_D=\frac{C}{2\pi\phi C_t h r_w^2} \tag{7.14}$$

$$S=\frac{1}{2}\ln\left(\frac{C_D\mathrm{e}^{2S}}{C_D}\right) \tag{7.15}$$

通过对比 7.1.1.1 节和 7.1.1.2 节中的内容可以看出，压力降落和压力恢复分析方法在原理上基本相同，只是压恢数据分析需要对实测数据和图版进行一定的修正。因此这里以一口无限传导垂直裂缝井为例，地层条件为无限大地层。按照上述提供的步骤，进行了压恢数据拟合，如图 7.2 所示。从图中可以看出最前面的几个点拟合效果不好，但是后面大

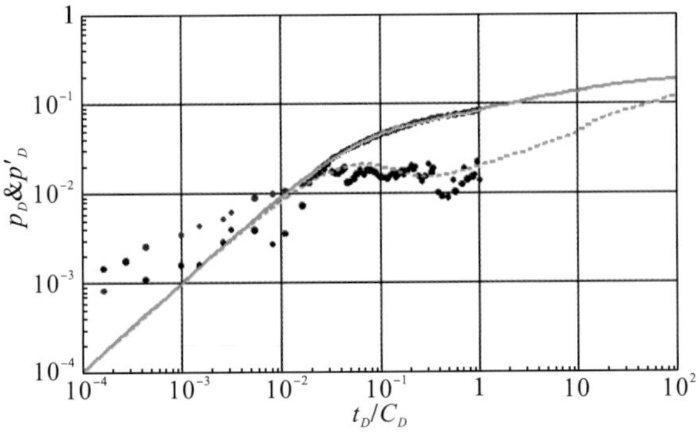

图 7.2　试井分析曲线拟合图

部分数据点都有着良好的拟合效果。

在压力恢复试井分析中，一般还会采用压力历史拟合图和无量纲霍纳(Horner)曲线来检验解释参数。通过观察压力历史拟合图的拟合效果，就可以确定试井分析曲线的分析结果是否正确。

无量纲 Horner 图版的横坐标为$\lg\left(1+t_{pD}/t_D\right)$，纵坐标为$p_D\left(t_{pD}+\Delta t_D\right)-p_D\left(\Delta t_D\right)$。相应地，实测曲线的横坐标为$\lg\left(1+t_p/\Delta t\right)$，纵坐标为$p_M\left[p_{ini}-p_{ws}\left(\Delta t\right)\right]$。

影响 Horner 曲线拟合效果的因素主要有：选用模型、原始地层压力、压力拟合值等。通过无量纲 Horner 曲线的拟合效果可以对上述 4 个参数进行确认和修正。如果选用的模型不正确，那么 Horner 曲线将无法拟合，说明需要选择另外的模型。

如果原始地层压力不正确，理论曲线会在实测曲线的正上方或正下方。此时需要调整原始地层压力的大小，直到实测曲线和图版完全重合。

如果压力拟合值不正确，理论曲线和实测曲线在后期会不重合。这说明此时试井分析图版中的实测曲线和图版曲线并不是最佳拟合结果。只有当 Horner 图版中的理论曲线与实测曲线完全重合时，这时的压力拟合值才是正确的。

图 7.3 给出了某口井的压恢数据拟合过程中的压力历史拟合图和无量纲 Horner 图。从两张图可以看出拟合效果都还可以，无量纲 Horner 图中前期拟合效果稍差。

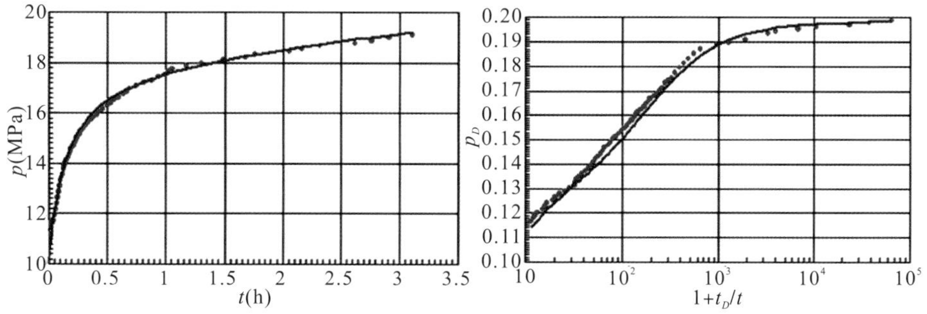

图 7.3　压力历史拟合图和无量纲 Horner 图版

7.1.2　生产数据分析方法

本节主要介绍对页岩气生产进行产能评价的传统生产数据分析方法，主要包括 Arps 方法(Arps，1945)、Fetkovich 方法(Fetkovich，1980)、Blasingame 方法(Blasingame，1989)，A-G 方法(Agarwal et al.，1999)和 NPI 方法(Blasingame et al.，1989)等。传统生产数据分析方法只适用于直井，且流动已经到达边界的情况。本节所提出的现代生产数据分析方法将在 7.2 节中重点介绍。

7.1.2.1　Arps 方法

Arps 方法主要利用产量(累积产量)与时间的关系，假设井底流压恒定的情况下，定义了递减系数 b，将生产井的产量递减关系总结成三种类型：指数递减(b=1)、双曲递减

(b=0)和调和递减($0<b<1$)。该方法最大的优点是在不知道油气藏参数的情况下，就可以给出地质储量估算和未来的产能预测结果，但是该方法仍存在一定局限性：Arps 产量递减图版曲线表征了后期边界控制流阶段的流动规律。因此前期不稳定流动阶段的数据不能采用该方法进行解释分析。

Arps 方法的图版是以递减指数 b 为变量，无量纲递减时间 t_{Dd} 为横坐标，无量纲递减流量 q_{Dd} 和无量纲递减累积流量 N_{pDd} 为纵坐标，具体图版如图 7.4 所示。

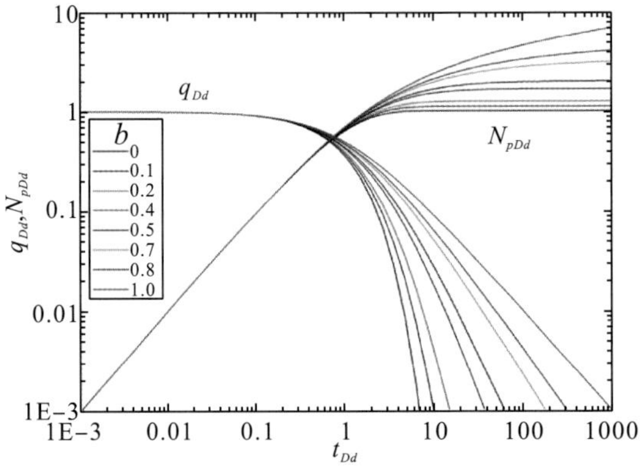

图 7.4 Arps 产量递减图版

7.1.2.2 Fetkovich 方法

Fetkovich 方法在 Arps 方法的基础上，加入了不稳定流动阶段的递减分析。与 Arps 方法相比，Fetkovich 方法加入了无量纲井控半径 r_{eD} 的影响，绘制了边界控制流之前的不稳定流动阶段。但是该方法只能用于分析定压力生产的油井，不能分析气井，故目前使用较少。

Fetkovich 方法的图版是以递减指数 b 和无量纲井控半径 r_{eD} 为变量，无量纲递减时间 t_{Dd} 为横坐标，无量纲递减流量 q_{Dd} 和无量纲递减累积流量 N_{pDd} 为纵坐标，具体图版如图 7.5 所示。

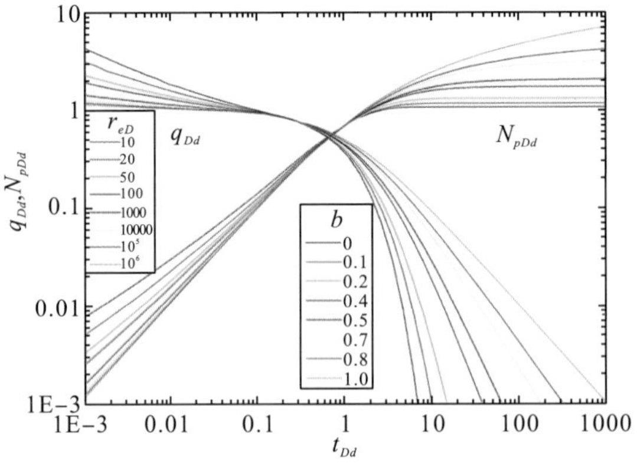

图 7.5 Fetkovich 产量递减图版

7.1.2.3　Blasingame 方法

Blasingame 方法引入了归一化产量和物质平衡时间的定义，首次将变流量变压力的生产数据绘制成了一组实测数据曲线，并给出了对应的典型曲线图版。Blasingame 方法还给出了新的拟压力和拟时间的定义，可以考虑气体高温高压下的 pVT 性质以及压力流量同时变化的情况，首次给出了适用于气体的生产数据分析方法。

该方法基于圆形有界均质地层中心一口直井定产生产解，具体方程为

$$\begin{gathered}\frac{\partial^2 p}{\partial r^2}+\frac{1}{r}\frac{\partial p}{\partial r}=\frac{1}{\chi}\frac{\partial p}{\partial t}\left(r_w<r<R,t>0\right)\\ \left(r\frac{\partial p}{\partial r}\right)_{r=r_w}=\frac{Q\mu}{2\pi kh}\left(t>0\right)\\ \left.\frac{\partial p}{\partial r}\right|_{r=R}=0\left(t>0\right)\\ p\left(r,t\right)=p_i\left(r_w\leqslant r\leqslant R,t=0\right)\end{gathered}\tag{7.16}$$

通过引入无量纲变量

$$\begin{gathered}p_D=\frac{p_i-p\left(r,t\right)}{\dfrac{Q\mu}{2\pi Kh}},\quad t_D=\frac{kt}{\phi\mu c{r_w}^2}\\ r_D=\frac{r}{r_w},R_D=\frac{R}{r_w},\quad r_{eD}=\frac{r_e}{r_w}\end{gathered}\tag{7.17}$$

将方程无量纲化，并通过拉氏变换，得到拉普拉斯空间上的压力解：

$$\overline{p_D}(s,t_D)=\frac{1}{s\sqrt{s}}\frac{\dfrac{k_0(\sqrt{s})}{I_0(\sqrt{s})}+\dfrac{k_1(r_{eD}\sqrt{s})}{I_1(r_{eD}\sqrt{s})}}{\dfrac{k_1(\sqrt{s})}{I_0(\sqrt{s})}-\dfrac{k_1(r_{eD}\sqrt{s})}{I_1(r_{eD}\sqrt{s})}\dfrac{I_1(\sqrt{s})}{I_0(\sqrt{s})}}\tag{7.18}$$

Blasingame 方法定义了几个新的物理量，用以绘制图版。

无量纲物质平衡时间：

$$t_{cDd}=\frac{N_{pDd}}{q_{Dd}}\tag{7.19}$$

无量纲归一化产量：

$$q_{Dd}=\frac{\ln r_{eD}-\dfrac{1}{2}}{L^{-1}[\overline{p_D}]}\tag{7.20}$$

无量纲归一化产量积分：

$$q_{Ddi}=\frac{1}{t_{Dd}}\int_0^{t_{Dd}}q_{Dd}(\tau)\mathrm{d}\tau\tag{7.21}$$

无量纲规程化产量积分导数：

$$q_{Ddid}=-\frac{\mathrm{d}q_{Ddi}}{\mathrm{d}\ln t_{Dd}}\tag{7.22}$$

无量纲递减时间：

$$t_{Dd} = t_D \cdot \frac{1}{\frac{1}{2}\left(r_{eD}^2 - 1\right)\left(\ln r_{eD} - \frac{1}{2}\right)} \tag{7.23}$$

Blasingame 方法的具体图版如图 7.6 所示。

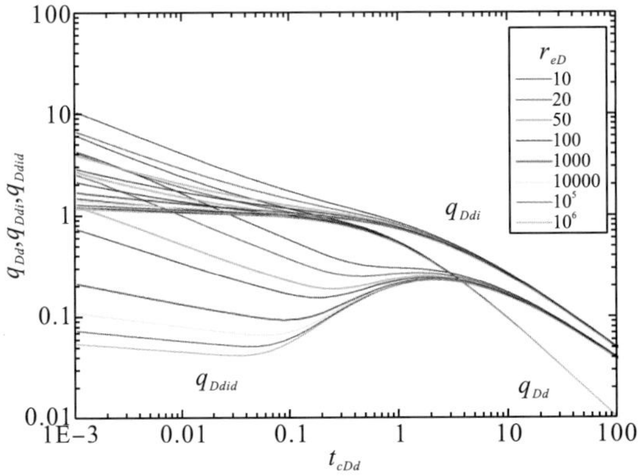

图 7.6　Blasingame 复合图版

由于气体的可压缩性明显大于液体，而且气体的黏度随压力变化较大，Blasingame 方法在考虑气体渗流时，根据气体的 pVT 性质，采用拟压力和拟时间的定义来替换渗流方程中的压力，从而使气体渗流方程线性化。

Blasingame 方法在处理油井或气井时，过程基本一致，图版也相同，只是在处理气井数据时，需要将气井的时间和压力折算成拟时间和拟压力，再行计算。

采用 Blasingame 方法进行拟合分析时，以气井为例，过程如下：

(1) 首先对实测数据进行处理计算：

物质平衡拟时间：

$$t_{ca} = \frac{(\mu C_t)_i}{q} \int_0^t \frac{q}{\mu(\overline{p}) C_t(\overline{p})} \mathrm{d}t \tag{7.24}$$

归一化产量：

$$\frac{q}{\Delta m} = \frac{q}{m_i - m_{wf}} \tag{7.25}$$

归一化产量积分：

$$\left(\frac{q}{\Delta m}\right)_i = \frac{1}{t_{ca}} \int_0^{t_{ca}} \frac{q}{\Delta m} \mathrm{d}\tau \tag{7.26}$$

归一化产量积分导数：

$$\left(\frac{q}{\Delta m}\right)_{id} = -\frac{\mathrm{d}\left(\frac{q}{\Delta m}\right)_i}{\mathrm{d}\ln t_{ca}} \tag{7.27}$$

(2) 在双对数图上分别绘制 $\frac{q}{\Delta m}$-t_{ca}、$\left(\frac{q}{\Delta m}\right)_i$-$t_{ca}$ 和 $\left(\frac{q}{\Delta m}\right)_{id}$-$t_{ca}$ 曲线，可同时使用上述 3 组曲线或将其任意组合与理论图版曲线进行拟合，根据拟合记录井控半径 r_{eD}。

(3) 选择任意一个拟合点，记录实测数据拟合点 $(t_{ca}, q/\Delta m)_M$，与相应的图版曲线拟合点 $(t_{caDd}, q_{Dd})_M$。

(4) 渗透率：$k = \frac{\mu B\left(\ln r_{eD} - \frac{1}{2}\right)}{2\pi h}\left(\frac{q/\Delta m}{q_{Dd}}\right)_M$。

(5) 油气藏储量：$G = \frac{1}{C_t}\left(\frac{t_{ca}}{t_{caDd}}\right)_M\left(\frac{q/\Delta m}{q_{Dd}}\right)_M$。

(6) 井控体积：$V_p = \frac{G \cdot B}{1 - S_w}$。

(7) 井控半径：$r_{eD} = \sqrt{\frac{V_p}{\pi h \phi}}$，井控面积：$A = \frac{V_p}{h\phi}$。

(8) 有效井径：$r_{wa} = \frac{r_e}{r_{eD}}$。

(9) 表皮系数：$S = \ln\left(\frac{r_w}{r_{wa}}\right)$。

7.1.2.4　A-G 方法

Agarwal 等 (1999) 在 Blasingame 方法的基础上，采用不同的无量纲定义，建立了 A-G 图版。

A-G 图版中采用了新的无量纲变量：

无量纲压力导数的倒数 (DER)：

$$\frac{1}{\text{DER}} = \frac{1}{t_{DA}\dfrac{\partial p_D}{\partial t_{DA}}} \tag{7.28}$$

无量纲压力积分导数的倒数 (DERI)：

$$\frac{1}{\text{DERI}} = \frac{1}{t_{DA}\dfrac{\partial p_{Di}}{\partial t_{DA}}} \tag{7.29}$$

基于面积的无量纲时间：

$$t_{cDA} = \frac{1}{\pi(r_{eD}^2 - 1)} \cdot t_D \tag{7.30}$$

A-G 方法的图版是以无量纲井控半径 r_{eD} 为变量，基于井控面积的无量纲时间 t_{cDA} 为横坐标，无量纲归一化产量 q_{Dd}、无量纲压力导数的倒数 $\frac{1}{\text{DER}}$ 和无量纲压力积分导数的倒数 $\frac{1}{\text{DERI}}$ 为纵坐标，具体图版如图 7.7 所示。

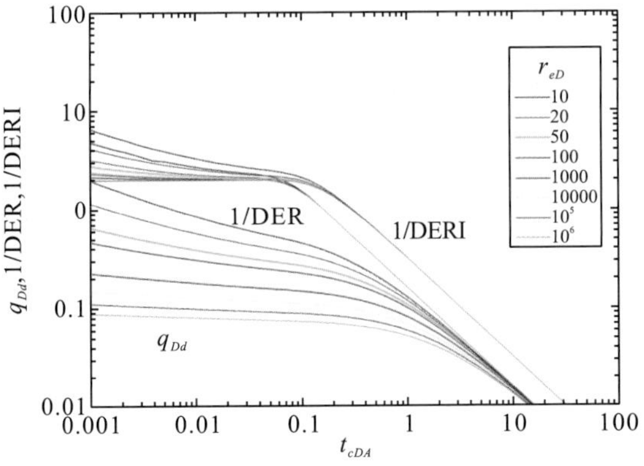

图 7.7 A-G 复合图版

7.1.2.5 NPI 方法

NPI 方法的原理与 Blasingame 方法基本一致，NPI 图版也是目前广泛使用的图版之一。值得注意的是，NPI 图版的形态在某种程度上与试井分析方法的图版类似，也会存在线性流、径向流等较明显的流动特征。本书后续部分就采用了改进 NPI 图版进行了流态分析。

NPI 方法中的无量纲变量定义如下。

无量纲压力：

$$p_D = L^{-1}[\overline{p_D}] \tag{7.31}$$

无量纲压力积分：

$$p_{Di} = \frac{1}{t_{DA}} \int_0^{t_{DA}} p_D \mathrm{d}t_{DA} \tag{7.32}$$

无量纲压力积分导数：

$$p_{Did} = \frac{\mathrm{d}p_{Di}}{\mathrm{d}\ln t_{DA}} \tag{7.33}$$

NPI 方法的图版是以无量纲井控半径 r_{eD} 为变量，基于井控面积的无量纲时间 t_{cDA} 为横坐标，无量纲归一化压力 p_D、无量纲归一化压力积分 p_{Di} 和无量纲归一化压力积分导数 p_{Did} 为纵坐标。具体图版如图 7.8 所示。

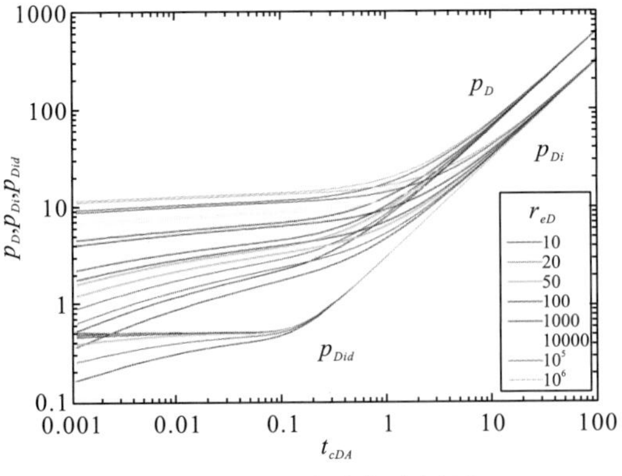

图 7.8 NPI 方法复合图版

7.2　页岩气排采数据分析模型的建立及求解

7.2.1　基本方程及边界条件

7.2.1.1　物理模型

图 7.9 给出了页岩气藏中一口多段压裂水平井的物理模型。为建立相关的方程，采用如下基本假设：水力压裂人造裂缝有无限导流能力(有限导流能力裂缝系统的求解部分将在后面的 7.2.5 节中单独讨论)；页岩地层中的流体为单相流体，即不考虑水的影响(气水两相流动模型将在 7.3 节中单独讨论)；地层是均质，各向同性且有着全封闭矩形边界。

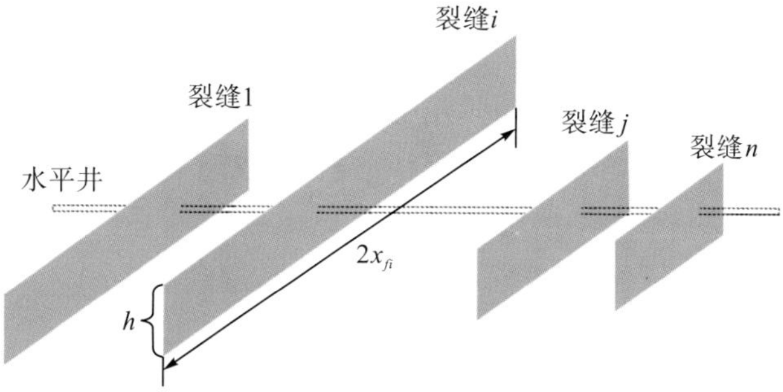

图 7.9　全封闭矩形地层中一口多段压裂水平井示意图

其他假设如下：

(1) 页岩气藏中温度恒定，初始压力 p_{ini} 处处相同，且不考虑重力的影响。

(2) 页岩基质的孔隙度和渗透率随压力而变化，具体关系由 Palmer-Mansoori 方程给出。

(3) 每条裂缝的性质均保持不变。

(4) 裂缝高度与地层厚度相同。

(5) 气体不会通过水平井身流入井筒中，页岩气全部从裂缝流入井筒。

(6) 裂缝之间互相平行且垂直于水平井，每条裂缝的半长可不同，间距也可不相同。

基于上述假设，可以将模型简化为一个 2D 模型，如图 7.10 所示。

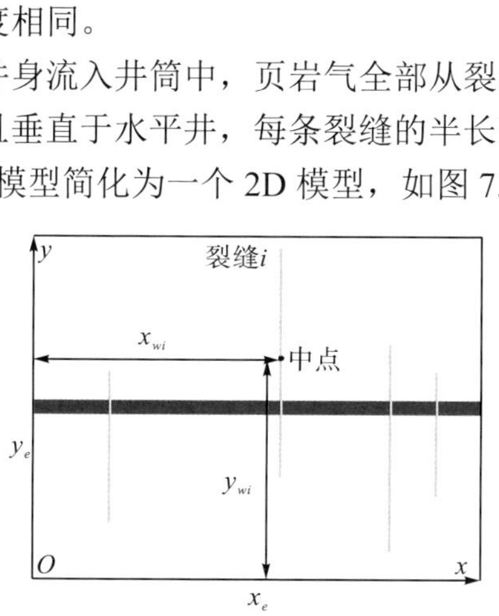

图 7.10　多段压裂水平井模型 2D 示意图

7.2.1.2 控制方程及边界条件

基于上述模型和基本假设，可以给出如下控制方程及边界条件：

1. 流动方程

对于页岩气藏，连续性方程可以写成(孔祥言，2010)：

$$\frac{\partial(\rho\phi)}{\partial t}+\nabla\cdot\left(\rho\frac{k}{\mu}\nabla p\right)=\frac{\partial V}{\partial t}B_g\rho \tag{7.34}$$

对方程(7.34)进行整理推导，可以得到页岩气的流动方程：

$$\frac{\partial}{\partial x}\left(\frac{kp}{\mu z}\frac{\partial p}{\partial x}\right)+\frac{\partial}{\partial y}\left(\frac{kp}{\mu z}\frac{\partial p}{\partial y}\right)=\frac{\partial}{\partial t}\left(\frac{\phi p}{z}\right)+\frac{p_{sc}T}{T_{sc}}\frac{\partial V}{\partial t} \tag{7.35}$$

式中：V 是气体浓度，下标 sc 代表标准状态。

2. 孔隙度和渗透率方程

页岩气藏中，一般认为渗透率和孔隙度是随着压力而变化的(Dong et al.，2010；Tang et al.，2017)。本书采用的具体关系由 Palmer 和 Mansoori(1998)实验给出：

$$\frac{\phi}{\phi_i}=1+\frac{p-p_{ini}}{\phi_i M}=1+M_D\left(\frac{p}{p_{ini}}-1\right) \tag{7.36}$$

$$\frac{k}{k_i}=\left(\frac{\phi}{\phi_i}\right)^3 \tag{7.37}$$

式中：$M=E\frac{1-\nu}{(1+\nu)(1-2\nu)}$ 为约束轴向模量；$M_D=\frac{p_{ini}}{\phi_{ini}M}$ 是本书定义的无量纲约束轴向模量；E 为杨氏模量；ν 是泊松比。

3. 气体扩散方程

根据 Fick 第一扩散定律，可以给出气体扩散方程：

$$\frac{\partial V}{\partial t}=\frac{6D\pi^2}{R^2}(V_E-V) \tag{7.38}$$

式中：D 为气体扩散系数；R 是气体扩散的外半径；V_E 代表平衡状态下的浓度。

4. 外边界条件

本书给出如下外边界条件：

$$\left.\frac{\partial p(x,y)}{\partial x}\right|_{y=y_e}=0 \tag{7.39}$$

$$\left.\frac{\partial p(x,y)}{\partial y}\right|_{x=x_e}=0 \tag{7.40}$$

式中：x_e 和 y_e 代表地层边界长度。

5. 内边界条件

根据井储系数和表皮因子定义，本书给出内边界条件：

$$p_{wf}(t)=p_w(t)-\frac{q(t)B\mu}{2\pi kh}S_{kin} \tag{7.41}$$

$$C\frac{\mathrm{d}p_{wf}}{\mathrm{d}t}+q(t)=\sum_{j=1}^{n}q_j \tag{7.42}$$

式中：p_{wf} 为考虑表皮效应的井底压力即实际井底压力；p_w 为理想情况下的井底压力；h 为地层厚度；q_j 是第 j 条裂缝的流量；C 为井储常数；S_{kin} 为表皮系数。

7.2.1.3 无量纲方程及边界条件

本书中，参考归一化拟压力和物质平衡拟时间的定义，结合压敏效应和气体的 pVT 效应，新的标准压力定义为

$$m=\frac{1-\phi_{ini}}{k_{ini}}\frac{\mu_{gini}z_{ini}}{p_{ini}}\int\frac{p}{\mu_g(p)z(p)}\left[\frac{k(p)}{1-\phi(p)}\right]\mathrm{d}p \tag{7.43}$$

相应的标准时间(物质平衡拟时间)的定义如下：

$$\begin{aligned}t_a&=\left(\frac{\phi\mu_g c_g}{kq}\right)_{ini}\int_0^t\frac{k(p)q(\tau)\mathrm{d}\tau}{\phi(p)\mu_g(p)c_g(p)}\\&=\left(\frac{\phi\mu_g c_g}{kq}\right)_{ini}\int_0^t\frac{k(p)\mathrm{d}p}{\phi(p)\mu_g(p)c_g(p)}\cdot\frac{q(\tau)}{\dfrac{\mathrm{d}p}{\mathrm{d}\tau}}\end{aligned} \tag{7.44}$$

根据 Van Everdingen 和 Hurst(1949)的工作，在拉普拉斯空间上求解上式，具体解如下所示：

$$\overline{\left(\frac{q}{\Delta m}\right)_D}(s)=\frac{1}{s^2}\frac{1}{\overline{\left(\frac{\Delta m}{q}\right)_D}(s)} \tag{7.45}$$

式中：s 为拉普拉斯算子，上划线(–)代表拉普拉斯变换。

为了使推导更加简明，这里给出无量纲标准压力和无量纲标准时间的定义：

$$m_D=\left(\frac{\Delta m}{q}\right)_D=\frac{2\pi k_{ini}h}{B_{gini}\mu_{ini}}\frac{\left[m_{ini}-m(t_a)\right]}{q(t_a)} \tag{7.46}$$

$$t_{aD}=\frac{k_{ini}t_a}{\alpha L^2} \tag{7.47}$$

式中：$L=\sum_{i=1}^{n}x_{fi}$ 代表裂缝半长总和；x_{fi} 为第 i 条裂缝的半长；n 为裂缝总数。综合储容系数 $\alpha=\phi_{ini}\mu_{ini}C_{gini}+\dfrac{2\pi k_{ini}h}{q_{ini}}$。

基于式(7.43)～式(7.47)，本书定义了变量：储容比 $\omega=\dfrac{\phi_{ini}\mu_{ini}C_{gini}}{\alpha}$，窜流系数 $\lambda=\dfrac{\alpha L^2}{k_{ini}\tau}$，无量纲坐标 $x_D=x/L$， $y_D=y/L$， $x_{eD}=x_e/L$， $y_{eD}=y_e/L$，以及吸附时间 $\tau=\dfrac{R^2}{6\pi^2 D}$。无量纲气体浓度 $V_D=V_{ini}-V$， $V_{ED}=V_{ini}-V_E$。

页岩气的吸附方程通常采用朗缪尔吸附模型(Langmuir，1918)，其具体形式如下：

$$V_E=\frac{V_L p}{p_L+p}，\quad V_{ini}=\frac{V_L p_{ini}}{p_L+p_{ini}} \tag{7.48}$$

式中：V_L 为朗缪尔体积；p_L 为朗缪尔压力。

根据以上定义，式(7-46)和式(7-47)可以写成无量纲形式：

$$\frac{\partial^2 m_D}{\partial x_D^2}+\frac{\partial^2 m_D}{\partial y_D^2}=\omega\frac{\partial m_D}{\partial t_{aD}}-(1-\omega)\frac{\partial V_D}{\partial t_{aD}} \tag{7.49}$$

$$\frac{\partial V_D}{\partial t_{aD}}=\frac{1}{\lambda}\left(V_{ED}-V_D\right) \tag{7.50}$$

其中，

$$V_{ED}=\frac{V_L p_L\left(p-p_{ini}\right)}{\left(p_L+p\right)\left(p_L+p_{ini}\right)}=\frac{V_L m_L\left(m-m_{ini}\right)}{\left(m_L+m\right)\left(m_L+m_i\right)}=-\gamma m_D \tag{7.51}$$

$$\gamma=-\frac{qB_{gini}\mu_{ini}}{2\pi k_{ini}h}\frac{V_L m_L}{\left(m_L+m\right)\left(m_L+m_{ini}\right)} \tag{7.52}$$

这里γ可以视为一个常数，一般通过在 $m=m_i$ 处进行计算获得。此时，式(7.52)可以写成

$$\gamma=\frac{q_{ini}B_{gini}\mu_{ini}}{2\pi k_{ini}h}\frac{V_L m_L}{\left(m_L+m_{ini}\right)\left(m_L+m_{ini}\right)}=\frac{q_{ini}B_{ini}\mu_{ini}V_L m_L}{2\pi k_{ini}h\left(m_L+m_{ini}\right)^2} \tag{7.53}$$

式中：m_L 和 m_{ini} 是 p_L 和 p_{ini} 对应的标准压力[可以通过式(7.43)计算]。

无量纲边界条件可以通过式(7.39)～式(7.42)给出：

$$m_{wfD}=m_{wD}+S_{kin} \tag{7.54}$$

$$C_D\frac{\mathrm{d}m_{wfD}}{\mathrm{d}t_{aD}}+\sum q_{Dj}=1 \tag{7.55}$$

$$\left.\frac{\partial p_D}{\partial x_D}\right|_{y_D=y_{eD}}=0 \tag{7.56}$$

$$\left.\frac{\partial p_D}{\partial y_D}\right|_{x_D=x_{eD}}=0 \tag{7.57}$$

式中：m_{wfD} 为考虑表皮效应的无量纲标准压力；m_{wD} 为不考虑表皮的无量纲标准压力。无量纲裂缝流量 $q_{Dj}=q_j/q(t)$，代表第 j 条裂缝的流量贡献， $C_D=\dfrac{\mu_{ini}B_{gini}C}{2\pi\alpha hL^2}$ 是无量纲井储常数。

7.2.2 方程的求解

7.2.2.1 拉普拉斯变换

对式(7.49)和式(7.50)进行拉普拉斯变换，可以得到如下方程：

$$\frac{\partial^2 \overline{m}_D}{\partial x_D^2}+\frac{\partial^2 \overline{m}_D}{\partial y_D^2}=\omega s\overline{m}_D-(1-\omega)s\overline{V}_D \tag{7.58}$$

$$s\overline{V}_D=\frac{1}{\lambda}\left(\overline{V}_{ED}-\overline{V}_D\right) \tag{7.59}$$

将式(7.51)代入式(7.59)中，可以得

$$s\overline{V}_D=\frac{1}{\lambda}(-\gamma\overline{m}_D-\overline{V}_D) \tag{7.60}$$

整理得

$$\overline{V}_D=-\frac{\gamma\overline{m}_D}{s\lambda+1} \tag{7.61}$$

根据式(7.58)和式(7.61)，得到如下方程：

$$\frac{\partial^2 \overline{m}_D}{\partial x_D^2}+\frac{\partial^2 \overline{m}_D}{\partial y_D^2}=f(s)\overline{m}_D \tag{7.62}$$

式中：$f(s)=\left[\omega+\frac{\gamma(1-\omega)}{s\lambda+1}\right]s$ 。

7.2.2.2 拉普拉斯空间中的解

本小节采用纽曼乘积法(Gringarten and Ramey，1973)和杜哈阿梅尔原理(Thompson and Sung，1986)求解式(7.62)。对于矩形地层中的一口多段压裂水平井，Horne 和 Temeng(1995)给出了基于纽曼乘积法的井底压力解。本小节在 Horne 和 Temeng(1995)的基础上，给出了页岩气藏全封闭矩形地层(边界大小为 $x_e \times y_e$)中一口多段压裂水平井的解。在拉普拉斯空间中，流量和标准压力应满足如下方程：

$$\sum_{j=1}^{n}\overline{q}_{Dj}=\frac{1}{s} \tag{7.63}$$

$$\overline{m}_{wDi}\left[f(s)\right]=\sum_{j=1}^{n}s\overline{q}_{Dj}\overline{m}_{Dij}\left[f(s)\right] \tag{7.64}$$

式中：

$$\overline{m}_{Dij}\left[f(s)\right]=\pi\int_0^{\infty}S_{xD}(\mathrm{x}_{wDi},x_{wDj},t_D)S_{yD}(\mathrm{y}_{wDi},\mathrm{y}_{wDj},t_D)\mathrm{e}^{-f(s)t_D}\,\mathrm{d}t_D \tag{7.65}$$

$$S_{xD}=\frac{2x_{fDj}}{x_{eD}}\left[1+\frac{2x_{eD}}{\pi}\sum_{n=1}^{\infty}\frac{1}{n}\exp\left(-\frac{n^2\pi^2t_D}{x_{eD}^2}\right)\cdot\sin\frac{n\pi}{x_{eD}}\cos\frac{n\pi x_{wD\,j}}{x_{eD}}\cos\frac{n\pi x_{wD\,i}}{x_{eD}}\right] \tag{7.66}$$

$$S_{yD}=\frac{1}{y_{eD}}\left[1+2\sum_{n=1}^{\infty}\frac{1}{n}\exp\left(-\frac{n^2\pi^2t_D}{y_{eD}^2}\right)\cos\frac{n\pi y_{wD\,j}}{y_{eD}}\cos\frac{n\pi y_{wD\,i}}{y_{eD}}\right] \tag{7.67}$$

其中，m_{wDi} 代表第 i 条裂缝处的无量纲标准井底压力；$x_{fDi}=x_{fi}/L$ 为无量纲裂缝半长；m_{Dij} 是第 j 条裂缝在第 i 条裂缝处产生的无量纲标准压力影响；x_{wDj} 和 y_{wDj} 代表第 j 条裂缝的位置；x_{eD} 和 y_{eD} 是无量纲边界长度。

如果考虑到井储和表皮效应，根据边界条件式(7.54)和式(7.55)，可以将式(7.63)和式(7.64)写成如下形式：

$$\sum_{j=1}^{n}\bar{q}_{Dj}=\frac{1}{s}-C_D s\bar{m}_{wfDi} \tag{7.68}$$

$$\bar{m}_{wfDi}\left[f(s)\right]=\sum_{j=1}^{n}\left[s\bar{q}_{Dj}\bar{m}_{Dij}\left(f(s)\right)+\bar{q}_{Dj}\cdot S_{kin}\right] \tag{7.69}$$

由于所有的裂缝都与水平井相连，可以认为每个裂缝处的井底压力 $\bar{m}_{wDi}$ 均相等，那么根据式(7.68)和式(7.69)，可以得到下述矩阵方程：

$$\begin{bmatrix} s\bar{m}_{D11}+S_{kin} & s\bar{m}_{D12}+S_{kin} & s\bar{m}_{D13}+S_{kin} & \cdots & s\bar{m}_{D1n}+S_{kin} & -1 \\ s\bar{m}_{D21}+S_{kin} & s\bar{m}_{D22}+S_{kin} & s\bar{m}_{D23}+S_{kin} & \cdots & s\bar{m}_{D2n}+S_{kin} & -1 \\ & & \vdots & & & \\ s\bar{m}_{Dk1}+S_{kin} & s\bar{m}_{Dk2}+S_{kin} & s\bar{m}_{Dk3}+S_{kin} & \cdots & s\bar{m}_{Dkn}+S_{kin} & -1 \\ & & \vdots & & & \\ s\bar{m}_{Dn1}+S_{kin} & s\bar{m}_{Dn2}+S_{kin} & s\bar{m}_{Dn3}+S_{kin} & \cdots & s\bar{m}_{Dnn}+S_{kin} & -1 \\ s & s & s & \cdots & s & 0 \end{bmatrix}\begin{bmatrix}\bar{q}_{D1}\\ \bar{q}_{D2}\\ \vdots \\ \bar{q}_{Dk}\\ \vdots \\ \bar{q}_{Dn}\\ \bar{m}_{wfD}\end{bmatrix}=\begin{bmatrix}0\\0\\ \vdots \\0\\ \vdots \\0\\ 1-C_D s^2\bar{m}_{wfD}\end{bmatrix} \tag{7.70}$$

可以看到上述矩阵方程是封闭且有唯一解的。$\bar{m}_{wfD}$ 和 $\bar{q}_{Dj}$ 可以通过求解式(7.70)得到。然后拉普拉斯空间中的无量纲标准压力分布为

$$\bar{m}\left[x_D,y_D,f(s)\right]=\sum_{j=1}^{n}s\bar{q}_{Dj}\cdot\pi\int_0^{\infty}S_{xDj}(x_D,x_{wDj},t_D)S_{yDj}(y_D,y_{wDj},t_D)\mathrm{e}^{-f(s)t_D}\,\mathrm{d}t_D \tag{7.71}$$

式中：

$$S_{xDj}=\frac{2x_{fDj}}{x_{eD}}\left[1+\frac{2x_{eD}}{\pi}\sum_{n=1}^{\infty}\frac{1}{n}\exp\left(-\frac{n^2\pi^2t_D}{x_{eD}^2}\right)\cdot\sin\frac{n\pi}{x_{eD}}\cos\frac{n\pi x_{wDj}}{x_{eD}}\cos\frac{n\pi x_D}{x_{eD}}\right] \tag{7.72}$$

$$S_{yDj}=\frac{1}{y_{eD}}\left[1+2\sum_{n=1}^{\infty}\frac{1}{n}\exp\left(-\frac{n^2\pi^2t_D}{y_{eD}^2}\right)\cos\frac{n\pi y_{wDj}}{y_{eD}}\cos\frac{n\pi y_D}{y_{eD}}\right] \tag{7.73}$$

将水平井的位置代入式(7.71)中，即为拉氏空间下的无量纲标准井底压力解。

7.2.2.3 拉普拉斯数值反演

根据 7.2.2.2 节中的内容，可以得到拉普拉斯空间中无量纲标准压力分布以及每条裂缝的流量贡献。那么在物理空间中的相应结果可以通过拉普拉斯反变换得到。本节采用 Stehfest(1970)方法来进行拉普拉斯数值反演。

根据 Stehfest 方法，式(7.71)可以通过下式变换到物理空间中：

$$m_D(x_D,y_D,t_{aD})=\frac{\ln 2}{t}\sum_{i=1}^{N}V_i\bar{m}\left[x_D,y_D,f(s)\right] \tag{7.74}$$

式中：$V_i = (-1)^{\frac{N}{2}+i} \sum_{k=\left[\frac{i+1}{2}\right]}^{\min\left(i,\frac{N}{2}\right)} \frac{k^{\frac{N}{2}+1}(2k)!}{\left(\frac{N}{2}-k\right)!k!(k-1)!(i-k)!(2k-i)!}$。

其中，N 为偶数，在多数情况下，取 N=8，10，12 是比较合适的(孔祥言，2010)。

7.2.3　典型曲线图版

对于大部分油藏模型和井筒条件，生产数据分析方法的图版曲线都可以通过井底压力的解析解给出。根据式(7.70)和式(7.74)，可以得到无量纲标准井底压力解 $m_{wfD}=f(t_{aD})$。为了降低多解性(Pratikno et al.，2003)问题，通常还会引入两个额外变量，分别为 m_{Di} 和 m_{Did}(Blasingame et al.，1989)，其具体定义如下：

$$m_{Di} = \frac{2}{t_{aD}} \int_0^{t_{aD}} m_{wfD} \mathrm{d}\tau \tag{7.75}$$

$$m_{Did} = \frac{\mathrm{d}m_{Di}}{\mathrm{dln}\,t_{aD}} = t_{aD} \frac{\mathrm{d}m_{Di}}{\mathrm{d}t_{aD}} = 2m_{wfD} - m_{Di} \tag{7.76}$$

这样，将三条典型图版曲线 m_{wfD} - (t_{aD}/C_D)、m_{Di} - (t_{aD}/C_D) 以及 m_{Did} - (t_{aD}/C_D) 绘制在双对数坐标轴中，就是页岩气藏全封闭矩形地层中一口多段压裂水平井的典型曲线图版。人们一般称之为双对数典型曲线图版或 NPI 典型曲线图版(Blasingame et al.，1989)。

一般来说，一种典型曲线图版对于生产数据分析来说是不够的，人们通常会用 Blasingame 典型曲线图版和双对数典型曲线图版进行对比，以得到更合理的结果。Blasingame 典型曲线图版的原理与双对数图版类似。其横坐标和纵坐标可以通过式(7.45)获得。类似地，Blasingame 图版也有两个额外变量，定义如下：

$$\left(q/\Delta m\right)_{Di} = \frac{1}{t_{aD}} \int_0^{t_{aD}} \left(q/\Delta m\right)_D \mathrm{d}\tau \tag{7.77}$$

$$\left(q/\Delta m\right)_{Did} = \frac{\mathrm{d}\left(q/\Delta m\right)_{Di}}{\mathrm{dln}\,t_{aD}} = t_{aD} \frac{\mathrm{d}\left(q/\Delta m\right)_{Di}}{\mathrm{d}t_{aD}} = \left(q/\Delta m\right)_D - \left(q/\Delta m\right)_{Di} \tag{7.78}$$

将三条典型曲线 $(q/\Delta m)_D$ - (t_{aD}/C_D)、$(q/\Delta m)_{Di}$ - (t_{aD}/C_D) 以及 $(q/\Delta m)_{Did}$ - (t_{aD}/C_D) 绘制在双对数坐标轴中，即为 Blasingame 典型曲线图版(Palacio and Fernandez，1993)。

为了更形象地介绍上述图版，本节给出了一个页岩气藏全封闭矩形地层中一口多段压裂水平井的示例。水平井位于地层中心，地层大小为 x_{eD}=8，y_{eD}=4，有 5 条裂缝垂直于水平井。裂缝之间的作用忽略不计。其他参数为 S=0.3，C_D=1×10^{-5}，$\omega=0.1$，$\lambda=1$，M_D=0.025，以及 $\gamma=-6000$。裂缝的无量纲参数如表 7.1 所示。

表 7.1　裂缝的无量纲参数

裂缝	x_{fD}	x_{wD}	y_{wD}
1	0.1	1.5	2.04
2	0.2	2.5	2.1
3	0.3	4	1.85
4	0.15	5.5	2.06
5	0.25	7	1.95

示例的双对数典型曲线图版如图 7.11 所示，Blasingame 典型曲线图版如图 7.12 所示。

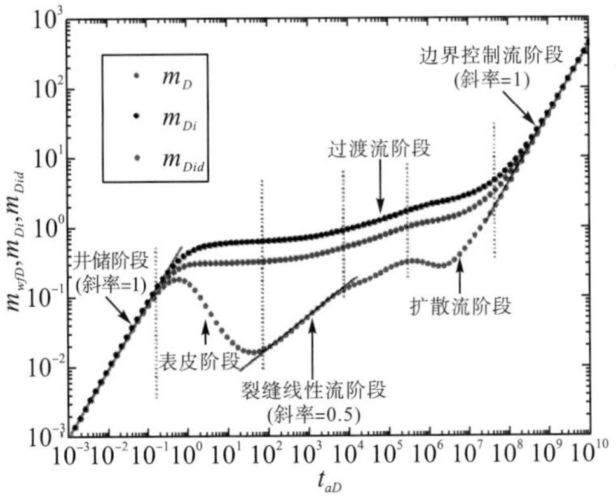

图 7.11 双对数典型曲线图版

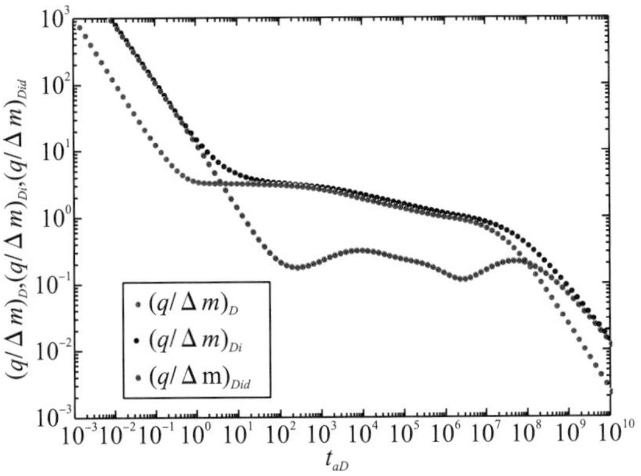

图 7.12 Blasingame 典型曲线图版

从图 7.11 中可以看出流动共分为 6 个流动阶段，分别为：井储阶段、表皮阶段、裂缝线性流阶段、过渡流阶段、扩散流阶段和边界控制流阶段。过渡流阶段包括裂缝径向流、系统线性流和系统径向流阶段。这三个阶段发生时间产生了重合，导致很难完全分开，因此本书将其合并为过渡流阶段。

双对数典型曲线图版和 Blasingame 典型曲线图版的原理基本一样，功能也完全相同。由于很多现场解释人员已经习惯了试井图版分析方法，而双对数典型曲线图版与试井图版形态更为相似，因此我们将在后续部分以双对数典型曲线图版为例进行解释阐述。

7.2.4 参数敏感性分析

根据上述解释模型，本节将重点讨论储容比ω、窜流系数λ和无量纲约束扭矩模量 M_D 的敏感性分析。这里采用了 7.2.3 节中的示例模型，并采用式(7.71)以及式(7.75)～式(7.78)

求解得到页岩气藏中一口多段压裂水平井的双对数典型曲线图版。分析过程中，考虑到辨识度问题，本节主要分析 m_{Did} 曲线的形态。

图 7.13 给出了储容比 ω 的敏感性分析曲线。从图中可以看出，储容比越小，m_{Did} 曲线中扩散流阶段的下凹越深越大，而且裂缝线性流和过渡流阶段的 m_{Did} 曲线越高。

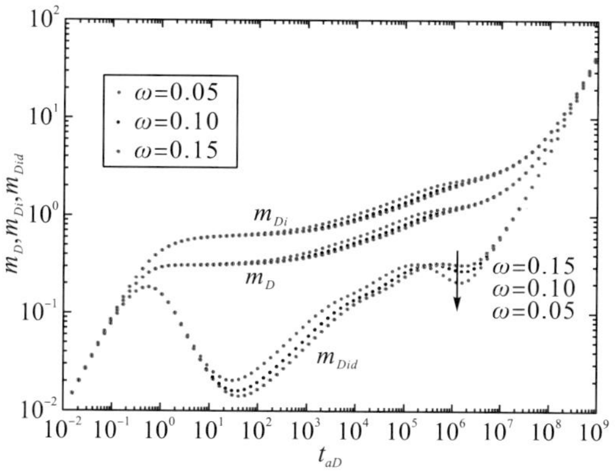

图 7.13　参数ω的敏感性分析

图 7.14 给出了窜流系数λ 的敏感性分析曲线。从图中可以看出窜流系数对扩散流有着十分显著的影响。窜流系数越大，扩散流出现得越早。

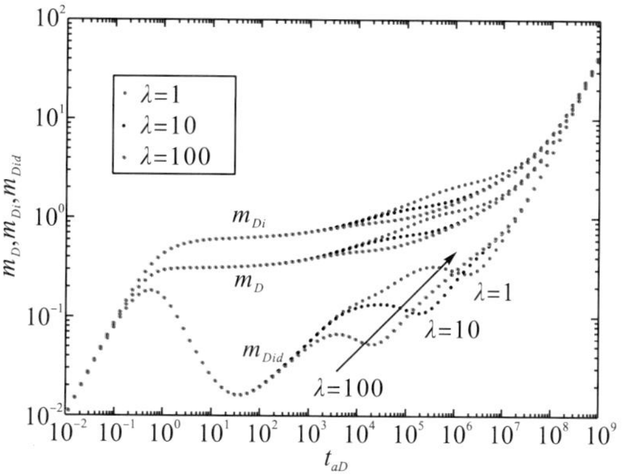

图 7.14　参数λ的敏感性分析

图 7.15 给出了无量纲约束扭矩模量 M_D 的敏感性分析曲线。从图中可以看出无量纲约束扭矩模量越大，会导致 m_{Did} 曲线越低而且靠后。值得注意的是，无量纲约束扭矩模量导致的 m_{Did} 曲线分散会随着时间的增大而增加。这是因为随着时间的增加，压力降也会逐渐变大，根据式(7.36)和式(7.37)可知，这会导致 ϕ/ϕ_i 和 k/k_i 变得越来越小。

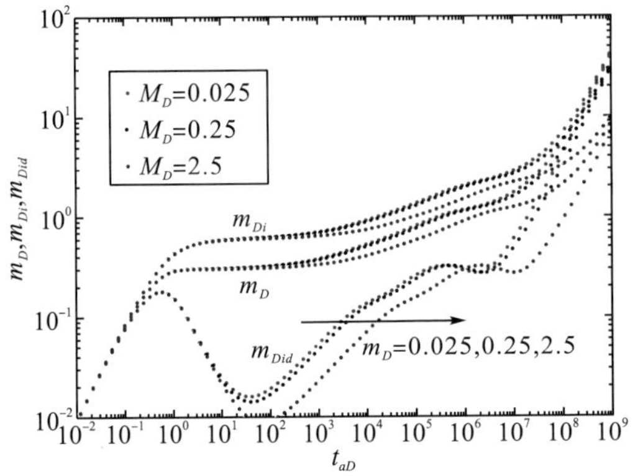

图 7.15 参数 M_D 的敏感性分析

7.2.5 有限导流能力裂缝系统

在实际情况中，水力压裂形成的人造裂缝总是有着一定的宽度的(通常为几毫米)，而且气体从地层基质体进入储层压裂改造区人造裂缝后，需要一定的流动时间才能进入井筒中。在前面几节的讨论中，都假设裂缝具有无限导流能力。在本节中，将给出有限导流能力裂缝系统的解(李树松等，2006)。

与无限导流能力裂缝不同，有限导流能力裂缝中的流动是受到阻力的。在本节推导中，假设每个单独裂缝的性质是相同且不变的。无量纲裂缝导流能力 C_{fD} 是最常用来形容裂缝中流体流动能力的参数，其具体定义如下：

$$C_{fD}=\frac{k_f w}{kL} \tag{7.79}$$

式中：w 是裂缝宽度；k_f 为裂缝渗透率；L 为裂缝长度。

图 7.16 给出了有限导流能力裂缝系统的简单示意图。系统中有 n 条裂缝，可以将每条裂缝离散为 n_c 个单元。于是在拉普拉斯空间中第 j 条裂缝处的流动方程和边界条件可以由下式给出：

$$\frac{\partial^2 \overline{m}_{fDj}}{\partial x_D^2}+\frac{2}{C_{fD}}\left.\frac{\partial \overline{m}_{Dj}}{\partial y_D}\right|_{y_D=0}=0 \tag{7.80}$$

$$\overline{q}_{Dj}(x_D)=-\frac{2}{\pi}\left.\frac{\partial \overline{m}_{Dj}}{\partial y_D}\right|_{y_D=0} \tag{7.81}$$

$$\left.\frac{\partial \overline{m}_{fDj}}{\partial x_D}\right|_{x_D=0}=-\frac{\pi}{sC_{fD}} \tag{7.82}$$

式中：m_{fDj} 为裂缝 j 处的无量纲标准压力；m_{Dj} 为对应的裂缝壁面上的无量纲标准压力；$q_{Dj}(x_D)$ 是第 j 条裂缝在 x_D 处的无量纲流量。

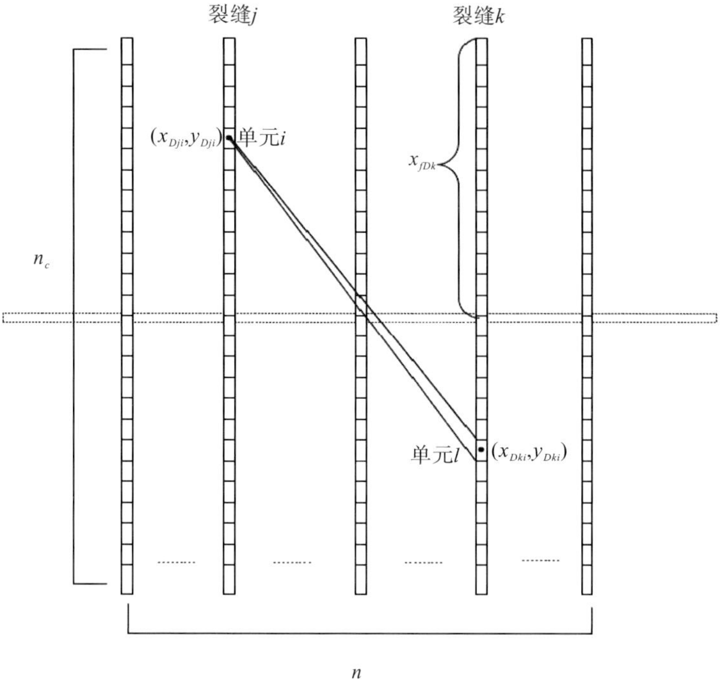

图 7.16　有限导流能力裂缝系统示意图

根据边界积分法，可得

$$\bar{m}_{wD}-\bar{m}_{fDj}(x_D)=\frac{\pi}{sC_{fD}}\left[x_D-\frac{2s}{\pi}\int_0^{x_D}\int_0^{x}\bar{q}_{Dj}\left(x''\right)\mathrm{d}x''\mathrm{d}x'\right] \tag{7.83}$$

根据表皮的定义，假设 S_f 为裂缝中的表皮因子，于是有下述关系：

$$\bar{m}_{fDj}\left(x_D\right)=\bar{m}_{Dj}\left(x_D\right)\Big|_{y_D=0}+\bar{q}_{Dj}(x_D)\cdot S_f \tag{7.84}$$

裂缝中的流量应满足如下约束条件：

$$\sum_{j=1}^{n}\int_{-x_{fDj}}^{x_{fDj}}\bar{q}_{Dj}(\tau)\mathrm{d}\tau=\frac{2}{s} \tag{7.85}$$

根据图 7.16 中的离散方式，对整个裂缝系统进行离散求解。假设离散后的每个单元中的流量是均匀的，可以对式(7.83)进行离散，得到第 j 条裂缝的第 i 个单元处的方程：

$$\bar{m}_{wD}-\bar{m}_{Dji}-S_f\cdot\bar{q}_{Dji}+\frac{\pi}{C_{fD}}\left\{\sum_{m=1}^{i-1}\bar{q}_{Djm}\left[\frac{\Delta x_{fj}^2}{2}+\Delta x_{fj}\left(x_{Dji}-m\cdot\Delta x_{fj}\right)\right]+\frac{\Delta x_{fj}^2}{8}\cdot\bar{q}_{Dji}\right\}=\frac{\pi\cdot x_{Dji}}{sC_{fD}} \tag{7.86}$$

式中：$\Delta x_{fj}=2x_{fDj}/n_c$ 是第 j 条裂缝的每个单元的长度；(x_{Dji},y_{Dji}) 为第 j 条裂缝第 i 个单元的中点位置坐标；m_{Dji} 是第 j 条裂缝第 i 个单元的裂缝壁面处的无量纲标准压力(m_{Dji} 受到当前单元和其他所有单元的共同作用)；q_{Dji} 为相应的无量纲流量。

根据叠加原理，可以得到如下关系式：

$$\bar{m}_{Dji}=\sum_{k=1,l=1}^{n,n_c}\bar{q}_{Dkl}G_{klji} \tag{7.87}$$

$$G_{klji}=\frac{1}{2sL_{Dkl}}\int_{-L_{Dkl}}^{L_{Dkl}}K_0\left(\sqrt{s}\sqrt{\left(x_{Dkl}-x_{Dji}-\alpha\right)^2+\left(y_{Dkl}-y_{Dji}\right)^2}\right)\mathrm{d}\alpha \tag{7.88}$$

式中：$L_{Dkl}=\dfrac{\Delta x_{fk}}{2}$ 为单元半长。

对于整个离散化裂缝系统，流量约束条件为

$$\sum_{j=1}^{n}\left(\Delta x_{fDj}\sum_{i=1}^{n_c}\overline{q}_{Dji}\right)=\frac{1}{s} \tag{7.89}$$

将式(7.87)和式(7.88)代入式(7.86)中，再加上式(7.89)，可以得到总数为$n\times n_c+1$的方程组。整个方程组共有$n\times n_c+1$个变量，分别为$\overline{m}_{wD}$，$\overline{q}_{D11}\sim\overline{q}_{D1n_c}$，…，$\overline{q}_{Dn1}\sim\overline{q}_{Dnn_c}$。因此整个方程组是封闭的，可以通过数值求解算法给出结果。

通过上述过程，可以得到拉普拉斯空间中有限导流能力裂缝系统的井底标准压力解，通过数值反演方法，即可得到物理空间中的压力解。随即可以得到有限导流能力裂缝系统的生产数据分析图版。具体过程与 7.2.2 节中的内容基本一致，在此不再赘述。

7.3 页岩气水两相流动模型

7.3.1 基本假设

由于页岩气开采中涉及大量的压裂液注入，很多情况下在生产前期会存在大量的返排液(Xie et al.，2015)，这会导致井底压力降落速度加快，解释参数也会存在较大误差。为此，本节提出了考虑气水两相的流动模型，来处理前期有着大量返排液的实际情况。流体流动假设存在“水和气”两相。通常情况下，水是润湿相，气是非润湿相。假定气相不溶于水，因为毛管力只会影响初始饱和度的分布和压降，所以可忽略毛管力。

7.3.2 数学基本方程

1. 水气两相的达西运动方程

$$\begin{aligned}\vec{V}_w&=-\frac{kk_{rw}}{\mu_w}(\nabla p-\gamma_w\nabla Z)\\ \vec{V}_g&=-\frac{kk_{rg}}{\mu_g}(\nabla p-\gamma_g\nabla Z)\end{aligned} \tag{7.90}$$

式中：$\vec{V}$ 为渗流速度矢量；k 是绝对渗透率；k_r 是相对渗透率；Z 为垂向坐标；γ 是相对密度；下标 w 代表水；g 代表气。

相对渗透率是饱和度的函数，可写成

$$\begin{aligned}k_{rw}&=k_{rw}(S_w)\\ k_{rg}&=k_{rg}(S_g)\end{aligned} \tag{7.91}$$

式中：S_w 和 S_g 分别为水饱和度和气饱和度。k_{rw}、k_{rg} 可由油水和油气两相流动实验数据取得，或应用经验公式计算。

2. 连续性方程

气水两相的连续性方程为

$$-\nabla(\rho_w \overrightarrow{V_w}) + q_w = \frac{\partial(\phi\rho_w S_w)}{\partial t} \tag{7.92}$$

$$-\nabla(\rho_g \overrightarrow{V_g}) + q_g = \frac{\partial}{\partial t}(\phi\rho_g S_g) \tag{7.93}$$

3. 流体和岩石性质

一般来说，水和自由气体的流体性质都较为简单，这里分别给出水和自由气体的密度计算方法。其中水的密度为

$$\rho_w = \frac{\rho_{wsc}}{b_{wi}}[1 + C_w(p - p_i)] \tag{7.94}$$

式中：ρ_{wsc} 为水的地层体积系数；b_{wi} 为原始基准面压力 p 下水的地层体积系数；C_w 是水的压缩系数。

自由气体的密度为

$$\rho_g = \frac{\rho_{gsc}}{B_g} \tag{7.95}$$

式中：ρ_{gsc} 为气体的地层体积系数。如果岩石孔隙体积随压力有显著变化，则可以考虑压敏效应，见式(7.36)和式(7.37)。

4. 消去速度的渗流方程

达西方程代入连续方程有

$$\begin{aligned} \nabla\cdot\left[\frac{kk_{rw}}{\mu_w B_w}(\nabla p - \gamma_w \nabla Z)\right] &= \frac{\partial}{\partial t}\left[\frac{\phi S_w}{B_w}\right] + q_w \\ \nabla\cdot\left[\frac{kk_{rg}}{\mu_g B_g}(\nabla p - \gamma_g \nabla Z)\right] &= \frac{\partial}{\partial t}\left[\frac{\phi S_g}{B_g}\right] + q_g \end{aligned} \tag{7.96}$$

其中，$S_w + S_g = 1$，汇时流量为正。

7.3.3　用拟压力表示的方程

由于气水两相的标准压力定义系数不同，本节采用拟压力的定义进行推导。根据气体拟压力定义，给出水的拟压力定义如下：

$$m(p) = 2\int \frac{k_w}{\mu_w B_w}\mathrm{d}p \tag{7.97}$$

即有 $\dfrac{\mathrm{d}m}{\mathrm{d}p}=\dfrac{k_w}{\mu_w B_w}$ 的关系。由于假定气水不溶，则气水流度比值为

$$R_{gw}=\frac{k_g\mu_w B_w}{k_w\mu_g B_g} \tag{7.98}$$

假设此值在空间是均匀的，则

$$\nabla R_{gw}=\frac{k_g}{\mu_g B_g}\nabla\left[\frac{1}{\mathrm{d}m/\mathrm{d}p}\right]+\frac{1}{\mathrm{d}m/\mathrm{d}p}\nabla\left(\frac{k_g}{\mu_g B_g}\right)=0 \tag{7.99}$$

整理得

$$\frac{k_g}{\mu_g B_g}\nabla\left(\frac{1}{\mathrm{d}m/\mathrm{d}p}\right)=-\frac{1}{\mathrm{d}m/\mathrm{d}p}\nabla\left(\frac{k_g}{\mu_g B_g}\right) \tag{7.100}$$

进而，推得

$$\nabla\left(\frac{k_g}{\mu_g B_g}\right)=-\frac{k_g}{\mu_g B_g}\cdot\frac{\mathrm{d}m}{\mathrm{d}p}\nabla\left[\frac{1}{\mathrm{d}m/\mathrm{d}p}\right] \tag{7.101}$$

$$\nabla\left(\frac{k_w}{\mu_w B_w}\right)=-\left(\frac{k_w}{\mu_w B_w}\right)^2\cdot\nabla\left[\frac{1}{\mathrm{d}m/\mathrm{d}p}\right] \tag{7.102}$$

将上述两式代入方程(7.96)，得

$$\left(\frac{k_w}{\mu_w B_w}\right)\nabla^2 p+\nabla p\cdot\nabla\left(\frac{k_w}{\mu_w B_w}\right)=-\frac{\partial}{\partial p}\left(\frac{\phi S_w}{B_w}\right)\frac{\partial p}{\partial t}+\frac{\partial}{\partial S_w}\left(\frac{\phi S_w}{B_w}\right)\frac{\partial S_w}{\partial t}+q_w \tag{7.103}$$

$$\left(\frac{k_g}{\mu_g B_g}\right)\nabla^2 p+\nabla p\cdot\nabla\left(\frac{k_g}{\mu_g B_g}\right)=-\frac{\partial}{\partial p}\left(\frac{\phi S_g}{B_g}\right)\frac{\partial p}{\partial t}+\frac{\partial}{\partial S_g}\left(\frac{\phi S_g}{B_g}\right)\frac{\partial S_g}{\partial t}+q_g \tag{7.104}$$

将上两式分别乘以 B_w 和 B_g 并相加，令 $\lambda_m=K_m/\mu_m$，m 为 w 或 g，最终得到

$$\lambda_t=\lambda_w+\lambda_g \tag{7.105}$$

$$C_t=\frac{1}{\phi}\frac{\mathrm{d}\phi}{\mathrm{d}p}-\left[\frac{S_w}{B_w}\frac{\mathrm{d}B_w}{\mathrm{d}p}+\frac{S_g}{B_g}\frac{\mathrm{d}B_g}{\mathrm{d}p}\right] \tag{7.106}$$

注意到：$S_w+S_g=1$，有

$$\lambda_t\nabla^2 p+\nabla p\cdot\left\{-\lambda_o\frac{\mathrm{d}m}{\mathrm{d}p}\nabla\left(\frac{1}{\mathrm{d}m/\mathrm{d}p}\right)-\lambda_g\frac{\mathrm{d}m}{\mathrm{d}p}\nabla\left(\frac{1}{\mathrm{d}m/\mathrm{d}p}\right)\right\}=-\phi C_t\frac{\partial p}{\partial t}+B_w q_w+B_g q_g \tag{7.107}$$

利用关系式

$$\nabla p=\frac{\mu_w B_w}{k_w}\nabla m\text{，}\quad\frac{\partial p}{\partial t}=\frac{\mu_w B_w}{k_w}\frac{\partial m}{\partial t} \tag{7.108}$$

$$\nabla^2 p=\frac{\mu_w B_w}{k_w}\nabla^2 m+\nabla m\cdot\nabla\left(\frac{1}{\mathrm{d}m/\mathrm{d}p}\right) \tag{7.109}$$

略去小量，式(7.107)简化为

$$\nabla^2 m=\frac{\phi C_w}{\lambda_t}\frac{\partial m}{\partial t}+B_w q_w+B_g q_g \tag{7.110}$$

由此可见，气水两相流动最终可以采用拟压力来表示。拟压力的方程形式与单相方程

一致，其控制方程及边界条件与 7.2 节相同，求解方法可参照 7.2 节，这里就不一一叙述。页岩气水两相流动模型的重点在于如何利用相渗曲线来计算拟压力。

7.4　页岩气排采数据分析方法

本节重点介绍生产数据分析方法的具体流程。首先，根据物质平衡时间和归一化压力的概念，将现场实测数据转换成与典型曲线图版相对应的形式。然后将得到的三组曲线绘制在双对数坐标轴上，并拖动实测数据曲线与典型曲线图版进行拟合。当曲线拟合形态最好时，根据 m_{wD} 和 m_d 以及 t_{aD} 和 t_a 数据记录此时的拟合值。由拟合值和曲线中无量纲参数，依据无量纲量表达式给出渗透率和裂缝半长等解释参数结果。

7.4.1　数据处理

为了处理实测数据中的变流量问题，本书引入了物质平衡时间的定义(Palacio and Fernandez，1993)。在本书中，考虑到页岩气的压缩性和黏度等问题，采用标准压力和标准时间来进行解释。那么结合标准时间和物质平衡时间的概念，式(7.43)和式(7.44)已经给出了物质平衡标准时间和归一化标准压力的定义。因此可以将实测数据的模式从压力—流量—时间转变为归一化标准压力—物质平衡标准时间。其中归一化标准压力的定义为

$$m_d = \frac{m_i - m(t_a)}{q(t_a)} \tag{7.111}$$

为了提高生产数据分析图版拟合的解释精度并降低多解性，本书引入两个额外变量(Pratikno et al.，2003)：

$$m_{di} = \frac{2}{t_a}\int_0^{t_a} m_d \mathrm{d}\tau \tag{7.112}$$

$$m_{did} = \frac{\mathrm{d}m_{di}}{\mathrm{d}\ln t_a} = t_a\frac{\mathrm{d}m_{di}}{\mathrm{d}t_a} = 2m_d - m_{di} \tag{7.113}$$

可以看到公式(7.112)、式(7.113)与式(7.75)、式(7.76)形式非常类似。注意式(7.111)～式(7.113)是用来处理实测数据的，而式(7.75)、式(7.76)是用来获得典型曲线图版的。这样，根据式(7.111)～式(7.113)，将实测数据转换成三组与图版相对应的曲线，通常称之为实测曲线。

7.4.2　图版拟合

将上节中得到的三组实测曲线(m_d-t_a，m_{di}-t_a 和 m_{did} -t_a)绘制在双对数坐标轴上，可以看到实测曲线与典型曲线图版形态相似。通过拖动实测数据，与典型曲线图版进行拟合并不断调整位置和变换参数，最终可以得到最佳的拟合效果。具体过程见图 7.17，图中实线

部分为典型曲线图版，虚线部分为实测数据。值得注意的是，对于生产数据分析来说 m_d 和 m_{di} 曲线的拟合效果通常比较好，而 m_{did} 曲线则频繁波动，拟合效果略差。这主要是由流量数据的频繁波动以及导数算法的特性所致。

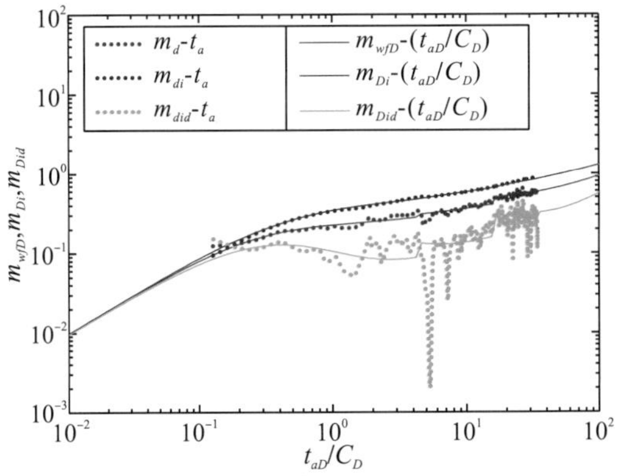

图 7.17　典型曲线图版拟合

当得到最佳的图版拟合形态时，可以通过记录任意一点的实测曲线值和典型曲线图版值，根据其比值来得到压力和时间拟合值(Blasingame et al.，1989；Doublet et al.，1994)：

$$t_M = \left(\frac{t_{aD}/C_D}{t_a}\right)_{MP} \tag{7.114}$$

$$p_M = \left(\frac{m_{wfD}}{m_d}\right)_{MP} \tag{7.115}$$

7.4.3　参数估算

根据上节得到的时间和压力拟合值以及基础无量纲定义［见式(7.4)、式(7.5)］，给出如下地层参数的计算公式(Pratikno et al.，2003)：

初始地层渗透率(有效渗透率)：

$$k_{ini} = \frac{\mu_{gini} B_{gini}}{2\pi h} \cdot p_M \tag{7.116}$$

无量纲井储常数：

$$C_D = \frac{k_{ini}}{\alpha L^2 t_M} \tag{7.117}$$

裂缝半长总和：

$$L = \sqrt{\frac{\mu_{gini} B_{gini} C}{2\pi \alpha h C_D}} \tag{7.118}$$

7.4.4　现场实例

在本章中，为了举例说明生产数据分析方法的流程，以及后续的吸附气和游离气计算方法，这里给出了一口页岩气井示例。如图 7.18 所示，该页岩气多段压裂水平井的生产时间为 7464h，水平井位于地层中央，水平段长度为 1532m，人造裂缝条数为 15 条。地层假设为全封闭、均质且各向同性，地层大小为 1600m×600m。表 7.2 给出了示例井的基本参数和气体组分。

从图 7.18 中可以看到，该井整个生产过程中存在 4 次关井。其中两次短关井发生在 720h 和 3456h，两次长关井发生在 888h 和 4296h。

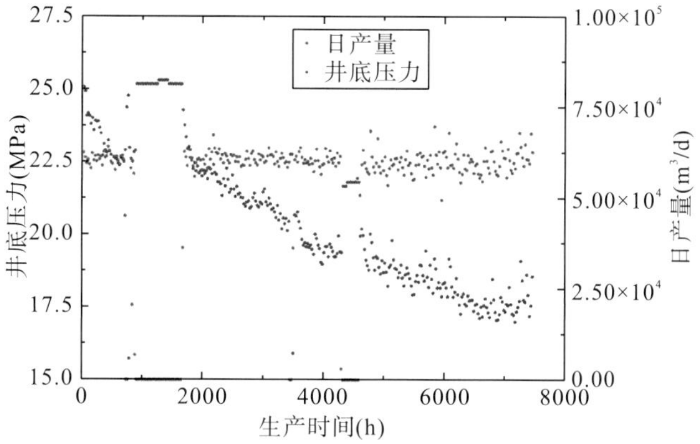

图 7.18　页岩气水平井实例的生产数据历史

表 7.2　示例页岩气水平井的基本参数和气体组分

基础参数	数值	气体成分	含量百分比/%
p_i	26(MPa)	CH_4	94.07
h	38(m)	C_2H_6	3.01
T	358.15(K)	C_3H_8	1.40
ϕ	4%	N_2	0.25
E	29400(MPa)	CO_2	0.73
ν	0.237	其他	0.54
V_L	7.45(m^3/m^3)		
p_L	6.02(MPa)		

图 7.19 和图 7.20 分别给出了示例井的双对数曲线拟合图和 Blasingame 曲线拟合图。表 7.3 给出了本书方法得到拟合结果与商业软件(Kappa 拟合结果的对比)。可以看出两者之间的解释结果相差很小。

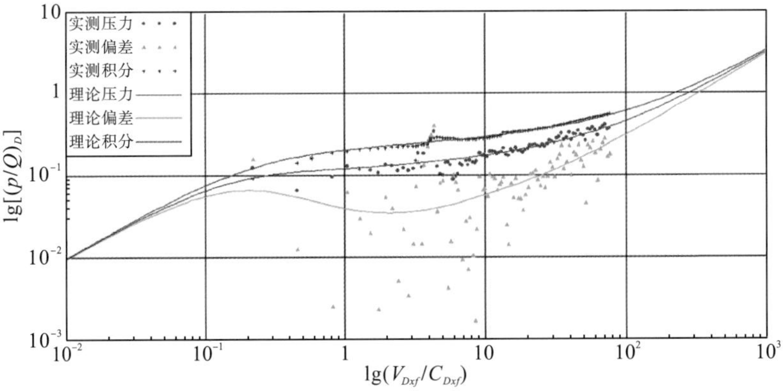

图 7.19 双对数曲线拟合图

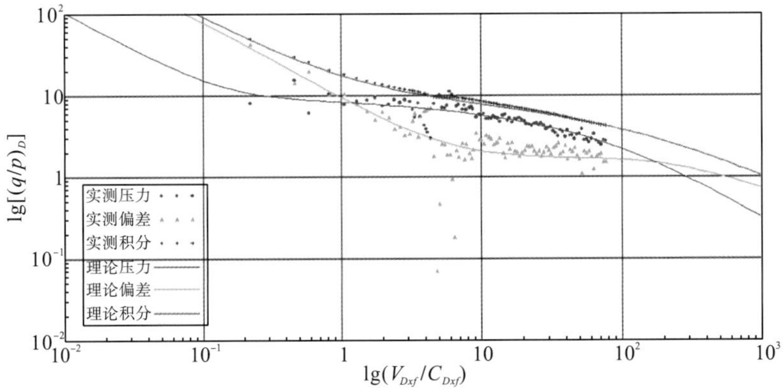

图 7.20 Blasingame 曲线拟合图

表 7.3 示例井的拟合参数结果与商业软件的对比

拟合参数	本书方法	商业软件
k	0.024(md)	0.026(md)
S_{kin}	0.1	0.1
t_M	5.27×10^{-3}(1/h)	5.04×10^{-3}(1/h)
p_M	0.064(MPa^{-1})	0.069(MPa^{-1})
L	1395(m)	1485(m)

7.5 地层压力分布与平均压力

7.5.1 地层压力分布

根据 7.2 节的计算结果，可以给出任意时刻页岩地层中的压力分布。图 7.21 和图 7.22 给出了示例井分别开井 888h 和 4296h 后的压力分布结果。

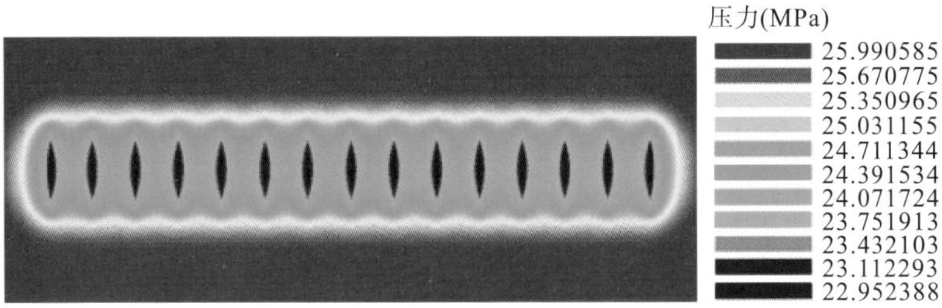

图 7.21　示例井开井 888h 后的压力分布

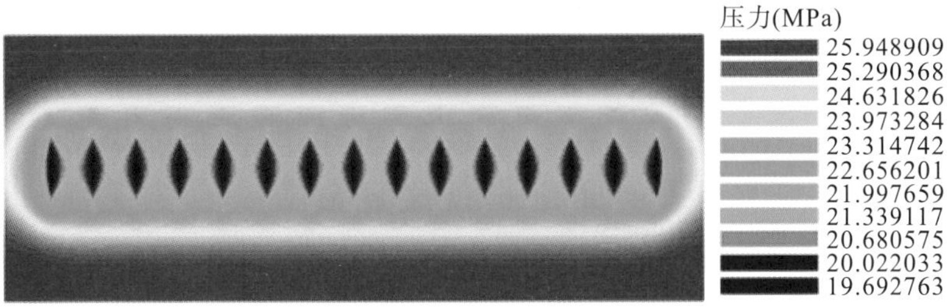

图 7.22　示例井开井 4296h 后的压力分布

从图 7.21 中可以看出流动主要集中在人造裂缝附近，井底压力大约为 22.9MPa，此时流动状态正在从裂缝线性流向裂缝径向流转变。

从图 7.22 中可以看出井底压力逐渐降到 19.5MPa，流动区域也扩大到呈现椭圆形。此时可以认为地层线性流(系统线性流)逐渐形成。另外，从图中可以发现流动此时即将触碰到左右边界，但离上下边界还很远，这是由整个地层的形状导致的。因此，可以预测后续的流动状态，将是地层线性流和边界控制流的一个混合流动。

从上述两个例子可以看出，地层压力分布对页岩气井实际生产的分析预测有着特别的重要意义，可以帮助解释人员更直观地了解地层状态。更加重要的是，地层压力分布还可以用来计算虚拟等效时间和地层中游离气、吸附气储量以及生产中的吸附气比例等重要参数。这部分内容将在 7.6 节中进行重点阐述。

7.5.2　地层平均压力

如图 7.23 所示，利用压降漏斗可以定义油气井产层的地层平均压力。基于与无限大地层中基于泄油半径的平均压力的定义不同，本专著定义全封闭地层中在某一时刻的平均压力为：假设在此时刻进行关井处理且关井时间足够长，地层压力最终能恢复到的压力值，这个压力就是本专著定义的地层平均压力。

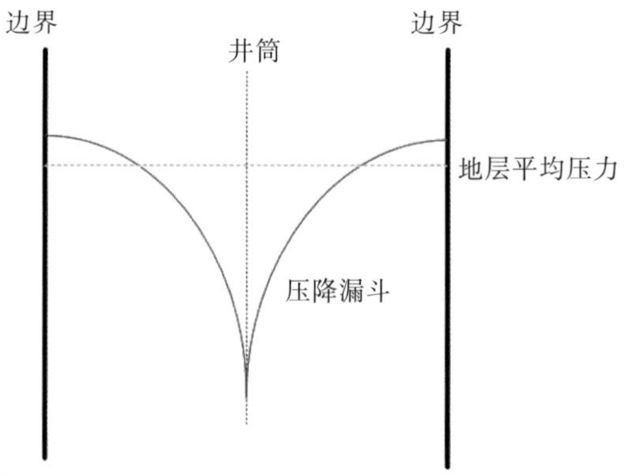

图 7.23 油气井压降漏斗与产层地层平均压力示意图

根据已知的地层压力分布结果，可以通过积分的方法，给出地层平均标准压力 m_{avg} 的表达形式(李培超等，2000；卢德唐等，2009)：

$$m_{avg}(t)=\frac{\iint m(x,y,t)\mathrm{d}x\mathrm{d}y}{A} \tag{7.119}$$

式中：A 为地层的面积；$m(x, y, t)$ 为地层中的标准压力分布，可以通过式(7.71)和式(7.74)得到。

对图 7.21 和图 7.22 的井例进行计算，给出了该井的地层平均压力随时间的变化关系，如图 7.24 所示。

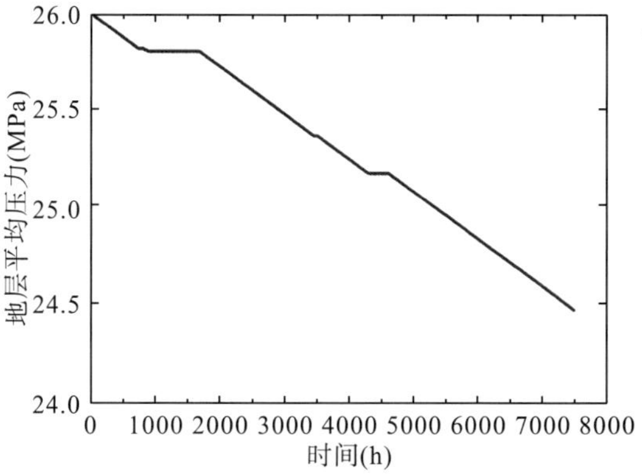

图 7.24 某页岩气井的地层平均压力图

从图 7.24 中可以看出，地层平均压力随时间而逐渐降低。每当平均压力出现水平段时，就意味着此时正在关井。而每段数据的斜率则代表了此时的产量大小。可以认为这口井的生产历史中，有两次长时间关井，两次短关井。整体来说，产量基本保持稳定。

从上述例子可以看出，地层平均压力是对生产历史的流量变化的一个大体描述，其根本含义可以认为是地层剩余能量。

7.6　吸附气与游离气计算

7.6.1　页岩气贮存模型

考虑到页岩气的特殊贮存性质(Zhang et al.，2014)，本书假设甲烷气体在页岩中以游离态和吸附态共存(Chen et al.，2016)。鉴于页岩储层的溶解气含量太少，本书描述和研究时暂不考虑。在页岩气藏中，一般来说，吸附气储量可以占到总储量的20%～85%(Ji et al.，2012)，人们最常采用朗缪尔吸附模型来描述页岩中的气体吸附(Langmuir，1918)，其具体定义为

$$V_{ad}=\frac{V_L p}{p+p_L} \tag{7.120}$$

式中：V_{ad}是单位质量页岩中吸附的吸附气储量；朗缪尔压力和体积(p_L和V_L)是非常重要的参数，通常通过等温吸附实验来获得(Zhou et al.，2000；Rexer et al.，2013)。

对于页岩气藏来说，多段压裂水平井技术是目前最常用的增产措施(Bello and Wattenbarger，2010)，这导致在页岩地层中的游离气可以认为主要由两部分构成：基质游离气和裂缝游离气。基质游离气的表达式(Pan et al.，2016)为

$$V_m=\frac{\rho_{gm}}{\rho_{gsc}}\left[V_{pm}(1-S_{wm})-\frac{V_{ad}\rho_{gsc}}{\rho_{ad}}\right] \tag{7.121}$$

式中：V_m是单位质量页岩中基质游离气的数量；ρ_{gm}为基质中气体密度；ρ_{gsc}是标准状态下的气体密度；V_{pm}代表单位质量页岩中的有效基质孔隙体积，可以认为是孔隙度的一种表现形式；S_{wm}为基质中的水饱和度；V_{ad}为吸附相体积；ρ_{ad}是吸附相密度(Fitzgerald et al.，2005a)。

许多学者对页岩气吸附相密度的问题进行了广泛而深入的研究。鉴于国内许多学者发表有关页岩气研究文章的很多实例都是来自四川盆地东缘涪陵页岩气田焦石坝地区，故选择针对涪陵页岩气田的页岩气储层岩样进行分析的文献，页岩气吸附相密度采用了0.373g/cm^{3}这一结果(Hu et al.，2018)。

基质的有效孔隙度也是计算基质游离气的关键参数，通常由实验测得(Leclaire et al.，2003)。考虑到页岩的超低孔隙度，传统的直接测量方法很难给出准确值。目前可以采用图像分析法(Ghasemi-Mobarakeh et al.，2007)或者水浸法(Kuila et al.，2014)等进行页岩孔隙度的估算。

页岩中裂缝游离气储量的表达式为

$$V_f=\frac{\rho_{gf}}{\rho_{gsc}}\left[V_{pf}(1-S_{wf})\right] \tag{7.122}$$

式中：V_f为单位质量页岩中的裂缝游离气储量；ρ_{gf}为裂缝中的气体密度；V_{pf}为单位质量页岩中的裂缝体积；S_{wf}是裂缝中的水饱和度。

7.6.2 地层中的吸附气与游离气储量计算

根据上节中给出的表达式(7.119)～式(7.122)，以及第3章中得到的压力解 $p(x, y, t)$，可以对地层中的吸附气、基质游离气和裂缝游离气储量进行估算。地层中的吸附气数量 Q_{ad} 的表达式为

$$Q_{ad}(t)=\int_0^{x_e}\int_0^{y_e}\frac{V_L p(x,y,t)}{p_L+p(x,y,t)}\mathrm{d}x\mathrm{d}y\cdot h(1-\phi_{ini})\rho_m \tag{7.123}$$

式中：ρ_m 为页岩基质密度。

同理可以得到地层中基质游离气的数量：

$$Q_m(t)=\int_0^{x_e}\int_0^{y_e}\frac{p(x,y,t)T_{sc}}{p_{sc}Tz(p)}\left[\phi(p)(1-S_{wm})-\frac{\rho_{gsc}}{\rho_{ad}}\frac{V_L p(x,y,t)}{p_L+p(x,y,t)}(1-\phi_{ini})\rho_m\right]\mathrm{d}x\mathrm{d}y\cdot h \tag{7.124}$$

式中：p_{sc} 为1个大气压(101325Pa)，T_{sc}=298.15K。孔隙度与压力的关系 $\phi(p)$ 由式(7.36)给出。

由于实际压裂过程中的不确定性，地层中的裂缝长度、宽度、角度、弯曲度等具有很强的随机性。为了估算裂缝游离气的数量，在此做出如下假定：①裂缝中的压力与井筒压力相等；②裂缝中支撑剂所占的体积忽略不计；③裂缝的形状是最简单的长方体。

那么式(7.124)可以写成：

$$Q_f(t)=\frac{p_{wf}(t)T_{sc}}{p_{sc}Tz(p_{wf})}\left[2\sum_{i=1}^{n}x_{fi}wh(1-S_{wf})\right] \tag{7.125}$$

式中：Q_f 为地层中裂缝游离气的数量；w 为裂缝宽度。

首先要强调式(7.124)得到的是一个估算值，这里用来估算裂缝游离气的数量级。以示例井的生产过程为例，估算了吸附气、裂缝游离气和基质游离气的数量级。基质游离气和吸附气的数量级在 10^8～10^9，而裂缝游离气的数量级只有 10^5 左右。由于裂缝游离气比吸附气、基质游离气数量要小得多，因此可以忽略裂缝游离气的贡献。而且，当认为裂缝具有无限导流能力时，裂缝其实相当于井筒的一部分，这时裂缝游离气应该在井储作用中进行考虑。

7.6.3 生产过程中的吸附气与游离气产量

上节给出了地层中吸附气和游离气的计算公式，那么在第 n 天和第 $n-1$ 天时，地层中的游离气和吸附气储量可以明确地给出。用前后两天的储量数据相减，即可得到这一天的流量数据。即

$$q_{ad}(n)=[Q_{ad}(n-1)-Q_{ad}(n)]/1 \tag{7.126}$$

$$q_{free}(n)=[Q_m(n-1)-Q_m(n)]/1 \tag{7.127}$$

式中：q_{ad} 和 q_{free} 分别代表吸附气和游离气贡献的日产量。

实际生产过程中的吸附气比例 R_{ad}(即吸附气贡献的流量比上总流量数据)可以通过下式给出：

$$R_{ad}(n)=\frac{q_{ad}(n)}{q_{ad}(n)+q_{free}(n)} \tag{7.128}$$

式中：n 代表第 n 天。

7.6.4　示例分析

根据式(7.123)、式(7.124)，通过 7.5 节得到页岩气产层的地层压力分布结果，可以计算地层中的吸附气和游离气储量。计算过程中用到的基本参数见表 7.4。图 7.25 给出了地层中气体储量随时间变化的关系。可以看出，游离气的原地储量约为 $3.51\times10^8(m^3)$，而吸附气的原地储量约为 $2.32\times10^8(m^3)$。同时可以发现游离气储量减少量要比吸附气大得多(产出速率要快很多)，主要原因是井底压力较高，导致解吸附过程进展缓慢，先期产出的主要是游离气。

表 7.4　页岩气示例井的吸附参数

吸附参数	参数值
地层厚度	38m
地层大小	1600m×600m
孔隙度	0.04
朗缪尔体积	$2.98\times10^{-3}m^3/kg$
朗缪尔压力	6.02MPa
基质密度	$2.61\times10^3kg/m^3$
水饱和度	0.05

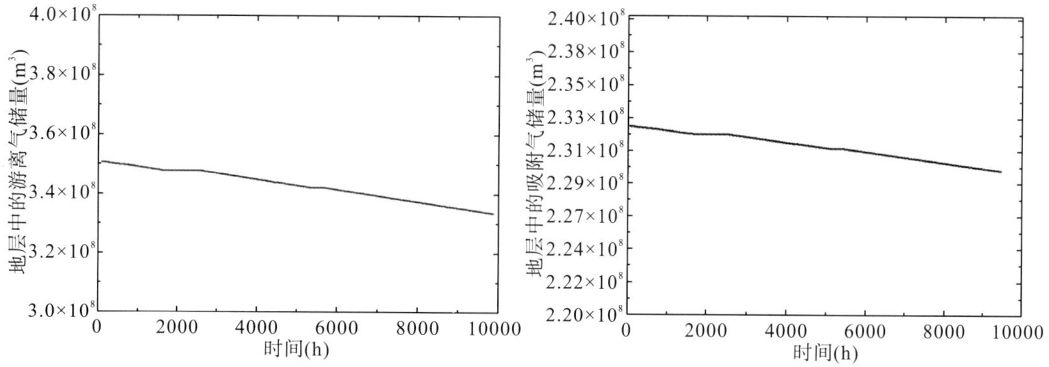

图 7.25　地层中的气体储量

根据图 7.25 中的数据，可以给出吸附气以及游离气的日产量，如图 7.26 所示。从图 7.26 中可以看出，游离气的日产量大约为 $55000m^3/d$，而吸附气的日产量只有约 $10000m^3/d$，也就是说，在本示例中，游离气的日产量远大于吸附气的日产量。

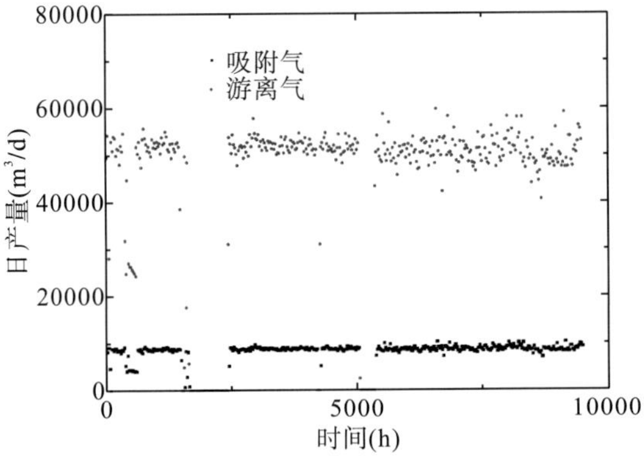

图 7.26 吸附气和游离气的日产量

为了验证计算方法的正确性，对计算数据和实测数据进行了对比验证。将计算得到的吸附气产量和游离气产量相加，即为计算的日产量数据，与实测的日产量数据进行对比，结果如图 7.27 所示。从图中可以看到两条曲线的拟合结果很好，经计算其平均误差在 2.5%左右。

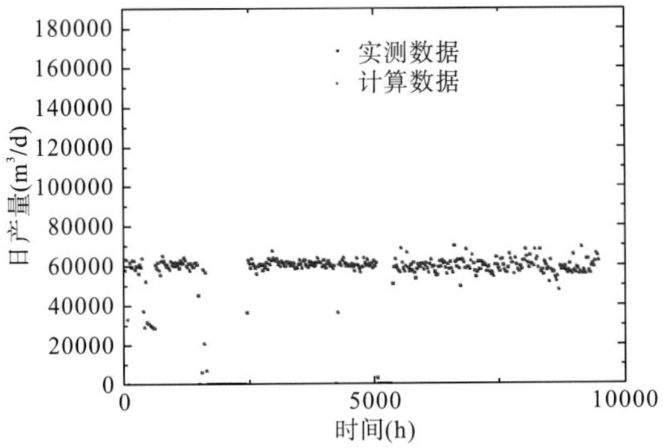

图 7.27 实测数据和计算数据对比

生产过程中的吸附气比例 R_{ad} 随时间的变化关系如图 7.28 所示。可以发现，这个比例为 14%～15%，且随时间变化较为缓慢。

本示例中的生产时间不足够长，只有一年多。这是吸附气比例非常低的一个重要原因。

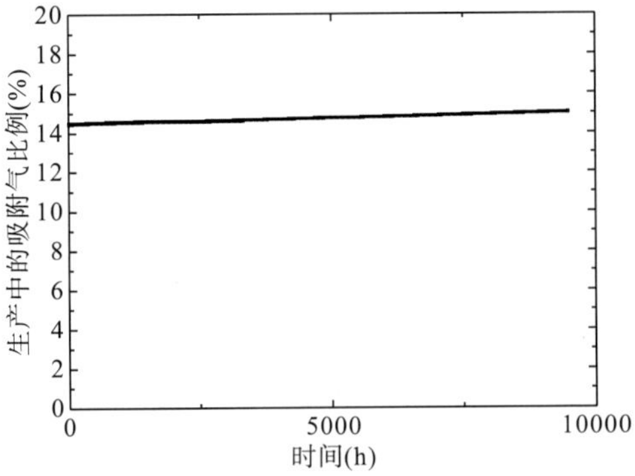

图 7.28 吸附气比例随时间变化关系

基于上述分析结果，可以预测在后续的几年里，游离气将是生产的主要来源。随着时间的推移，地层压力逐渐降低，吸附气的比例将会增加。

7.7　虚拟等效时间

7.7.1　生产数据中的强间断问题

目前对于页岩气藏来说，生产数据分析方法是最常用的产能评价方法(Mattar et al., 2003)。然而，由于其生产时间长、流量数据波动大、开关井频繁等特征，生产数据分析方法目前仍存着一些问题。我们知道叠加原理在历史拟合以及产能预测过程中是最常用的方法。对于页岩气藏来说，其生产时间可达十几年甚至几十年，那么利用生产数据分析进行估算分析时，计算时间和累积误差都会相当大，尤其是在生产的后期阶段。更为重要的是，大部分页岩气井在生产过程中伴随着频繁的开关井、换油嘴等情况，这会导致实测的生产数据中存在剧烈波动、强间断甚至数据丢失等问题，给页岩气的生产数据分析带来很大的挑战。

目前来说，已有的生产数据分析方法很难解决数据中的强间断问题。其原因主要有：一是开关井造成的流态变化问题。以一口已经到达径向流的井为例，对其进行关井处理且关井时候足够长，然后再开井生产，可以确定此时该井的流态将从井储、表皮、裂缝线性流阶段开始，而不是之前的径向流。那么典型曲线图版就必须调整为相应的流态，才可能有好的拟合结果。二是累积误差的问题。实际生产时，压力和流量数据通常采取一天一测的机制。用一天的总气产量来代表这一天的流量，这本身就会造成一定的误差。特别是当井关井后重新开始生产时，测量数据的时间点并不会是开井的那一瞬间，通常要往后延迟一定时间。那么采用叠加原理进行计算时，每次开关井带来的数据误差都会影响到最终的拟合结果。

对于目前常用的生产数据分析方法，上述两个问题都很难解决。现在普遍采用的方法是将实测数据进行分段处理，将质量较差的数据“抛弃”掉，只选用质量较好的数据进行分析。这种处理方法的好处是可以避免质量较差的数据带来的负面影响(增加不确定性)，但是也随之带来了一个新的问题:每段数据的原始地层压力变成未知,只能通过估算给出。原始地层压力数据在实际生产数据分析中是最为重要的参数,通过猜测估算给出的原始地层压力必然会大大影响生产数据分析的精度。另一方面，国外商业软件 Topaze 给出了一种变表皮因子的方法。该方法的表皮是随着时间而变化的,可以解决数据的剧烈波动问题。在分析过程中，用户对数据进行分段，然后输入每段数据的表皮因子，通过不断的数据调整，可以得到理想的拟合结果。这种方法存在着一定的“试凑”嫌疑，不论给出什么样的地层参数，都可以通过不断调整数据分段和表皮因子大小，使得最终拟合结果合理。这给页岩气的实际生产数据分析带来了相当大的不确定性。

7.7.2 虚拟等效时间的定义

图 7.29 和图 7.30 分别给出了一段井底压力和流量的历史数据。图中 p_{ini} 为这段数据的原始地层压力，t_0 为开始生产时间。该井以定流量 q_0 生产，然后在 t_1 时刻关井。关井一直持续到 t_2 时刻。p_{avg} 代表 t_1 时刻的地层平均压力，可以通过 7.2 节中的方法计算。从压力历史中可以看到，在 $t_0<t<t_1$ 时间段内，压力一直在下降，而在 $t_1<t<t_2$ 时间段内，压力开始回升。注意压力并不能恢复到初始地层压力 p_{ini}。在这次关井之后，该井继续开始生产($t>t_2$)。

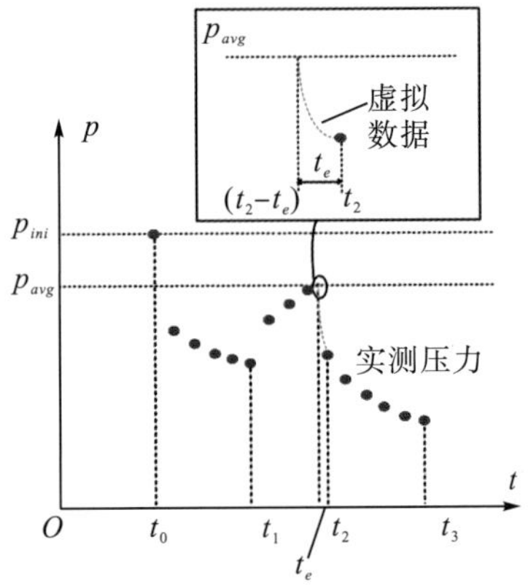

图 7.29 虚拟等效时间的定义

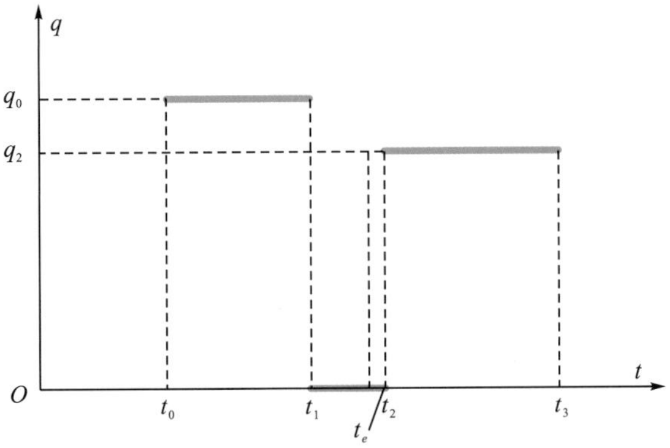

图 7.30 流量历史

为了处理本次关井带来的数据波动问题，本书引入了虚拟等效时间的概念。对于大部分井来说，井底压力解 $p_{wf}=f(t)$ 是已知的。我们在 t_2 时刻，以定流量 q_2 条件，根据井底压力解逆推了一段虚拟的数据。这段数据中，地层平均压力是 p_{avg}，流量为 q_2。那么虚拟等效时间 t_e 的定义即为

$$t_e = f^{-1}\left(p_{avg} - p_2\right) \tag{7.129}$$

式中：p_2 为 t_2 时刻的井底压力。

虚拟等效时间的物理含义是一个虚拟的开井时间。通过计算虚拟等效时间 t_e，开井前的所有数据都可以转换为一段等效的数据，这段数据中开始生产时间为 (t_2-t_e)，原始地层压力为 p_{avg}。换句话说，从 t_0 到 t_3 的这一段不连续的数据转换为一段新的连续数据[从 (t_2-t_e) 到 t_3]，而且原始地层压力是已知的。

通过引入虚拟等效时间，存在强间断的数据可以转换为若干段相互连接的数据。当采用叠加原理进行历史拟合或产能预测时，关井后 $(t>t_2)$ 的数据就可以用前面这个较短的虚拟数据进行叠加计算。因此利用虚拟等效时间进行历史拟合和产能预测还可以大大减少叠加原理的计算次数，并且降低累积误差。

7.7.3　虚拟等效时间的计算

以无限大地层中的点源解为例，给出虚拟等效时间的计算方法。其压力分布为

$$p(x,y,t) = p_{ini} + \frac{qB\mu}{4\pi kh} Ei\left(-\frac{r^2}{4\chi t}\right) \tag{7.130}$$

式中：$\chi = \dfrac{k}{\phi\mu c_t}$，$Ei\left(-u\right) \equiv -\int_u^{\infty} \dfrac{e^y}{y} dy$。

用 p_{avg} 替换 p_{ini}，并对式 (7.130) 进行整理，可得

$$t_e = -\frac{4\chi}{r^2} Ei^{-1}\left[\frac{4\pi kh(p_2 - p_{avg})}{q_2 B\mu}\right] \tag{7.131}$$

那么式 (7.131) 即为点源解的虚拟等效时间表达式。

对于页岩气藏来说，本书已经推导并给出了无量纲标准井底压力和无量纲标准时间的关系[见式 (7.71) 和式 (7.74)]。为了表述方便，可以将其写成函数形式：

$$m_{wfD} = f(t_{aD}) \tag{7.132}$$

根据无量纲定义式 (7.47)，则可以得到无量纲虚拟等效时间 t_{eD} 的表达式：

$$t_{eD} = f^{-1}\left[\frac{2\pi\left(m_{avg} - m_2\right)k_{ini}h}{q_2 B_{gini}\mu_{ini}}\right] \tag{7.133}$$

式中：m_{avg} 和 m_2 是 p_{avg} 和 p_2 的标准压力形式。利用式 (7.131)，即可得到虚拟等效时间。

对于存在多个强间断的实测数据来说，可以利用上述步骤，在每个强间断区间分别计算其虚拟等效时间，在此不再赘述。

7.7.4 典型曲线图版的修正

当计算每个数据中强间断的虚拟等效时间后，就可以对典型曲线图版进行修正。以双对数典型曲线图版为例，其修正步骤如下：

(1) 首先计算每个强间断处的虚拟等效时间及其无量纲 t_{eD} 数值。将其代入原始图版中得到其相应的无量纲压力值。

(2) 在典型曲线图版中找到 t_{eD} 的位置，以 t_{eD} 为参考初始点，重新绘制典型曲线。即以 t_{eD} 为开始生产点，以 m_{avg} 为地层平均标准压力，绘制典型曲线图版。

(3) m_{Di} 和 m_{Did} 曲线的计算方法仍按式(7.75)和式(7.76)来计算。

Blasingame 典型曲线图版的修正方式可以参考上述步骤。

以图 7.31 为例，说明了典型曲线图版的修正对图版拟合过程的重要性。图 7.31 为未经过修正的典型曲线图版，可以看到曲线前期的拟合效果较好，但是后期实测数据上升较快。通过调整地层边界和表皮等参数，仍无法得到合理的拟合结果。因此通过观察实际生产数据，选择合适的数据突变点，计算得到了相应的修正典型曲线图版，如图 7.32 所示。可以看出，在图 7.32 中，曲线拟合的效果要更好一些。

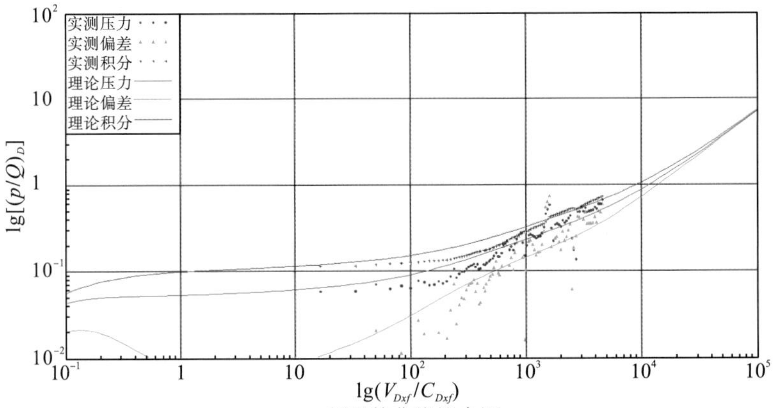

双对数曲线拟合图

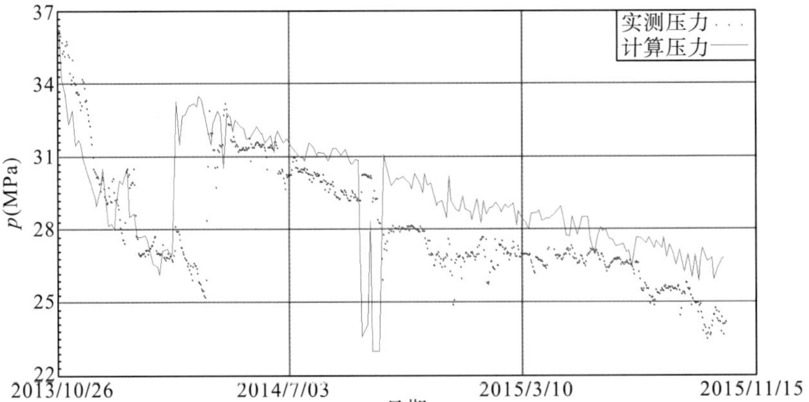

压力历史拟合图

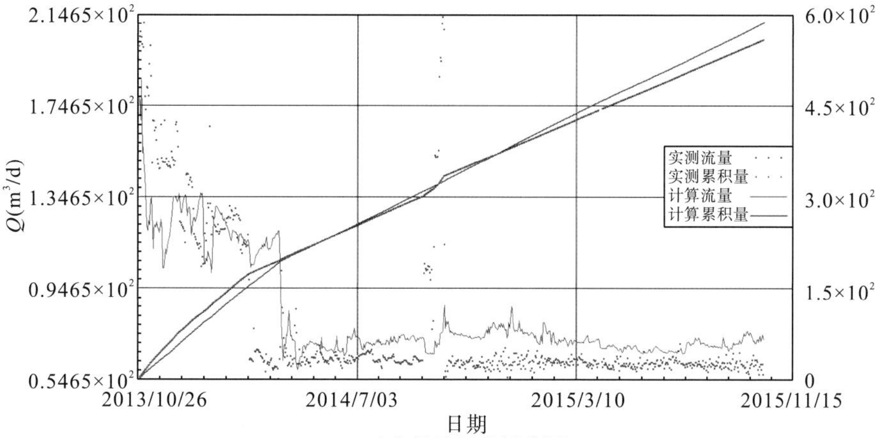

日产量及累积拟合图

图 7.31　未经过修正的图版拟合及历史拟合

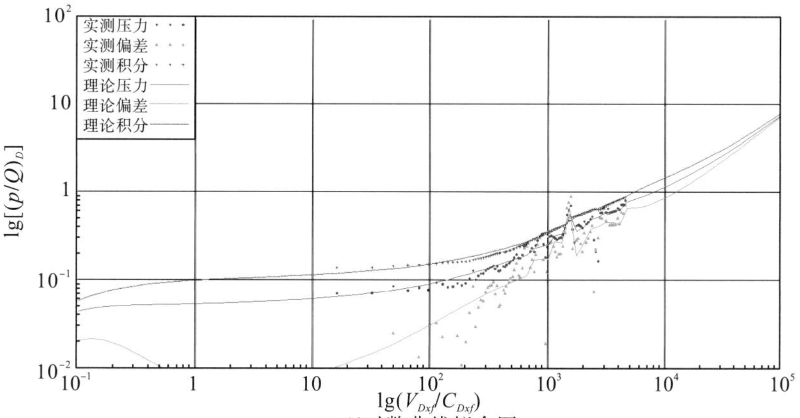

双对数曲线拟合图

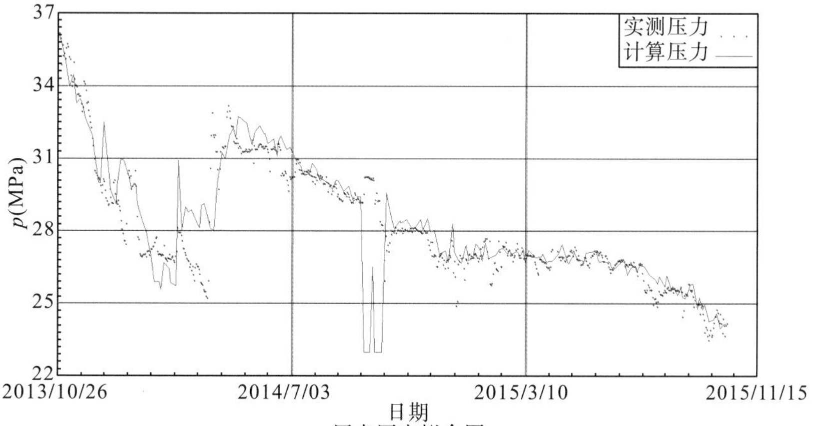

压力历史拟合图

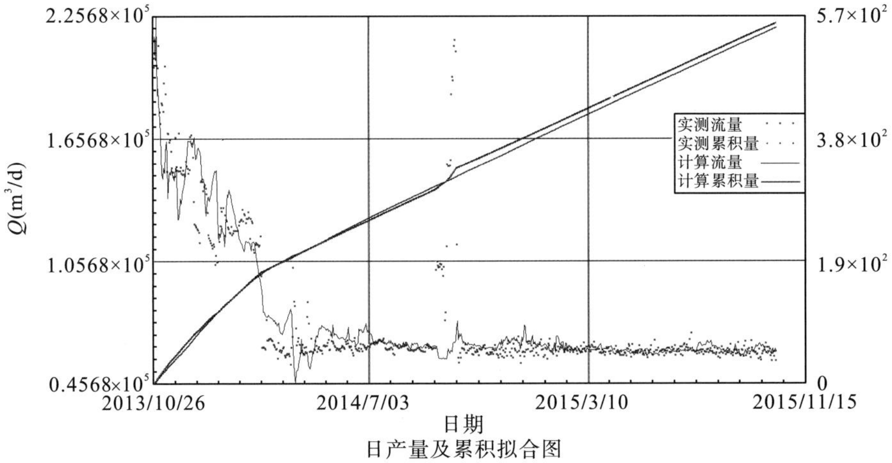

图 7.32 经过修正的图版拟合及历史拟合图

第 8 章　页岩气压排采海量数据解释相关算法

规模体积压裂施工、闷井、返排及生产是页岩气开发四个重要过程，事关单井 SRV 体积、EUR 产量、生产能力和开发效益大业。每个过程都有海量的动态数据，如每个过程的井口压力数据。如果其间某个过程关井，还有关井压力恢复数据等。我们清醒认识到，开采出来的页岩气，溯源其是来源于页岩气储层，产出于页岩地层，大量的评价、预测及优化的分析研究工作都针对页岩气井的“井底压力”这个核心参数进行分析计算。所以，在页岩气压排采全过程优化时，都要涉及气体高压物性计算、井筒气液两相流等系列算法，本章将给出这些算法所包括的基本方程及计算方法。

8.1　页岩气高压物性参数

页岩气是以甲烷为主体的天然气，是由气态烃和一些杂质的混合物组成，页岩气中常见的烃类组分是甲烷(CH_4)、乙烷(C_2H_6)、丙烷(C_3H_8)、丁烷(C_4H_{10})、戊烷(C_5H_{12})，少量的己烷(C_6H_{14})、庚烷(C_7H_{16})、辛烷(C_8H_{18})以及一些更重的烃类气体。页岩气中的杂质，有二氧化碳(CO_2)、硫化氢(H_2S)、氮(N_2)、水蒸气(H_2O)等。在四川盆地龙马溪组有机质过成熟地区，保存条件越好地区，页岩气中甲烷气占比越高，最高可达 98%～99%。页岩气的性质与这些单组分的物理性质有关。

8.1.1　天然气的偏离因子

由分子物理学可知，理想气体的状态方程可以写成

$$pV = nRT \tag{8.1}$$

式中：p 为气体压力，MPa；V 为气体体积，m^3；n 为气体的物质的量，kmol；R 为气体普适常数，$MPa{\cdot}m^3/(kmol{\cdot}K)$；$T$ 为气体的温度，K。

方程(8.1)是理想气体方程，它适用于压力接近于大气压，温度为常温的情况。在大多数情况下，不能将方程(8.1)直接应用于页岩气的高压物性计算，因为页岩气在地下承受着高温和高压。为了能使用方程(8.1)这种简单形式的状态方程，可以将天然气的状态方程写成下面形式：

$$pV = znRT \tag{8.2}$$

式中：z 是气体的偏差因子，也称气体的偏离因子，它表示在某一温度和压力下，同一质量气体的真实体积与理想体积之比：

$$z = V_a / V_i \tag{8.3}$$

式中：V_a 为真实气体的体积，m^3；V_i 为理想气体的体积，m^3。

方程(8.2)也可改写成

$$pV = zmRT / M \tag{8.4}$$

式中：m 为气体的质量，kg；M 为气体的分子量，kg/kmol。

式(8.4)也可改写成密度形式：

$$\rho_g = \frac{m}{V} = \frac{pM}{zRT} \tag{8.5}$$

式中：ρ_g 为气体密度，kg/m^3。

有时采用气体相对密度 γ_g 来表示气体高压物性参数，气体的相对密度定义为：在标准温度(293K)和标准压力(0.101MPa)条件下，气体的密度和干燥的空气密度之比，即

$$\gamma_g = \frac{\rho_g}{\rho_{air}} \tag{8.6}$$

式中：ρ_{air} 为干燥空气的密度。

在标准状态下，气体和空气都可看成理想气体，因此气体相对密度又可写成

$$\gamma_g = \frac{pM / RT}{pM_{air} / RT} = \frac{M}{M_{air}} = \frac{M}{28.97} \tag{8.7}$$

式中：M_{air} 为空气的分子量，可取 28.97。

为了求出气体的偏差因子 z，就需要定义临界温度(T_C)、临界压力(p_C)及其相关的术语。

临界温度(T_C)：是指气体高于这一温度(T_C)时，不管压力多大，气体都不能液化。

临界压力(p_C)：是指在临界温度(T_C)下，气相和液相相平衡时所施加的压力，即对应于临界温度(T_C)下的饱和压力。

对比温度(T_r)、对比压力(p_r)：实际温度与临界温度之比，实际压力与临界压力之比，即

$$\begin{cases} T_r = \dfrac{T}{T_r} \\ p_r = \dfrac{p}{p_C} \end{cases} \tag{8.8}$$

由以上的公式和定义，可以归纳出求天然气的偏离因子(z)的步骤。

1. 已知气体组分

如果已知天然气的组分，可以根据每组分气体的临界压力、临界温度求出天然气的拟临界压力、拟临界温度

$$\begin{cases} p_{pc} = \sum x_i \cdot p_{ci} \\ T_{pc} = \sum x_i \cdot T_{ci} \end{cases} \tag{8.9}$$

式中：x_i 为气体组分的摩尔含量；p_{ci} 为第 i 种气体的临界压力(由表 8.1 给出)，MPa；T_{ci} 为第 i 种气体的临界温度(由表 8.1 给出)，K。

常见烃类及非烃类气体的各项物性见表 8.1。

表 8.1　烃类及非烃类气体物性

组分名称	代号	分子式	分子量 M	临界压力 p_C (MPa)	临界温度 T_C (K)
甲烷	C_1	CH_4	16.043	4.6408	190.67
乙烷	C_2	C_2H_6	30.070	4.8835	305.50
丙烷	C_3	C_3H_8	44.097	4.2568	370.00
异丁烷	i-C_4	i-C_4H_{10}	58.124	3.6480	408.11
正丁烷	n-C_4	n-C_4H_{10}	58.124	3.7928	425.39
异戊烷	i-C_5	i-C_5H_{12}	72.151	3.3336	460.89
正戊烷	n-C_5	n-C_5H_{12}	72.151	3.3770	470.11
正己烷	n-C_6	n-C_6H_{14}	86.178	3.0344	507.89
正庚烷	n-C_7	n-C_7H_{16}	100.205	2.7296	540.22
正辛烷	n-C_8	n-C_8H_{18}	114.232	2.4973	569.39
正壬烷	n-C_9	n-C_9H_{20}	128.259	2.3028	596.11
正葵烷	n-C_{10}	n-$C_{10}H_{22}$	142.286	2.1511	619.44
空气	Air	N_2+O_2	28.964	3.7714	132.78
二氧化碳	CO_2	CO_2	44.010	7.3787	304.17
氦气	He	He	4.003	0.2289	5.278
氢气	H_2	H_2	2.016	1.3031	33.22
硫化氢	H_2S	H_2S	34.076	9.0080	373.56
氮气	N_2	N_2	28.013	3.3936	126.11
氧气	O_2	O_2	31.999	5.0807	154.78
水蒸气	H_2O	H_2O	18.015	22.1286	647.33

2. 未知气体组分

如果未知气体组分，但天然气的相对密度已知，可以用以下的经验公式，计算天然气的拟临界压力和拟临界温度。

对于干气：

$$\left.\begin{aligned} p_{pc} &= 4.8815 - 0.3861\gamma_g \\ T_{pc} &= 92.2222 + 176.6667\gamma_g \end{aligned}\right\} (\gamma_g \geqslant 0.7) \tag{8.10}$$

$$\left.\begin{aligned} p_{pc} &= 4.7780 - 0.2482\gamma_g \\ T_{pc} &= 92.2222 + 176.6667\gamma_g \end{aligned}\right\} (\gamma_g < 0.7) \tag{8.11}$$

也可以用斯坦丁(Standing)公式计算干气的拟临界压力(p_{pc})和拟临界温度(T_{pc})：

$$\left.\begin{aligned} p_{pc} &= 4.6677 + 0.1034\gamma_g - 0.258\gamma_g^2 \\ T_{pc} &= 93.3333 + 180.5556\gamma_g - 6.9444\gamma_g^2 \end{aligned}\right\} \tag{8.12}$$

对于凝析气：

$$\left.\begin{aligned} p_{pc} &= 5.1021 - 0.6895\gamma_g \\ T_{pc} &= 132.2222 + 116.6667\gamma_g \end{aligned}\right\} (\gamma_g \geqslant 0.7) \tag{8.13}$$

$$\left.\begin{aligned} p_{pc} &= 4.7780 - 0.2482\gamma_g \\ T_{pc} &= 106.1111 + 152.2222\gamma_g \end{aligned}\right\} (\gamma_g < 0.7) \tag{8.14}$$

也可以用 Standing 公式计算凝析气的拟临界压力和拟临界温度：

$$\left.\begin{aligned} p_{pc} &= 4.8677 - 0.3565\gamma_g - 0.07653\gamma_g^2 \\ T_{pc} &= 103.8889 + 183.3333\gamma_g - 39.7222\gamma_g^2 \end{aligned}\right\} \tag{8.15}$$

3. 酸性气体的校正

如果天然气中含有 H_2S 和 CO_2，就需要对求出的拟临界压力（p_{pc}）和拟临界温度（T_{pc}）进行酸性气体的校正，校正后的拟临界压力（p'_{pc}）和拟临界温度（T'_{pc}）可由下式给出：

$$T'_{pc} = T_{pc} - \varepsilon \tag{8.16}$$

$$p'_{pc} = \frac{p_{pc}T'_{pc}}{T_{pc} + \varepsilon(B - B^2)} \tag{8.17}$$

$$\varepsilon = 66.67\left[(A+B)^{0.9} - (A+B)^{1.6}\right] + 8.33(B^{0.5} - B^4) \tag{8.18}$$

式中：A 为 CO_2 的摩尔组分；B 为 H_2S 的摩尔组分。

4. 计算偏离因子 z

得到校正后的拟临界压力（p'_{pc}）和拟临界温度（T'_{pc}）后，可以用下式得到给定温度及压力下的拟对比临界温度（T_{pr}）及拟对比临界压力（p_{pr}）

$$\left.\begin{aligned} T_{pr} &= T / T'_{pc} \\ p_{pr} &= p / p'_{pc} \end{aligned}\right\} \tag{8.19}$$

利用式(8.19)计算出拟对比临界温度（T_{pr}）及拟对比临界压力（p_{pr}）后，使用(斯坦丁-卡茨) Standing-Katz 图版查出 z 值或使用下式求出 z：

$$z = 1 + \left(A_1 - \frac{A_2}{T_{pr}} - \frac{A_3}{T_{pr}^3}\right)\rho_R + \left(A_4 - \frac{A_5}{T_{pr}} + \frac{A_6}{T_{pr}^3}\right)\rho_R^2 \tag{8.20}$$

式中：$\rho_R = 0.27p_{pr}/(zT_{pr})$；$A_1$=0.3151；$A_2$=1.0467；$A_3$=0.5783；$A_4$=0.5353；$A_5$=0.6123；$A_6$=0.6815。

8.1.2 天然气的压缩系数

天然气的压缩系数定义为：在恒温条件下，随压力变化的单位体积变化量。它是气藏

试井分析中的一个重要的参数，其数学形式可写成

$$C_g = -\frac{1}{V}\left(\frac{\partial V}{\partial p}\right)_T \tag{8.21}$$

式中：V 为气体体积，m^3；p 为压力，MPa；C_g 为天然气的压缩系数，1/MPa。

根据天然气的状态方程(8.2)，可得

$$V = nzRT / p \tag{8.22}$$

于是 $\left(\partial V / \partial p\right)_T$ 可写成

$$\left(\frac{\partial V}{\partial p}\right)_T = nRT\frac{p(\partial z / \partial p) - z}{p^2} \tag{8.23}$$

将式(8.22)、式(8.23)代入式(8.21)，得

$$C_g = \frac{1}{p} - \frac{1}{z}\frac{\partial z}{\partial p} \tag{8.24}$$

式(8.24)中 $\frac{\partial z}{\partial p}$ 也可写成

$$\frac{\partial z}{\partial p} = \frac{\partial z}{\partial p_{pr}}\frac{\partial p_{pr}}{\partial p} \tag{8.25}$$

根据式(8.19)，有

$$\frac{\partial p_{pr}}{\partial p} = \frac{1}{p'_{pc}} \tag{8.26}$$

将式(8.25)、式(8.26)代入式(8.24)，得

$$C_g = \frac{1}{p} - \frac{1}{z}\frac{\partial z}{\partial p_{pr}}\frac{1}{p'_{pc}} \tag{8.27}$$

于是有

$$C_{pr} = C_g p'_{pc} = \frac{1}{p_{pr}} - \frac{1}{z}\frac{\partial z}{\partial p_{pr}} \tag{8.28}$$

式中：C_{pr} 为拟对比气体压缩系数。

因此，根据式(8.27)或式(8.24)都能得到气体压缩系数 C_g。

8.1.3　天然气的体积系数

天然气的体积是在地面标准条件下计量的，在实际页岩气开发中，需要知道在地层压力和地层温度条件下的气体体积。因此，就需要将地面标准条件下的天然气的体积换算为地层条件下的气体体积，这一换算系数即为天然气的体积系数。天然气的体积系数(B_g)定义为：在地层条件下，某 1 摩尔气体占有的实际体积除以在地面标准条件下 1 摩尔气体占有的体积。根据定义，可以写出天然气的体积系数表达式：

$$B_g = \frac{V_R}{V_{sc}} \tag{8.29}$$

式中：V_R为天然气的地层体积，m^3；V_{sc}为在地面标准条件下天然气的体积，m^3。

由式(8.29)可分别写出地层条件及标准条件下的天然气的体积V_R和V_{sc}：

$$\left.\begin{aligned} V_R &= znRT / p \\ V_{sc} &= z_{sc}nRT_{sc} / p_{sc} \end{aligned}\right\} \tag{8.30}$$

式中：z、p、T分别是地层条件下的气体偏差因子、压力(MPa)和温度(K)；z_{sc}、p_{sc}、T_{sc}分别是地面标准状态下的气体偏差因子、压力(MPa)和温度(K)，标准状态下$z_{sc}=1.0$；$p_{sc}=0.101$ (MPa)；$T_{sc}=293.15$ (K)。

将z_{sc}、p_{sc}、T_{sc}代入式(8.30)，则式(8.29)可写成

$$B_g = 3.447\times10^{-4}\frac{zT}{p} \tag{8.31}$$

8.1.4 天然气的黏度

天然气的黏度(μ_g)也是页岩气动态评价及计算中重要参数之一。在地层条件下，它是温度、压力和气体组分的函数。牛顿流体的动力黏度(μ)定义为：单位面积上的剪切力与其所在处的速度梯度之比。动力黏度(μ)的单位是mPa·s。

天然气的黏度(μ_g)可以通过实验室来准确地测定，但实验室测定较困难，且不可能对每口井的天然气都进行测量。因此，油藏工程师通常用相关的经验公式来近似计算，其近似公式如下：

$$\mu_g = 10^{-4}K\exp\left(X\rho_g^Y\right) \tag{8.32}$$

式中：$K=\dfrac{2.6832\times10^{-2}(470+M_g)T^{1.5}}{116.1111+10.5556M_g+T}$；$X=0.01\left(350+\dfrac{54777.78}{T}+M_g\right)$；$Y=0.2(12-X)$；$\rho_g=\dfrac{3.4841\gamma_g p}{zT}$；$\mu_g$为天然气的黏度，mPa·s；$\rho_g$为地层气体密度，$g/cm^3$；$M_g$为天然气的分子量，kg/kmol；$T$为地层温度，K；$\gamma_g$为天然气相对密度。

使用式(8.32)计算出来的黏度与实验室测得的黏度标准差为±2%。

8.1.5 页岩气 pVT 计算实例

根据气体的pVT公式，可以计算气体的pVT参数随压力变化情况，如根据以下的气体组分可以计算 pVT 参数随压力的变化。地层温度 T=45℃时，气体的组分分别为 CH_4=90.150%、C_2H_6=3.206%、C_3H_8=1.450%、i-C_4H_{10}=0.252%、n-C_4H_{10}=0.767%、i-C_5H_{12}=0.094%、n-C_5H_{12}=0.130%、N_2=2.887%、CO_2=0.299%。根据上述气体组分及地层温度，使用气体 pVT 计算公式，就可以计算出气体黏度、压缩系数、偏差因子、体积系数等随压力的变化。

图 8.1 给出了气体黏度与压力变化关系图，图 8.2 给出了气体压缩系数与压力变化关系图，图 8.3 给出了气体偏差因子与压力变化关系图，图 8.4 给出了气体体积系数与压力

变化关系图，图 8.5 给出了组合参数 $\frac{p}{\mu z}$ 与压力变化关系图，图 8.6 给出了气体标准压力与压力变化关系图。

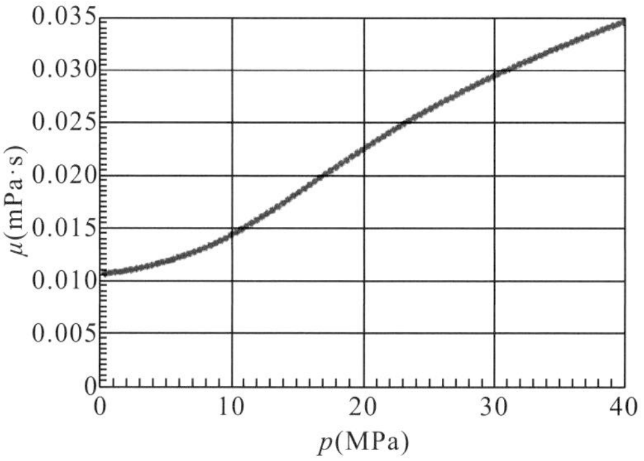

图 8.1 气体黏度与压力变化

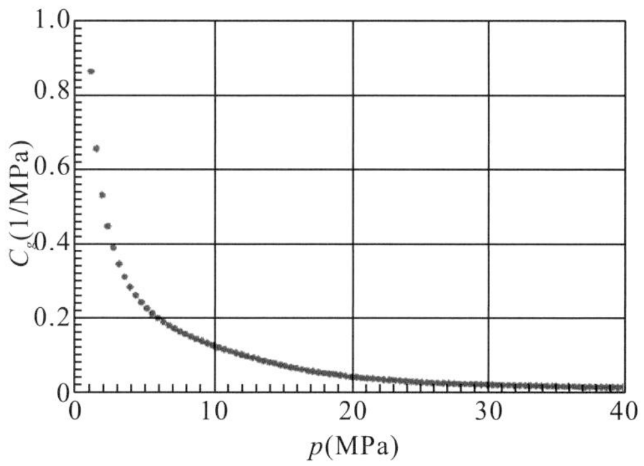

图 8.2 气体压缩系数与压力变化

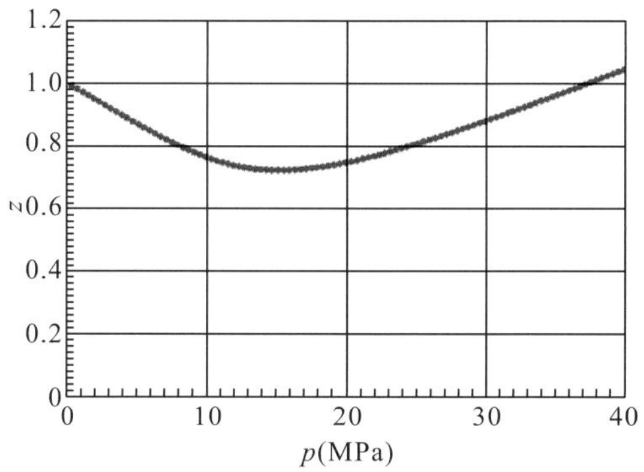

图 8.3 气体偏差因子与压力变化

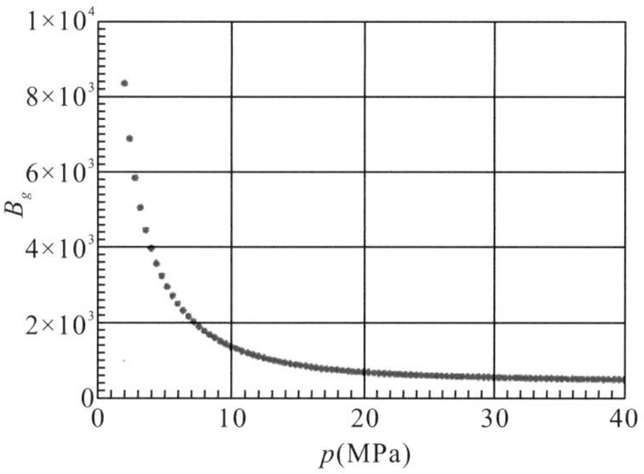

图 8.4 气体体积系数与压力变化

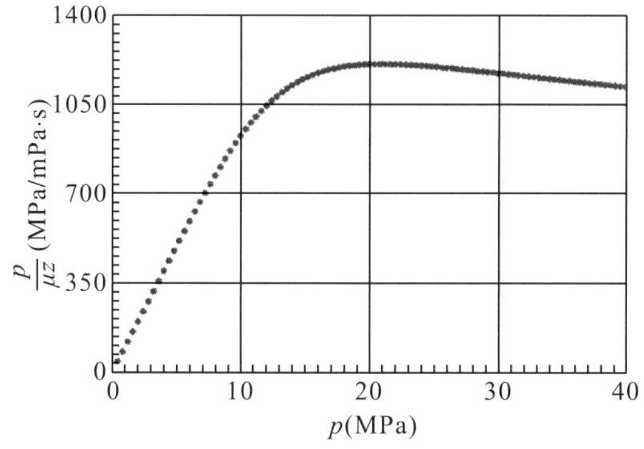

图 8.5 组合参数 $\frac{p}{\mu z}$ 与压力变化

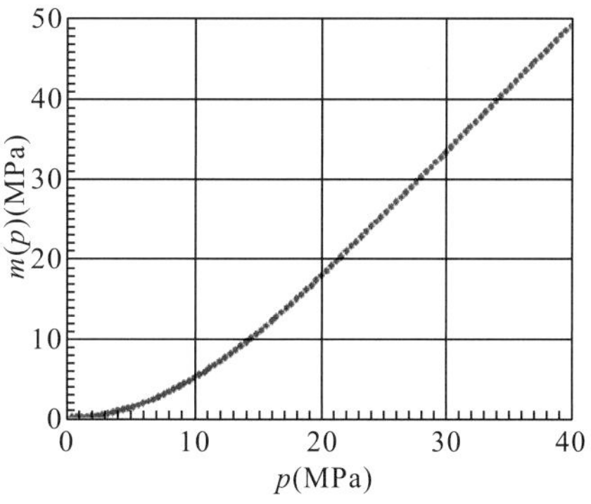

图 8.6 气体标准压力与压力变化

从图 8.5 可以看出：当压力小于 10MPa 时，$\frac{p}{\mu z}$ 与压力近似呈线性关系，所以可以用压力平方法代替标准压力，而当压力大于 20MPa 时 $\frac{p}{\mu z}$ 几乎是一个常数，这时可以采用压力大体标准压力。图 8.6 也说明了上述规律，即当压力小于 10MPa 时标准压力随压力变化图类似于抛物线，而当压力大于 20MPa 时标准压力随压力变化图类似于直线，在 10～20MPa 只能使用标准压力。

温度对气体的 pVT 参数影响也较大，同样是上述组分，当地层温度为 T=145℃，计算得到新的一组 pVT 参数图如图 8.7～图 8.12 所示。

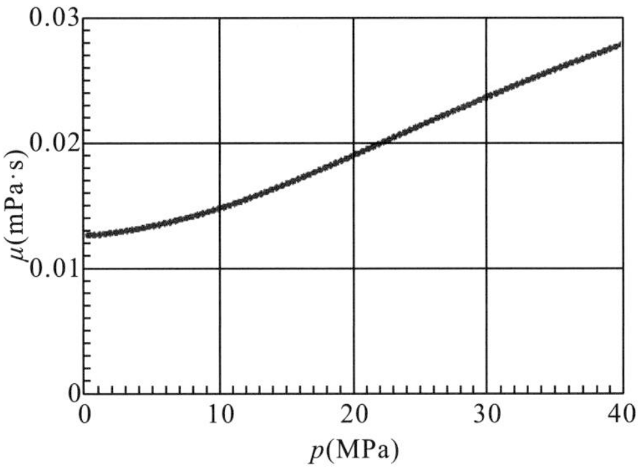

图 8.7　气体黏度与压力变化

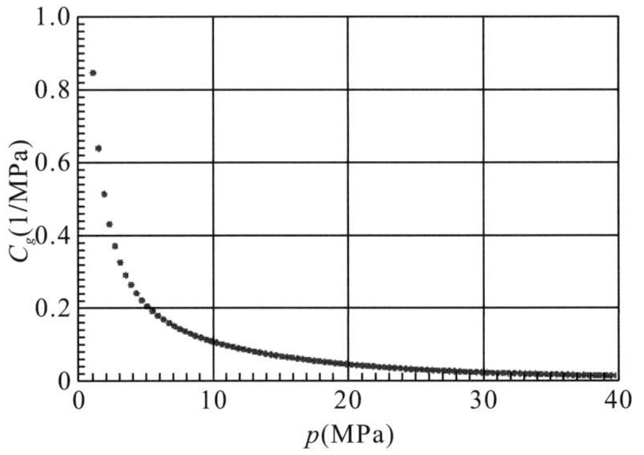

图 8.8　气体压缩系数与压力变化

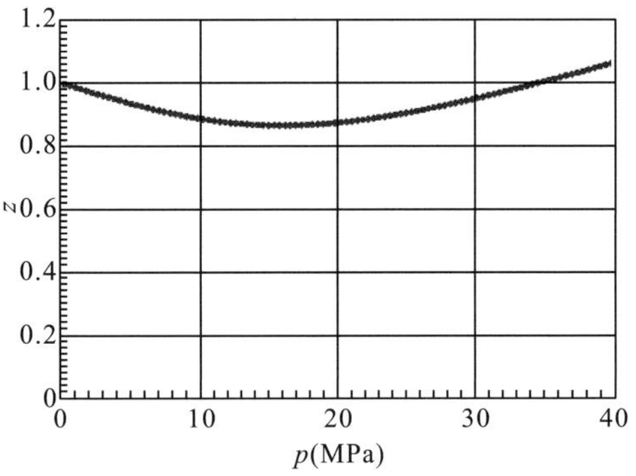

图 8.9　气体偏差因子与压力变化

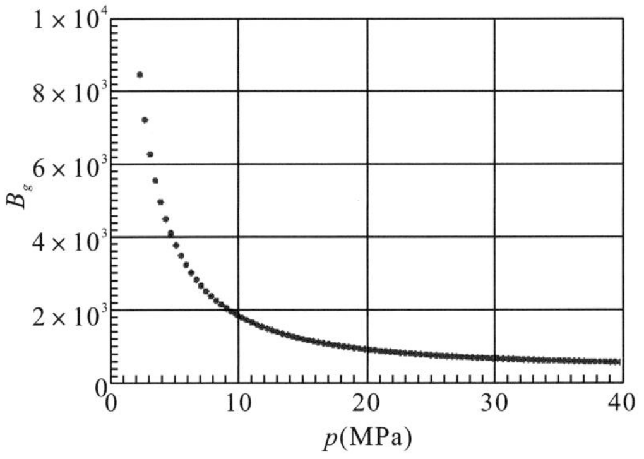

图 8.10　气体体积系数与压力变化

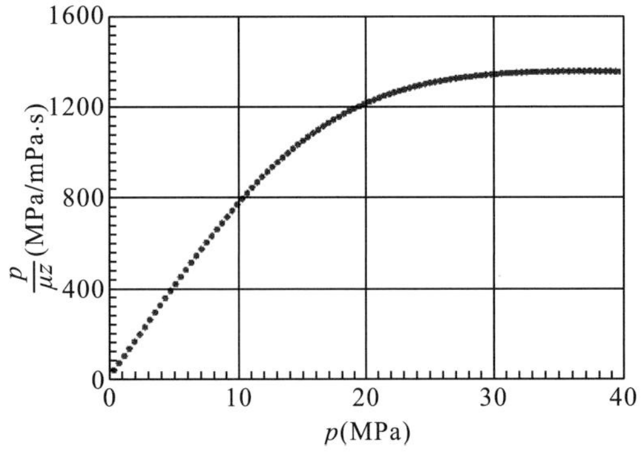

图 8.11　组合参数 $\dfrac{p}{\mu z}$ 与压力变化

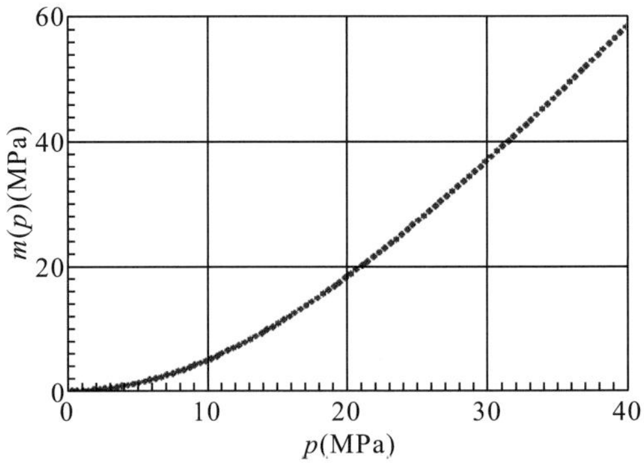

图 8.12　气体标准压力与压力变化

对比图 8.1～图 8.6 与图 8.7～图 8.12 可以发现：温度对气体 pVT 参数影响很大，但当温度为 145℃，压力大于 30MPa 时，$\frac{p}{\mu z}$几乎才成为一个常数(图 8.11)，所以在 10～30MPa 要使用标准压力。

8.2　单相气体流动微分方程

页岩气在地层流动十分复杂，除渗流以外还包括气体滑移、气体解吸附及气体高速流动导致的非达西效应，本节介绍渗流等基本流动。

8.2.1　气体渗流微分方程

将气体的状态方程(8.5)，考虑达西定律和气体连续性方程(不考虑源汇项)，可得

$$\frac{\partial}{\partial t}\left(\phi\frac{M}{RT}\frac{p}{z}\right)=\nabla\cdot\left(\frac{M}{RT}\frac{p}{z}\frac{k}{\mu}\nabla p\right) \tag{8.33}$$

在等温条件下，$\frac{M}{RT}$是常数，这样式(8.33)变成

$$\frac{\partial}{\partial t}\left(\phi\frac{p}{z}\right)=\nabla\cdot\left(\frac{p}{z}\frac{k}{\mu}\nabla p\right) \tag{8.34}$$

在ϕ为常数的条件下，方程(8.34)左边项$\frac{\partial}{\partial t}\left(\phi\frac{p}{z}\right)$可写成

$$\frac{\partial}{\partial t}\left(\phi\frac{p}{z}\right)=\phi\frac{\partial p}{\partial t}\left[\frac{1}{z}-\frac{1}{z^2}\frac{\mathrm{d}z}{\mathrm{d}p}\right]=\frac{\partial p}{\partial t}\left[\frac{1}{p}-\frac{1}{z}\frac{\mathrm{d}z}{\mathrm{d}p}\right]\frac{\phi p}{z} \tag{8.35}$$

根据式(8.27)定义的气体压缩系数 C_g，方程(8.35)可以变成

$$\frac{\partial}{\partial t}\left(\phi\frac{p}{z}\right)=\frac{\partial p}{\partial t}\frac{\phi pC_g}{z} \tag{8.36}$$

定义气体的拟压力函数$\psi=\int_{p_0}^{p}\frac{p}{\mu z}\mathrm{d}p$，于是

$$\nabla\psi=\nabla p\cdot\frac{\partial\psi}{\partial p}=\frac{p}{\mu z}\nabla p \tag{8.37}$$

$$\frac{\partial\psi}{\partial t}=\frac{\partial p}{\partial t}\cdot\frac{\partial\psi}{\partial p}=\frac{p}{\mu z}\frac{\partial p}{\partial t} \tag{8.38}$$

整理式(8.36)～式(8.38)并代入式(8.33)，最后得到气体拟压力所满足的方程为

$$\nabla^2\psi=\frac{\phi\mu C_g}{k}\frac{\partial\psi}{\partial t} \tag{8.39}$$

从方程(8.39)可以看出：单相气体渗流方程和单相液体渗流方程具有相同的形式，只是单相气体用的是拟压力ψ，而单相流体用的是压力 p。由于气体拟压力ψ单位是

(MPa^2/mPa·s)，所以气体拟压力ψ很大，这在数值输出及图形输出等方面，有许多不便之处。因此，在实际的生产应用中，常用气体标准压力$m(p)$代替气体拟压力ψ，气体标准压力$m(p)$的定义为

$$m(p)=\frac{\mu_i z_i}{p_i}\psi \tag{8.40}$$

这样，方程(8.40)变成

$$\nabla^2 m(p)=\frac{\phi\mu C_g}{k}\frac{\partial m(p)}{\partial t}p_i \tag{8.41}$$

式中：μ_i，z_i分别是原始地层压力下的气体黏度及偏差因子。

8.2.2 页岩储层的压力敏感效应

当储层存在裂缝时，岩石的渗透率在井的传输潜能上扮演一个重要的角色，当压力下降时装载过多的压力挤压裂缝降低了渗透率，如图 8.13 所示。

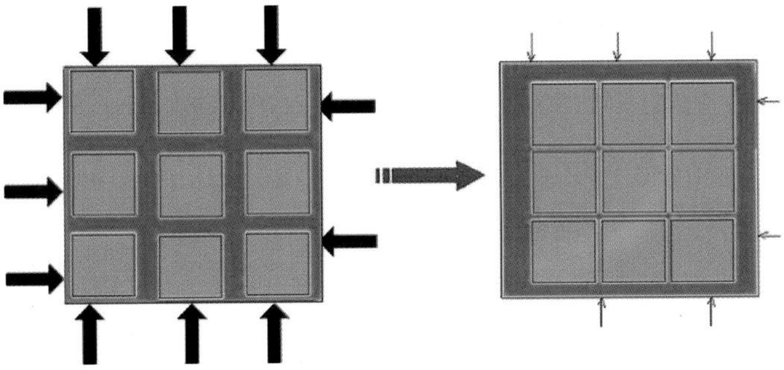

图 8.13 页岩裂缝压力减小导致页岩被压缩的示意图

页岩储层的渗透率会随着地层的压力改变而改变，涉及储层渗透率及岩石骨架的压缩或膨胀，为此需要建立一个渗透率-压力的关系表达式，这个关系表达式就是压敏效应。

1. 定指数压敏公式

在这种模型下渗透率和压力之间的关系：

$$I=-\frac{1}{k}\frac{\partial k}{\partial p} \tag{8.42}$$

式中：I是倾斜度；k为渗透率；p为地层压力。其中负号代表k和p在相反的方向变化。对这个表达式进行积分，会出现参考压力p_0及参考渗透率k_0。

2. Seidle 和 Huitt 的压敏公式

气体压缩引起地层孔隙结构变化，其渗透率及孔隙度关系为

$$\frac{k}{k_0}=\left(\frac{\phi}{\phi_0}\right)^n \tag{8.43}$$

$$\frac{\phi}{\phi_0}=1+\left[1+\frac{2}{\phi_0}\right]C_m(10^{-6})V_L\left[\frac{p_i}{p_L+p}-\frac{p}{p+p_L}\right] \tag{8.44}$$

$$C_m=\frac{\varepsilon_{\exp}+C_p p}{V_L\left[\frac{p}{p_L+p}\right]} \tag{8.45}$$

式中：k_0 为初始渗透率；k 为变化的渗透率；ϕ_0 为初始孔隙度；ϕ 为最终孔隙度；n 为指数(一般设定为 3)；C_m 为页岩膨胀系数，t/m^3；C_p 为压缩系数，1/MPa；p 为地层压力，MPa；p_i 为初始地层压力，MPa；p_L 为朗缪尔压力常数，MPa；V_L 为朗缪尔体积常数，m^3/t；$\varepsilon_{\exp}$ 为应变系数，实验室测量。

3. Shi 和 Durucan 压敏公式

地层孔隙度与渗透率随地应力发生变化，渗透率变化表达式为

$$k=k_0\,\mathrm{e}^{-3C_\phi(\sigma-\sigma_i)} \tag{8.46}$$

当超过解吸附压力 p_c 时

$$\sigma-\sigma_0=-\frac{\nu}{1-\nu}(p-p_0) \tag{8.47}$$

当低于解吸附压力 p_c 时

$$\sigma-\sigma_0=-\frac{\nu}{1-\nu}(p-p_0)+\frac{E}{3-3\nu}\varepsilon_l\left[\frac{p}{p+p_c}-\frac{p_c}{p_c+p_\varepsilon}\right]+\frac{\nu}{1-\nu}(p_c-p_0)$$

式中：C_ϕ 为地层压缩系数，1/MPa；E 为杨氏模量，MPa；ε_l 为最大伸缩系数；k 为有效渗透率，mD；k_0 为初始渗透率；ν 为泊松比；p 为储藏压力，MPa；p_i 为初始压力，MPa；p_c 为解吸附压力，MPa；p_ε 为压力 50%时的最大拉压力，MPa；σ 为有效应力，MPa；σ_0 为 p_0 下的有效应力，MPa。

4. Palmer 和 Mansoori 压敏公式

Palmer 和 Mansoori (1996) 通过对实验总结，提出了页岩的孔隙度及渗透率与地应力、杨氏模量及泊松比之间的关系：

$$\frac{k}{k_0}=\left(\frac{\phi}{\phi_0}\right)^3 \tag{8.48}$$

$$\frac{\phi}{\phi_0}=1+\frac{p-p_i}{\phi_0 M} \tag{8.49}$$

8.2.3　滑脱效应

在一些致密气藏和页岩气藏，气体分子的平均自由程可能大于平均有效岩石孔喉半径，引起气体分子沿孔隙表面滑动。滑动流动引起表观气体渗透率比单相液体流经相同空隙介质要高。Klinkenberg 方法已经通过使用气体滑动因子 b 修正等效流体渗透率 k_∞，得到气体渗透率：

$$k = k_{\infty}\left(1 + b / p\right) \tag{8.50}$$

气体滑动因子一般来源于实验岩心数据，通过绘制气体表观渗透率与平均压力的倒数表来表示，在高压下，滑动的影响变得很小，可以忽略，因为气体的平均自由路径很小。近年来描述气体滑移现象的表观渗透率表达式有数十种，但都十分复杂，涉及孔道形状、分子自由程等微观参数(微纳米量级)。试井分析是考虑数百米范围内的地层参数，因此，许多公式难以在试井分析中应用，这里采用 Klinkenberg 方程。考虑到压敏也是渗透率随压力的变化，滑移和压敏只能两者选择其一。

8.2.4 气体高速非达西流动

对于气井，当气体流入井筒时，由于井筒附近的流入断面减小，导致渗流速度急剧增加，井周围的高速渗流使得流动变为湍流，达西渗流已不再适用，Forcheimer 总结实验数据，提出下面的二次方程描述非达西流动

$$-\frac{\mathrm{d}p}{\mathrm{d}L} = \frac{\mu v}{k} + \beta \rho v^2 \tag{8.51}$$

对平面径向流气体高速非达西流动可以表示成

$$-\frac{\mathrm{d}p}{\mathrm{d}r} = \frac{\mu v}{k} + \beta \rho v^2 \tag{8.52}$$

式中：β 为湍流影响系数(1/m)，通常采用 $\beta = 7.644 \times 10^5 / k^{3/2}$ 。

在气体的渗流中非达西流动在井筒附近导致附加压降，大量的研究表明，可以引用一个与流量相关的表皮系数来描述，为此，在单相气井相关计算中将采用视表皮的概念，即

$$S' = S + DQ \tag{8.53}$$

式中：D 为湍流系数[1/(m^3/d)]，对均质油藏 $D = 2.191 \times 10^{-21} \dfrac{\beta \gamma_g k}{\bar{\mu} h r_w}$；$S'$ 及 S 分别为视表皮系数及真实表皮系数；γ_g 为气体相对密度；$\bar{\mu}$ 为气藏平均压力下的黏度。

在实际的页岩气开发中，都采用多级流量的试井分析方法来确定气藏的真实表皮系数 S 及湍流系数 D，对于多级流量页岩气生产井，通过压力历史拟合得到视表皮系数与流量变化图(图 8.14)，从图 8.14 可以得到：$S = -5.629$，D=0.00472(1/10^{4}m^3/d)。

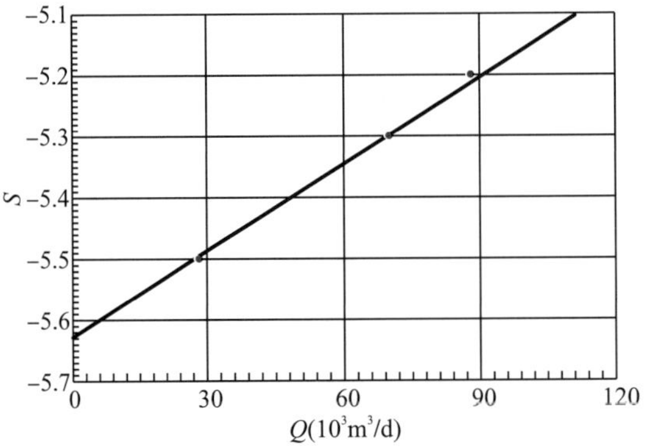

图 8.14 气井多级流量视表皮系数与流量关系图

8.3　常规气井无阻流量及产能方程

常规气井的产能方程一般采用稳定试井获得，该方法是测量井在不同工作制度下的稳定产气量及对应的井底压力，从而得到气井的产能方程及无阻流量，进而确定气井的生产能力。稳定试井需要系统地改变井的工作制度，因此又把它称为系统试井，这种方法要求在每个工作制度下压力和产量都达到稳定(所谓稳定是指压力与时间无关，不随时间变化)。

早期的气田，在测定这种产气能力时，采取敞开井口放喷的办法，得到的产气量可以说是“实测无阻流量”。用这种方法不但浪费了大量可贵的天然气，造成气井出沙、出水和水侵，损坏了气井，而且试气时始终存在着采气管柱的摩阻，因而得到的仍然不是真正意义的(井底压力降为 1atm 时的)最大流量。

到 20 世纪 20 年代末，Pierce 和 Rawlines 发展了回压试井法，并于 30 年代末进一步完善，同时在气田广泛应用。回压试井法采用不同的气嘴，按一定的顺序开井生产，同时监测产气量和井底流动压力，得到“稳定的产能曲线”，用来推算无阻流量，并可用于预测气藏衰竭时的产能情况。

采用回压试井，需要在施工时使产气量和井底流动压力同时达到稳定，因此所需测试时间较长，放空气量较多。特别是对于低渗透地层的勘探气井，测试时间过长，为此，Cullender 于 1955 年发展了等时试井和修正的等时试井法。

Cullender 发展的等时试井法，在现场测试时不必要求气井每次开井达到稳定，既减少了测试时间，又降低了放空气量。这一方法在测试时要多次开关井，并且每次关井都要达到稳定，恢复到原始地层压力，不但在操作程序上较回压试井麻烦，而且所需时间仍然较长。特别对于井底积液的气井，还带来许多测试工艺上的问题。

Katz 等于 1955 年进一步改进等时试井法，得到修正等时试井法，使用这种测试方法，在关井时不必恢复到原始地层压力，所需测试时间较等时试井短，特别对于低渗气层更为适用。

在压力表达方式上，从早期的单纯用压力进行分析，发展到 20 世纪 60 年代，考虑到真实气体的压缩性，Russell 等(1964)提出求解偏微分方程时的压力平方表示方法，Odeh 和 Hussainy(1969)提出的真实气体拟压力表示法。并在此基础上产生了二项式产能方程，更好地表述了气体在地层中流动时的湍流影响，从而可以更为准确地推算气井无阻流量。

8.3.1　一点法测试

对于气井常规回压试井，可以用“一点法”对产能进行测试。“一点法”是一种经济效益较好的气井产能测试方法，应用该法仅需知道地层压力和一个工作制度下的井底流压和相应的气产量便可求得无阻流量，因而得到普遍的应用。

一点法测试时只测一个工作制度下的稳定压力 p_R，其测试时的产量 Q_g 及压力 p_{wf} 变化如图 8.15 所示。

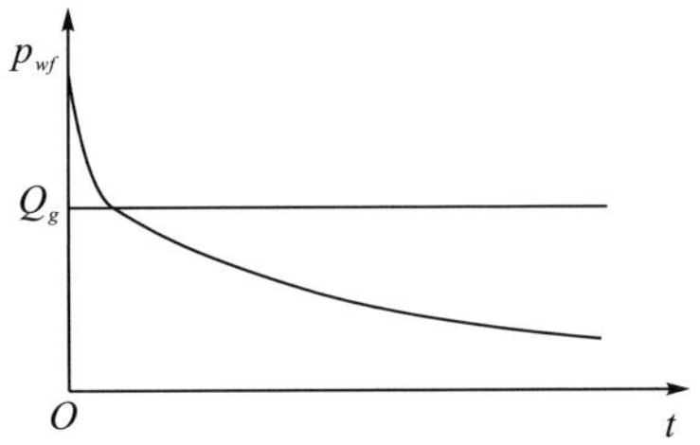

图 8.15 测试时的产量及压力随时间变化关系曲线

二项式一点法：

$$Q_{AOF}=\frac{6Q_g}{\sqrt{1+48p_D}-1} \tag{8.54}$$

指数式一点法：

$$Q_{AOF}=\frac{Q_g}{1.0434p_D^{0.6594}} \tag{8.55}$$

式中：p_D 为无因次压力，$p_D=(p_R^2-p_{wf}^2)/p_R^2$（压力平方法），$p_D=\left[m(p_R)-m(p_{wf})\right]/m(p_R)$（拟压力法）；$Q_{AOF}$ 为气井无阻流量，m^3/d；Q_g 为一点法式井实测产量（即稳定产量），m^3/d；p_R 为稳定地层压力，MPa；p_{wf} 为一点法式实测井井底流压，MPa。

为了引用方便，可把一点法气井无阻流量经验公式，在直角坐标图上画成 Q_g/Q_{AOF} 与 p_{wf}/p_R 的关系曲线（图 8.16）。

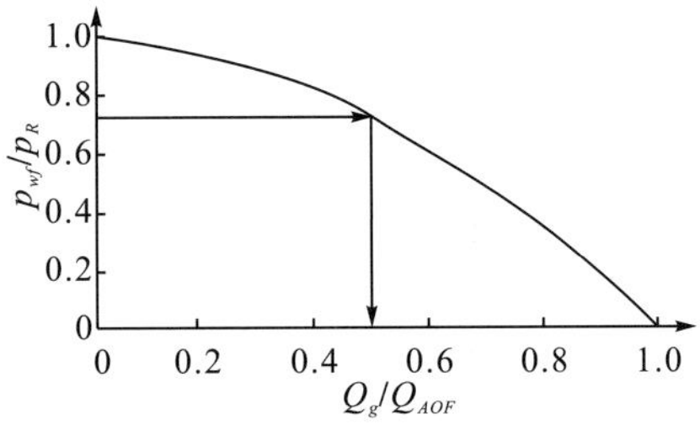

图 8.16 Q_g/Q_{AOF} 与 p_{wf}/p_R 的关系曲线

一点法测试对于缺少集输流程和装置的探井，可以大大缩短测试时间，减少气体的放空并节约大量的费用，减少资源的巨大浪费。对于新区探井而言，一点法是一种测试效率比较高的方法。一点法的缺点是对资料分析方法带有一定的经验性和统计性，其分析结果有一定的偏差，尤其对低渗透率及致密油误差较大。

1. 一点法测试时产量的确定

国内已有测试资料分析结果表明：当 $\left(p_R^2-p_{wf}^2\right)/p_R^2>0.2$ 时，在 $\lg Q_g/Q_{AOF}$ - $\lg\frac{P_R^2-p_{wf}^2}{P_R^2}$ 图上直线段十分明显，为此，将 $p_D=0.2$ 作为极限来进行研究，得到产量关系式：

$Q_g \approx 0.36 Q_{AOF}$。由此可知，若气井的无阻流量大约为 10（$10^4 m^3/d$），那么，用一点法进行测试时，气井的测试产量须大于 3.6（$10^4 m^3/d$），否则，用测试资料计算得到气井的产能存在一定的偏差。

2. 一点法测试时流动时间的确定

流动时间的大小直接影响测试资料结果分析的正确性，严格说来，进行一点法测试时，储层中的流动状态必须进入拟稳定期。在实际测试时，当压力随时间不再有明显的变化时，就说明压力已经稳定了。对于高渗透气层，这一点是容易达到的。但是，对于致密地层，压力在很长时间内都不会稳定，实际上，真正的稳定状态是不可能达到的，而且压力也不可能变成常数。如果一点法测试的流动时间不同，那么得到的气井无阻流量是不一样的，测试时间短，获得的气井无阻流量高于真实值。在实际测试中，如何确定一点法测试的流动时间呢？

国外文献研究表明，用探测半径来定义稳定更为合适。从气藏的渗流力学理论可知，当井中产生一个压力扰动时，它将很快影响到气藏中各点。然而，在离井某一距离处，压力扰动的影响就小到不可测量。这个几乎不能探测到影响的距离称为探测半径 r_{inv}，随着时间的增加，这个半径向外延伸直至气藏的外边界或相邻生产井之间的不流动边界。从此时起，探测半径就是常数，即 $r_{inv} = r_e$，并且可以认为稳定已经达到，这种状态叫作拟稳定流状态，这时压力虽没有变成常数，但压力下降的速度是常数。

由下式可以计算稳定时间：

$$t_s = \frac{74.2\phi\bar{\mu}r_e^2 S_g}{kp_e}$$

式中：t_s 为稳定时间，h；r_e 为排泄面积的外半径，m；$\bar{\mu}$ 为在 p_e 下的气体黏度，MPa·s；ϕ 为储层岩石的孔隙度，小数；k 为气层有效渗透率，$10^{-3}\mu m$；S_g 为含气饱和度，小数。

实际测试中，稳定流动时间的确定方法有：

(1) 经验法。根据各气田的情况，由压力下降的速度来确定。在气井稳定时，井中压力下降速度由 $\dfrac{\partial p_{wf}}{\partial t} = \dfrac{CzT_w Q_g}{\varphi h r_e^2}$ 确定。

(2) 导数曲线法。将实测的压力和时间进行数学求导，在一段时间内，压力对时间的导数趋于一个常数后，认为该井测试已经达到了稳定（图 8.17）。

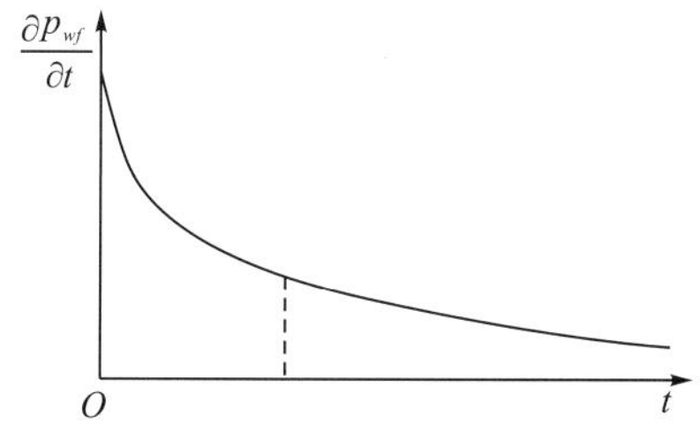

图 8.17　压力对时间的导数图

8.3.2 常规回压产能试井

常规产能试井是测量各种回压下井的产出能力的试井，即连续以若干不同的产量生产，并且要求每一个产量都必须持续到稳定条件，井底流压要达到一个稳定的值。这种试井要求确定气藏的平均地层压力 p_R（在勘探初期，p_R 就是原始地层压力 p_i），它对应的拟压力为 m_R。其测试方法是：开始以产量 Q_1 生产并测量井底流压 p_{wf}。通常要生产数小时，直至气井生产达到稳定而测出井底流压的稳定值 p_{wf1}。接着将产量改变到 Q_2 并测量井底流压 $p_{wf}(t)$，直至达到稳定的压力值 p_{wf2}。如此改变产量 3～4 次，每个产量下都生产到井底流压达到稳定值为止。图 8.18 展示了常规回压试井时产量和井底流压随时间的变化及其对应关系。常规回压产能试井对于外边界定压且渗透率较大的地层较为适用，因为渗透率较大，改变流量后的井底流压可以在较短时间内达到稳定。

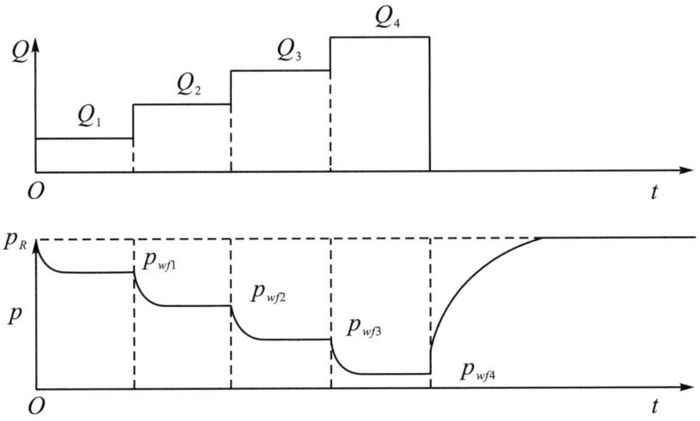

图 8.18 回压试井示意图

常规产能分析有二项式和指数式两种分析方法，对压力的处理有压力法、压力平方法及拟压力法。根据拟压力定义：$\psi=\int\frac{p}{\mu z}\mathrm{d}p$，当压力较小时（图 8.18）$\frac{p}{\mu z}$ 与压力呈线性关系，即 μz 可以看作常数，这样拟压力可以近似表示成 $\psi=\int\frac{p}{\mu z}\mathrm{d}p=\frac{p^2}{2\mu_i z_i}$，其中 $2\mu_i z_i$ 为常数（压力平方法）。而当压力较大时 $\frac{p}{\mu z}$ 为常数，拟压力可以近似表示成 $\psi=\int\frac{p}{\mu z}\mathrm{d}p=\frac{p_i}{2\mu_i z_i}p$（压力法）。于是根据对拟压力的近似，渗流方程可以统一表示成：

$$\nabla^2\Phi=\frac{1}{\eta}\frac{\partial\Phi}{\partial t},\quad 其中\begin{cases}\Phi=p & 压力较大\quad p>21\,\mathrm{MPa}\\ \Phi=p^2 & 压力较小\quad p<10\,\mathrm{MPa}\\ \Phi=\Psi & 所有压力\end{cases}$$

实际计算拟压力一般采用梯形面积求和代替积分（图 8.19），拟压力计算步骤如下，这里以计算 p=20MPa 处的拟压力为例给出计算步骤：

(1) 将 0～20 分成 n 份(采用等步长 dp=0.01MPa)，分别计算每个步长下的 $\frac{p}{\mu z}$ 值，并将相关的计算值存入数组。

(2) 计算每个梯形下的面积，如第 i 个步长下的面积：

$$S_i = 0.5\left[\left(\frac{p}{\mu z}\right)_{i+1} + \left(\frac{p}{\mu z}\right)_i\right](p_{i+1} - p_i) \tag{8.56}$$

(3) 将 0～20MPa 下所有面积 S_i 相加，就可以得到 20MPa 下的拟压力。

(4) 压力法和压力平方法表示偏微分方程中的变量可以近似采用压力和压力平方替代，与计算拟压力无关。

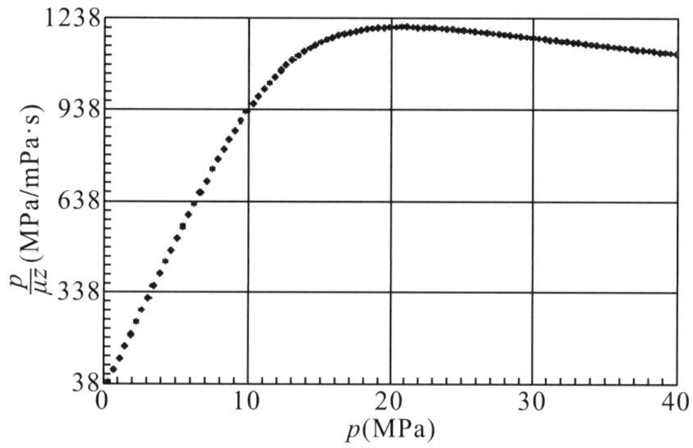

图 8.19　气体 $\frac{p}{\mu z}$ 与压力关系示意图

1. 常规试井二项式产能分析

二项式法产能分析是油气田开发中最常用的方法，二项式拟压力分析方程形式为

$$m_R - m_{wf} = aQ_{sc} + bQ_{sc}^2$$

式中：m 为拟压力，MPa^2/(mPa·s)，下标 R 表示关井，wf 表示井底；Q_{sc} 为产气量，10^{4}m^3/d；a 为二项式产能方程系数，[MPa^2/(mPa·s)]/(10^{4}m^3/d)；b 为二项式产能方程系数，[MPa^2/(mPa·s)]/(10^{4}m^3/d)。

可将上式写成 $\frac{m_R - m_{wf}}{Q_{sc}} = a + bQ_{sc}$，在直角坐标图上画出 $\frac{(m_R - m_{wf})}{Q}$-Q 的关系曲线，得到一条二项式产能直线，其斜率为 b、截距为 a。

(1) 用压力恢复法测得平均地层压力，在勘探初期，p_R 就是原始地层压力 p_i，由 p_R 换算出 m_R。在产能试井过程中对每个流量测出稳定压力值 p_{wf}，从而得到 (m_{wfi}, Q_i)。

(2) 在直角坐标图上标出实测数 $\left[\left(m_R - m_{wfi}\right)/Q_i, Q_i\right]$ 的点，得到二项式产能曲线，在图上读出产能曲线的截距 a 和直线斜率 b 值。

(3) 计算气井无阻流量 $Q_{AOF} = \frac{-a + \sqrt{a^2 + 4bm_R}}{2b}$，其中 m_R 用表压值表示，若用绝对压力表示则为 $m_R - m\left(p = 0.101\text{MPa}\right)$。

方程的系数 a 和 b 也可用最小二乘法算出，若 N 为改变产量的次数，则有

$$a=\frac{\sum_{i=1}^{N}\frac{m_R-m_{wfi}}{Q_{sc}}\sum_{i=1}^{N}Q_{sc}^2-\sum_{i=1}^{N}Q_{sc}\sum_{i=1}^{N}\left(m_R-m_{wfi}\right)}{N\sum_{i=1}^{N}Q_{sc}^2-\sum_{i=1}^{N}Q_{sc}\sum_{i=1}^{N}Q_{sc}} \tag{8.57}$$

$$b=\frac{N\sum_{i=1}^{N}\left(m_R-m_{wfi}\right)-\sum_{i=1}^{N}Q_{sc}\sum_{i=1}^{N}\frac{\left(m_R-m_{wfi}\right)}{Q_{sc}}}{N\sum_{i=1}^{N}Q_{sc}^2-\sum_{i=1}^{N}Q_{sc}\sum_{i=1}^{N}Q_{sc}} \tag{8.58}$$

用压力平方法进行产能分析的原理和步骤与拟压力方法完全类似。根据气井渗流的非达西现象，以压力平方表示时，井渗流的产量与井底流压之间满足以下二项式关系：

$$p_R^2-p_{wf}^2=aQ_{sc}+bQ_{sc}^2 \tag{8.59}$$

可将上式写成 $\frac{p_R^2-p_{wf}^2}{Q_{sc}}=a+bQ_{sc}$，在直角坐标图上画出 $\frac{\left(p_R^2-p_{wf}^2\right)}{Q}$-$Q$ 的关系曲线，将得到一条斜率为 b、截距为 a 的直线，在求得系数 a 和 b 后，计算气井无阻流量为

$$Q_{AOF}=\frac{-a+\sqrt{a^2+4b(p_R^2-0.101^2)}}{2b} \tag{8.60}$$

2. 常规试井指数式产能分析

在实际气田开发中，油气工作者通过大量实际观察，发现井底流压和产量之间满足如下经验关系式：

$$Q_{sc}=C\left(p_R^2-p_{wf}^2\right)^n \tag{8.61}$$

式中：Q_{sc} 为标准条件下气体产量，m^3/d；p_R 为关井到完全稳定时得到的气藏压力，MPa；p_{wf} 为井底流动压力，MPa；C 为产能方程的系数，描述稳定产能曲线位置，与气藏和气体特性有关；n 为产能方程的指数，描述稳定产能曲线斜率的倒数，与流体流动特性有关，有时简称渗流指数，渗流指数 n 从层流情形的最大值 $n=1$，变到完全湍流情形的最小值 $n=1/2$。

对公式两边取对数，得

$$\lg Q=n\lg\left(p_R^2-p_{wf}^2\right)+\lg C \tag{8.62}$$

方程(8.62)表明：在双对数坐标图上画出 $(p_R^2-p_{wf}^2)$-Q 的关系曲线，得到指数式产能曲线，其斜率为 $1/n$，指数式产能试井分析步骤：

(1) 先求得 p_R，并在产能试井过程中对每个流量 Q_i 测得井底流压的稳定值 p_{wfi}。

(2) 在双对数坐标图上标出实测数据 $(p_R^2-p_{wfi}^2,Q_i)$，得到一条直线为指数式产能曲线。

(3) 在图上读出直线的斜率 $1/n$，得指数 n。在双对数坐标图(图 8.20)上的斜率值按一个对数周期计算，求得系数 $C=Q/\left(p_R^2-p_{wf}^2\right)^n$。渗流指数 n 和系数 C 值也可对 $\lg\left(p_i^2-p_{wfi}^2\right)$ 和 $\lg Q_i$ 进行线性回归计算而得。

(4) 根据 p_R 的表压值算出绝对无阻流量 $Q_{AOF}=C\left(p_R^2-0.101^2\right)^n$。

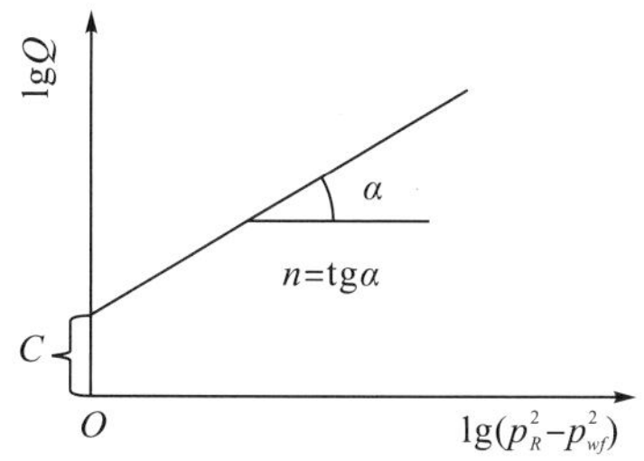

图 8.20　指数式特征曲线

3. 常规试井产量确定原则

(1) 所选择的最小产量至少应等于井筒中携液所需要的产量。
(2) 所选择的最小产量还应该足以使井口温度达到不生成水化物的温度。
(3) 所选择的最大产量不能破坏井壁的稳定性。
(4) 对于凝析气藏，选择最大产量时，要考虑尽量缩小地层中两相流区的范围。
(5) 对于底水气井，要防止底水锥进。
(6) 对于系统试井，每一工作制度的测试产量必须保持由小到大的序列。

4. 常规回压试井测试方法的优缺点

系统试井测试是矿场上常采用的方法之一，具有资料多、信息量大、分析结果可靠的特点，多年来深受矿场科技工作者的欢迎。但其测试时间长，测试费用高，对于新井而言，造成资料浪费大，因此该方法不宜在新井中使用。

回压试井在测试时的要求：每个气嘴开井生产时，不但产气量是稳定的，而且井底流动压力也已基本达到稳定，同时应该要求地层压力也是基本不变的。但是，现场实施时，达到流动压力稳定是很困难的，为了达到稳定，采取长时间开井，而长时间开井对于某些井层又造成地层压力同时下降，这样限制了回压试井方法的应用。

8.3.3　等时试井

由于回压试井存在着不足之处，Cullender (1955) 提出了一种“等时产能试井法”，其原理是：在一个已知的气藏中，有效驱动半径只是无量纲时间的函数，而与产量无关，如果一个多点试井中的每一个产量都持续一段固定的时间而没有稳定，那么，作为生产时间函数的有效驱动半径在每一点都是一样的。一组产量不同而生产时间相同的多点试井数据在双对数坐标上将是一条直线，用这种动态曲线计算出的 n 基本相同。在二项式中，也认为 b 与生产时间无关，因此，n 和 b 可以根据短期试井测试资料确定，而 C 或 a 则只能从稳定条件下求得，但对于不同的产量，只要每一个产量的生产时间是常数，C 和 a 也是固定不变的。

因此，等时生产试井只要结合一个稳定流动点就可以用来替代常规产能试井。简言之，等时试井是通过交替进行关井和开井操作来完成的。关井需要持续到井底压力达到稳定或非常接近稳定，使地层压力恢复到接近原始地层压力。开井时，以不同的产量生产一段规定的时间 t，并记录下 t 时刻的井底流动压力 p_{wf}，实施时并不要求流动压力达到稳定。为达到稳定条件，其中一个生产测试要进行足够长的时间，一般称它为延长的生产时间。其测试的产量及井底压力变化如图 8.21 所示。测试方法适用于渗透性较差的井层。

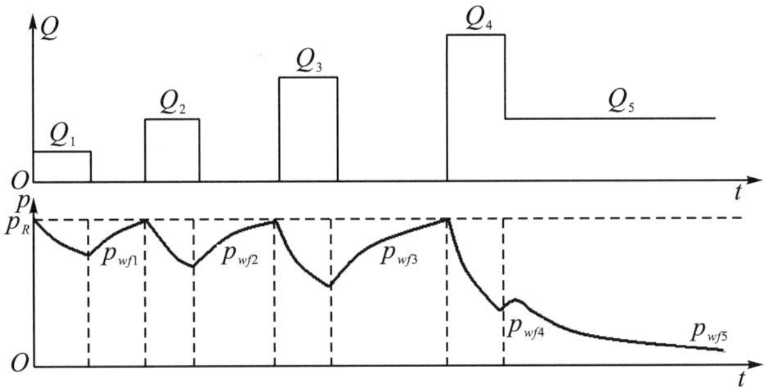

图 8.21 气井等时试井产量压力变化示意图

1. 等时试井二项式产能分析

(1) 在等时试井过程中测量出井底流压 p_{wfi} 及其对应的产量 Q_j， $j=1,2,3,4$, 并记下最后一个产量 Q_5 所测得的井底流压稳定值 p_{wf5}。

(2) 在直角坐标图中标出 4 个非稳态流压点 $\left[Q_j,\left(m_R-m_{wfi}\right)/Q\right]$ 或 $\left[Q_j,\left(p_R^2-p_{wfi}^2\right)/Q\right]$，$j=1,2,3,4$, 并画出回归直线，即二项式非稳态产能曲线。其斜率在拟压力图上为 $b=\operatorname{tg}\alpha$ 或在压力平方图上为 $b'=\operatorname{tg}\alpha'$，它们与常规产能试井中二项式产能曲线图上直线斜率相同，因此系数 b 或 b' 只与流动性质有关，与流动时间无关。

(3) 由最后一个流压稳定值点 $c\left(Q_5,p_{wf5}\right)$ 可计算出二项式产能关系式的另一个系数 a 或 a'。

$$a=\frac{m_R-m_{wf5}-bQ_5^2}{Q_5}，（拟压力法） \tag{8.63}$$

$$a'=\frac{p_R^2-p_{wf5}^2-b'Q_5^2}{Q_5}，（压力平方法） \tag{8.64}$$

用拟压力和压力平方表示的二项式产能关系式分别为

$$m_R-m_{wf}=aQ_{sc}+bQ_{sc}^2 \tag{8.65}$$

$$p_R^2-p_{wf}^2=aQ_{sc}+bQ_{sc}^2 \tag{8.66}$$

(4) 过最后一点 c 或 c' 作一条与非稳态产能曲线相平行的直线，即为稳态二项式产能曲线。其截距就是二项式产能关系式的系数 a 或 a'，计算绝对无阻流量的方法同上。

2. 等时试井指数式产能分析

(1) 利用测量数据在双对数坐标图上标出点 $\left[\lg Q_j, \lg\left(p_R^2 - p_{wfj}^2\right)\right], j=1,2,3,4$。这 4 个点的连线即为指数式非稳态产能曲线。

(2) 过点 $c\left[\lg Q_5, \lg\left(p_R^2 - p_{wf5}^2\right)\right]$ 作一条与非稳态产能曲线相平行的直线，即为指数式稳态产能曲线。

(3) 该气井的绝对无阻流量和预测气井产量计算方法与常规产能试井指数式产能分析方法完全相同。

3. 等时试井方法测试产量及测试时间的确定

等时试井测试产量序列的确定：在进行等时试井测试时，首先以一个较小的产量开井生产一段时间，然后关井恢复地层压力，待恢复到地层压力后，再以一个稍大的产量又开井生产相同的时间，然后又关井恢复，如此进行 4 个工作制度后，再以一个小的产量生产达到稳定。这里产量序列确定的方法和确定原则与系统试井一样，产量序列必须由小到大递增，最后的延时生产又以较小的产量进行。

等时试井测试时，流动时间及关井时间的确定：对于等时流动期，开井生产时间必须大于井筒效应结束的时间，并且要求开井流动结束时，探测半径必须达到距井 30m 以内，以便在流动期能够反映地层的特性，故等时试井流动时间的确定如下：

$$t_p = 62.49\frac{\phi\mu_g C_g}{k} \tag{8.67}$$

式中：ϕ 为储层孔隙度，小数；μ_g 为在储层温度压力下的气体黏度，MPa·s。C_g 为在储层温度压力下的气体压缩系数，MPa^{-1}；k 为储层渗透率，$10^{-3}\mu\mathrm{m}^2$。

如果用上面公式计算的结果小于井筒存储效应结束的时间，则流动期时间必须大于井筒存储效应结束的时间。关井时间的确定是在测试过程中掌握的，在每一工作制度生产后，只要关井的压力恢复到原始地层压力，则可进行下一工作制度的测试，随着产量的增加，关井时间也相应增加。

最后延续期流动时间的确定：最后一个延续期流动要求达到稳定，此时，可采用一点法测试的稳定时间确定方法来确定。

4. 等时试井测试方法的优缺点

等时试井法的采用，大大缩短了开井流动时间，使放空气量大为减少。但是，由于每个工作制度都要求关井恢复到地层压力稳定，因此关井恢复时间较长，整个测试时间较长，测试费用比较高。

8.3.4 修正等时试井

等时试井每测一个流量必须关井求 p_R。几次关井，特别是在岩性致密的低渗透气层关井，所需时间会更长，因此等时试井很难实现缩短试井时间的目的。

对于如何缩短等时试井时间的问题，1959 年 Katz 等提出了改进意见，要点是：每一测试流量下的试气时间和关井时间都相同，如图 8.22 中的Δt；每次关井到规定时间Δt 就测量气层压力 p_{ws}（未稳定），并用 p_{ws} 代替 p_R 计算下一测试流量相应的 Δp^2（即 $p_{ws}^2 - p_{wf}^2$）。等时试井经过这样的改进，缩短时间的目的就可达到，其结果与等时试井相差甚微。

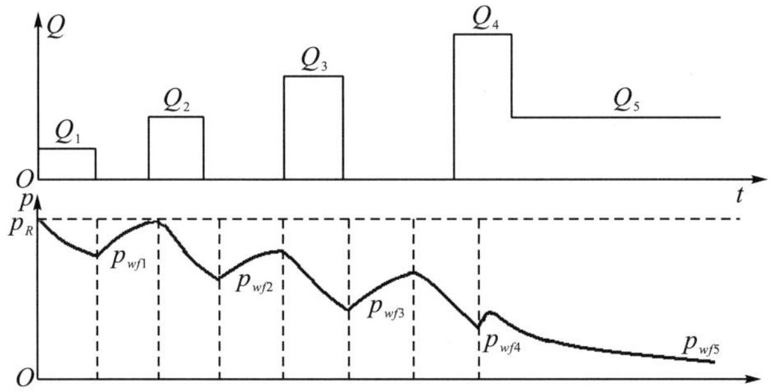

图 8.22 修正等时试井示意图

1. 修正等时试井测试时间的确定方法

与等时试井的确定方法一样，要求测试流动期时间必须大于井筒效应结束时间，并且探测半径要达到地层 50m 范围，这样所测试的结果才能反映地层的特性，探测半径达到 50m 的范围的计算公式可用式(8.67)计算，井筒效应结束的时间可按式(8.68)进行计算，比较二者，选其中大的一个作为等时测试的时间。

$$\frac{774.6kh}{Q_{sc}T}2\int_{p_{wf}}^{P}\frac{p}{\mu_g z}\mathrm{d}p = \ln\frac{r}{r_w} \tag{8.68}$$

式中：Q_{sc} 为标准状态下的产气量，m^3/d；k 为渗透率，$10^{-3}\mu m^2$；μ_g 为气体黏度，MPa·s；z 为气体压缩系数；T 为气层温度，K；h 为气层有效厚度，m；r_w 为井底半径，m；r 为距井轴的任意半径，m；p 为 r 处的压力，MPa；p_{wf} 为井底流压，MPa。

2. 修正等时试井测试的优点

修正等时试井测试方法是等时试井测试方法的改进，在实际测试时，只要所有工作制度下的开井生产时间和关井恢复时间都一样，矿场操作十分方便，既缩短了开井流动期的时间，也缩短了关井恢复期的时间，因而该方法在矿场上得到了广泛的应用。

8.4 产量递减曲线产能评价方法

产量递减曲线产能评价方法，早期应用于常规的油气井产能评价中。但是经典的产量递减方程应用于页岩气井的产能评价时，往往遇到很多困难与疑惑：例如拟合参数值突破常规值域，预测可采储量与实际相差很大等。这种现象的出现，一方面是由于常规的产量递减模型本身在数学表达式上不足以全面地涵盖、准确描述和适用于页岩气井通常的生产动态，另一方面是由于产量递减曲线大部分是经验回归的和只带有统计意义的数学方程，而没有考虑具体的地下渗流机理。页岩气井的生产动态，往往由于页岩储层渗透率极低，呈现长时间的不稳态阶段和较晚的边界效应，而常规的产量递减方程的产能预测无法稳定描述过长时间的非稳态生产动态。随着页岩气开发工业的发展，不同形态的改进型和修正型的产量递减曲线模型被井喷般提出。

虽然产量递减曲线不断地推陈出新，但是产量递减模型的合理应用，依然是制约应用该方法对页岩气井产能预测评价的瓶颈。目前，改进型阿普斯递减模型、延展指数递减模型和邓思递减模型在页岩气井的产量递减分析和产能评价上应用较多。

8.4.1　流量递减模型

经典的阿普斯递减模型的具体表达形式如式(8.69)所示，其中 b 为模型参数，用于描述递减类型，通常的 b 值范围为[0，1]。

$$q(t)=\begin{cases} q_i\exp(-D_it) & (b=0) \\ \dfrac{q_i}{(1+D_ibt)^{1/b}} & (0<b<1) \\ \dfrac{q_i}{1+D_it} & (b=1) \end{cases} \tag{8.69}$$

改进型的阿普斯递减模型主要是针对经典阿普斯模型中所出现的超出常规参数值域的情况，拓宽了模型参数 b 的取值范围。而这种单纯在数学概念上的改进，依然无法解释相关的动态机理。

8.4.2　延展指数递减模型

延展指数递减模型是基于数十万口页岩气井的生产动态，统计回归的、较适用于页岩气井的产量递减模型。其表达式为

$$q(t)=q_i\exp\left[-(t/\tau)^n\right] \tag{8.70}$$

式中：τ,n 没有明确物理意义，需要通过流量历史拟合得到。

转调点概念的提出将流态机理融合进了单纯靠产量数据进行分析的产量递减方法中。转调点将页岩气井生产动态较清晰地划分为非稳态阶段和边界效应阶段，而特殊的数学方程结构也能够较贴切地描述在页岩气井在不稳态生产阶段的产量递减形态(图 8.23)。转调点与模型参数的关系为

$$t_{infl}=\tau(1/n-1)^{1/n} \tag{8.71}$$

延展指数递减模型的关键是转调点的确定：如果选取的转调点早于实际的转调点出现时间，延展指数递减预测产能往往小于实际产能；相反地，如果选取的转调点晚于实际的

转调点出现时间，延展指数递减预测产能往往大于实际产能。这种利用转调点判断流态变化的方法也能更好地解释产能预测出现差异的原因，而转调点的确定也依赖于测试数据的完整程度。对于依然处于非稳态生产阶段的页岩气井，其生产动态虽然可以利用延展指数式产量递减方程进行描述和拟合，但预测的产能往往偏小。

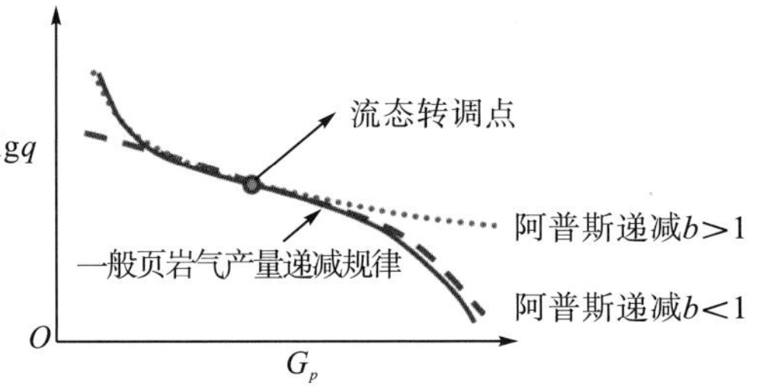

图 8.23 延展指数递减模型对页岩气井产量递减特征的描述

8.4.3 邓思递减模型

邓思递减模型也是一种基于实际的页岩气井生产数据统计总结的产量递减模型。邓思递减模型的整体数学表达形式为直线型[式(8.72)]，只是随时间变化的自变量部分较复杂。但是邓思递减模型只能描述非稳态阶段，所以往往预测产能要明显大于实际产能。

$$q(t)=q_1 t(\alpha,m)+q_{inf} \tag{8.72}$$

其中时间函数表达式为

$$t(\alpha,m)=t^{-m}\exp\left[\alpha/(1-m)\left(t^{1-m}-1\right)\right] \tag{8.73}$$

式中：q_1为时间为 1 时的产量值；α，m为没有明确物理意义，需要通过流量历史拟合得到。

利用产量递减曲线对页岩气井产能进行产能评价主要存在的问题就是较长时间的非稳态生产和难以确定的边界效应。阿普斯递减模型往往过早假设了边界效应的出现，所以通常会低估页岩气井的产能；延展指数递减模型在数据点出现明显的、确定的转调点的情况下对产能的预测较合理，而在没有转调点的情况下基于现有数据假设转调点的方法会使延展指数式递减模型低估页岩气井的产能；邓思递减模型由于只能描述非稳态流动，一般情况下会高估产能。

8.4.4 页岩气井产量递减分析流程

在应用产量递减模型进行页岩气井产能评价过程中，由于各产量递减模型对于页岩气井产量递减规律的描述都存在一定程度上的缺陷，尤其是考虑转调点(即边界效应)前后的描述，需对是否存在转调点的情况进行判断，然后根据情况进行合理的方法选择，其分析流程如图 8.24 所示。

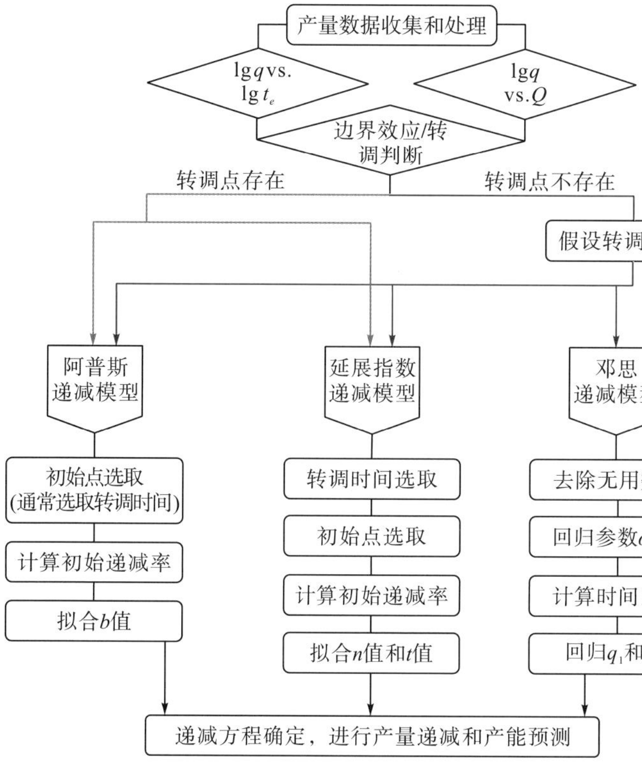

图 8.24　页岩气井产量递减模型产能评价应用流程

在存在转调点的情况下，推荐使用阿普斯递减模型和延展指数递减模型。使用阿普斯递减模型时，参与拟合的数据优先考虑在转调点之后(即边界效应)数据段，是因为阿普斯递减模型主要描述边界流动的特征；使用延展指数递减模型则可以考虑全部数据，但是转调点的选取是决定拟合程度的关键因素。如果转调点在数据中并无体现(通过半对数或是双对数诊断曲线判断)，三种方法的预测结果均会存在弊端：若选用阿普斯递减模型，不论在数据点的任何位置选定初始值，预测的结果均会偏小，因为从选取的位置开始，阿普斯递减模型预测的流量递减速率均大于真实数据在非稳态流动阶段的递减速率；若选用延展指数递减模型，即便假设最后一个数据点为转调点，延展指数递减模型的预测也可能先于真实数据率先进入边界效应流动，递减速率会率先于真实数据增加，故预测结果亦可能偏大；选择邓思递减模型时，由于邓思模型无法描述边界流动期的递减过程，即便真实数据的转调时间很大，邓思模型的递减速率也偏高，故其预测结果可能偏大。

8.5　基于物质平衡法的产能预测方法

物质平衡产能评价方法是基于油气藏物质平衡理论的一种静态描述方法。由于物质平衡方法仅对流体进出记录但不记录流动过程，所以只能对产出-剩余关系在某个时间节点的状态进行描述和说明。

对于页岩气井，利用物质平衡方法进行产能评价的关键是初始控制气储量的评价，包括有效改造体积和在初始储层条件下的游离气和吸附气的储量计算。对于页岩气储层在通常状态下，地层水很难在压力梯度驱动下发生流动，大部分情况可认为页岩气储层为干气藏储层。游离气的流动和生产均由其压缩膨胀提供动力，可用 *p-z* 方法或是 RAMO-GOST 方法进行描述；而吸附气的解吸附一般利用等温吸附朗缪尔模型进行描述，而这一切的关键在于某时间节点的地层平均压力。

8.5.1 页岩气藏 *p-z* 物质平衡产能评价方法

p-z 预测方法是基于干气藏物质平衡理论的产能预测方法。其方法是根据各时刻的生产动态，记录当时的累计气产量和储层平均压力后，制作 *p-z* 分析曲线(即 p/z 与累计产量在直角坐标系中的绘图，图 8.25)。

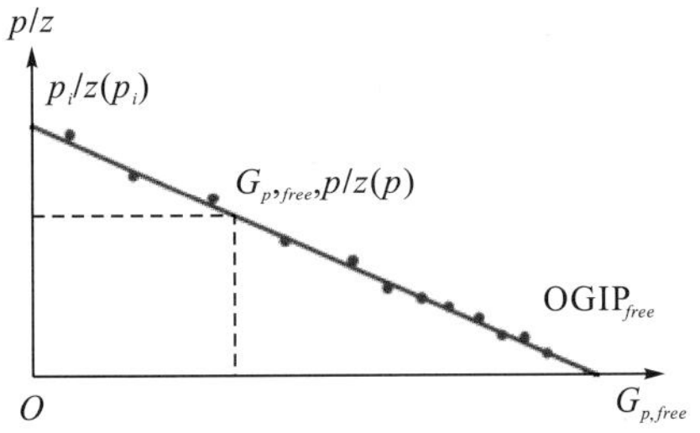

图 8.25 页岩气干气藏 *p-z* 产能评价预测方法示意图

根据干气藏物质平衡理论，有

$$\frac{\mathrm{OGIP}_{free} B_{gi}}{B_g} = \mathrm{OGIP}_{free} - G_{p,free} \tag{8.74}$$

由气体体积系数定义式(8.29)，可得

$$\frac{B_{gi}}{B_g} = \frac{(p/z)}{(p/z)_i} \tag{8.75}$$

综合方程(8.74)和方程(8.75)，可得

$$\left(\frac{p}{z}\right) = \left(\frac{p}{z}\right)_i \left(1 - \frac{G_{p,free}}{\mathrm{OGIP}_{free}}\right) \tag{8.76}$$

式中：OGIP_{free} 为总储量；$G_{p,free}$ 为压力为 p 时的总采出量。

在直角坐标系上对 p/z 与 $G_{p,free}$ 进行作图，应该是一条直线。直线在横轴上的截距为储层平均压力降落到 0 点的累计产量，即原始地层储量。另外，根据直线方程亦可计算任何储层平均压力下的累计产量。

8.5.2　页岩气藏 RAMO-GOST 物质平衡产能评价方法

RAMO-GOST 方法是基于 p-z 方法的一种预测产能的方法，主要考虑地层水对产气的影响。其做法就是将 p-z 方法中直角坐标系中的纵轴坐标从 p/z 变换为 $\frac{p}{z}\left[1-\frac{\left(C_w S_w+C_f\right)\left(p_i-p\right)}{1-S_{wi}}\right]$（图 8.26），其中：$C_w$ 是水的压缩系数；C_f 是岩石压缩系数；S_{wi} 是地下平均初始含水饱和度；S_w 是在某个地层平均压力条件下的平均地层含水饱和度。

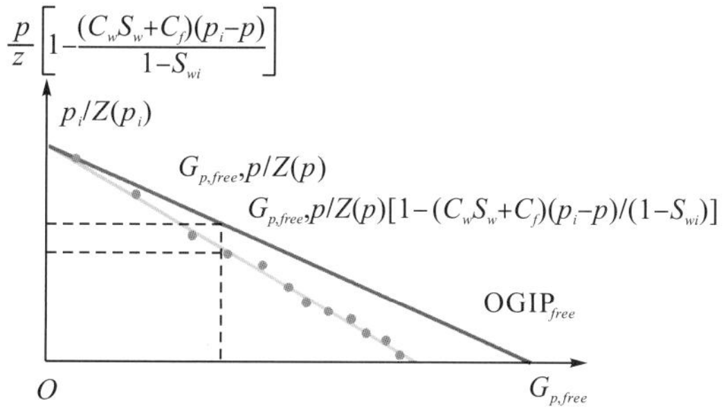

图 8.26　页岩气藏 RAMO-GOST 产能评价预测方法示意图

8.5.3　页岩气井定容 SRV 物质平衡产能评价方法

SRV 方法是分别考虑页岩气地层中存在的游离气和吸附气、将描述游离气产能动态的 p-z 方法或是 RAMO-GOST 方法与描述吸附气产能动态的朗缪尔方法进行结合所得到的产能评价方法。SRV 方法的实施流程如图 8.27 所示。

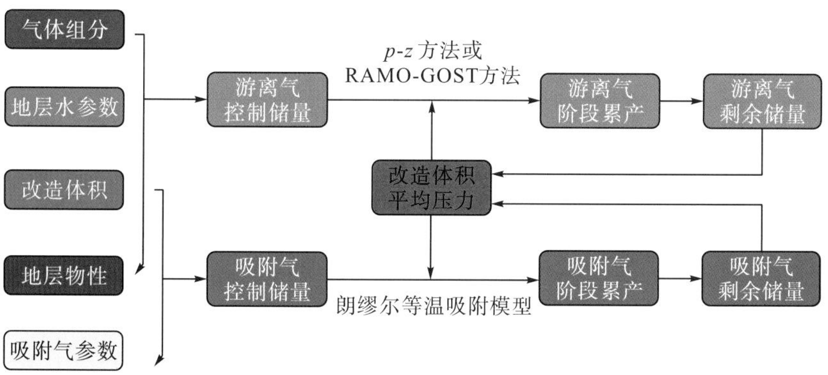

图 8.27　页岩气井 SRV 产能评价预测方法流程示意图

对游离气的产能预测方法前文已介绍，对于吸附气，通常采取朗缪尔模型进行描述。对于任意平均储层压力条件下，利用朗缪尔等温曲线可以计算当前平均储层压力条件下 SRV 体积内的吸附量，则可以计算从原始储层压力（p_i）到当前平均储层压力（p_L）阶段的累计吸附气产量(图 8.28)， ρ_{bulk} 为体相密度。

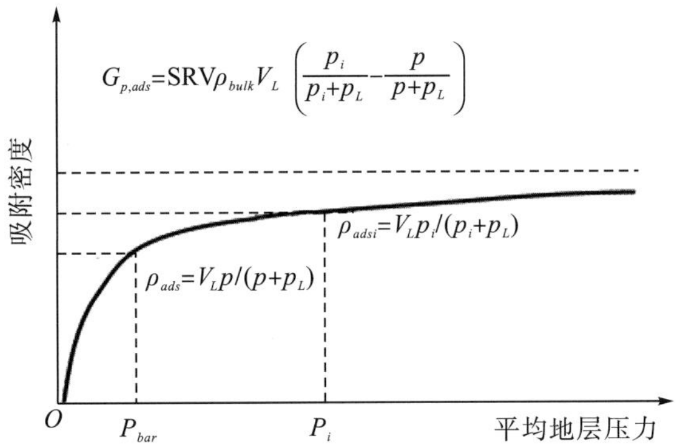

图 8.28 页岩气井 SRV 产能评价预测方法中吸附气朗缪尔计算方法流程示意图

SRV 产能预测方法关键在于 SRV 体积计算和地层平均压力监测，SRV 体积的合理预测是计算原始控制储量的基础，而地层平均压力是统一游离气和吸附气在某一时刻达到动态平衡、保障 *p-z* 或 RAMO-GOST 和朗缪尔模型同时使用的关键变量。

8.6 井筒气液两相流计算

气液两相管流是一门新学科，不仅涉及天然气的物性计算、气液两相管流的流态变化，还涉及井筒中的气液滑移及能量守恒方程等。将井口压力较为准确地折算到井底，需要已知气体组分、井筒内温度分布、管道的粗糙度、气体与液体产量变化、液体的密度及不同液体的含量等多项参数。以下我们将分别介绍相关的内容。

8.6.1 基本术语及定义

气井地面分离计量产液(油、水或压裂液等)，说明油管内是气液两相流。气液两相流需要用到两相垂管流体力学的知识。这里，先介绍一下将要用到的几个专业术语。

1. 表观速度

表观速度就是假想单相流体充满并流过管子横截面的速度。在气、液两相垂管流中：

气相表观速度：

$$u_{Sg}=\frac{q_g}{A}$$

液相表观速度：

$$u_{Sl}=\frac{q_L}{A}$$

式中：q_g 为气相在油管内任一状态(p、T)下的流量，m^3/s；q_L 为液相在油管内任一状态(p、

T) 下的流量，m^3/s；A 为油管横截面积，m^2；u_{Sg}、u_{Sl} 分别为气、液相表观速度，m/s。

2. 真实速度

即按岩心横截面上孔隙面积计算的真实渗流速度。

气相真实速度：

$$u_{Ag}=\frac{q_g}{\left(1-H_L\right)A}=\frac{u_{Sg}}{1-H_L} \tag{8.77}$$

液相真实速度：

$$u_{Al}=\frac{q_g}{H_L A}=\frac{u_{Sl}}{1-H_L} \tag{8.78}$$

式中：H_L 为特液率。

3. 滑脱速度

在气液两相流的垂管内，气相密度远远小于液相密度。井流从井底向上流动时，气体力图跑到液体的前面，称为滑脱，用滑脱速度或相对速度 u_S 定量评估滑脱程度。

$$u_S=u_{Ag}-u_{Al} \tag{8.79}$$

在气液两相垂管流中，称 $u_S>0$ 为有滑脱；称 μ_s=0 时为无滑脱。

4. 持液率

在气液两相流的垂直管线上，在其流动状态 (p、T) 下，取单位管长管内液相体积与该管长总体积之比值，定义为该流动状态 (p、T) 下的持液率，用符号 H_L 表示。在气液两相流中，多数流态下都存在滑脱，即 $u_S>0$，H_L 称为有滑脱的持液率，文字表达式为

$$H_L=\frac{\left(\text{单位管长的液相体积}\right)_{\text{p.T}}}{\text{单位管长的总体积}} \tag{8.80}$$

式中：H_L 沿垂管变化，其值从 0～1，为无因次小数；$H_L=0$，表明两相流动转变为单相气流；$H_L=1$，表明垂管内为单相液流。

存在滑脱的持液率只能通过试验装置测定，有的学者也使用持气率的概念，用符号 H_g 表示：

$$H_g=1-H_L \tag{8.81}$$

这样：

$$H_L+H_g=1 \tag{8.82}$$

气液两相流中，还有无滑脱持液率，用符号 λ_L 表示：

$$\lambda_L=\frac{q_L}{q_L+q_g}=\frac{u_{Sl}}{u_{Sl}+u_{Sg}} \tag{8.83}$$

同样，无滑脱持气率

$$\lambda_g=1-\lambda_L=\frac{q_g}{q_L+q_g}=\frac{u_{Sg}}{u_{Sl}+u_{Sg}} \tag{8.84}$$

5. 气液混合物密度

如用 ρ_m 或 ρ_{TP} 表示有滑脱的气液混合物密度或两相密度：

$$\rho_m 或 \rho_{TP} = \rho_L H_L + \rho_g (1 - H_L)$$

如用 ρ_n 表示无滑脱的两相密度：

$$\rho_n = \rho_L \lambda_L + \rho_g \left(1 - \lambda_L\right) \tag{8.85}$$

8.6.2 油管的摩阻系数

按常规做法计算井下油管摩阻系数，确定井下油管的绝对粗糙度或当量粗糙度极为困难。困难在于：

(1)气井井下油管属水力学上的实际管道。油管内壁粗糙情况与所用钢材和钢管制造工艺有关，但油管厂家提供的油管技术资料中，没有油管绝对粗糙度的丝毫信息。表 8.2 管道种类一栏有无缝钢管，也给出了不同加工及使用状况的 e 或 k_s 值，但具体到井下油管，究竟取何值仍感棘手。有文献提到：如无油管厂家提供的绝对粗糙度数据，对新油管建议取 e=0.0006in(英寸)=0.01524mm。

表 8.2 管道当量粗糙度值

管道种类	加工及使用状况	e 或 k_s(mm) 变化范围	e 或 k_s(mm) 平均值
玻璃、铜、铅管	新的、光滑的、整体拉制的	0.001～0.01	0.005
铝管	新的、光滑的、整体拉制的	0.0015～0.06	0.03
无缝钢管	1.新的、清洁的、敷设良好的	0.02～0.05	0.03
	2.用过几年后的加以清洗的、涂沥青的、轻微锈蚀的、污垢不多的	0.15～0.3	0.2
焊接钢管和铆接钢管	1.小口径焊接钢管(只有纵向焊缝钢管)		
	(1)新的、清洁的	0.03～0.1	0.05
	(2)经清洗后锈蚀不显著的旧管	0.1～0.2	0.15
	(3)轻度锈蚀的旧管	0.2～0.7	0.5
	(4)中等锈蚀的旧管	0.8～1.5	1
	2.大口径钢管		
	(1)纵缝和横缝都是焊接的	0.3～1.0	0.7
	(2)纵缝焊接、横缝铆接，一排铆钉	≤1.8	1.2
	(3)纵缝焊接，横缝铆接，两排或两排以上铆钉	1.2～2.8	1.8
镀锌钢管	1.镀锌面光滑洁净的新管	0.07～0.1	
	2.镀锌面一般的新管	0.1～0.2	0.15
	3.用过几年后的旧管	0.4～0.7	0.5
铸铁管	1.新管	0.2～0.5	0.3
	2.涂沥青的新管	0.1～0.15	
	3.涂沥青的旧管	0.12～0.3	0.18
混凝土管及钢筋混凝土管	1.无抹灰面层		
	(1)钢模板，方程式质量良好，接缝平滑	0.3～0.9	0.7
	(2)木模板，施工质量一般	1.0～1.8	1.2
	2.有抹灰面层并经抹光	0.25～1.8	0.7
	3.有喷浆面层		
	(1)表面用钢丝刷刷过并经仔细抹光	0.7～2.8	1.2
	(2)表面用钢丝刷刷过并未经抹光	≥4.0	8
橡胶软管			0.03

(2)新油管下井后，由于井流的多样性和复杂性，随着油管下井年限的增长，井下油管内壁会因发生锈蚀、腐蚀、冲蚀和结垢等情况而发生改变，但井下油管内壁的变化信息地面无法得知。

油管绝对粗糙度应随油管下井年限的增长而适时调整，并建议：

新油管：e=0.0127～0.01524mm。

下井一年后：e=0.0381mm。

下井两年后：e=0.0445mm。

(3)从井下取出的旧油管，上、中、下井段油管内壁的锈蚀不会一样，油管全长的平均摩阻系数又如何取值？

由此可见，欲计算一口生产气井的油管流压梯度，如何决定此井此时油管的 e 值，至今仍是难越的障碍。

8.6.3　气液两相垂直管流的流态及其判别

气液两相垂管流态判别方法很多，主要有 Duns-Ros(1963)、Orkiszewski(1967)、Aziz(1972)、Chierici(1974)、Beggs 和 Brill(1973)、Hasan(1988)等。本节仅给出 Orkiszewski 的流态判别，Orkiszewski 认为气液两相垂管流态主要有四种流态(图 8.29)。

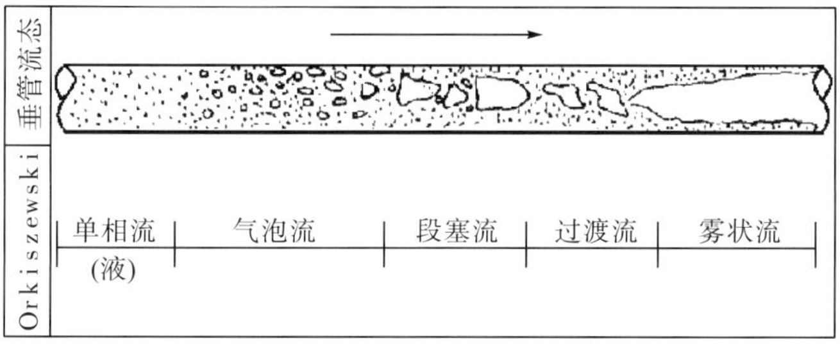

图 8.29　气液两相垂管流态划分图

气泡流：油管几乎全部为液体充满，液体与管壁密切接触，摩阻主要受液体控制，滑脱损失很大。气体以小气泡形态均匀地分散在液相中，对摩阻的影响极微。

段塞流：气泡在上升过程中膨胀，迅速合并聚集，发展成气体段塞，其形如炮弹。液体被油管中心的气体段塞分隔，但仍为连续液相(气体段塞四周有液膜与上下液相相连)。气体段塞中有液滴，液柱中也存在小气泡。在此流态下，气体和液体对摩阻都产生影响，滑脱损失小，举升液体的效率较其他流态高。

过渡流：“过渡”二字主要指液相从连续相过渡到分散相，气相从分散相过渡到连续相。也可以理解为垂管上、下两种流态中间的混合流态。这一流态的形状极不稳定，很难用文字确切描述。气体主导这一流态，但液体影响仍不可忽视。

雾状流：液体变成分散的细小液粒均匀地散开在气体中。同时，油管壁上附着一层薄薄的液膜，液膜在管道中心高速气流的拖曳下沿管壁缓慢上爬。摩阻主要受管内气体控制。

对一口油田上的自喷采油井，原油从油层流入井底后，当油管内的流压低于原油饱和压力，气体从原油中逸出，油管内出现两相垂管流中的气泡流态。井流继续向上流往井口，油管内流压进一步降低，从原油中分离出的气体越来越多，气泡聚合体积膨胀，油管内出现垂管流中的段塞流。继之，可能接连看到过渡流和雾状流。实际上，不是每口自喷油井，从管鞋到井口，油管内都会依次出现这四种流态，这与该油气藏类型、性质及其所处成藏的烃源岩成熟度相关，即油气藏地质和油气藏工程(油气品质)是内在的先决性条件。

在气水井中，如果气水同层、同一裂缝系统，加上生产压差很大，大气量和大水量同时流入井筒，油管内有可能出现一段时期的段塞流流态，地面测量的气量和水量都很大。但是，这也存在隐患，很容易造成层内水封气，或井筒积水把井压死，国内有过这样的教训。

对流态的判别，Orkiszewski 用了两个无因次参数和三个无因次界限数作为流态判别依据。

(1) Q_g/Q_T：在油管内某一状态(p、T)下气体体积流量 Q_g 与气水混合物总体积流量 Q_T 之比，无因次。

(2) N_{gv}：气体速度数，无因次。

(3) $(L)_B$：气泡流界限数，无因次。

(4) $(L)_S$：段塞流界限数，无因次。

(5) $(L)_M$：雾状流界限数，无因次。

这 5 个参数相关的计算式如下：

$$\frac{Q_g}{Q_T}=\frac{Q_g}{Q_g+Q_w} \tag{8.86}$$

天然气很难溶于地层水。通常，每增加 10MPa 压力，溶解于地层水的气量不超过 $2m^3/m^3$。在考虑气水两相流动计算时，通常都将随压力降低地层水中逸出的气量忽略不计。所以，按气井日产气量 Q_{sc} 直接计算 Q_g：

$$Q_g=Q_{sc}B_g \tag{8.87}$$

式中：Q_g 为在油管段某一状态(p、T)下的气体体积流量，m^3/d；B_g 为状态(p、T)下的天然气体积系数。

式(8.86)中 Q_w 是在油管段某一状态下水的体积流量。由于天然气在水中的溶解度很小，加之水本身的可压缩性极小，因此取水的体积系数为 1.0，Q_w 的值直接取为气井的日产水量。

$$N_{gv}=u_{sg}\left(\frac{\rho_w}{g\sigma}\right)^{\frac{1}{4}} \tag{8.88}$$

式中：u_{sg} 为在油管段某一状态下天然气的表观流速，m/s；ρ_w 为在油管段某一状态下水的密度，kg/m^3，实际计算时，不考虑水中含盐量，取 $\rho_w=1000kg/m^3$，如考虑含盐，近似取 $\rho_w=1074kg/m^3$；σ 为在油管段某一状态下气水界面张力，N/m，实际计算时，近似取 $\sigma=0.6N/m$；g 为重力加速度，m/s^2。

$$(L)_B=1.071-7.1387\frac{u_{sgw}^2}{gd}=1.071-0.7277\frac{u_{sgw}^2}{d} \tag{8.89}$$

式中：u_{sgw} 为在油管段某一状态下，气、水表观流速之和，$u_{sgw}=u_{sg}+u_{sw}$，m/s；d 为油管内径，m。

$$(L)_S = 50 + 36N_{gv}\frac{Q_w}{Q_g} \tag{8.90}$$

$$(L)_M = 75 + 84\left(\frac{N_{gv}Q_w}{Q_g}\right)^{0.75} \tag{8.91}$$

根据上列 5 个参数在不同状态下的计算数值，按表 8.3 所列出的判别界限，就可判别出计算井段(或计算步长)相应状态下的流态。

表 8.3　Orkiszewski 模型不同流态判别界限

流态	判别界限
气泡流	$Q_g/Q_T<(L)_B$
段塞流	$Q_g/Q_T>(L)_B, N_{gv}<(L)_S$
过渡流	$(L)_M>N_{gv}>(L)_S$
雾状流	$N_{gv}>(L)_M$

8.6.4　气液两相水平管流的流态及其判别

与垂直井井筒流动不同，在水平井筒中的压降并不是由势能差造成的，所以计算持液率并不起决定性作用。但往往水平井筒的相关公式还是需要计算持液率，以便计算用于摩阻压降计算的流体密度。

与垂直管流类似，两相的水平管流也可被分为以下几种流型：分层型(平滑介面，波纹介面)，间歇型(段塞流，长泡流)，分散型(环状/弹状流，分散气泡流)，如图 8.30 所示。

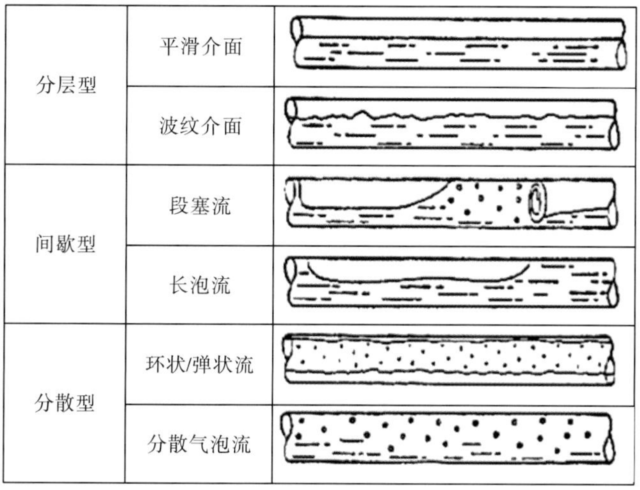

图 8.30　水平管流流态示意图

针对水平井筒的多相流的相关公式如下：

1872 年 Froude 给出水平井流态判据，定义了液体滞留率

$$H = A_w / A$$

$$H' = Q_w / \left(Q_w + Q_g\right)$$

式中，A 为管道横截面积，$A = A_g + A_w$，A_g 为被气相占据的横截面积，A_w 为被液相占据的横截面积，Q_w 和 Q_g 分别为液相与气相流量。也定义了弗劳德(Froude)数：

$$Fr = v^2 / Dg$$

式中，v 为流体速度；D 为管道直径；g 为重力加速度。依据上述定义，Froude 给出了水平井不同流态的判据，见表 8.4。

表 8.4　水平井流动状态判据

类别	经验公式
Ⅰ分层流、波状流、环形流	$Fr < L_1$　$L_1 = \exp\left(-4.62 - 3.757x - 0.481x^2 - 0.0207x^3\right)$ $x = \ln H'$
Ⅱ细长气泡流、段塞流	$L_1 < Fr < L_2$ $L_2 = \exp\left(1.061 - 4.602x - 1.609x^2 - 0.179x^3 + 0.635 \times 10^{-3} x^5\right)$
Ⅲ气泡流、雾状流	$Fr > L_1$ $Fr > L_2$

8.6.5　气液两相管流数值算法

方程(5.6)中的速度、密度等都是气液混合时的速度和密度，尤其是气体温度和压力都影响密度。同时由于气液的产量都是地面产量，当将井口压力折算到井底时，需要采用体积系数将地面的产量折算到某一井深对应的温度压力下的流量，气体的体积系数也随温度压力而变化。在雷诺数的计算中，需要黏度，气体和液体的黏度也是随温度压力而变化，而本身方程(5.6)就是一个微分方程，本身求解就非常复杂。这里我们采用微分方程的龙格-库特法求解：

(1)将井筒分为 N 等份，如图 8.31 所示。

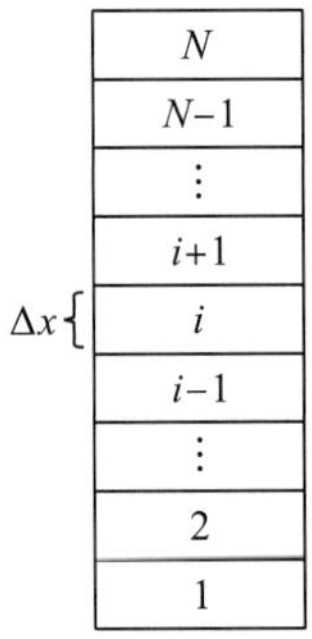

图 8.31　井筒求解区域的划分

(2)输入气体组分、油管半径、表面粗糙度、井口温度、井口压力、井底温度、井深、气体流量、液体流量等参数。

(3)从井口开始，已知压力(井口压力 p_0 已知)、温度分别计算气液的黏度、密度、体积系数等；判断流态、计算摩阻等；计算混合液体的相关参数。

(4)采用四阶龙格-库特公式计算第一个单元的压力

$$p_1 = p_0 + h\left(k_1 + 2k_2 + 2k_3 + k_4\right)/6 \tag{8.92}$$

其中，

$$k_1 = f\left(x_i, y_i\right)$$
$$k_2 = f\left(x_i + h/2, y_i + hk_1/2\right)$$
$$k_3 = f\left(x_i + h/2, y_i + hk_2/2\right)$$
$$k_4 = f\left(x_i + h/2, y_i + hk_3/2\right)$$

(5)用 p_1 替代 p_0，重复(3)和(4)计算 p_2，直至计算到井底压力终止。

8.7　高频动态监测数据处理算法

大规模体积压裂是页岩气开发的核心，对压裂效果评价可以获得页岩气开发的原始指纹，尤其对水平井分段压裂，各簇裂缝的开启情况十分关键。压裂停泵会产生水击波，可在井口安装高频压力计，采集水击波，通过对水击波的分析获得裂缝开启情况。图 8.32 就是在井口安装一支采样频率为 1000Hz，且测量精度为万分之五的高频压力计，该压力计通过采集卡、数据传输线及转接头与压裂控制室的电脑相连接进行数据采集，再由云端传送到计算中心，进行数据分析。

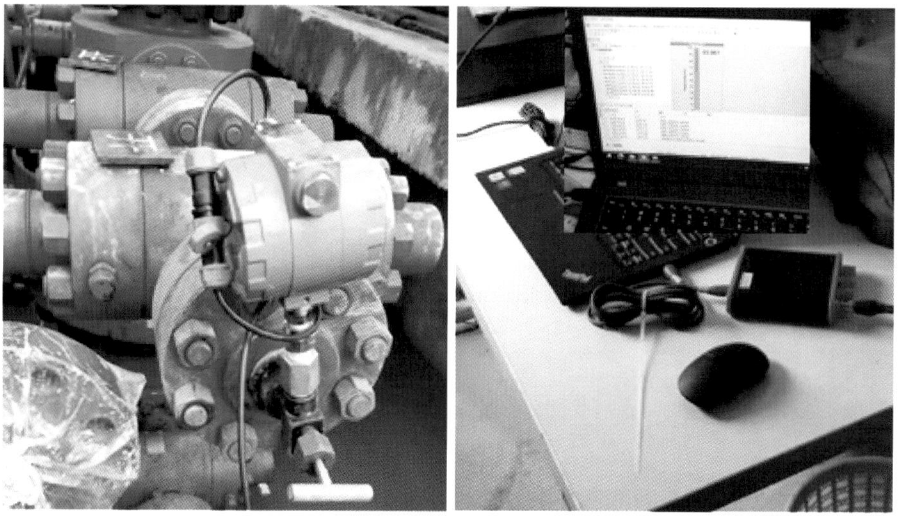

图 8.32　井口高频压力计及数据采集系统

压裂期间会产生各种噪声，测量所得的数据不可避免地存在误差，通过数学手段去除噪声，减小实测数据误差是正确进行压裂效果评价的关键，本节将介绍这些方法。

8.7.1 混叠现象

假设所处理的离散时间信号是从连续时间函数取样得出的，并且所处理信号是基带信号，在取样前已利用低通滤波器进行前置滤波，以避免出现高于折叠频率的分量。为避免混叠现象，要求取样频率满足：

$$f_s \geqslant 2f_h \tag{8.93}$$

式中：f_h 为信号的最高频率，而取样周期 T 必须满足：

$$T \leqslant \frac{1}{2f_h} \tag{8.94}$$

设 F 表示频率分量间的增量，也就是频率分辨率 $\left(F=\frac{f_s}{N}\right)$，$t_p$ 为最小记录长度，也就是周期性函数的有效周期。t_p 和频率分辨率的关系为

$$t_p = \frac{1}{F} \tag{8.95}$$

由以上两式可知，高频分量 f_h 与频率分辨率间存在矛盾。增加高频容量，T 就必然减小，在取样点数 N 给定的情况下，记录长度 t_p 会缩短，从而降低了频率的分辨率。相反，要提高分辨率就必须增加 t_p，在取样点数 N 给定时，必然导致 T 的增加，因而减少了高频分量。

在高频容量 f_h 与频率分辨率 F 两个参数中，保持其中一个不变而增加另一个的唯一办法，就是增加一些记录长度内的点数 N。如果 f_h 和 F 都已给定，则 N 必须满足：

$$N = \frac{2f_h}{F} \tag{8.96}$$

这是未采用任何特殊数据处理(例如加窗处理)情况下，为实现基本的快速傅里叶变换(FFT)算法所必须满足的最低条件。

如对压裂射孔的振动信号进行频谱分析，对其进行信号采集，采样频率为 1000Hz，采样点数为 8192 个点，采样时间为：8192×1/1000=8.192s。

前置滤波器是一种低通滤波器，其截止频率要低于折叠频率才能防止混叠现象。

折叠频率：

$$f = f_s / 2 = 500\,\text{Hz}$$

所以截止频率应满足：

$$f_j \leqslant f = 500\,\text{Hz}$$

频率分辨率为

$$F = \frac{f_s}{N} = 1000/8192 = 0.12207\,\text{Hz} \approx 0.1\,\text{Hz} \tag{8.97}$$

8.7.2　栅栏效应

栅栏效应，是因为用 FFT 计算频谱只限制为基频的整数倍，而不可能将频谱视为一连续函数而产生的。就一定意义而言，栅栏效应表现为当用 FFT 计算频谱，就好像通过一个“栅栏”来观看一个图景一样，只能在离散点的地方看到真实的图景。如果不附加特殊处理，则在两个离散变换线之间若有一特别大的频谱分量，该分量将无法检测出来。离散频谱的栅栏效应误差如图 8.33 所示。

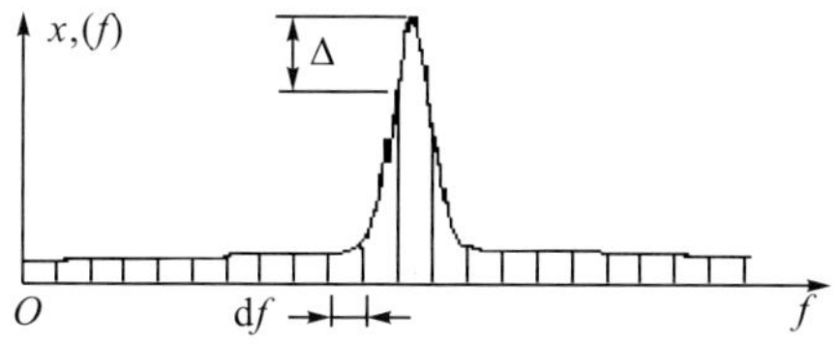

图 8.33　离散频谱的栅栏效应误差(Δ即为最大误差)

减少栅栏效应误差的一个方法就是在原来记录末端添加一些零值点，来变动时间周期内的点数，并保持原记录不变。从而在保持原有频谱连续形式不变的情况下，变更了谱线的位置。这样，原来看不到的频谱分量就能移动到可见的位置上(图 8.34)。

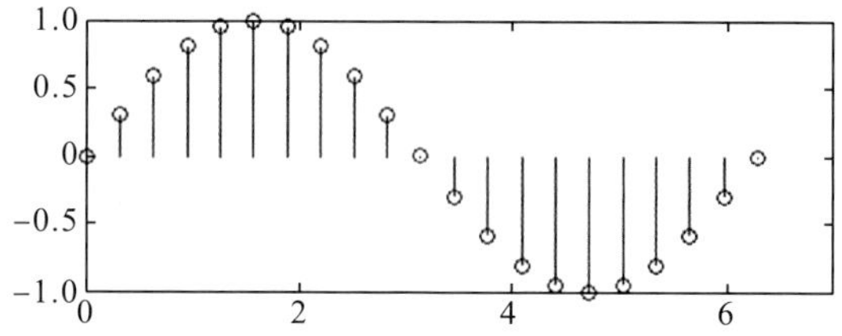

图 8.34　信号时域图

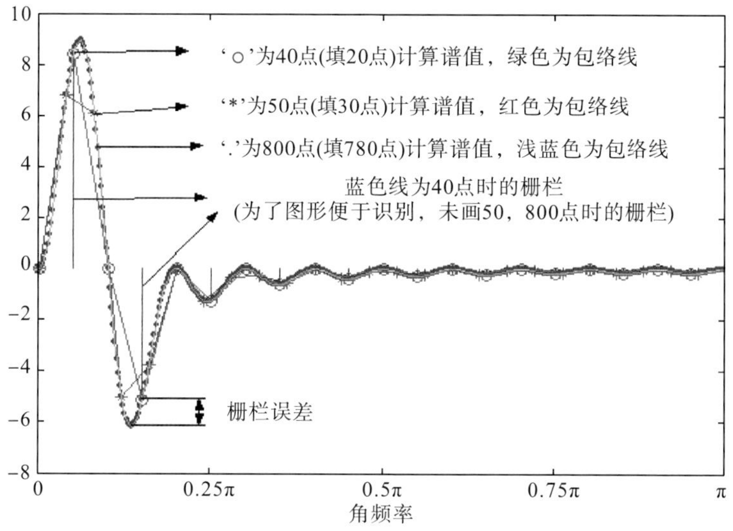

图 8.35　信号的频谱图

由图 8.35 可见，40(填 20 点)，50(填 30 点)点时，我们只能在间距较大的离散点上才能“看”到真实频谱，存在较大误差，而当我们通过填较多的零值用 800(填 780 点)时，栅栏间距较小，误差减小了很多，基本可以真实地反映实际频谱包络。

当在记录信号末端添加零点时，所用窗函数的宽度不能由于添加了零点而按较长的长度来选择，而必须按照数据记录的实际长度来选择窗函数。

8.7.3 频谱泄漏

实际的工作往往需要把信号的观察时间限制在一定的时间间隔之内。设有一延伸到无限远处的离散时间信号 $x_1(n)$，其频谱为 $X_1(n)$。我们无法等待足够长的时间取用无限个数据，因而就要选择一段时间信号进行分析。

取用有限个数量的数据，即将信号截断的过程，就等于将信号乘以窗函数。如果窗函数是一矩形窗函数，数据项突然被截断，而窗内各项数据并不改变，得到 $x_2(n)$，这一过程在频域中相当于所研究的波形的频谱与矩形窗的频谱周期卷积过程。这一卷积造成的失真频谱为 $X_2(n)$。可以看到：频谱分量从其正常频谱扩展开来，称为“频谱泄漏”。

8.7.4 加权技术与窗函数

在计算机上进行信号频谱分析时，由于计算机能处理的数据量是有限的，分析时必须对连续的时域信号进行截断和对连续的频谱进行离散取样处理。在这个近似处理过程中信号时域截断引入了频谱(能量)泄漏误差，频谱离散取样引入了栅栏效应误差。如果这两个误差解决不好，会使计算结果和实际值出现较大差异。在用 FFT 算法计算信号频谱前对信号加窗是减小这种差异的一种简单有效的途径，常用的窗函数有矩形窗、汉宁窗、海明窗和布莱克曼窗等，它们的最大幅值估计误差分别为 36%、15%，1%和 1%，信号加窗处理往往会降低频谱的频率分辨率，这一点是我们不希望看到的。

可以通过窗函数加权来抑制 FFT 算法的等效滤波器的副瓣振幅特性，或通过窗函数加权使有限长度的输入信号进行周期延拓时在边界上尽量减少不连续性。在用窗函数加权时，窗函数 $w(n)$ 都是偶对称的时间序列，即

$$n = -\frac{N}{2}\cdots,-1,0,1,\cdots,+\frac{N}{2} \tag{8.98}$$

这里，N 是偶数，而窗函数 $w(n)$ 共有 $N+1$ 个取样值。但实际中常需要单边表示的窗函数，如在 N 为偶数点的离散傅里叶变换时，处理区间为：$n=0\sim(N-1)$。因此，必须把偶对称表示的窗函数向右平移 $N/2$ 点，让左端点与 $n=0$ 重合。如除去右端的一个取样值(一般为零值)，则窗函数 $w(n)$ 便在 $n=0\sim(N-1)$ 上定义，构成了适用于离散傅里叶变换的单边窗函数序列。位移 $N/2$ 点只影响相位特性，并不影响振幅特性。一般有两种加权方式：

(1) 对离散傅里叶变换的等效滤波器的单位取样响应进行加权，通过选择合适的窗函数确实可以压低等效滤波器特性副瓣，达到抑制“频谱泄漏”的目的。

(2) 在离散傅里叶变换式中对输入序列 $x(n)$ 直接进行加权。这时，合适窗函数的加权

作用是使被加权序列在边缘(n=0，n=N−1 附近)比矩形窗函数圆滑而减小了陡峭边缘所引起的副瓣分量。

窗函数归一化对数频谱幅值

$$W_{dB}(w)=\lg\frac{|W(\mathrm{e}^{\mathrm{j}w})|}{W(\mathrm{e}^{\mathrm{j}0})}\tag{8.99}$$

式中：$W\left(\mathrm{e}^{\mathrm{j}w}\right)$为$w(n)$的傅里叶变换；$W\left(\mathrm{e}^{j0}\right)$为该变换的直流值。

1. 矩形窗

$$w(n)=1,\quad n=-\frac{N}{2}\cdots,-1,0,1,\cdots,+\frac{N}{2}\tag{8.100}$$

它所对应的频谱函数为

$$W_R\left(\mathrm{e}^{\mathrm{j}w}\right)=\frac{\sin\left(Nw/2\right)}{\sin\left(w/2\right)}\mathrm{e}^{\mathrm{j}\frac{w}{2}}\tag{8.101}$$

单边表示为(图 8.36)

$$w(n)=1,\quad n=0,1,2,\cdots,N-1\tag{8.102}$$

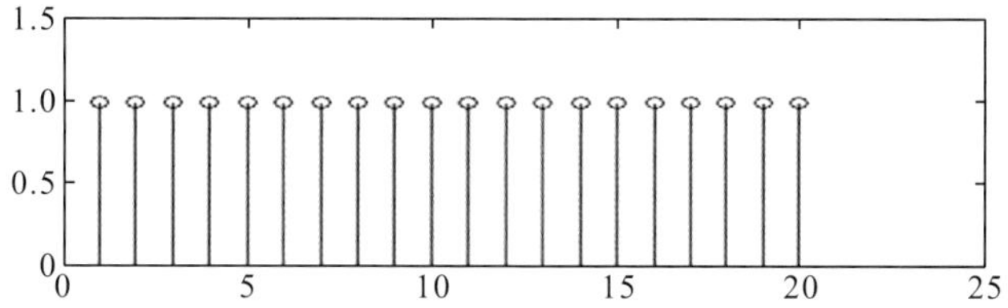

图 8.36　单边矩形窗时域图

它所对应的频谱函数为

$$W_R\left(\mathrm{e}^{\mathrm{j}w}\right)=\frac{\sin\left(Nw/2\right)}{\sin\left(w/2\right)}\mathrm{e}^{-\mathrm{j}\left[(N-1)w/2\right]}\tag{8.103}$$

与式(8.101)相比，有一个因序列移位 $N/2$ 点所出现的相移因子$\mathrm{e}^{-\mathrm{j}Nw/2}$。

对序列的截断，实际上就是加矩形窗(图 8.37)。其频谱的主瓣宽度，以两个零交点之间的间隔计算，为$2\times\frac{2\pi}{N}$，第一副瓣电平比主瓣峰值低 13dB 左右。

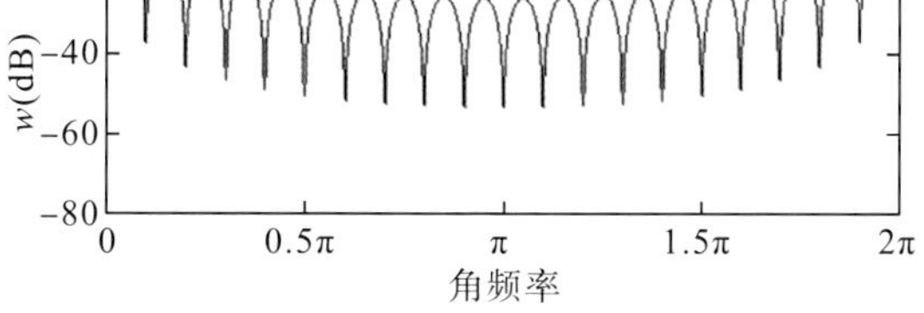

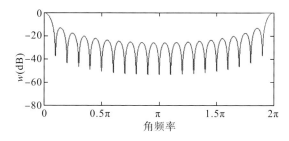

图 8.37　矩形窗频谱特性图

2. 三角形窗

三角形窗又称巴特立特(Bartlett)窗(图 3.38)。偶对称表达的三角形窗定义为

$$w(n)=10-\frac{|n|}{N/2},\quad n=-\frac{N}{2}\cdots,-1,0,1,\cdots,+\frac{N}{2} \tag{8.104}$$

单边表示为

$$w(n)=\begin{cases}\dfrac{n}{\frac{N}{2}} & n=0,1,2,\cdots,\dfrac{N}{2}\\ w(N-n) & n=\dfrac{N}{2},\dfrac{N}{2}+1,\cdots,N-1\end{cases} \tag{8.105}$$

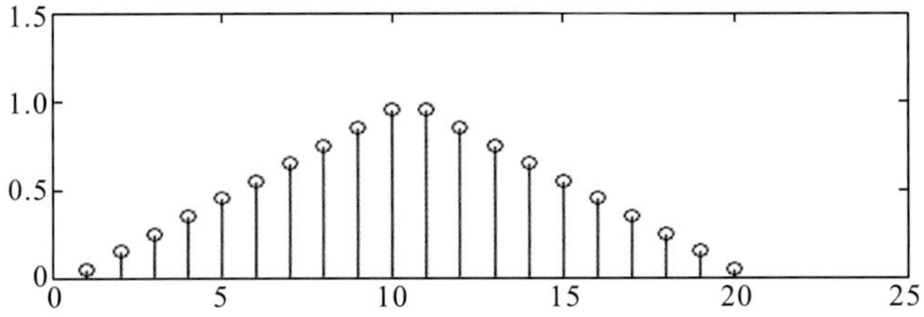

图 8.38 三角形窗时域图

对应的频谱函数为

$$W(e^{jw})=\left[\frac{N}{2}\frac{\sin(Nw/4)}{\sin(w/4)}\right]^2 e^{-j[(N/2-1)w]} \tag{8.106}$$

其零交点之间的主瓣宽度是矩形窗的两倍，第一个副瓣电平比主瓣峰值低 26dB 左右(图 8.39)。

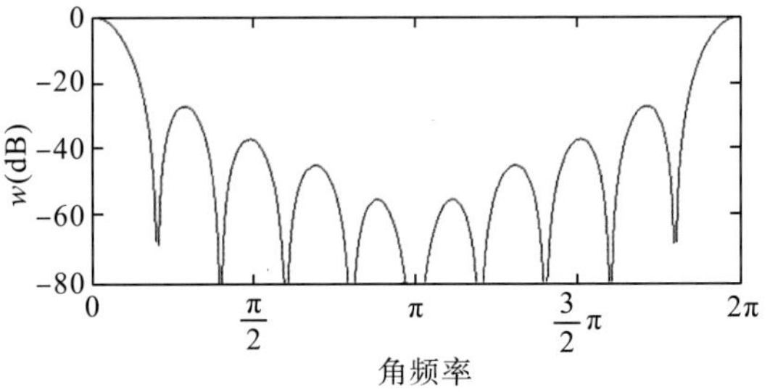

图 8.39 三角形窗频谱特性图

3. 汉宁窗(Hanning Window)

汉宁窗也称余弦平方窗或升余弦窗(图 8.40)，其偶对称表达式为

$$w(n)=\cos^2\left(\frac{n}{N}\pi\right)=\frac{1}{2}+\frac{1}{2}\cos\left(\frac{2n}{N}\pi\right)\qquad n=-\frac{N}{2}\cdots,-1,0,1,\cdots,+\frac{N}{2} \tag{8.107}$$

单边表示为

$$w(n)=\sin^2\left(\frac{n}{N}\pi\right)=\frac{1}{2}\left[1-\cos\left(\frac{2n}{N}\pi\right)\right]\quad n=0,1,2,\cdots,N-1 \tag{8.108}$$

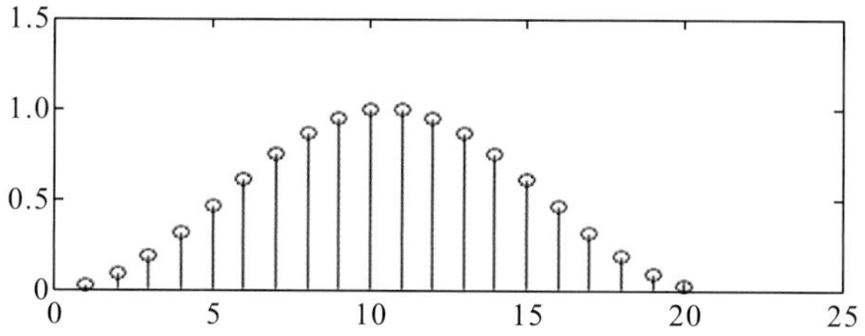

图 8.40　汉宁窗时域图

可以得到用矩形窗的频谱函数 $W_R(w)$ 来表示单边表示的汉宁窗(图 8.41)：

$$W(w)=\left[\frac{1}{2}W_R-\frac{1}{4}W_R\left(w-\frac{2\pi}{N}\right)-\frac{1}{4}W_R\left(w+\frac{2\pi}{N}\right)\right]\mathrm{e}^{-\mathrm{j}\frac{N}{2}w} \tag{8.109}$$

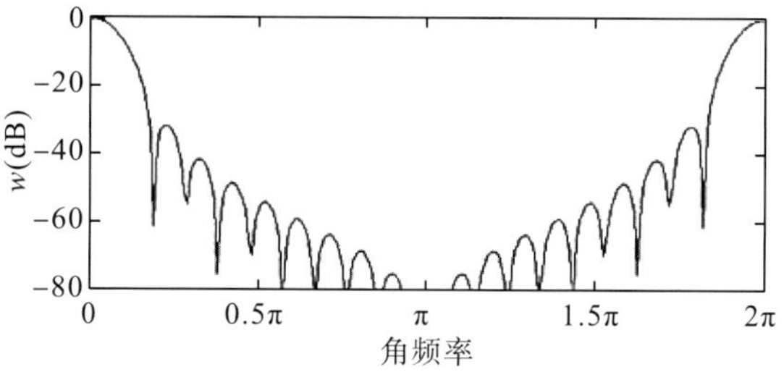

图 8.41　汉宁窗频谱特性图

在离散傅里叶变换中，直接实现对输入序列 $x(n)$ 的汉宁窗加权时，可不在时域进行 $x(n)$ 与 $w(n)$ 相乘，而在输出的频谱序列 $X(k)$ 上进行线性组合来实现。已知汉宁窗加权后的离散傅里叶变换 $X_w(k)$ 为

$$\begin{aligned} X_w&=\sum_{n=0}^{N-1}w(n)x(n)\mathrm{e}^{-\mathrm{j}\left(\frac{2\pi}{N}\right)kn}=\sum_{n=0}^{N-1}\left[\frac{1}{2}-\frac{1}{4}\mathrm{e}^{\mathrm{j}\frac{2\pi}{N}n}-\frac{1}{4}\mathrm{e}^{\mathrm{j}\frac{2\pi}{N}n}\right]x(n)\mathrm{e}^{-\mathrm{j}\left(\frac{2\pi}{N}\right)kn}\\ &=\frac{1}{2}\sum_{n=0}^{N-1}x(n)\mathrm{e}^{-\mathrm{j}\left(\frac{2\pi}{N}\right)kn}-\frac{1}{4}\sum_{n=0}^{N-1}x(n)\mathrm{e}^{-\mathrm{j}\left(\frac{2\pi}{N}\right)(k-1)n}-\frac{1}{4}\sum_{n=0}^{N-1}x(n)\mathrm{e}^{-\mathrm{j}\left(\frac{2\pi}{N}\right)(k+1)n} \end{aligned} \tag{8.110}$$

由式(8.110)知，汉宁窗加权的离散傅里叶变换输出是矩形窗加权的离散傅里叶变换的线性组合，即

$$\begin{aligned} X_w(k)&=\frac{1}{2}X(k)-\frac{1}{4}X(k-1)-\frac{1}{4}X(k+1)\\ &=\frac{1}{2}\left\{X(k)-\frac{1}{2}[X(k-1)+X(k+1)]\right\} \end{aligned} \tag{8.111}$$

这种输出 $X(k)$ 的组合需要附加 $2N$ 次复加及 $2N$ 次右移(实现乘 1/2)操作来实现。汉宁窗这些特点在快速离散傅里叶变换运算中特别受到注意。

4. 海明窗(Hamming Window)

海明窗也称改进的升余弦窗(图 8.42)。它的单边表示为

$$w(n)=0.54+0.46\cos\left(2n\pi/N\right)\quad n=0,1,2,\cdots,N-1 \tag{8.112}$$

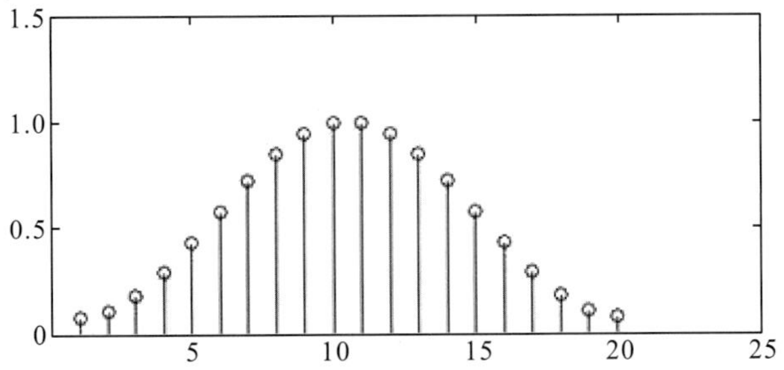

图 8.42 海明窗时域图

所得到的频谱幅度函数为

$$W(w)=0.54W_R(w)+0.23\left[W_R\left(w-\frac{2\pi}{N}\right)+W_R\left(w+\frac{2\pi}{N}\right)\right] \tag{8.113}$$

结果达到 99.96%的能量集中在主瓣内，在与汉宁窗相等的主瓣宽度下，获得了更好的副瓣抑制。第一副瓣电平为−40dB 左右(图 8.43)。

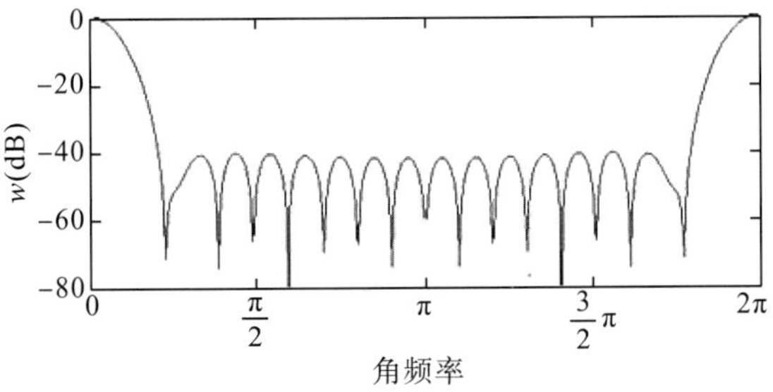

图 8.43 海明窗频谱特性图

海明窗加权后的离散傅里叶变换也可用 $X(k)$ 来表达

$$X_w(k)=0.54X(k)-0.23\left[X(k-1)-\frac{1}{4}X(k+1)\right] \tag{8.114}$$

5. 布莱克曼窗(Blackman Window)

布莱克曼窗也称二阶升余弦窗。汉宁窗、海明窗加权都是由三个中心频率不同的矩形窗频谱线性组合而成。布莱克曼窗利用更多的矩形窗频谱线性组合构成。其偶对称表达式

为

$$w(n)=\sum_{m=0}^{K-1}a_m\cos\left(\frac{2\pi}{N}mn\right)\quad n=-N/2,\cdots,-1,0,1,\cdots,N/2 \tag{8.115}$$

单边表示：

$$w(n)=\sum_{m=0}^{K-1}(-1)^m a_m\cos\left(\frac{2\pi}{N}mn\right)\qquad n=0,1,2,\cdots,N-1 \tag{8.116}$$

单边表示的布莱克曼窗幅度谱函数为

$$W(w)=\sum_{m=0}^{K-1}(-1)^m\frac{a_m}{2}\left[W_R\left(w-\frac{2\pi}{N}m\right)+W_R\left(w+\frac{2\pi}{N}m\right)\right] \tag{8.117}$$

系数的选择应满足以下约束条件：

$$\sum_{m=0}^{K-1}a_m=1.0 \tag{8.118}$$

因此，汉宁窗、海明窗是a_0,a_1不为零，而其他系数都为零的布莱克曼窗。假如布莱克曼窗有 K 个非零系数a_m，则其振幅谱将由$(2K-1)$个中心频率不同的矩形窗谱线组合而成。要使窗函数频谱的主瓣宽度窄，则 K 值不能选得很大。按照下式得到的窗函数，称为布莱克曼窗(图 8.44)。

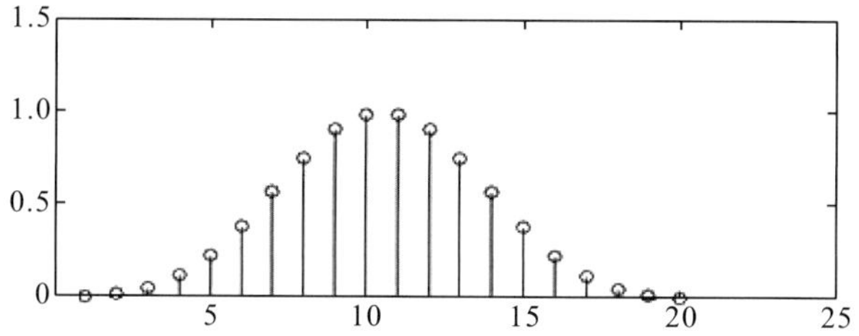

图 8.44　布莱克曼窗时域图

$$\begin{cases}a_0=\dfrac{7938}{18608}=0.42\\ a_1=\dfrac{9240}{18608}=0.5\\ a_2=\dfrac{1430}{18608}=0.08\end{cases} \tag{8.119}$$

其单边表示：

$$w(n)=0.42-0.50\cos\left(\frac{2\pi}{N}n\right)+0.08\cos\left(\frac{2\pi}{N}2n\right)\qquad n=0,1,2,\cdots,N-1 \tag{8.120}$$

频谱幅度函数为

$$\begin{aligned}W(w)=&0.42W_R(w)+0.25\left[W_R\left(w-\frac{2\pi}{N}\right)+W_R\left(w+\frac{2\pi}{N}\right)\right]\\&+0.04\left[W_R\left(w-\frac{4\pi}{N}\right)+W_R\left(w+\frac{4\pi}{N}\right)\right]\end{aligned} \tag{8.121}$$

这样可以得到更低的副瓣，但主瓣宽度却进一步加宽到矩形窗的三倍。布莱克曼窗的副瓣电平为−58dB(图 8.45)。

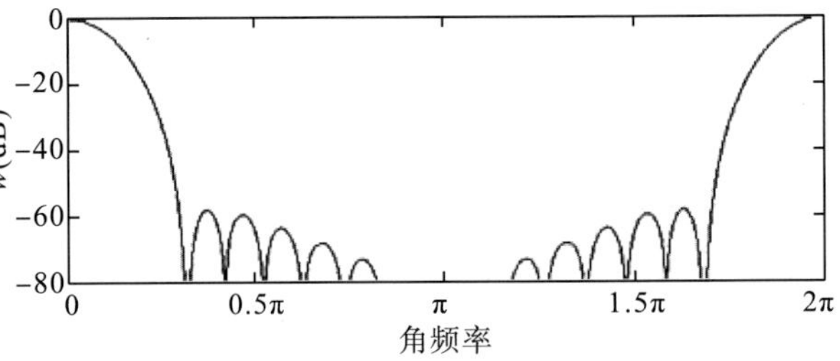

图 8.45 布莱克曼窗频域特性图

高频压力数据的频谱分析，数据加窗是不可避免的，有限长 0～(N−1)的信号序列可视为无限长的信号经矩形窗截断(相乘)的结果。序列被一窗函数相乘意味着总的变换是所期望的变换与窗函数变换的卷积。此卷积运算将把这原频谱扩展到附近的范围，这种现象称为“频谱泄漏”。

第 9 章　压排采一体化动态评价及优化工具介绍

页岩气水平井储层分段压裂实施体积改造的地质目的，就是设想把压裂局限在页岩气优质储层的地层内，通过“密簇射孔切碎储层、高排量转向压裂压碎页岩、加强改造扩展人造缝网区和支撑人造缝网”等工艺措施，从而构筑形成复杂的水力压裂人造缝网、最大化的改造体积与 SRV 区域，实现单井产量、缝控储量(ESRV)、最终可采储量(EUR)和经济效益最大化。压后闷井和排采生产环节，开发的主题是尽可能让人造缝网持续支撑(不吐砂和不包饺子)，应力敏感弱、延缓裂缝闭合时间、争取缝网高导流能力，高能带压降慢、单位压降产气量持续增高，不发生水锁和气锁，EUR 保持向好态势，实现连续稳定高产排气。如何获得压后形成的复杂缝网、压后区域渗透率、平均压力、裂缝导流能力等参数，从而对闷井时间及排采制度进行优化，这也成为一个世界性的难题。压裂本身是涉及多尺度、多场耦合问题，闷井及排采期间又涉及高温-高压-多相-多组分的气液赋存、裂缝闭合、页岩气吸附、气体滑移及渗流等一系列难题，构建基于大型计算的软件体系是进行压裂评价及排采优化的关键。

业界经过近 40 年对地层渗流-裂缝-井筒-地面管线数学建模、偏微分方程求解及算法体系构建，积累 260 万行算法代码，形成近百个算法类库。国内油田众多专家历时 20 多年与国外同类软件进行近万井例的对比验证，同时通过国内数十万口油气井的应用，这些工作的积累为自主研发页岩气压排采一体化动态评价及优化系列软件提供了坚实的保障，本章将介绍这些自主研发的计算软件工具。

9.1　页岩气压裂施工数据反演软件

水力体积压裂是具有广泛应用前景的油气井增产措施之一，也是目前开采页岩油气和致密油气的主要形式。它是通过注水加压，用高压液体将地层压开一簇簇裂缝或数条人造裂缝，并用支撑剂将人造裂缝支撑起来，从而增加地层向井筒的渗流面积，达到增产增注的目的。

页岩油气等非常规油气藏由于没有自然产能，必须进行大规模体积压裂，体积压裂后的水力人造裂缝形态、SRV 区域内的地层参数(渗透率、平均压力及裂缝导流能力等)及 SRV 体积等就成为非常规油气开发的“原始指纹”。微地震是大规模体积压裂评估最常用的方法，通过以井中为主的微地震监测可以获得压裂过程中水力裂缝的展布方向、波及长度和地层破裂能量，可实现压裂方案的实时调整；电位法压裂裂缝监测则是由套管向井中供电，在地面观测电位分布，从而监测压裂裂缝形态；但微地震和电位法都需要在井筒或地面进行施工，获得的是裂缝空间展布参数，无法获得与压后产能相关的 SRV 区域渗透率及平均压力。

图 9.1 是一个典型的压裂施工曲线，它包含着与裂缝、地层等相关信息，通过对压裂施工曲线的反演，可以实现对裂缝的评价。由于在压裂过程中裂缝启裂、停泵水击效应等都会产生波(微地震监测就是基于这个原理)，波动特征可以用于定位，同时停泵后还存在渗流压力，渗流压力可以对裂缝形态及渗透率进行反演。如果采用采样频率为 1000Hz 的压力计在井口进行压力数据采集，就可以精准捕捉水击波，如图 9.2 所示。

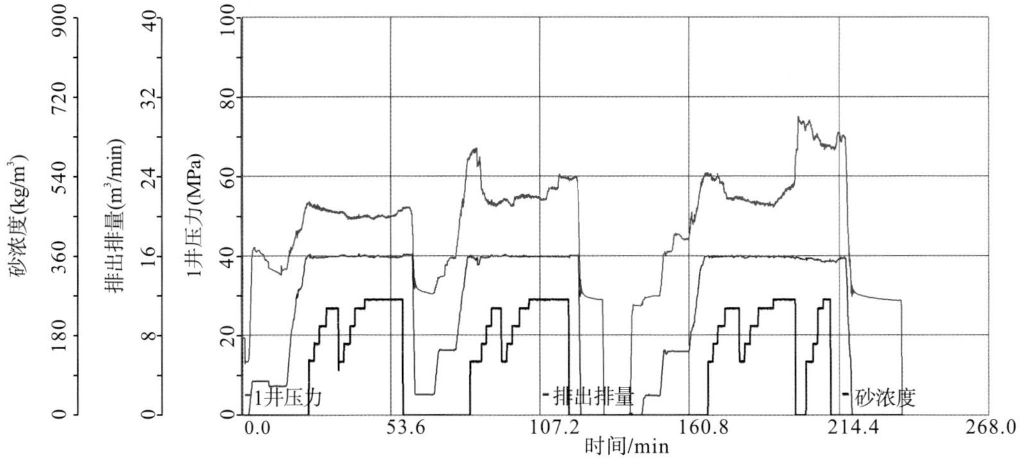

图 9.1　页岩气水多段压裂中其中一个压裂段的压裂施工曲线图

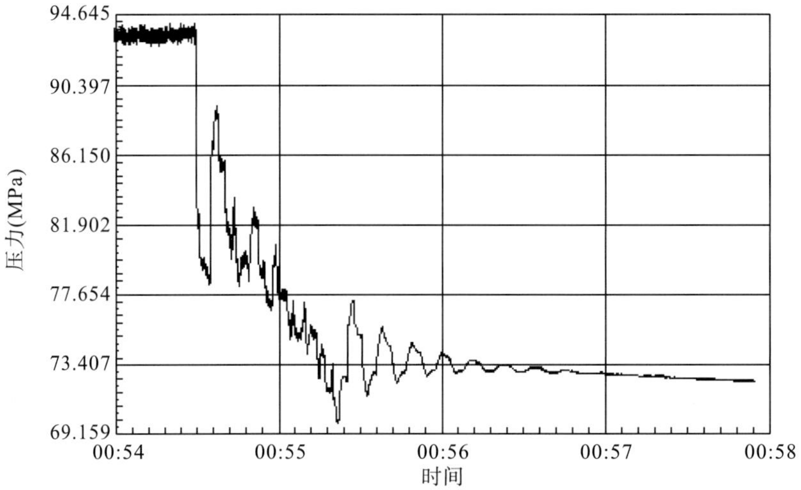

图 9.2　页岩气水多段压裂停泵前后采集的井口压力数据

将高频压力计采集到的井口压力数据分解声波信号及渗流压力，对两类数据采用不同的反演方法开展裂缝评价，为此，形成了高频压力反演及基于曲线拟合技术渗流压力反演两类软件，表 9.1 给出了高频压力数据分解及数据反演结果。

表 9.1　高频压力数据分解及数据反演结果

内容	声波分析	渗流压力反演
获得信息	桥塞漏失/射孔质量 进液点位置 暂堵转向效果 转向新启裂缝位置	裂缝类型：缝网缝、长直缝、缝网复杂程度 压裂规模：裂缝长度、裂缝高度、SRV 体积 流动参数：渗透率、平均压力、裂缝导流能力 计算参数：压裂液波及范围、地层压力分布
作用	(1) 判断射孔簇开启率，评价压裂改造效果 (2) 确定闷井时间优化 (3) 返排制度优化及产能预测	

9.1.1　高频压力反演软件

高频压力反演软件除具备高频数据采集及显示功能外，还用于高频压力的波动分析，图 9.3 是高频压力反演软件的界面，软件的主要功能见表 9.2，以下对其主要功能进行介绍。

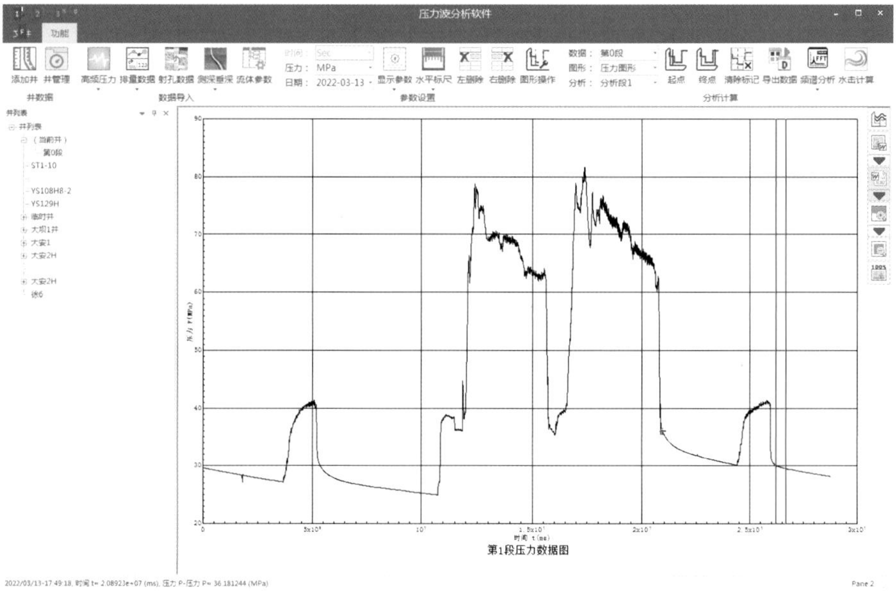

图 9.3　高频压力反演软件

表 9.2　高频压力反演软件主要功能

功能	详细介绍
 增加新井	新建一个井，进行数据采集、分析及处理等
 井管理	修改井相关属性及添加备注
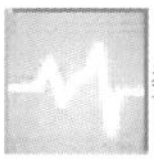 数据采集	高频压力数据实时采集，或已采集数据的调入

续表

功能	详细介绍
 泵车数据	调用泵车数据，如排量、砂浓度、油压机套压等数据
 射孔数据	与射孔段相关的数据调入
 井轨迹数据	不同类型的井轨迹数据的调入与图形显示
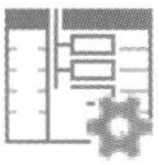 流体参数	压裂液相关参数的输入，也包括井身结构数据的输入等
 频谱分析参数	对 FFT 及倒谱分析数据的输入，如频率设置、滤波方法等
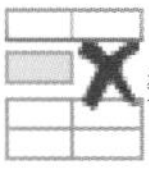 数据处理	通过数据的处理，选择感兴趣的段进行分析
 图形功能	对部分数据进行求导、积分、线性及双线性等各类变换
 显示坐标	通过启动标尺显示水平或垂直方向某段的实际数值，如井口压力图，水平标尺给出选择段的时间差，垂直标尺表示选择段压力
 频谱分析	提供 FFT、倒谱、窗函数等各种信号处理操作
 水击波计算	建立井筒并考虑裂缝及桥塞的水击波方程，直接进行数值模拟计算水击波

1. 图形操作

该功能主要是对选择的一段数据进行各类数据处理，并显示其相关图形，如图 9.4 所示，图形操作包括数据求导、积分等运行，并显示压力、偏差、半对数图、线性流、双线性流、球形流等用于分析地层渗流流态的诊断图，也可以自定义任意坐标图。

2. 数据滤波

压裂施工期间井口压力因各种原因存在噪声，采用滤波对数据进行处理，获得有效的压力数据，图 9.5 是采用低通及高斯导数滤波前后数据对比图。从图中可以看出：滤波前数据振荡，滤波后噪声得到极大遏制，同时压裂停泵后压力水击波的特征完美保留。

3. 井口压力数据 FFT

高频压力有许多重要应用，频谱分析是其中应用之一，如判断射孔质量、桥塞坐封等，图 9.6 蓝色部分井口压力分为 5 个窗口获得的 FFT 图。

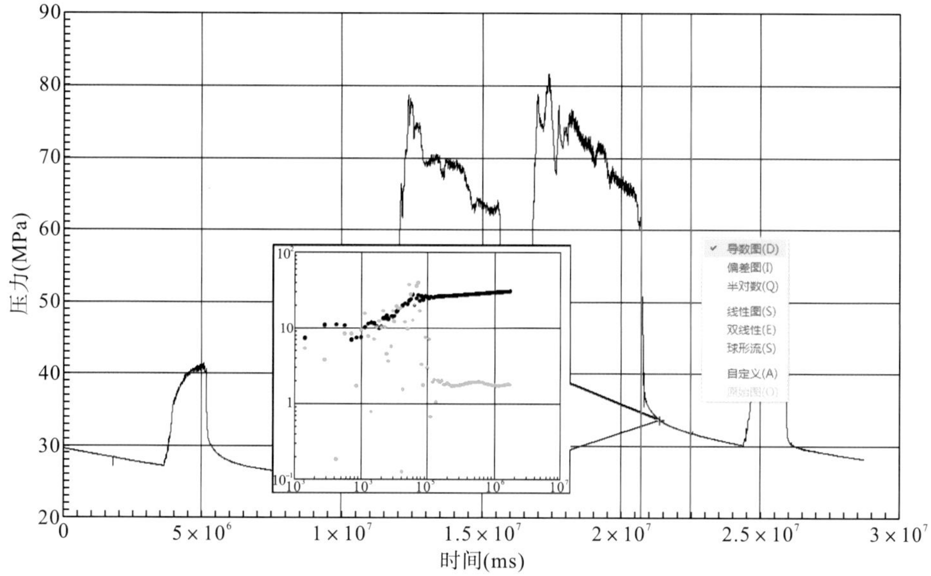

图 9.4　压力及导数双对数图形显示

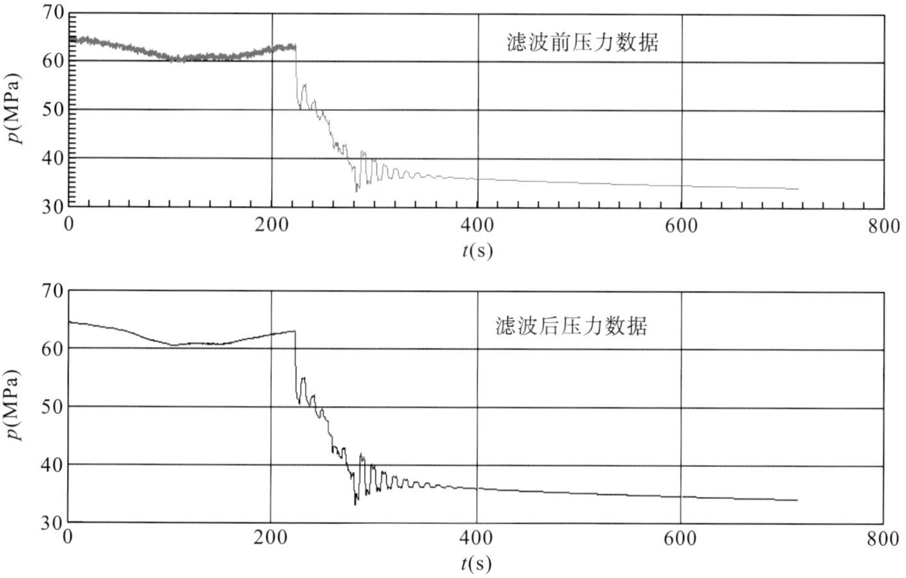

图 9.5　高频压力数据滤波前后对比图

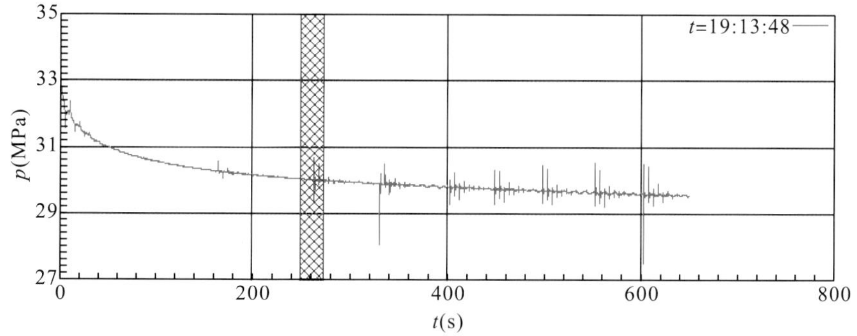

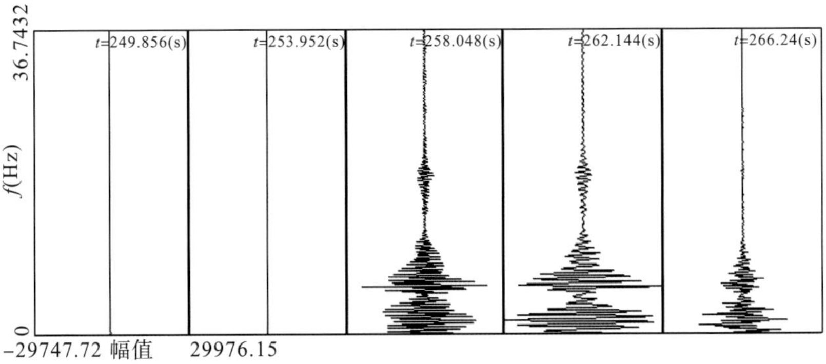

图 9.6 蓝色部分井口压力分为 5 个窗口获得的 FFT 图

4. 井口压力的倒谱图

软件提供了分窗口的倒谱计算及图形显示功能，图 9.7 说明当信号较强时倒谱图有明显的显示，如图 9.7 的第 3 和第 4 个窗口。

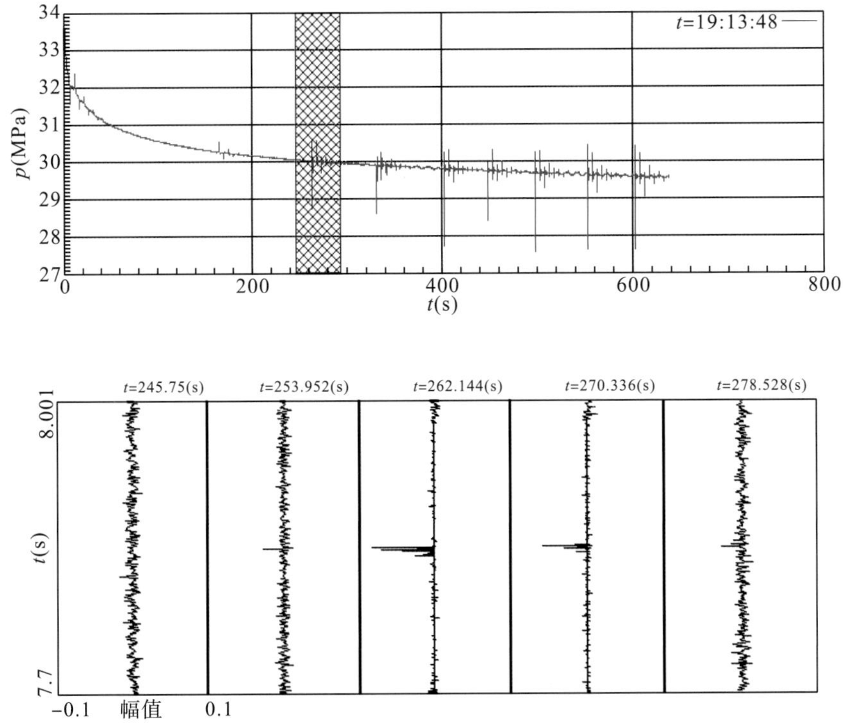

图 9.7 蓝色部分井口压力分为 5 个窗口获得的倒谱图

9.1.2　压裂停泵渗流反演软件

压裂期间的压力变化与压裂裂缝密切相关，尤其是停泵期间的压力变化一定包含着与水力人造裂缝有关的信息。假设停泵期间裂缝长度不变，压裂停泵后的压力数据本质上相当于注入井停注后的压降数据，可以采用类似试井分析曲线拟合的方法得到裂缝半长、裂缝高度、SRV 区域渗透率及平均压力等。停泵期间的压力由于水流冲击波/水锤效应，早期压力波动很大，同时压裂停泵测量的是井口压力(试井分析需要井底压力)，停泵后井口与井底压力只相差一个静液柱压力，但停泵瞬间是动压。为此，提出了将滤波、井筒管流与试井分析相结合的方法开展压裂效果评价，并研制开发了相应的软件，已在近千个压裂段中得到验证和应用，软件主要功能如下：

(1) 采用滤波方法滤除水击效应的影响。

(2) 采用变密度、变排量的井筒管流理论校正停泵瞬间压力，并将井口压力折算到井底压力。

(3) 丰富的拟合分析模型：地层可考虑均质、双孔、双渗；裂缝可假设为多条小裂缝、均匀流量垂直裂缝、无限传导垂直裂缝、有限传导垂直裂缝、部分压开均匀流量垂直裂缝、部分压开无限传导垂直裂缝、部分压开有限传导垂直裂缝、水平井网模型等。

(4) 灵活方便的数据导入及处理功能、方便简洁的结果输出功能和功能强大的曲线拟合功能(图 9.8)。

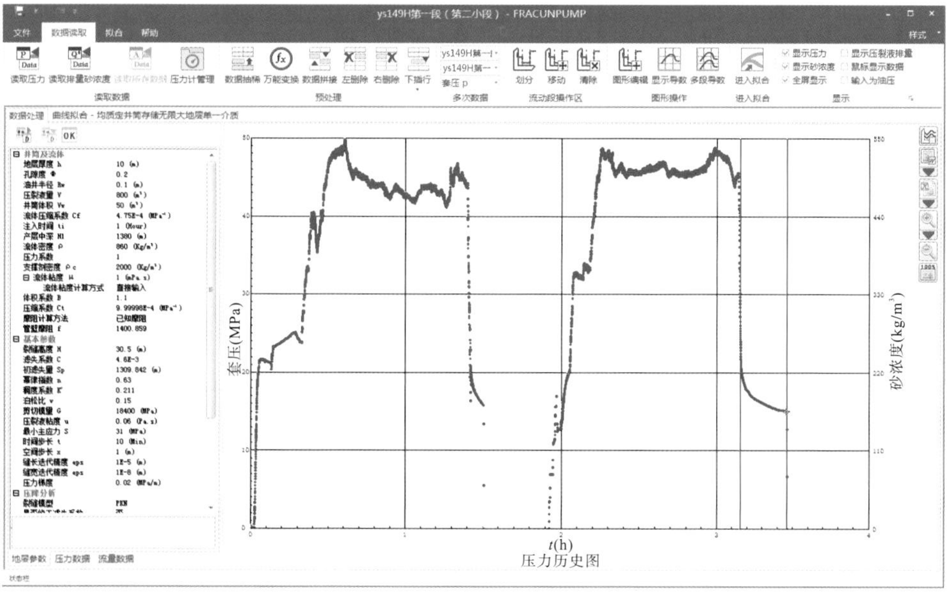

图 9.8　软件输入、数据导入及数据处理界面

(5) 通过对停泵压力数据分析，可解释裂缝半长、裂缝高度、SRV 区域渗透率及原始

地层压力等，尤其是解释出的表皮系数代表着压裂液的漏失情况，利用解释的参数结合产能评价软件，可以对压后产能进行预测(图 9.9)。

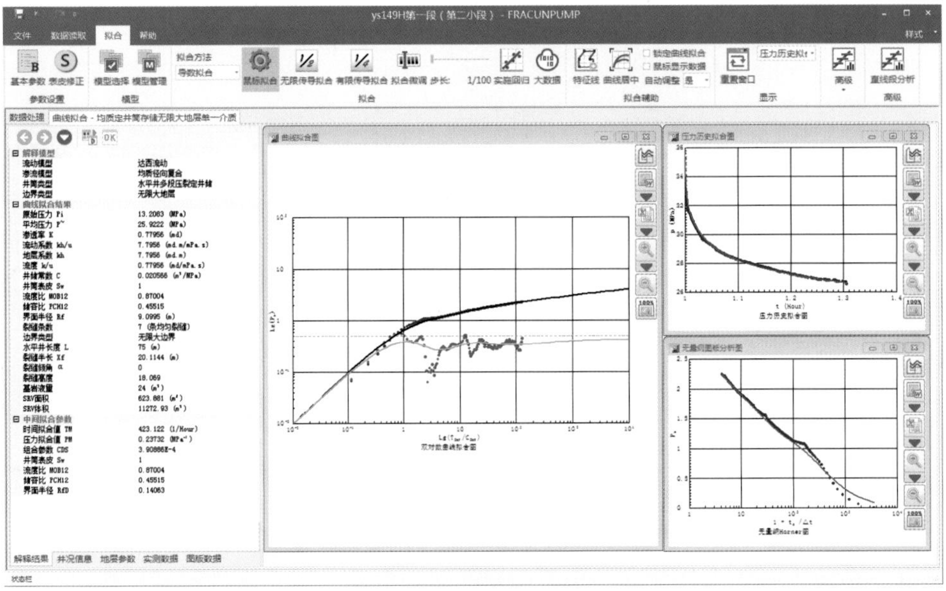

图 9.9　压裂停泵数据曲线拟合分析部分界面

表 9.3 为压裂停泵曲线拟合分析软件主要功能介绍。

表 9.3　压裂停泵曲线拟合分析软件主要功能

功能	详细介绍
压力数据导入	从各类文件(文本、Excel 及高频压力等)中导入压力数据
压力计管理	对多只压力计的压力数据进行管理
数据万能变化	对压力、流量及时间数据进行各种数学处理
滤波	对区域内的数据点进行滤波操作
参数设置	设置基本参数和修改不同流动段的表皮参数

续表

功能	详细介绍
模型	选择/管理油藏模型，进行新建/删除/复制模型等操作
鼠标拟合	拖动鼠标，调整参数进行拟合
实施回归	通过参数选择设置参数范围和回归类型，采用非线性回归方法进行自动拟合
裂缝模拟	对解释结果进行裂缝变化的模拟，显示裂缝形态的二维和三维示意图
敏感分析	选择参数进行不同数值的拟合分析计算，比较查看双对数曲线拟合图，进行参数敏感分析

1. 数据处理

提供包括基本参数输入、压裂参数输入、压降数据输入、排量数据输入、加砂比数据输入，数据抽稀、万能变换数据处理，流动段划分，图形编辑、数据滤波等各种功能，数据处理界面如图 9.10～图 9.12 所示。

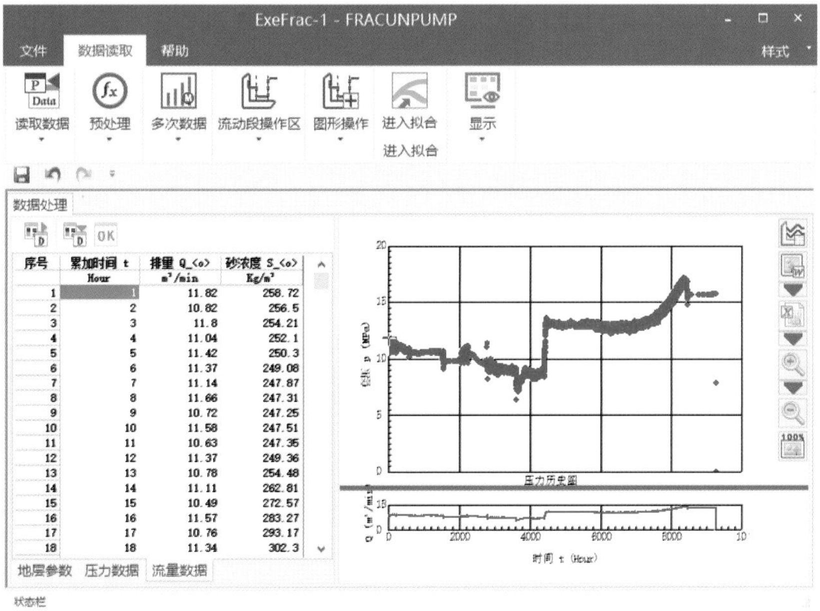

图 9.10　导入压力、排量、砂浓度数据

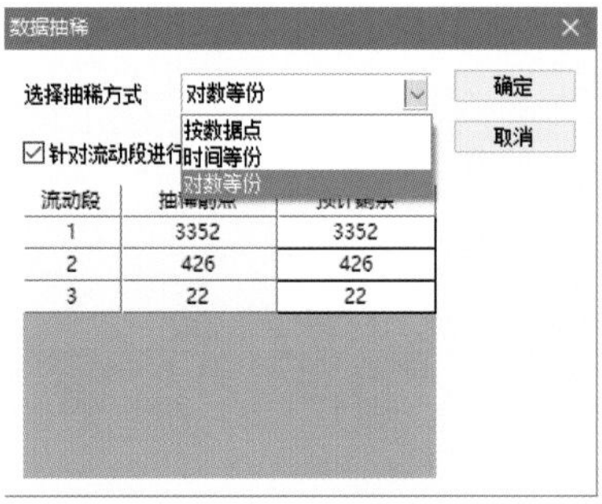

图 9.11　多种抽稀方式

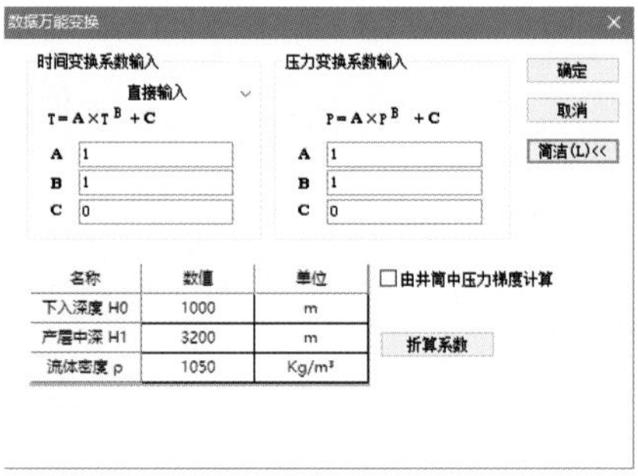

图 9.12　数据万能变换

2. 多段图形

选择各个流动段，调整流动段起点/末点位置，并显示该流动段不同类型分析图形，包括导数曲线、偏差曲线、半对数图、线性流图、双线性流图、球形流图等用于分析地层渗流流态的诊断图，以及自定义任意坐标图，如图 9.13～图 9.15 所示。

图 9.13　图形分析类型

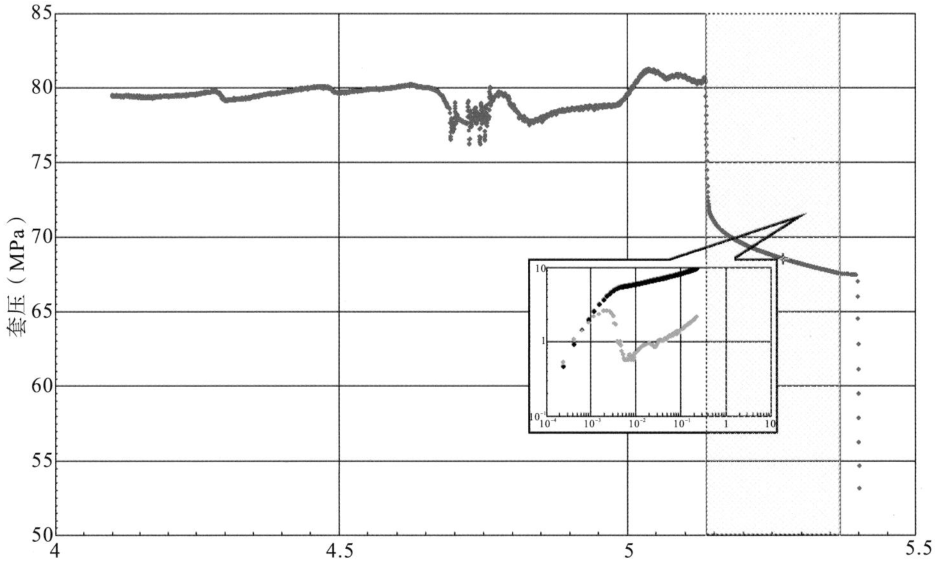

图 9.14　压力、导数双对数图形显示

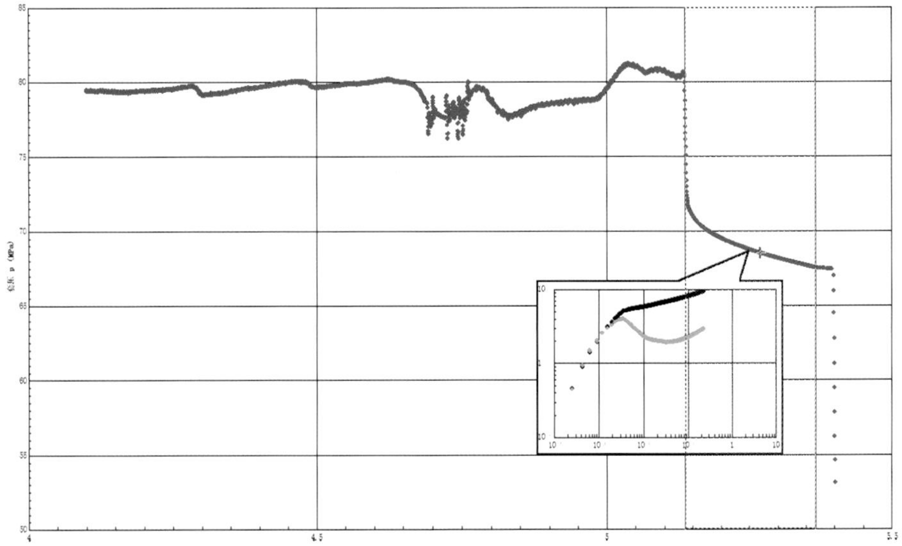

图 9.15　压力、偏差双对数图形显示

3. 压裂分析

提供停泵压裂数据分析方法，包括压力拟合、压力导数拟合及压力偏差拟合三种曲线拟合(图 9.16)，提供包括无限传导垂直裂缝、有限传导垂直裂缝在内的 10 种裂缝模型(图 9.17)。

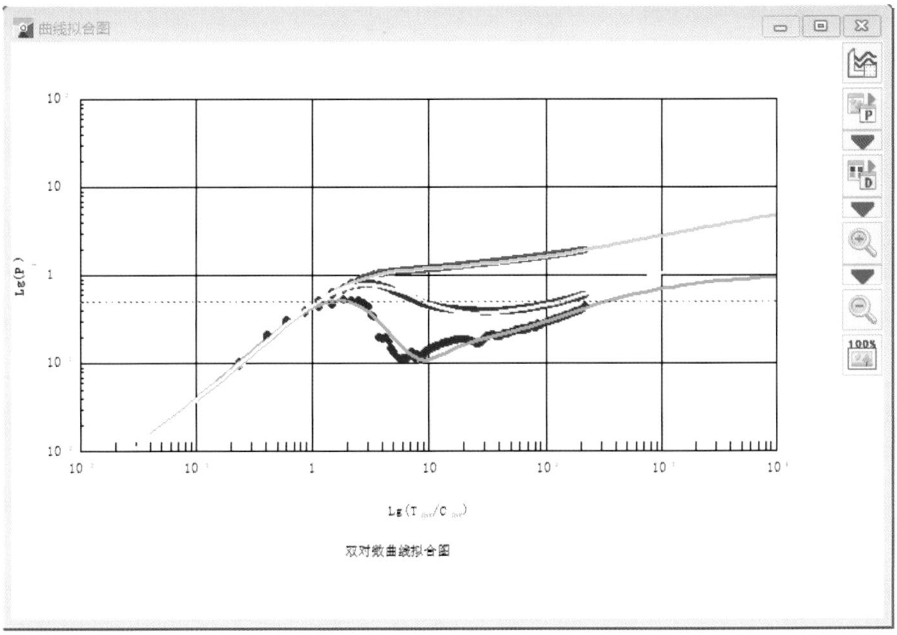

图 9.16　压力导数拟合及压力偏差拟合

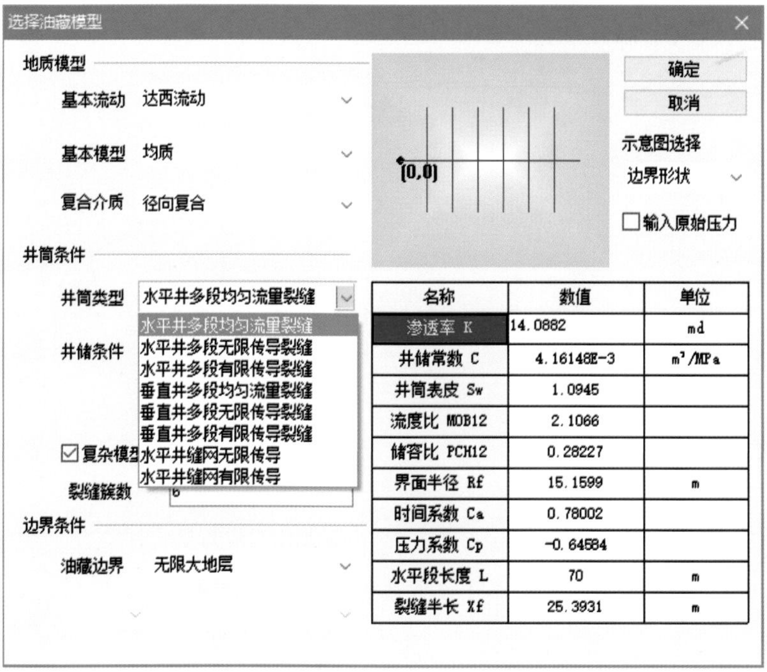

图 9.17 油藏模型设置-选择裂缝模型

4. 裂缝模拟

对解释结果进行裂缝变化的模拟，查看裂缝分布二维、三维可视化模型(图 9.18)。

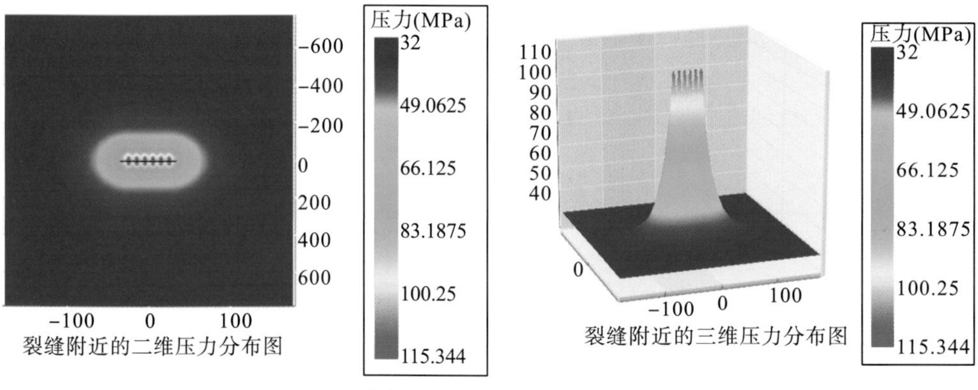

图 9.18 裂缝附近压力分布二维、三维图形

9.2 页岩气试井分析软件

页岩气试井分析软件系统平台，汇集了常规油气试井、间歇及提捞采油、凝析气藏、热采井及 CO_2 驱、温度效应试井、段塞段(DST)流动及页岩气与煤层气等非常规油气藏及缝洞型油气藏试井分析模型，其组合的湍流方程解达 9 万余种。在丰富的试井模型基础上，软件还提供压力及导数拟合、偏差拟合、早期试井、DST 联合试井、直线段分析及自动

拟合方法，同时软件提供了强大的数据处理、报告输出等功能，极大地方便了用户的使用和成果的汇报。图 9.19 为曲线拟合分析界面，软件的主要功能见表 9.4，以下对主要功能进行介绍。

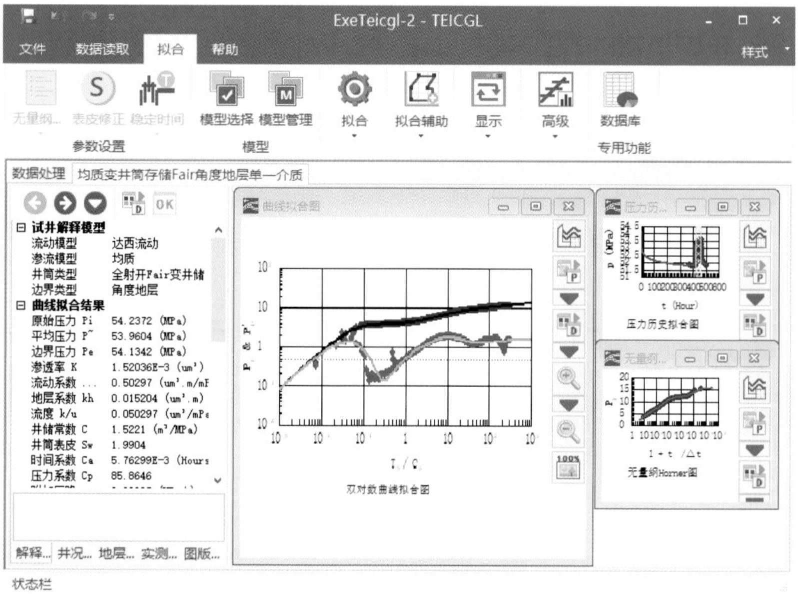

图 9.19　曲线拟合分析界面

表 9.4　试井分析软件主要功能

功能	详细介绍
 数据拟合	设置参数，选择/管理模型，结合拟合辅助功能采用手工拟合、手动拟合和自动拟合方法对曲线数据进行拟合，并且实现直线段分析、报告输出、缩短关井时间功能，同时提供敏感分析、多井对比、试井设计、瞬态产能和流量计算高级功能
 模型选择	选择油藏模型，设置模型参数，查看示意图，进行手工拟合
 鼠标拟合	采用鼠标拟合方法进行拟合
 拟合微调	用于调整步长后对拟合曲线进行微调
 实施回归	通过参数选择设置参数范围和回归类型，采用非线性回归方法进行自动拟合
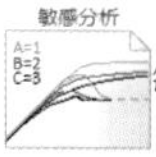 敏感分析	选择参数进行不同数值的拟合分析计算，比较查看双对数曲线拟合图，进行参数敏感分析
 多井对比	对比/查看不同分析模型的双对数曲线拟合图和拟合结果
 报告输出	按照指定模板将分析结果输出到 Word 文档中

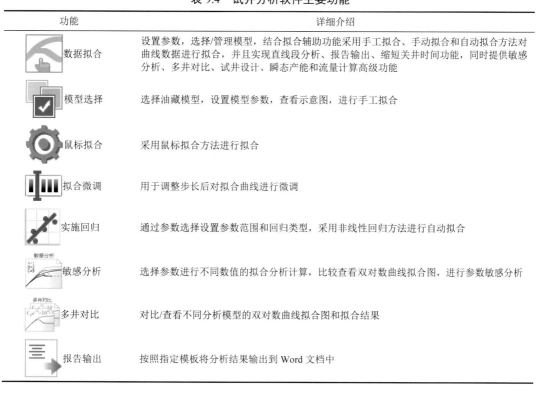

1. 全面的试井模型

采用渗流方式、地质模型、流体类型、井筒流动、不同井类及不同边界组合形式构建试井分析模型，组合的模型达 9 万余种，可满足国内各种油气藏勘探开发的试井解释需求，试井解释模型界面如图 9.20 所示。

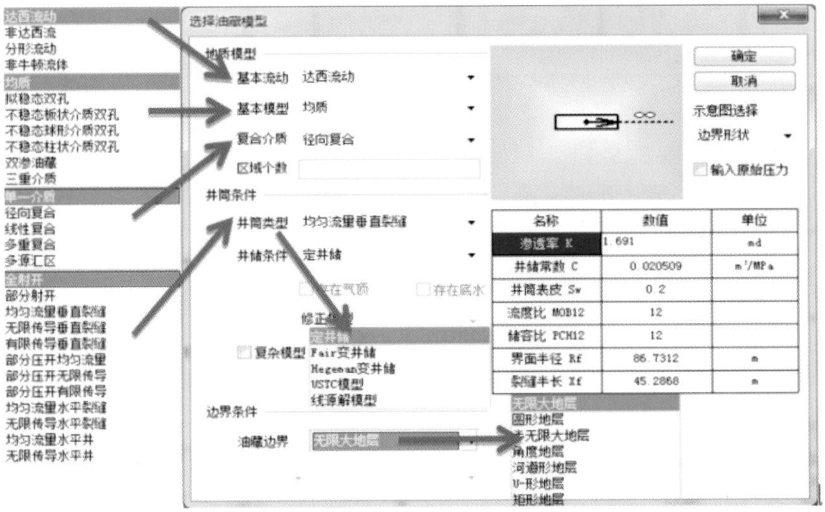

图 9.20　试井解释模型

2. 多种拟合分析方法

采用鼠标拖动拟合、手工拟合、滚动条微调拟合、非线性回归及基于大数据自动拟合方法，方便用户快捷准确进行试井解释，尤其是鼠标拖动拟合，采用人机互动快速获得高质量的拟合效果，具体界面如图 9.21～图 9.23 所示。

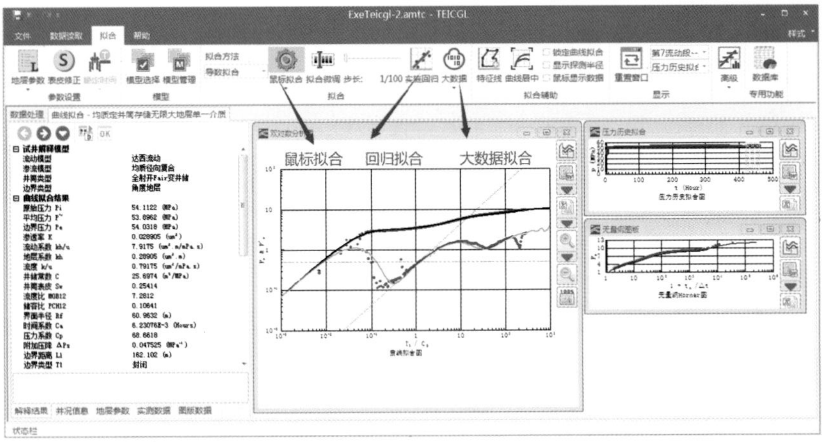

图 9.21　多种拟合分析方法

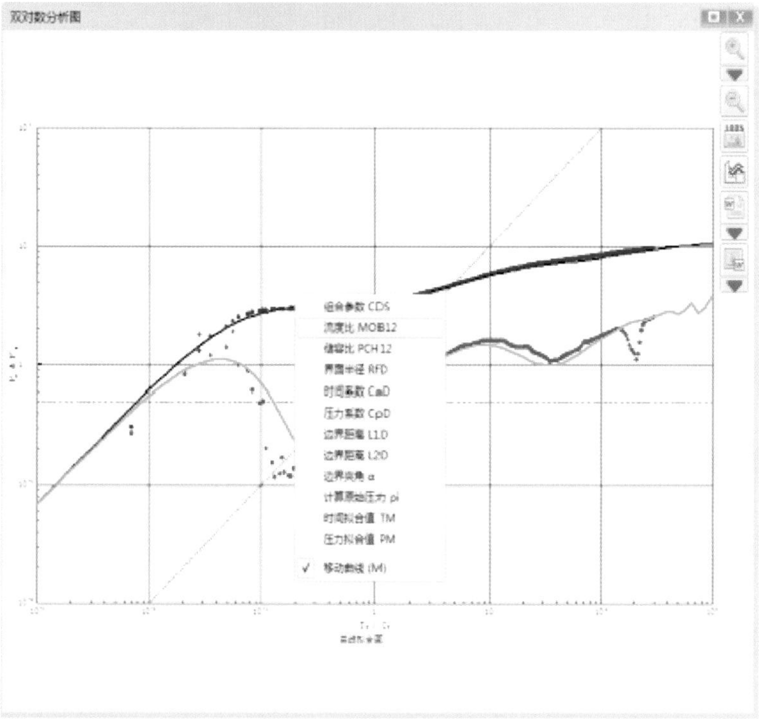

图 9.22　鼠标快速拟合

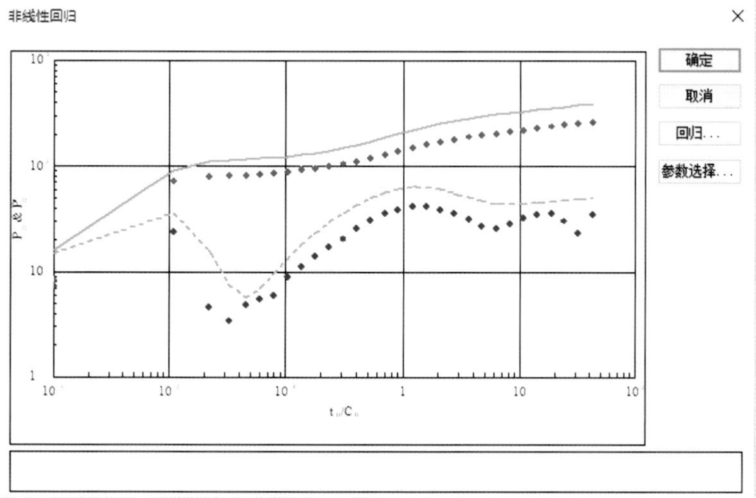

图 9.23　自动拟合

3. 直线段分析

绘制井筒存储图、线性流分析图、双线性流分析图等不同类型的特征曲线，在特征曲线中绘制直线段进行分析，相关界面如图 9.24、图 9.25 所示。

图 9.24 选择分析图形

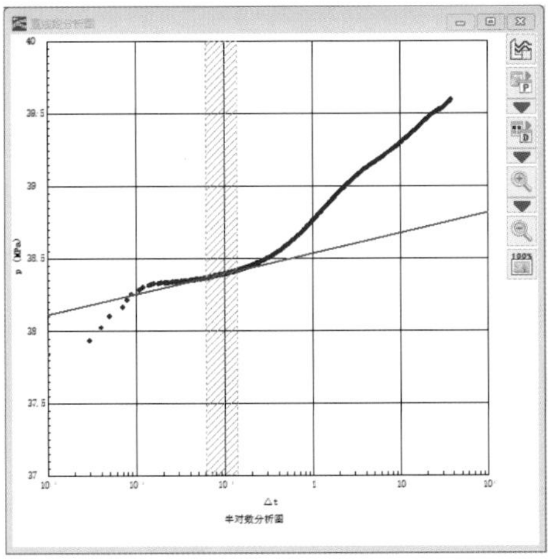

图 9.25 半对数分析图

4. 高级功能

提供了敏感参数分析、多井对比、试井设计、瞬态产能及流量计算等功能，通过自定义模板格式，实现一键报告输出，相关界面如图 9.26、图 9.27 所示。

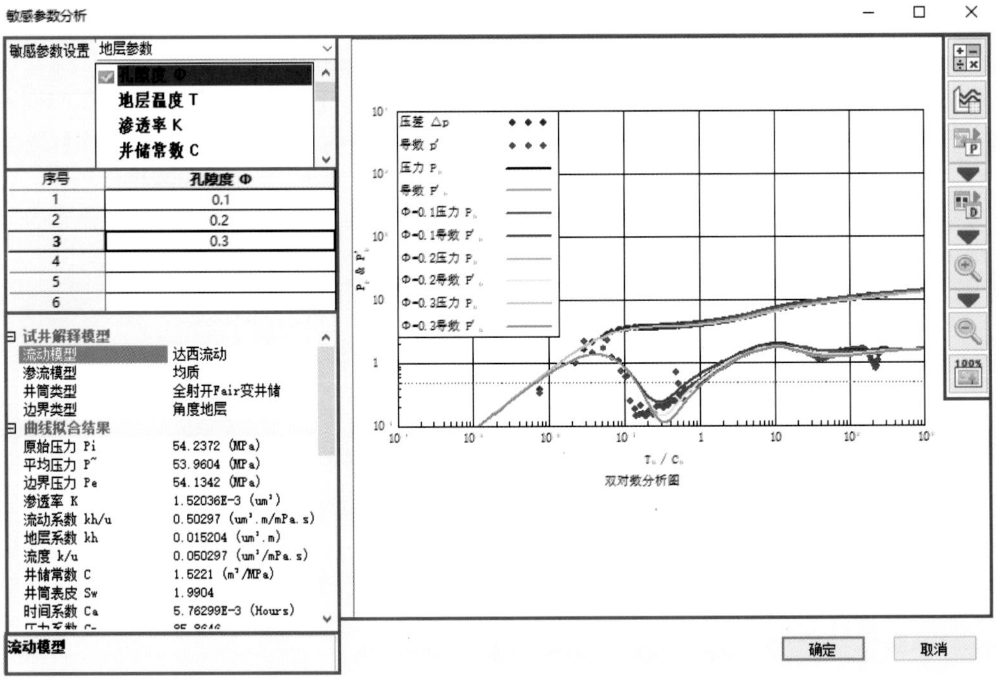

图 9.26 敏感参数分析

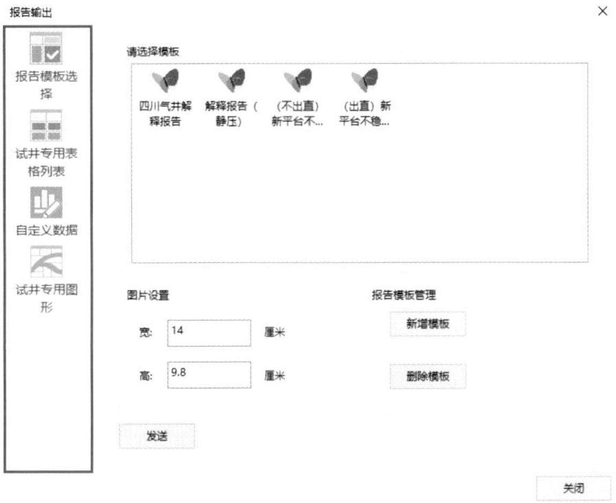

图 9.27　报告输出功能

9.3　页岩气生产数据分析软件

页岩气生产数据分析软件系统平台是获取地层参数的重要工具，它为长期监测的变流量及压力数据提供了一种分析方法，也为油气井产能预测提供重要的手段。软件平台由数据处理、传统分析、组合分析等模块组成，可对长时间(几个月到几十年)低采样密度(低至几天一测)的油气井实测变流量变压力生产数据进行组合分析，以获得地层渗透率、表皮系数、裂缝半长、可开采储量等参数，并利用这些参数预测未来产能。该软件适用于常规油气、致密油气、页岩气、煤层气及地热资源开发等，满足国内外各种油气藏勘探开发的解释需求。图 9.28 是生产数据软件界面，软件的主要功能见表 9.5，以下对主要功能进行介绍。

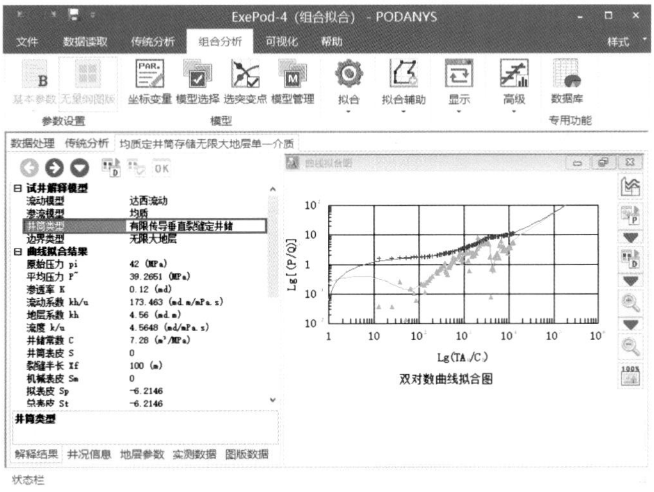

图 9.28　生产数据分析软件界面

表 9.5 生产数据分析软件主要功能

功能	详细介绍
 读取数据	读取不同类型和格式的压力、流量和压力-流量数据，设置气体拟时间分析，以及对导入的多组压力数据进行管理操作
 预处理	对数据进行变换、折算、拼接和删除等操作，选择坐标系和原始压力，用于去除错误、无效等干扰数据
 多次数据	选择、查看导入的数据/图形
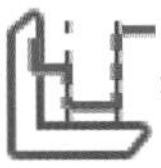 流动段操作	划分、移动和清除流动段操作
 数据选择	采用不同方式选择压力点，调整选择的区域范围
 手动编辑	手动对压力点进行编辑操作
 分析方法	采用不同的分析方法对图形进行拟合计算
 参数设置	设置基本参数、无量纲参数，以及切换有量纲/无量纲图版
 模型	选择坐标系、改变初始积分常数和原始地层压力，选择油藏模型，根据生产制度添加关井点，以及新建/删除/复制模型等操作
 传统分析	通过传统方法对曲线数据进行拟合
 拟合	采用鼠标拖动拟合、手工拟合、滚动条微调拟合、非线性回归及基于大数据自动拟合方法进行拟合操作
 产能预测	根据分析结果，采用定压力、定产量、先定产后定压、先定压后定产和压力趋势线多种形式进行压力与流量预测

1. 图形操作

通过数据选择，剪切、拷贝和移动的编辑操作，补点、删点、光滑、回归和重采样的手工编辑操作，调整和修复数据，以及切换输入/显示模式和查看压力流量数据的归一化流量、归一化压力、平均流量、叠加函数和累积量函数等计算图形，主要用于对曲线图形进行编辑(图 9.29)、查看操作。

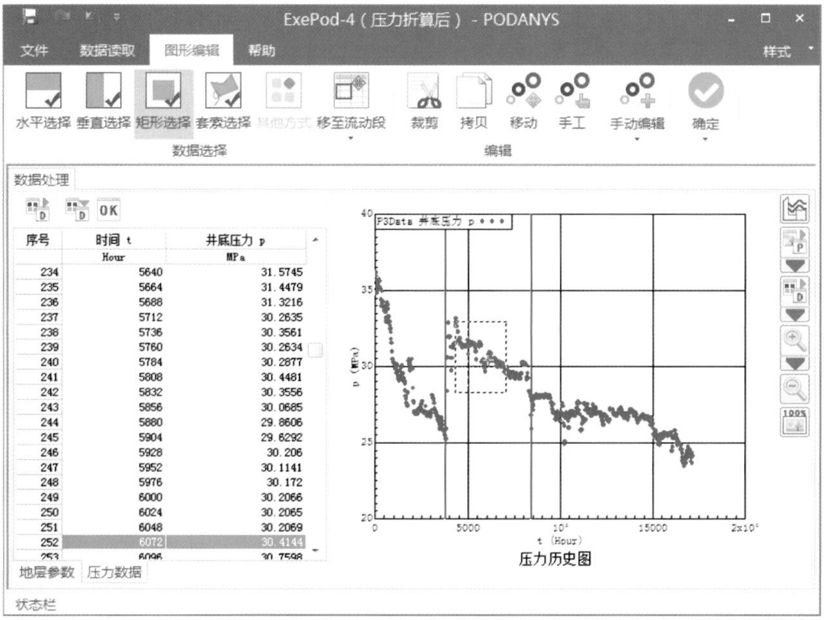

图 9.29　图形编辑操作

2. 传统分析

提供传统的 Arps、Fetkovich、Blasingame、A-G、NPI 及 Transmit 分析方法(图 9.30)，用于采用传统方法对曲线数据进行拟合。

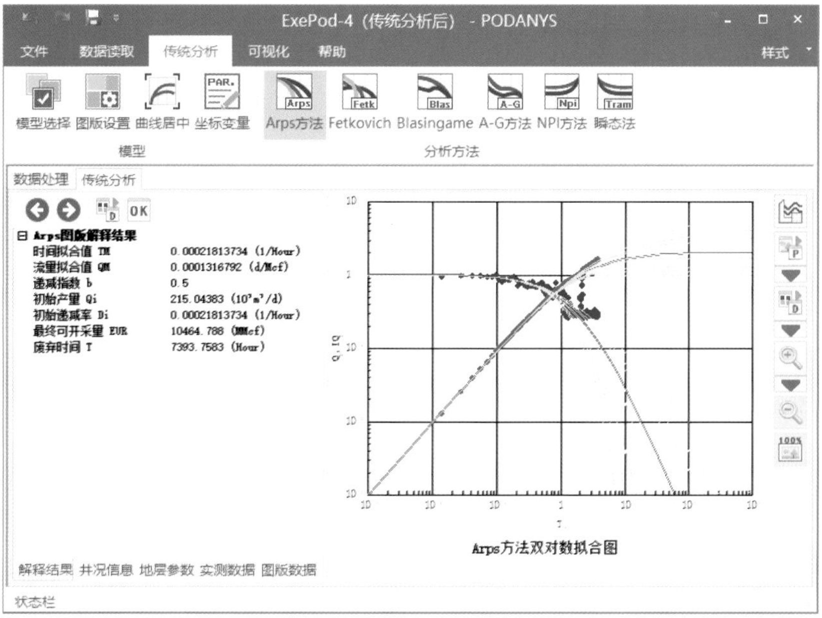

图 9.30　传统分析

3. 选突变点

基于虚拟等效时间修正理论，对频繁开关井或数据波动剧烈的情况，提供了选突变点功能(图 9.31)，大大提高了曲线拟合和历史拟合的质量，并给出更符合实际的产能预测结果。

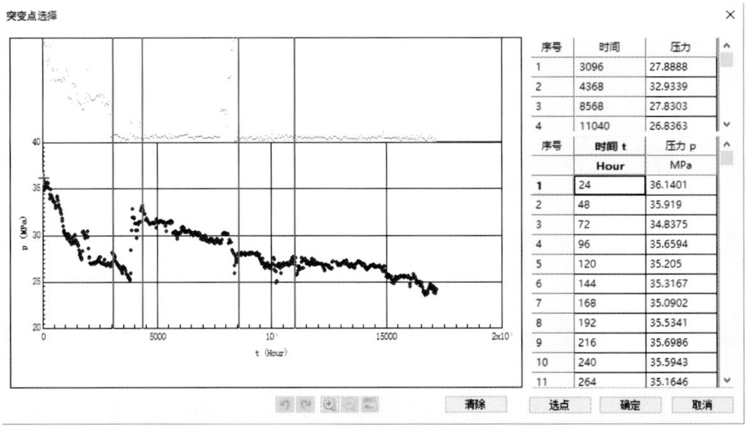

图 9.31　突变点选择

4. 组合拟合

提供物质平衡时间法及基于累积量时间的坐标组合方法，包括双对数曲线图版拟合法及 Blasingame 曲线图版拟合法(图 9.32)。

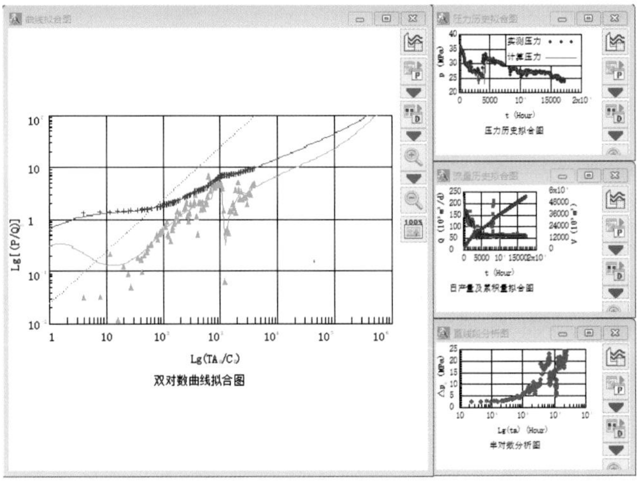

图 9.32　组合拟合分析图形

5. 产能预测

采用定压力、定产量、先定产后定压、先定压后定产和压力趋势线多种形式预测未来压力(图 9.33、图 9.34)和产量的变化趋势。

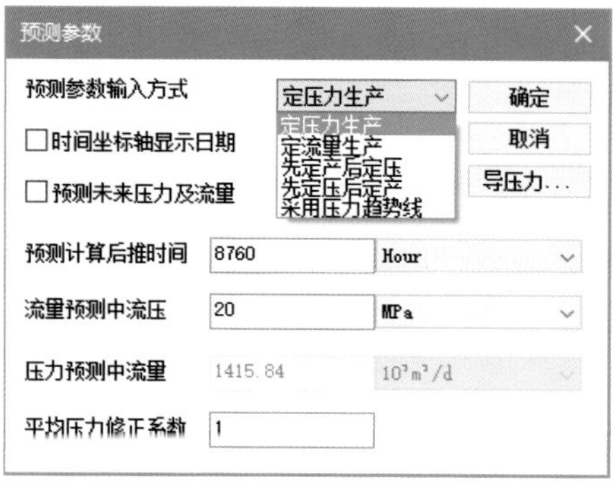

图 9.33　预测参数设置

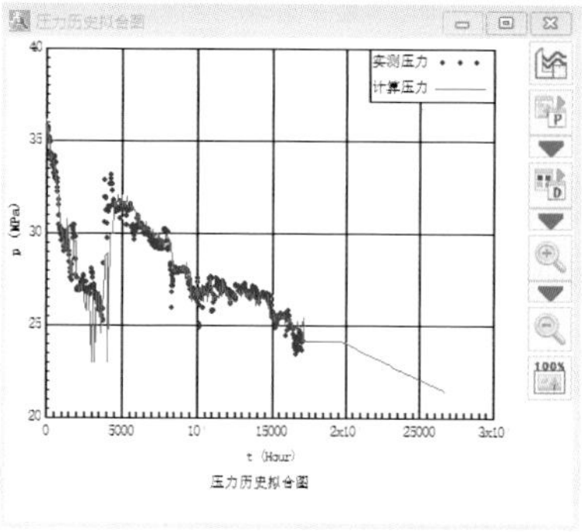

图 9.34　查看压力预测趋势线

9.4　页岩气数值试井软件

页岩气数值试井软件平台，以基于 PEBI 网格的数值模拟算法为核心，结合测试的压后返排数据、生产数据及压后测试的关井压力恢复数据可对压裂进行全面解释评估，为压后裂缝的动态变化(裂缝闭合、判别切割缝或网状缝、有效 SRV 区及随时间变化等)提供了重要的研究工具。图 9.35 是页岩气数值试井软件的界面，软件的主要功能见表 9.6，以下对主要功能进行介绍。

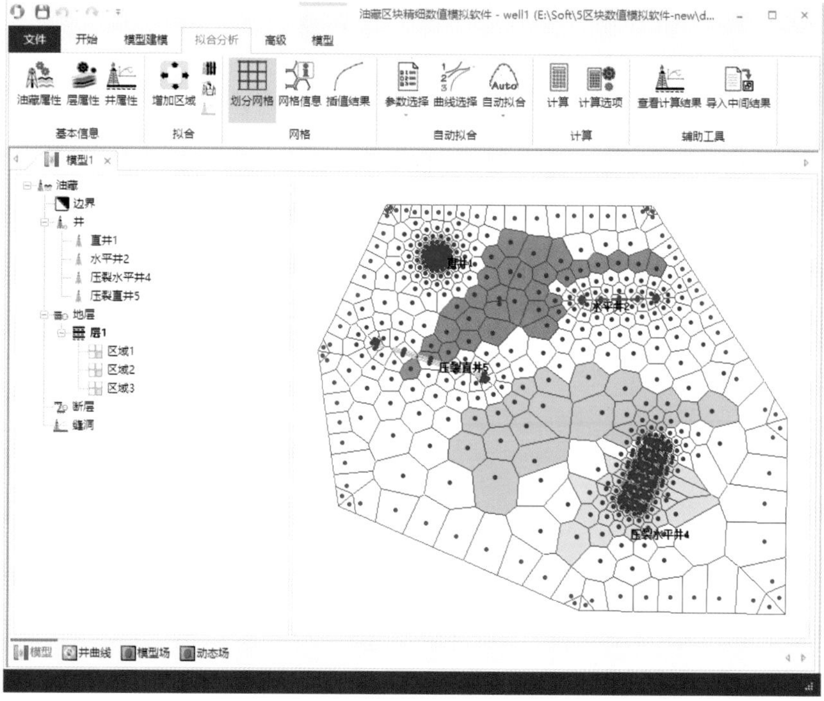

图 9.35　页岩气数值试井软件的界面

表 9.6 页岩气数值试井软件主要功能

功能	详细介绍
模型设置	设置油藏模型，流体参数
增加层	增加多层分析
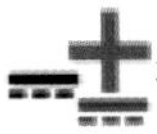增加断层	增加断层，设置断层形状和位置
增加水平井	在油藏中添加一个水平井
增加压裂水平井	在油藏中添加一个压裂水平井
增加直井	在油藏中添加一个垂直井
增加压裂直井	在油藏中添加一个压裂直井
边界属性	设置油藏边界属性
层属性	设置添加的地层属性
井属性	设置添加的各个井的属性
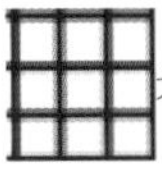划分网格	对整个油藏进行网格划分
计算选项	设置油藏的计算时间、时间步长及计算结果的可视化等选项
解释结果对比	多井拟合结果参数对比
二维块填充	压力可视化二维块状填充显示
三维块填充	压力可视化三维块状填充显示
显示设置	设置等值线范围、数目、颜色的属性、自动播放等显示属性
自动播放	启动可视化自动播放

1. 模型建模

如图 9.36 所示，该功能主要是设置油藏模型，增加层、断层、缝洞、边界，增加直井、压裂直井、水平井、压裂水平井，设置沉积相分布、渗透率分布、孔隙度分布、水饱和度分布等。

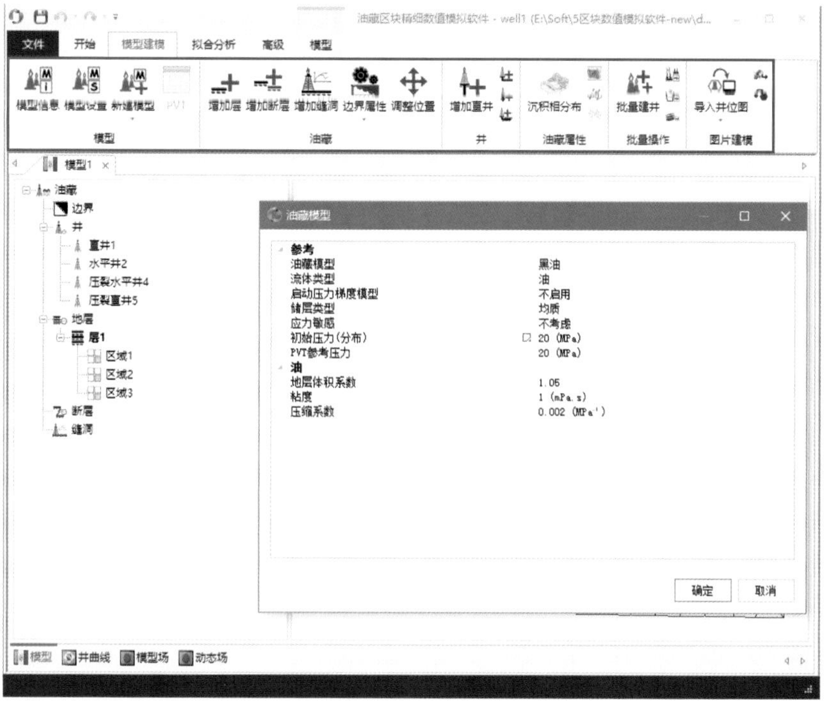

图 9.36　模型建模

2. 非结构 PEBI 网格划分

如图 9.37 所示，非结构 PEBI 网格划分，可精确表征复杂形状的油藏，易于描述复杂断层、复杂边界及复杂井型。

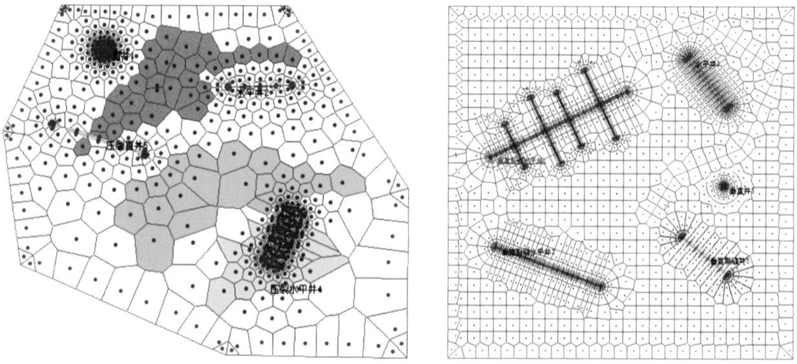

图 9.37　非结构 PEBI 网格划分

3. 井曲线可视化

如图 9.38 所示，可查看压力、产量、含水率曲线。

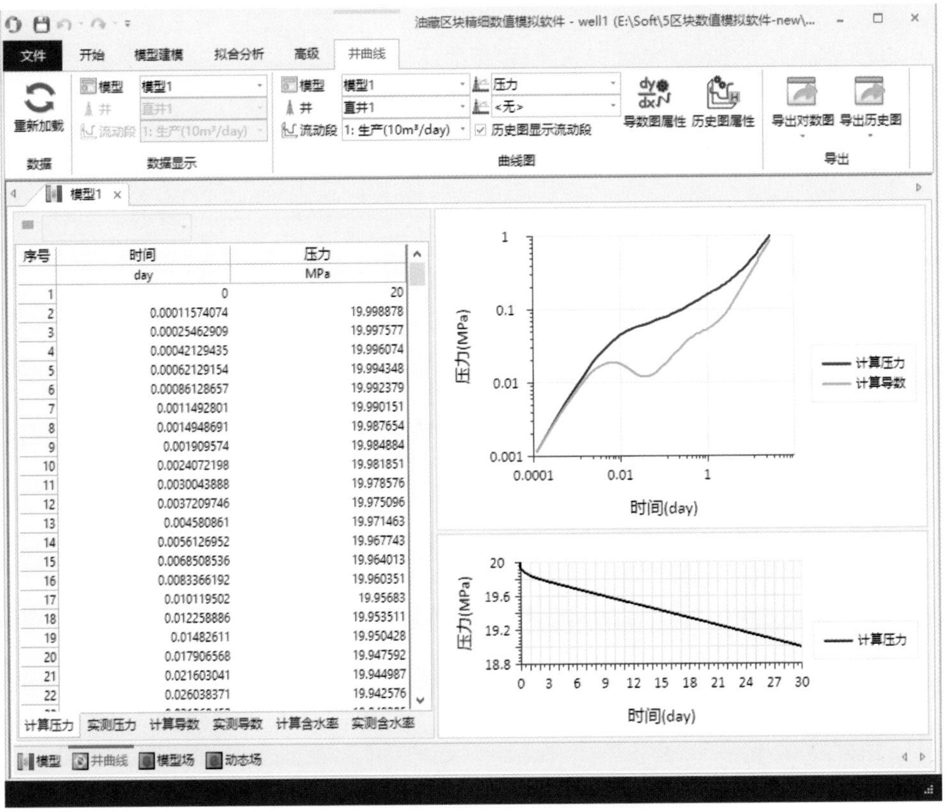

图 9.38 查看井曲线可视化图

4. 场图可视化显示

对于多层油藏，可实现三维地质体绘制，可用压力、饱和度的计算数据及体中渗透率、孔隙度、顶深等属性数据进行颜色填充，可实现抽层等显示(图 9.39)。对压力及饱和度等随时间变化的数据可按时间进行播放显示，并且所有可视化都实现了自动旋转显示、鼠标任意调整不同视角显示。

9.5 其他计算类工具

页岩气压排采一体化模拟，除上述介绍的软件平台外，还需要油气藏地质、地层储层分析、井筒及水嘴流动以及流体高压物性与相图等其他计算模块与工具，本节将对这些计算模块和工具进行介绍。

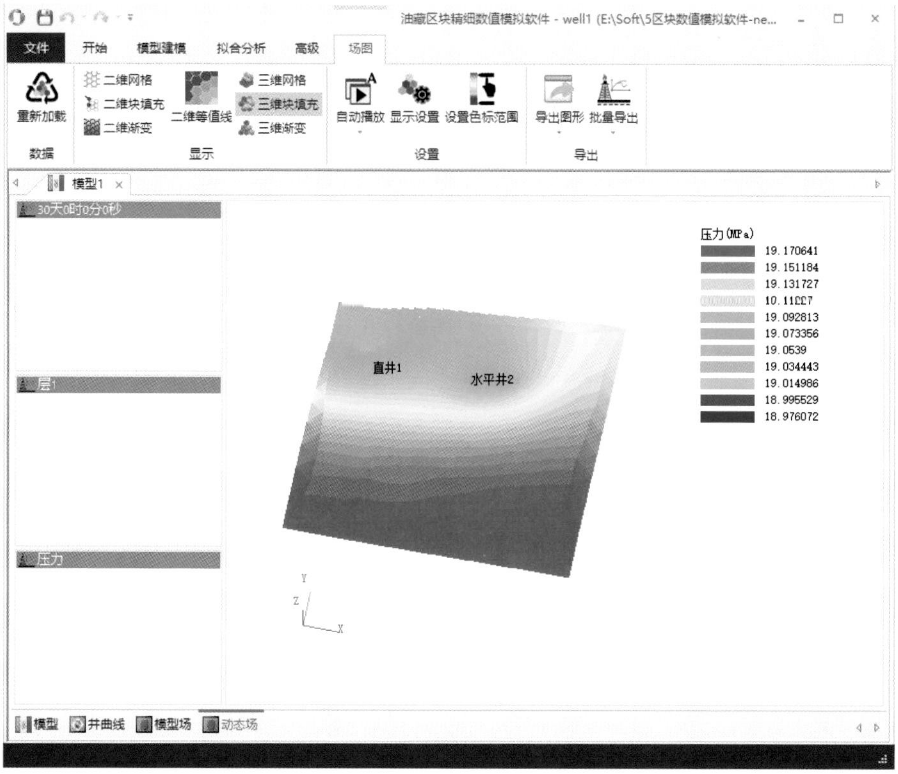

图 9.39　动态场三维块填充图

9.5.1　井流物计算

气体相态与类型主要取决于烃的组成、压力、温度。其中气液两种烃类流体是最主要的研究对象。尤其是湿气藏，油气两相同出的情况，需要结合气液产量、生产气油比以及样品分析结果，根据物质平衡原则，进行反向处理，复合出摩尔组成的湿气各相组分，以湿气组分对湿气密度以及相图等进行计算与分析。井流物计算框图如图 9.40 所示。

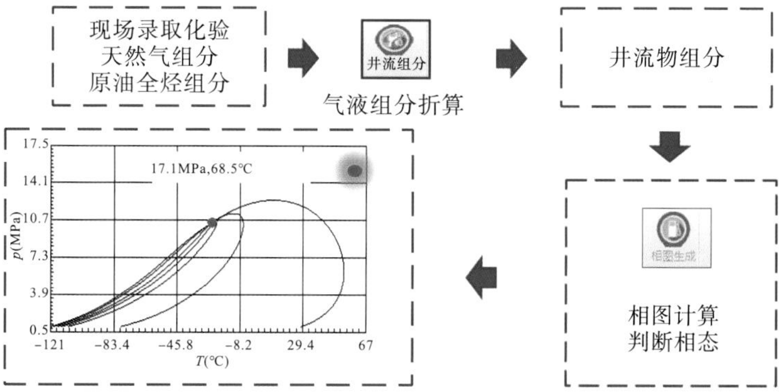

图 9.40　井流物计算框图

井流物计算过程比较烦琐，还需要查找到不同组分的分子量参与计算。开发的计算工具模块中井流组分计算模块可以解决这一问题，方便现场工作，井流物计算输入界面如图 9.41 所示。

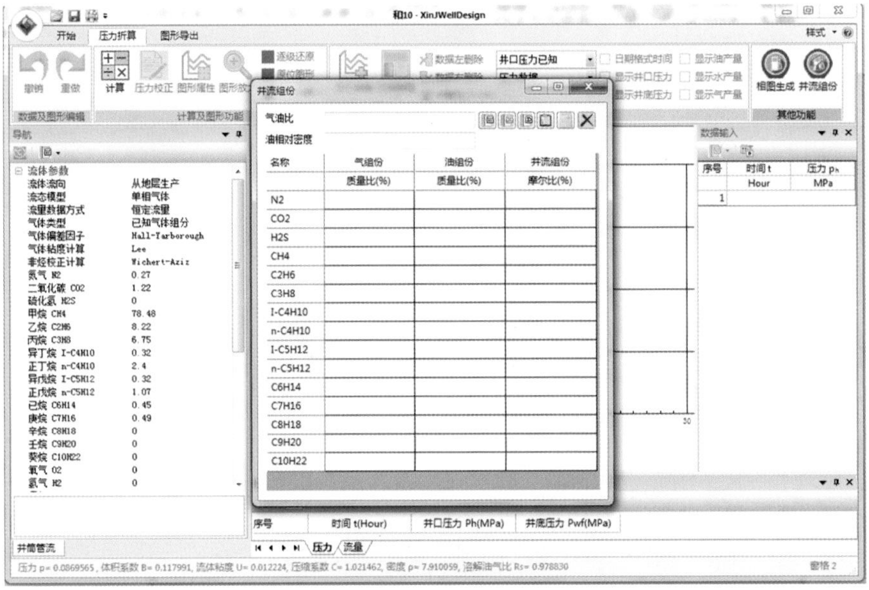

图 9.41 井流物计算输入界面

9.5.2 相图计算

相图计算的步骤及界面如图 9.42 所示。

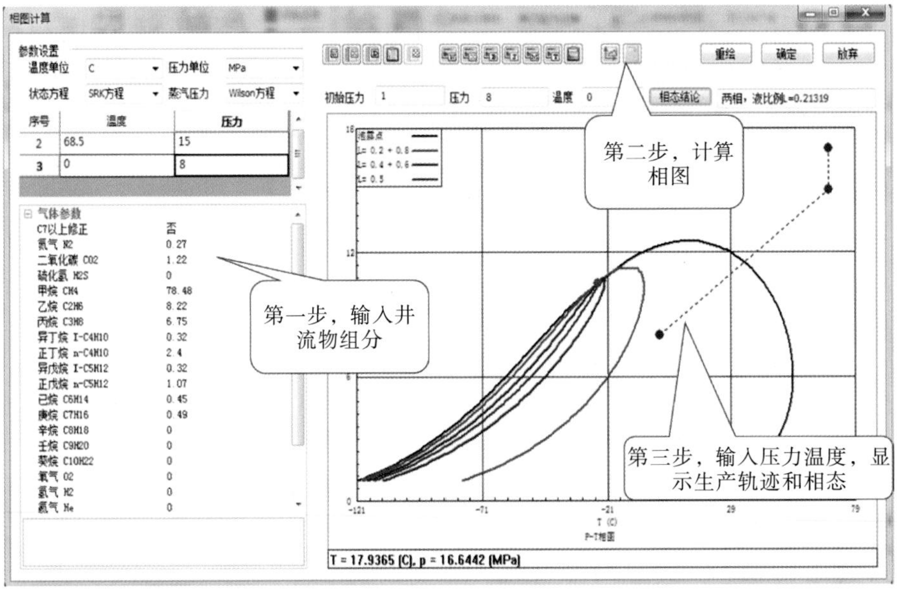

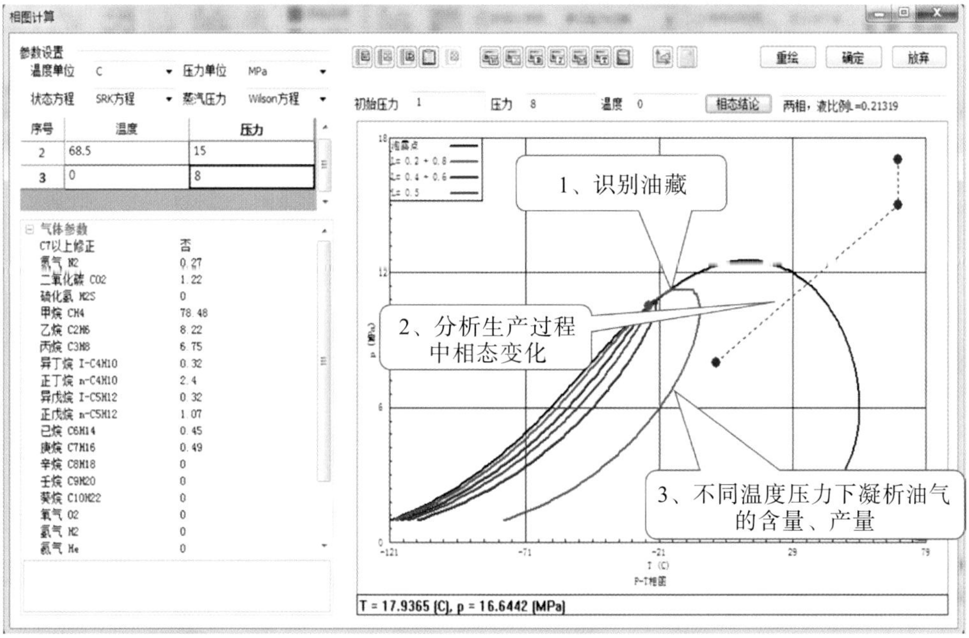

图 9.42 *p-T* 相图计算步骤及功能

9.5.3 生产数据分析中的压力折算

井口压力与井底流压的自动化互转，可得到压力随生产时间的变化曲线，实现对油气井全过程的生产动态实时监测与分析，降低现场工作中人工计算的工作量和劳动强度，多相流体的井口-井底压力折算步骤及功能如图 9.43 所示。

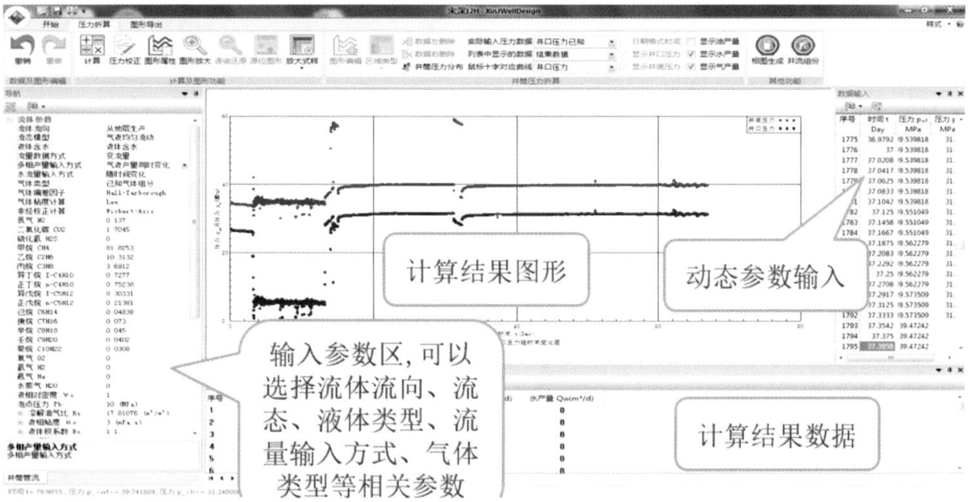

图 9.43 多相流体的井口-井底压力折算

压力折算中的校正功能：如图 9.44 所示，在求产期间进行过压力测试的时候，可以在折算的数据中进行修正，计算出修正系数，使压力折算更符合现场情况。

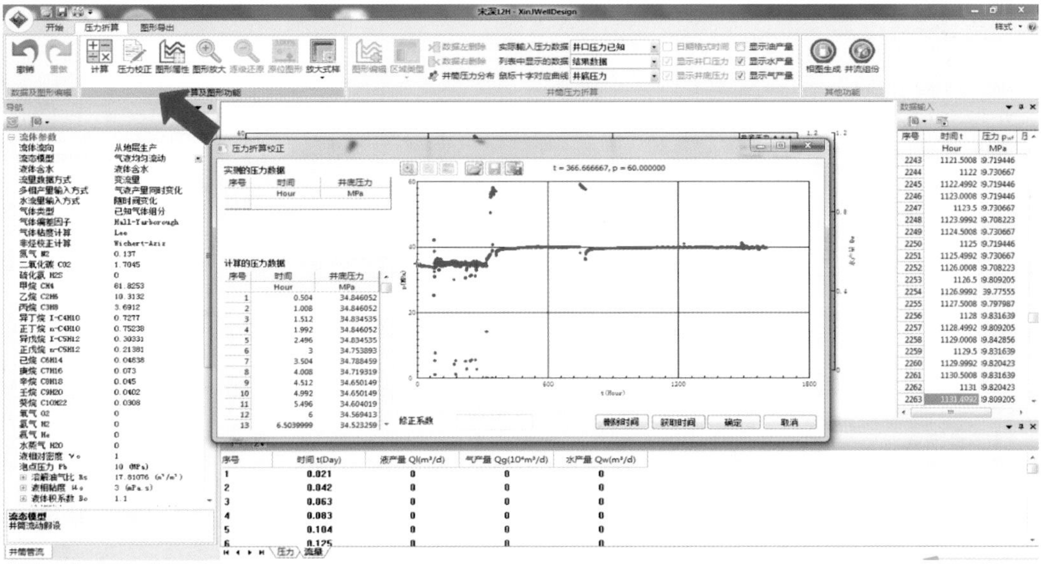

图 9.44　多相流体的井口-井底压力折算修正

计算得到某一时刻井筒内压力分布：如图 9.45 所示，针对某一生产时刻还可以给出井筒内任意深度的压力分布情况，便于分析井筒压力变化。

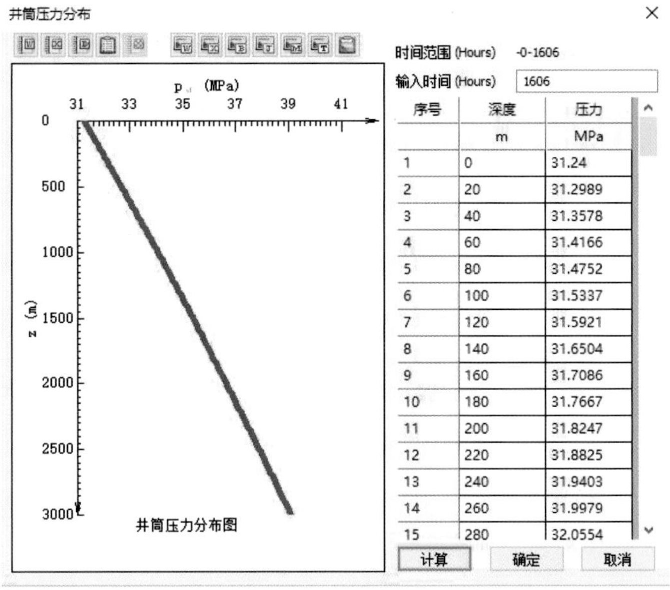

图 9.45　多相流体管流的压力分布计算

如果求产过程中测取的静压梯度、流压梯度，就可以在右侧的数据区进行人工校正，使折算的压力数据更加准确。目前这一功能在其他同类软件上未见介绍。

9.5.4　高压物性参数计算

油气水等地层流体的 pVT 计算功能，根据地层流体地面样品化验结果，模拟计算地层流体的物性，以便对储层流体物性变化进行分析。油气水高压物性参数中油相、气相物性计算分别如图 9.46、图 9.47 所示。

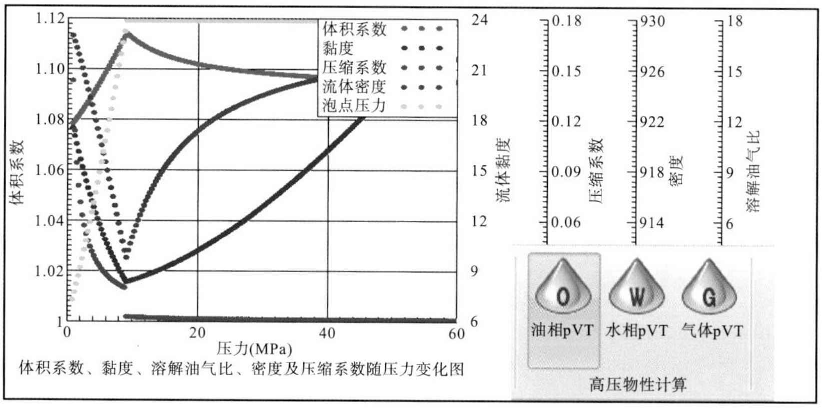

图 9.46　油气水高压物性参数中油相物性计算

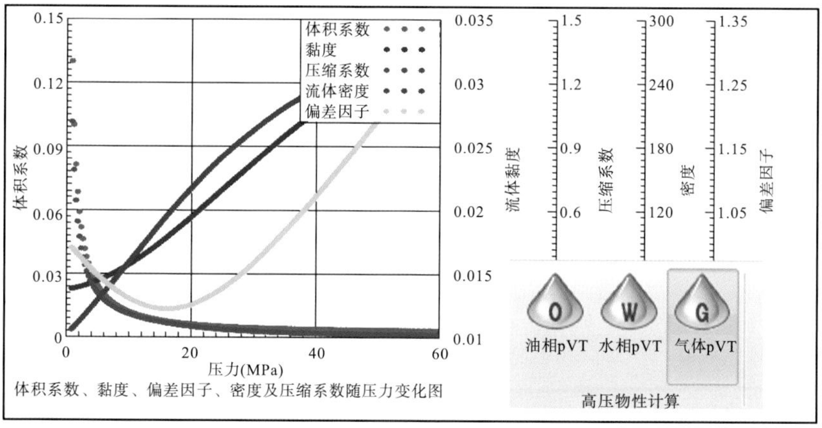

图 9.47　油气水高压物性参数中气相物性计算

9.5.5　节点分析计算

在制度设计模块中有最小携液量、水合物预测、气嘴流动、安全阀节流、井筒温度分布、气井制度以及冲蚀流量、地面管道等计算功能，可以满足现场求产中各节点的计算与分析，这里收集了现有文献的各种计算。井筒节点计算界面如图 9.48 所示。

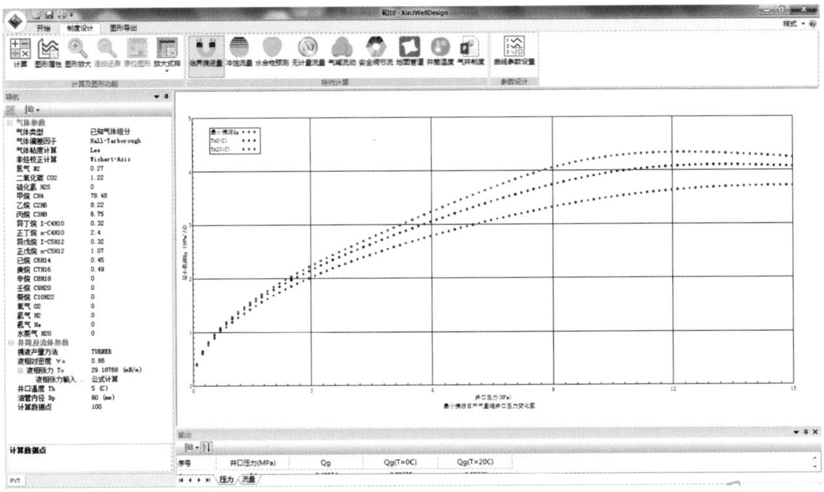

图 9.48 井筒节点计算界面

9.5.5.1 最小携液量

最小携液量理论计算功能如图 9.49 所示。从携液量理论计算可以看出：生产管道一定时，最小携液产气量与井口压力关系特别大，井口温度大小也有影响。

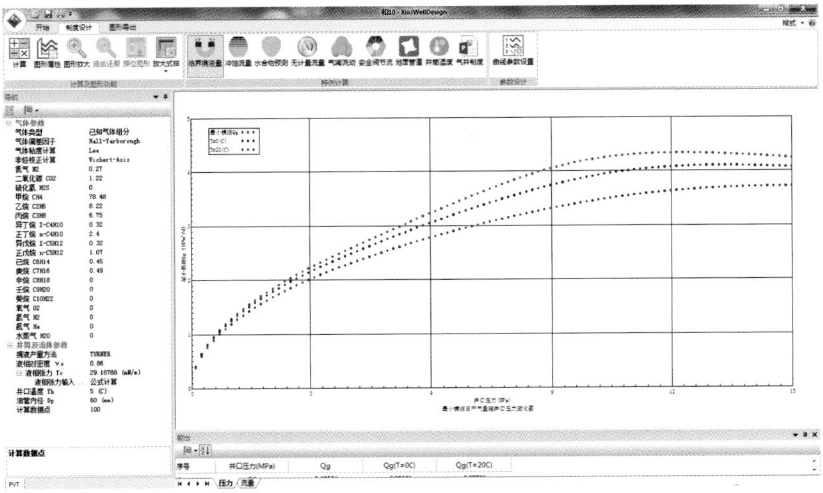

图 9.49 最小携液量计算界面

9.5.5.2 水合物生成

水合物计算，可以给出不同压力对应的水合物生成临界温度。可以结合井筒内温度分布、压力分布情况，分析水合物生成的位置。以页岩气试验生产井为例（图 9.50），若压力为 5MPa，得出水合物生成的临界温度为 18℃，也就是说：当井筒或管道温度低于 18℃时，就有水合物生成。由此结合井筒压力温度分布，就可以推断在井筒的哪个位置易产生冻堵。水合物生成计算界面如图 9.50 所示。

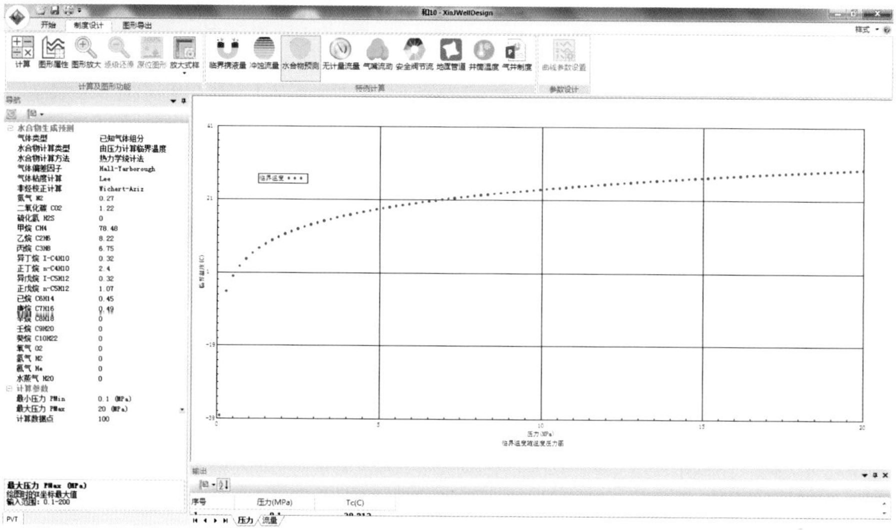

图 9.50　水合物生成计算界面

9.5.5.3　井筒温度分布

在左侧给出流体、井筒及地层参数后，可以计算不同产量下的井筒温度分布情况，帮助技术人员分析井筒不同位置的流动状态。井筒温度分布计算界面如图 9.51 所示。

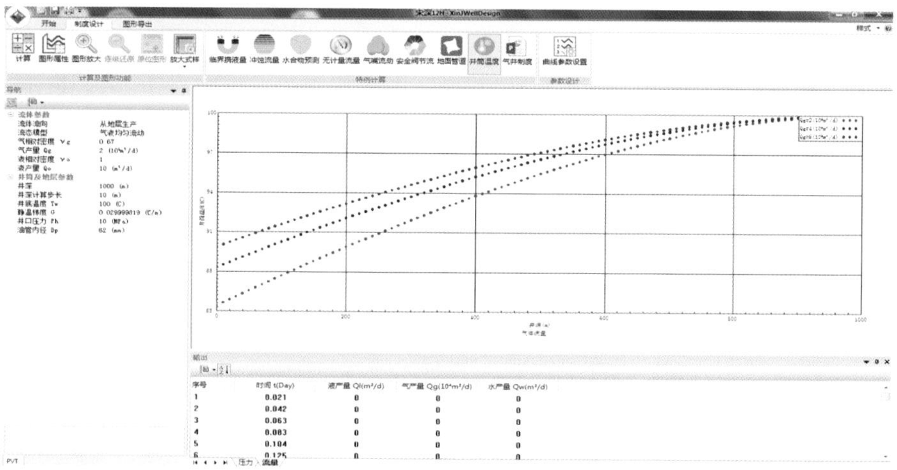

图 9.51　井筒温度分布计算界面

9.5.6　生产工作制度优化

生产工作制度优化功能是综合分析求产制度的有效手段，在油气生产工作制度计算界面(图 9.52)左侧输入求产设计的各种参数，软件就会通过计算分析定产是否合理、油嘴选择是否合适。

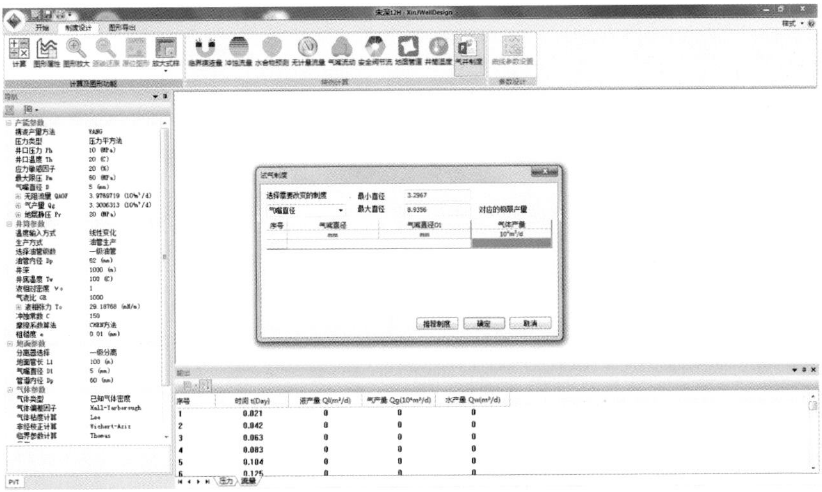

图 9.52　油气生产工作制度计算界面

当选择的求产方案不合理时，软件可以直接给出会出现的问题。如定产小于最小携液产量、气嘴直径太小、出现水合物(图 9.53)。

气井地面产量Q_g=1.3176(10^4m^3/D)，井口压力p=6(MPa)，井口温度T=20(°C)时设计结果表

方案	井口气嘴	
D(mm)	p_0(MPa)	T_0(C)
4	气嘴直径太小	气嘴直径太小
6	2.2442	18.8023
8	2.3534	18.9657

气井地面产量Q_g=35.9176(10^4m^3/D)，井口压力p=25(MPa)，井口温度T=5(°C)时设计结果表

方案	井口气嘴	
D(mm)	p_0(MPa)	T_0(C)
8	气嘴直径太小	气嘴直径太小
10	气嘴直径太小	气嘴直径太小
12	出现水合物	出现水合物
14	出现水合物	出现水合物

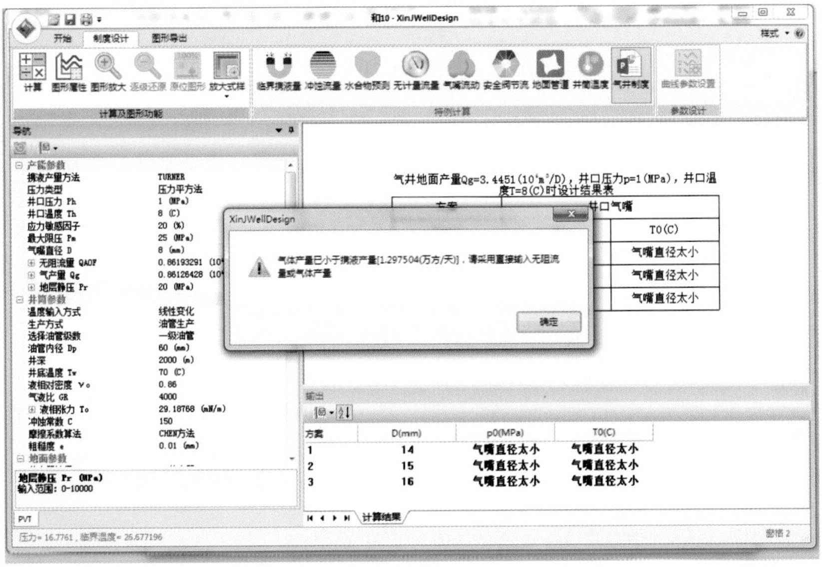

图 9.53　油气生产工作制度计算结果界面

9.5.7　气藏产能评价

气藏产能计算软件模块及界面如图 9.54 所示。

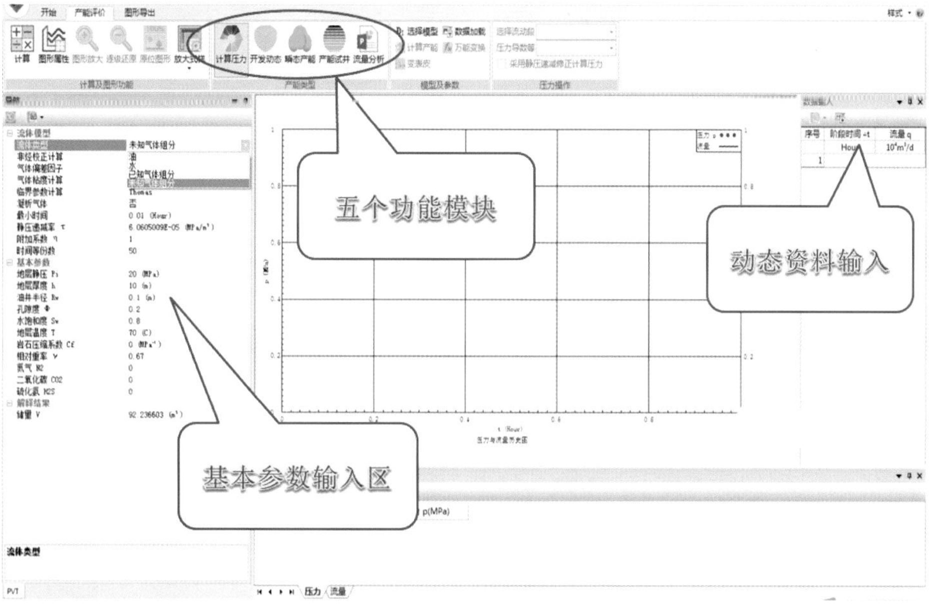

图 9.54　油气产能计算界面

丰富的油气藏模型有数万种计算模型可供选择，其选择界面如图 9.55 所示。

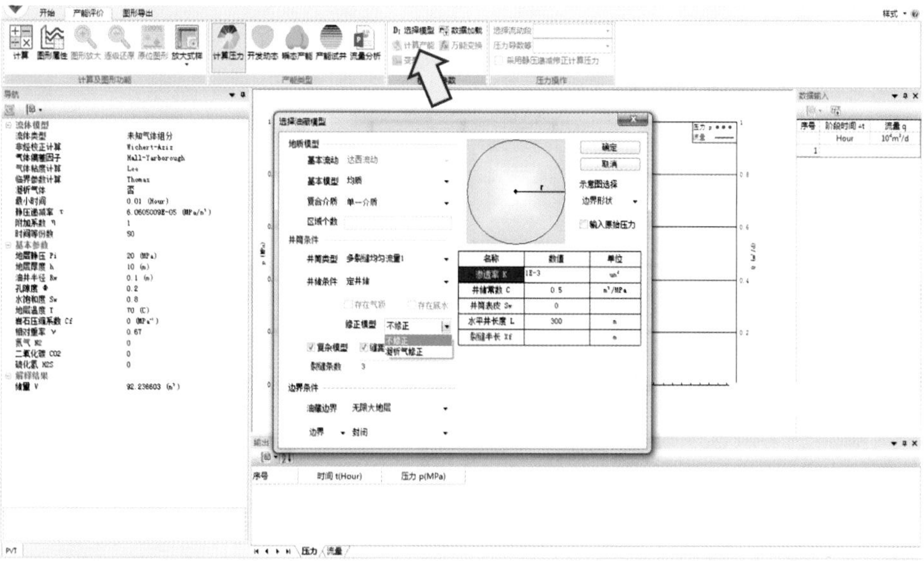

图 9.55　油气产能计算数万种模型的选择界面

1. 计算压力

试井设计：根据油气井的不同渗流模型，已知地质参数、流体高压物性等参数，设计不同流量下的井底压力计算。油气井试井设计计算界面如图 9.56 所示。

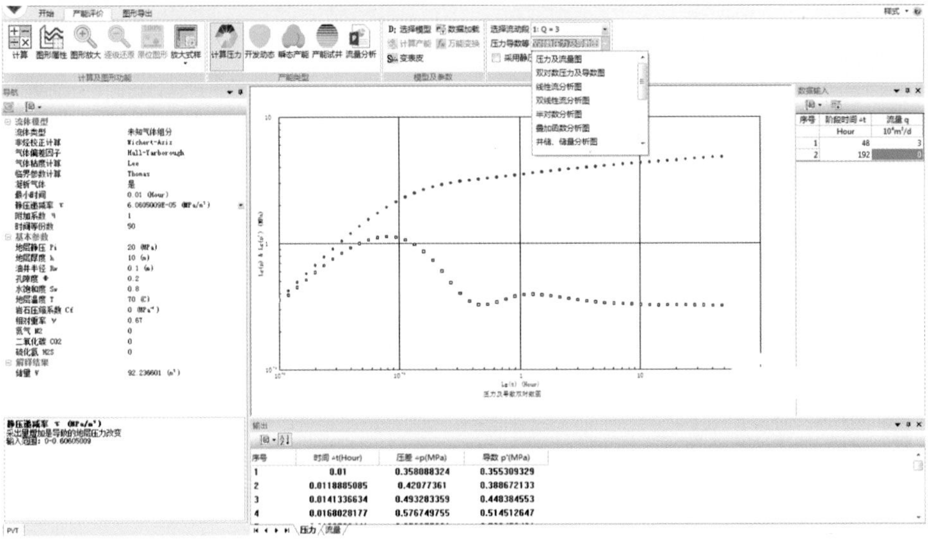

图 9.56 油气井试井设计计算界面

2. 开发动态

定流压：油气井定井底压力生产流量计算界面如图 9.57 所示。

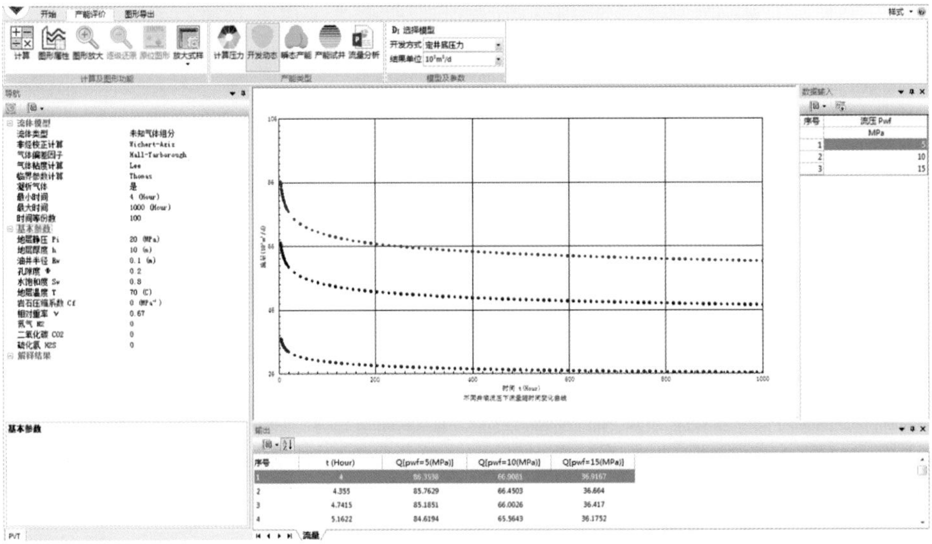

图 9.57 油气井定井底压力生产流量计算界面

定产量：油气井定地面流量生产井底压力计算界面如图 9.58 所示。

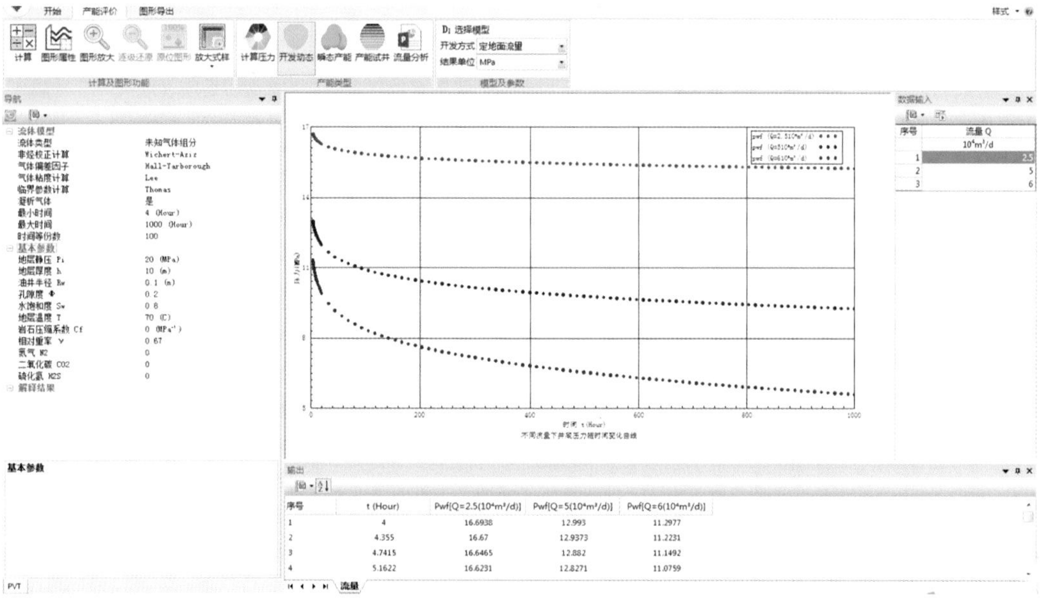

图 9.58　油气井定地面流量生产井底压力计算界面

3. 瞬态产能

不同地层压力、不同生产时间下的瞬态产能分析计算界面如图 9.59 所示。

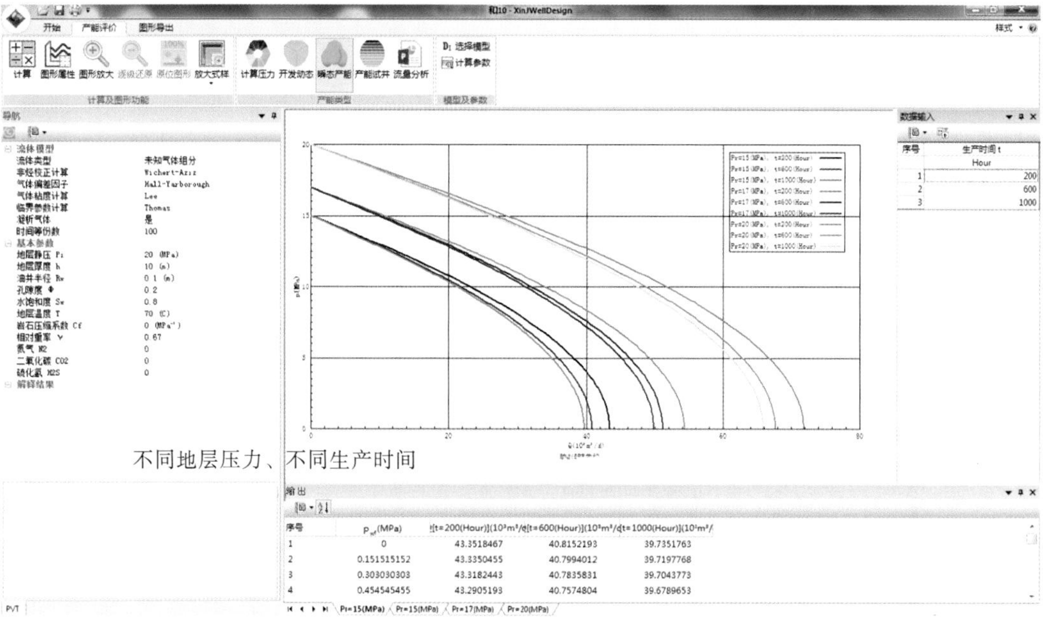

图 9.59　油气井瞬态产能计算界面

4. 产能试井

油气井产能试井计算界面如图 9.60 所示。

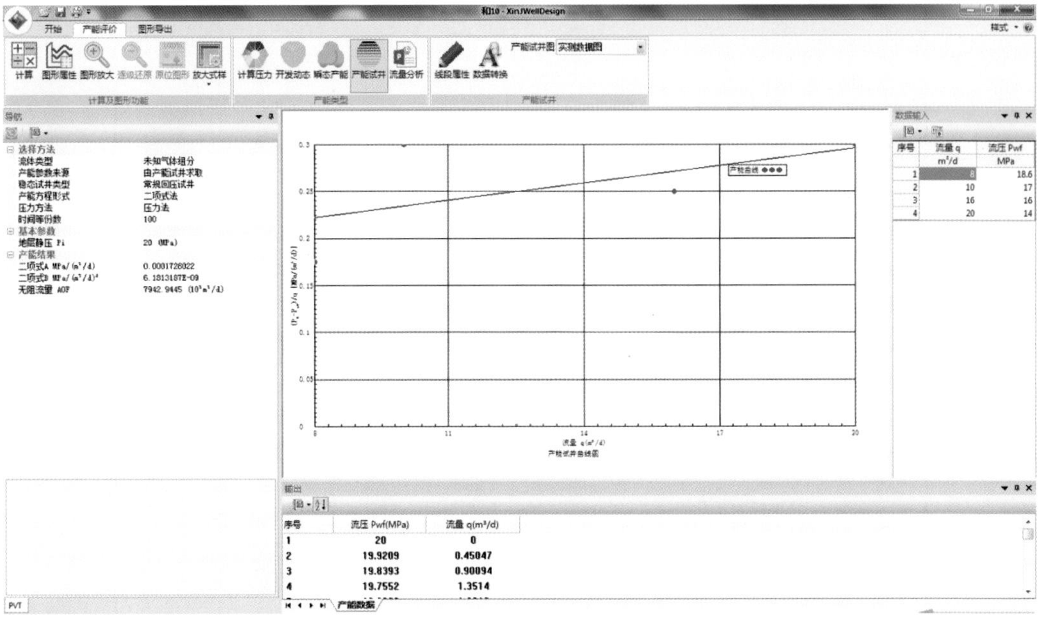

图 9.60　油气井产能试井计算界面

第 10 章　创新实践与典型应用案例分析

以页岩气流动机理、人造气藏模型的研究新成果和计算机软件平台为依托，我们率先在浙江油田宜昌页岩气探区、昭通国家级页岩气示范区、渝西大安深层页岩气田的进行创新试验，经过应用验证与总结凝练，创造性地形成了页岩气压排采一体化高频压力监测评价技术。其内涵要义与技术路径，总体简介如下：在强大的计算软件支撑下(第 9 章)，采用高频压力监测数据，通过停泵压力数据反演软件，实现了对压裂效果的定量评价；利用压后评价获得的参数，结合闷井期间监测的压力数据分析，获得裂缝闭合相关信息，通过定义压力边界移动速度及井附近区域气体扩散浓度，实现闷井时间的优化；对排采期间的生产动态数据分析，不仅实现了排采制度的优化，还确定了页岩气动态储量及气井绝对无阻流量等页岩气勘探开发的核心参数，同时也实现对产能的预测。本章将通过典型应用案例分析介绍相关创新理念与实践。

10.1　YS129H2 平台高频压力压裂效果评价

YS129H2 平台部署实施了 2 口页岩气产能评价井，其中 YS129H2-1 井完钻井深 4635.00m，垂深 2187.89m，总水平位移 2364.5m。YS129H2-2 井实钻水平段入靶的 A 点：井深 2650m，垂深 2259.43m，实钻 B 点井深 4100m，垂深 2231.62m，水平段长 1377.27m。

YS129H2 平台 2 口井所在的页岩储层 TOC 含量为 2.36%～6.31%，平均为 3.95%。有效孔隙度为 1.87%～2.9%，平均为 2.27%。总含气量为 2.34～3.6m^3/t，平均为 2.92m^3/t。图 10.1 是 YS129H2-1 井井身结构图，图 10.2 是 YS129H2-1 井完钻地质模型图，图 10.3 是 YS129H2-2 井井身结构图，图 10.4 是 YS129H2-2 井完钻地质模型图。本节以 YS129H2-1 井为例进行全面分析。

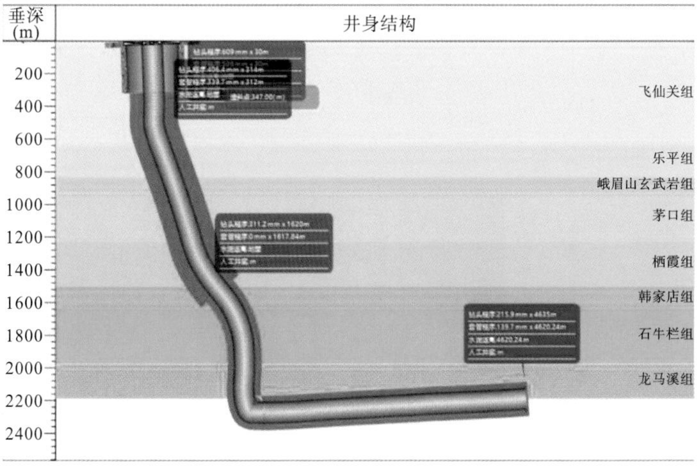

图 10.1　YS129H2-1 井井身结构图

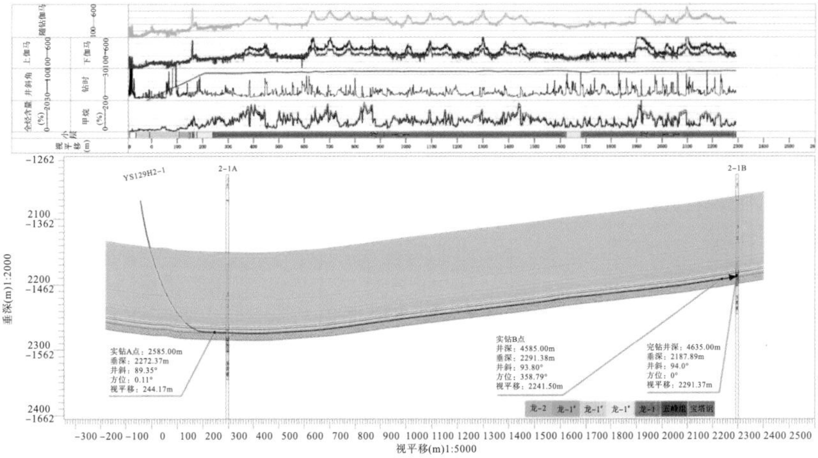

图 10.2 YS129H2-1 井完钻地质模型图

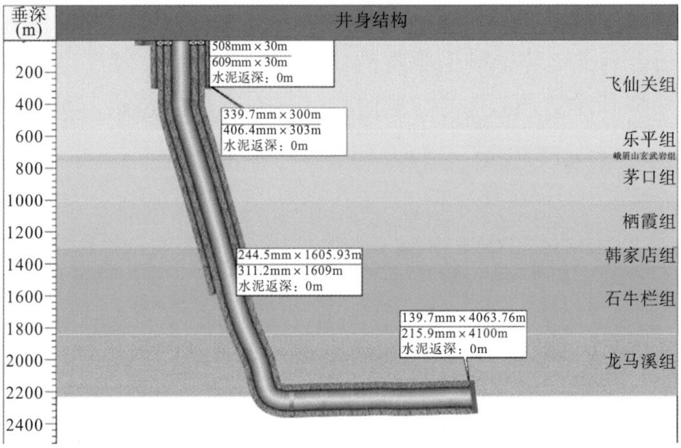

图 10.3 YS129H2-2 井井身结构图

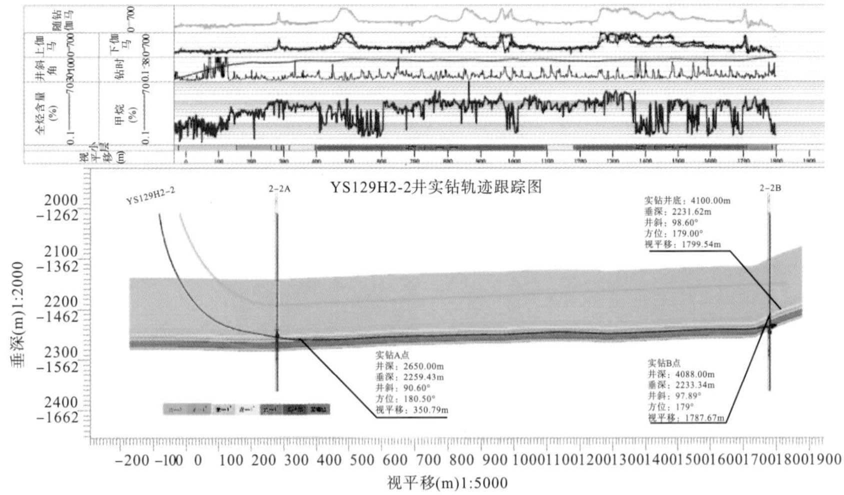

图 10.4 YS129H2-2 井完钻地质模型图

10.1.1 高频采集设备安装及解释软件

YS129H2-1 井垂深 2187.89m，水平段长 1999.16m，设计压裂 24 段。实际压裂 23 段，跳过原设计第 4 段，表 10.1 给出了该井的基本情况列表，表 10.2 给出高频压力采集的设备、分析软件及部分配件。

表 10.1 YS129H2-1 井基本情况

名称	参数	名称	参数
开钻日期	2020 年 12 月 1 日	完钻日期	2020 年 3 月 30 日
完钻井深(m)	4635.00	完钻层位	龙马溪组
施工层位	龙马溪组	最大井斜	94.10°/4450.21m
井底垂深(m)	2187.89	最大狗腿	7.99°/2491.46m
完井时间	2020 年 4 月 11 日	完井方法	139.7mm 套管完井
人工井底(m)	4584.16(阻流环位置)	储层钻遇率(%)	100
段长(至人工井底)(m)	1999.16	地层温度(℃)	75(据昭 104 井估算)
地层压力系数	1.1～1.15(预测)		

表 10.2 高频压力监测设备及软件列表

序号	名称	型号	数量	备注
1	压力计	HPM288 压力变送器	4 套	自主研发
2	数据采集器	HC7804A	1 套	自主研发
3	监测服务器	ThinkPad E14 2BCD	1 台	
4	压裂停泵数据分析软件	V3.0	1 套	自主研发
5	压力波倒谱分析软件	V1.0	1 套	自主研发
6	返排数据分析软件	V3.0	1 套	自主研发

10.1.2 设备安装及施工

1. 采集数据

在 YS129H2-1 井的压裂施工井口安装一支高频率压力计，采用 HC7804A 数据采集器记录压裂中的压力数据。

施工压力计相关设备型号：

RTX350 存储式高精度压力计；

KDX120 直读式高频压力计；

RVVP03M 电缆传输设备；

LBE24DC 供电设备；

M18X25 接口设备；

HC9301A 数采设备；

ThinkPad 笔记本电脑；

SDJS0293 压力采集软件。

施工压力计参数：

直读式压力计；

压力量程：0～120MPa；

压力分辨率：0.0001MPa；

压力采样频率：1000Hz。

图 10.5 是 YS129H2-1 井口压力计设备安装，图 10.6 是 YS129H2-1 井口压力数采与电脑设备安装，直读方式获取井口压力并存储。

图 10.5 YS129H2-1 井口压力计设备安装

图 10.6 YS129H2-1 井口压力数采与电脑设备安装

2. 进液点倒谱分析

根据压裂停泵期间产生的水击效应和测得的高频压力数据，通过对高频压力数据进行滤波后，再对波动信号进行倒谱分析，给出进液点情况，即该段每簇是否形成裂缝；暂堵效果，即暂堵前后新裂缝开启情况；桥塞密封情况，即是否存在漏液等。

3. 压裂停泵数据解释

根据每段压裂施工曲线和压裂时的施工简况(由压裂施工队提供)，结合压裂设计资料，以及在井口采集到的高频压力数据，对所有压裂段进行压裂停泵解释，得到每段，包括暂堵停泵期间的裂缝长度、裂缝高度、渗透率及注入液体后的地层附近平均压力等，并给出压裂 SRV 区域大小。

4. 压后闷井数据分析及闷井时间优化

闷井期间对井口压力进行数据采集，定期分析压力数据，得到地层裂缝闭合趋势，评估压裂液是否扩展到地层最远端，到达地层边界，并结合压力变化模拟，给出闷井持续天数或返排开始时间。

5. 返排数据分析及制度优化

在开井后的返排试采期间，根据每天的气水产量和压力变化情况，综合分析当前油嘴及井底压力和生产压差变化情况，得到裂缝闭合情况、渗透率变化情况，并给出油嘴更换建议，优化返排制度，根据返排后期数据计算产能，评估可采储量。

10.1.3　压裂施工数据分析

YS129H2-1 井最终压裂 23 段，每段又有若干簇，这里选择 YS129H2-1 的第 5 段进行分析，该段的施工简况：

2021 年 8 月 11 日 14:47～17:16 完成 YS129H2-1 井第 5 段(4035～4153m，龙一$_1^1$，原设计第 6 段)压裂施工。开井压力 15.6MPa，最高泵压 74.8MPa，一般泵压 44.6～59.3MPa。排量 15.9～16.0m^3/min，总液量 1663.93m^3(滑溜水 1643.93m^3，高黏滑溜水 20m^3，酸液 0m^3)，加砂量 210.6t/140.7m^3(70/140 目粉砂 69.8t/48.1m^3，40/70 目石英砂 140.8t/92.6m^3)，最高砂浓度 280kg/m^3。停泵压力 25.3MPa，记压降 15min 后压力 23.5MPa，压降速率 0.12MPa/min。本段中途进行一次转向，在总液量为 875m^3 时，不停泵投 19mm 暂堵球 30 颗，投暂堵剂 160kg。本段压裂段长 118m，实际有效段长 58m，设计加砂强度 3.5t/m，实际加砂强度 3.63t/m，设计液量 1620m^3，实际液量 1663.93m^3，40/70 目石英砂比例 66.9%。图 10.7 是 YS129H2-1 井第 5 段压裂施工曲线图。

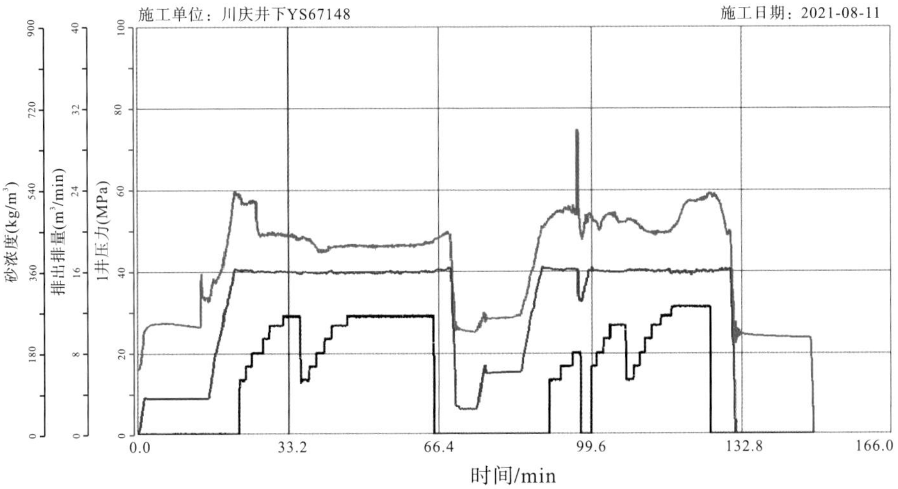

图 10.7　YS129H2-1 井第 5 段压裂施工曲线图

10.1.3.1 桥塞及射孔质量检查

在页岩气压裂的桥塞射孔作业中，高频压力计可以检测到诸如隔离球落在压裂桥塞上以及射孔爆炸等快速事件，这类快速事件产生的压力脉冲往往会被低频采集系统所忽略，但高频压力可以捕捉这类事件。因高频压力是连续监测，可以监测到桥塞坐封(或射孔爆炸)产生的多个压力峰值，两个压力峰值之间的时间差就是这类事件的半周期，即压力波事件发生位置(成为波源)到地面，再回到波源所花费的时间。由于桥塞的位置已知，可以进一步分析上述事件中产生的压力波的二次反射，得到相应的桥塞坐封深度和射孔孔眼深度。

图 10.8 是 YS129H2-1 井桥塞坐封时高频压力监测到的波形，适当放大后可以计算出两个波峰之间的时间差Δt=7664ms，第 5 段桥塞位置位于 4153m 处，由此可以计算波在 YS129H2-1 井筒压裂液中传播的速度 C=1083.77m/s。由于射孔处也存在这类波形，通过对射孔段的分析也可以获得波在水中的传播速度。对于多簇射孔，这些分析可以对计算的波速进行相互验证。

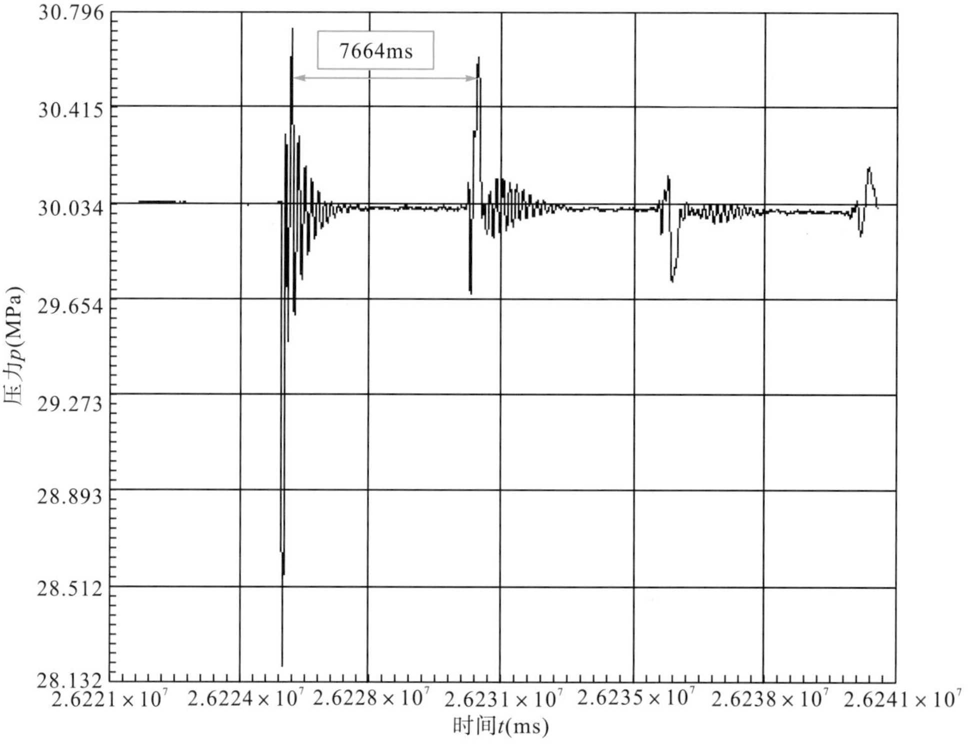

图 10.8 YS129H2-1 井桥塞坐封时高频压力波放大图

高频压力监测可以检查桥塞坐封及射孔弹爆破情况，图 10.9 显示了 YS129H2-1 井第 5 段桥塞坐封及射孔期间的高频压力监测曲线。在高频压力监测曲线中，共有 9

处出现波动，首先出现波动的是桥塞坐封，之后的 8 处波动与第 5 段的 8 簇射孔位置完全一致。

图 10.9 的蓝色背景框区域有 5×8192 个数据点，考虑高频压力数据特征，将 8192 个数据作为一组进行频谱分析(FFT 变换)，这样将 5 个连续的频谱分析绘制在一张图中，如图 10.9(b)，为便于对比，5 个图的 Y 轴为频率，X 轴是振幅，X 和 Y 轴的数据范围均相同。从图 10.9(a)高频压力监测曲线可以看出：桥塞坐封后曲线变得光滑，压力波动消失，一直到射孔时才再出现压力波动。由图 10.9 下半部分的频谱分析图可以看出：前两个窗口频谱图几乎是一条直线，这也说明桥塞坐封后没有泄漏，3、4、5 这三个窗口 FFT 图震荡十分明显，说明射孔弹都已起爆。

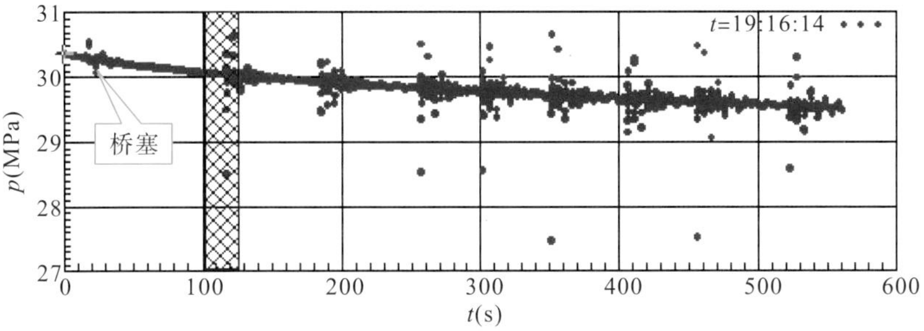

(a)

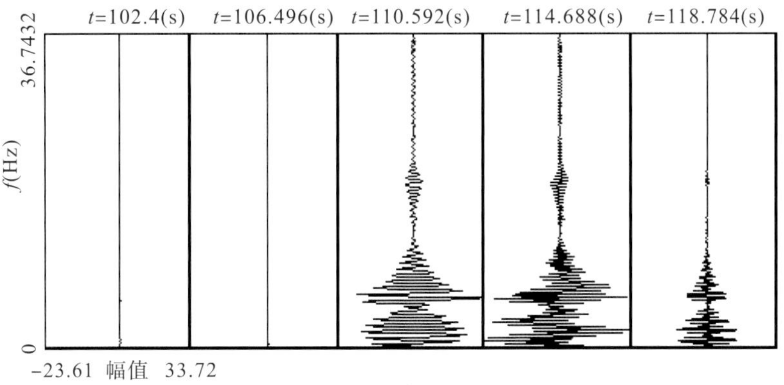

(b)

图 10.9 YS129H2-1 井第 5 段桥塞坐封及射孔期间高频压力监测曲线

10.1.3.2 高频压力的倒谱分析可以确定进液点位置

在压裂泵关闭期间由于惯性作用导致泵阀门处产生稀疏波，使得井口压力振荡，这种现象被称为水击效应，水击以波的形式传播，称为水击波。通常，在这种波完全衰减之前，可以探测到几个周期。如果这些数据以所需的采样率(通常在几十赫兹以上)记录，那么水击信号可以以足够的精度重建，以确定信号周期(即管波从表面到反射器和返回所需的时间)。

本节提出的水力压裂监测方法称为高频压力实时监测，其特点是增强了事件可探测性和较高的反射深度确定精度，这是通过结合先进的信号处理算法和基于贝叶斯统计的油管中的波速模型来实现的，其中每个新信号都作为后验信息来减少不确定性。

关于波速可由水击波的方程给出，水击效应可以使用动量方程和连续性方程描述：

$$\frac{\partial v}{\partial t}+\frac{1}{\rho}\frac{\partial p}{\partial l}+g\sin\theta+\frac{fv|v|}{2D}=0 \tag{10.1}$$

$$\frac{\partial(\rho Av)}{\partial l}+\frac{\partial(\rho A)}{\partial t}=0 \tag{10.2}$$

式中：v 为流体速度，m/s；p 为井筒中的压强，MPa；t 为时间，s；l 为距离，m；g 为重力加速度，m/s^2；θ 为井筒与水平面夹角，rad；f 为达西-魏斯巴赫(Darcy-Weisbach)阻力系数；D 为井筒直径，m；ρ 为流体密度，kg/m^3；A 为井筒的横截面积，m^2，$\frac{fv|v|}{2D}$ 表示在瞬态流动中的摩阻项，仅考虑拟稳态的摩阻项，忽略非稳态的摩阻项。阻力系数的计算方面，对于层流($Re<2300$)，$f=64/Re$；对于湍流工程应用中有许多计算方法，详细算法见第 7 章。

将压力改为水头表达的形式，对上述方程进行进一步化简，方程(10.2)改写为

$$v\frac{\partial H}{\partial l}+\frac{\partial H}{\partial t}+v\sin\theta+\frac{c^2}{g}\frac{\partial v}{\partial l}=0 \tag{10.3}$$

式中，H 为压力水头；$c=\sqrt{K/\rho}\Big/\sqrt{1+KD/(E\delta)}$ 表示声波在薄壁管中的传播速度；K 为流体的体积弹性模量；D 为薄壁圆管内径，δ 为壁厚，E 为油管的杨氏模量。

倒谱，可称为复倒谱(别名为功率倒频谱)，这是一种信号的傅里叶变换谱(属于复数谱)经对数运算后再进行的傅里叶反变换，它可以线性分离经卷积后的两个或多个分别的信号。倒谱域，是时间量纲的自变量域。如果定位需要给出声波在压裂液中的传播速度，采用方程(10.3)中的表达式$c=\sqrt{K/\rho}\Big/\sqrt{1+KD/(E\delta)}$计算声波速度，但未知变量太多，这些参数不准确将给定位带来误差，为此，我们采用射孔及桥塞坐封产生的波来获得声波，见 10.1.3.1 节。

YS129H2-1 井第 5 段有 8 个射孔簇，由图 10.8 的 YS129H2-1 井第 5 段压裂施工曲线图可以发现，该段在压裂接近 69 分钟时有一次暂堵措施，具体分析如下：

图 10.10 是 YS129H2-1 井第 5 段第一次暂堵倒谱分析同态谱图，桥塞段是波反射，该处井筒压力振荡会在倒谱图上产生强正峰，与颜色色条对应，最大正峰是黄色，可以发现黄色部分只要集中在倒谱同态谱图的上边界处，该处就是桥塞位置，其对应的值设定为 120m 处，而倒谱同态谱图负峰极值处就是进液点位置，本例总共有 4 个进液点，其位置分别为 10m、40m、50m 及 75m 处。

图 10.11 是 YS129H2-1 井第 5 段暂堵后最终停泵时的倒谱分析同态谱图，桥塞段是波反射，该处井筒压力振荡会在倒谱图上产生强正峰，与颜色色条对应，最大正峰是黄色，

可以发现黄色部分只要集中在倒谱同态谱图的上边界处，该处就是桥塞位置，其对应的值设定为 120m 处，而倒谱同态谱图负峰极值处就是进液点位置，最终停泵后总共有 3 个进液点，其位置分别为 30m、40m 及 65m 处。

表 10.3 给出了 YS129H2-1 井第 5 段暂堵前后进液点的列表，从表中可以看出：暂堵后有 3 个进液点较明显，其中 40m 处与暂堵前相同，40m 处的暂堵效果较差。同时暂堵后新开启 2 条裂缝，分别位于 30m 和 65m 处。

综上所述，YS129H2-1 井第 5 段共有 8 个射孔簇，水力压裂在 10m、30m、40m、50m、65m 及 75m 共 6 处形成较为明显的裂缝，对照射孔位置，发现第 3 和第 5 簇未进液或没有明显进液点。

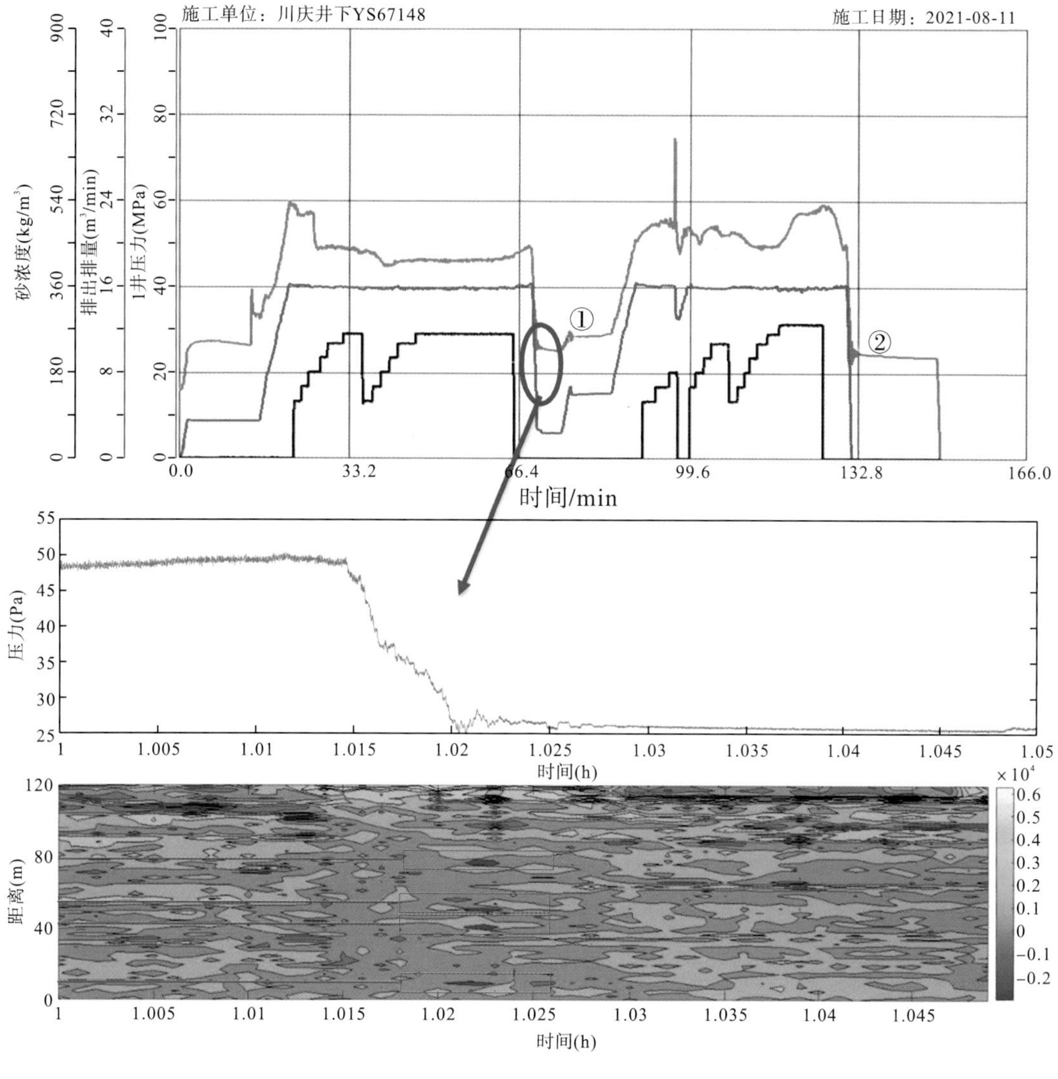

图 10.10　YS129H2-1 井第 5 段第一次暂堵倒谱分析图

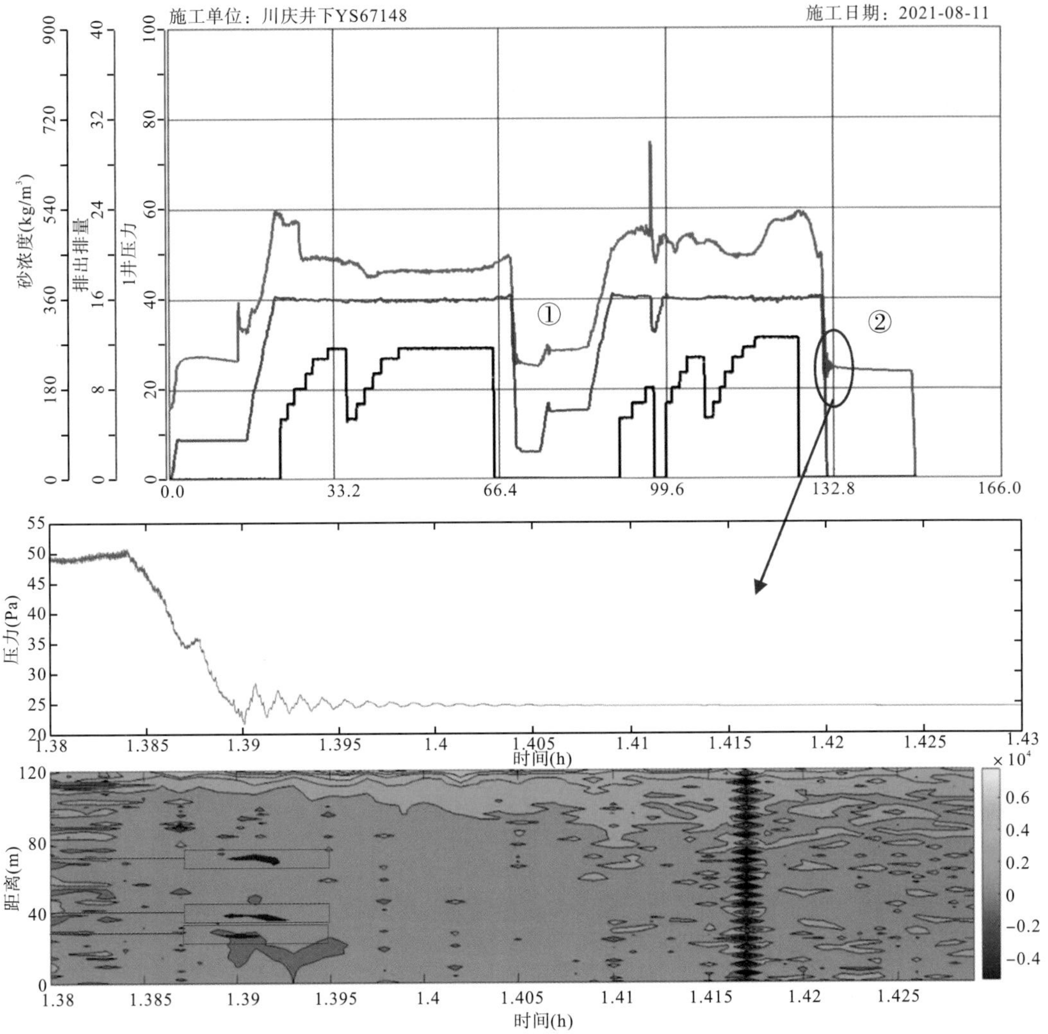

图 10.11 YS129H2-1 井第 5 段最终停泵时倒谱分析图

表 10.3 YS129H2-1 井第 5 段暂堵前后进液点列表

暂堵前进液点位置(m)	暂堵后进液点位置(m)
10	30
40	40
50	65
75	--

10.1.3.3 停泵压力曲线拟合分析

压裂停泵压力是一个包含水击波及渗流压力的复杂信号组合，采用曲线拟合方法可以对压裂形成的区域进行评价，曲线拟合的压力必须是渗流压力，为此需要使用滤波处理压裂停泵后压力数据，并采用曲线方法进行地层参数反演。通过选择适当的低通滤波方法，从压裂施工数据中滤除水击等噪声的干扰，获得储层渗流引起的压降曲线，从而能够对裂缝参数、地层压力及渗透率进行实时分析，实现对压裂的评估。表 10.4 给出了压裂液及地层的基本物性参数。

表 10.4　压裂液及地层基本物性参数

参数名称	数值	单位
压裂液黏度	7.26	mPa·s
体积系数 B	1.028	
压缩系数 C_t	4.85×10^{-4}	MPa^{-1}
压裂液密度	1000	kg/m^3
孔隙度	0.06	
井半径	0.1	m

根据表 10.4 中的参数，结合压裂施工报告中给出的累计压裂液注入量及砂浓度等数据，因停泵后流体速度很小，流体摩擦力及动能都假设为 0，这样井口压力折算到地下压力可以直接加压裂液垂直深度产生的压力。图 10.12 是 YS129H2-1 井第 5 段最终停泵时井底压力及导数双对数拟合图，选择 3 簇裂缝模型进行压力及导数双对数曲线拟合得到相关参数如表 10.5 所示。

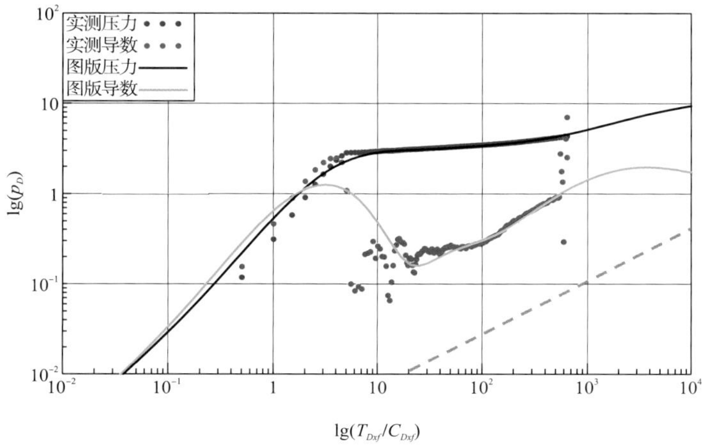

图 10.12　YS129H2-1 井第 5 段最终停泵时井底压力及导数双对数拟合图

表 10.5　压裂液及地层基本参数

名称	数值	单位
原始压力 p_i	22.746	MPa
平均压力 p_{ave}	40.749	MPa
渗透率 k	2.547	mD

续表

名称	数值	单位
平均裂缝半长 x_f	98.68	m
裂缝条数	3	条
裂缝高度 h_f	21.106	m
SRV 面积	4230.04	m^2
裂缝表皮系数 S_f	0.472	

注：平均裂缝半长是 3 条半长的平均值，三条裂缝半长比例为 1∶1.9∶1.3。

图 10.12 的压力及导数双对数图中，有一条明显的斜率为 1/2 的直线段，表明：地层中的裂缝是长直缝，同时裂缝表皮为 0.47，表明：支撑剂不仅充满裂缝，且进入到裂缝附近地层导致裂缝壁面的污染。

根据曲线拟合结果，结合暂堵停泵后的 3 条裂缝特征，采用基于 PEBI 网格的数值模拟软件计算压力分布，图 10.13 是 YS129H2-1 井第 5 段最终停泵时的压裂液分布情况，图 10.14 是 YS129H2-1 井第 5 段最终停泵时的高能带。

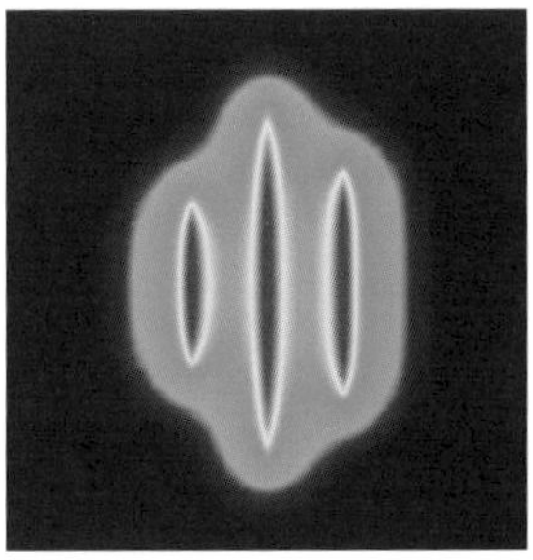

图 10.13　YS129H2-1 井第 5 段最终停泵时的压裂液分布情况

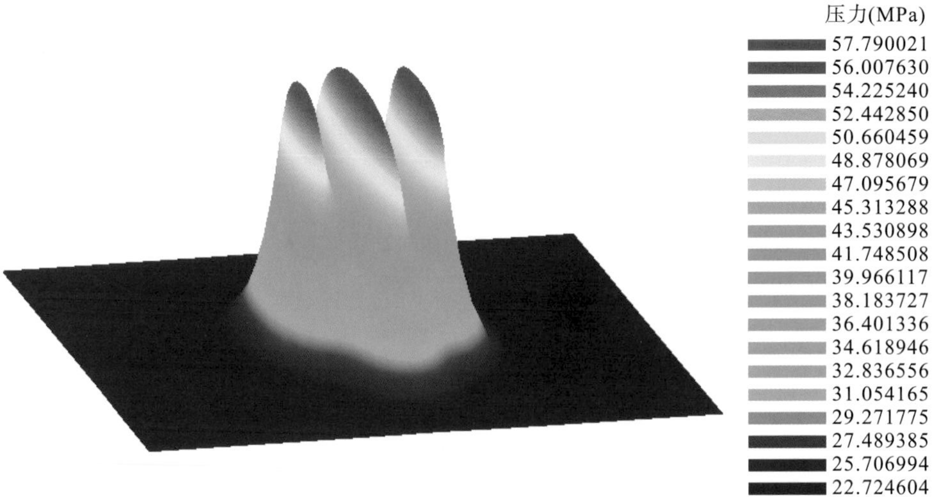

图 10.14　YS129H2-1 井第 5 段最终停泵时的高能带

10.1.3.4　各压裂段的综合评价

按照 10.1.3.2 节及 10.1.3.3 节的分析，对 YS129H2-1 井的所有段进行高频压力监测与分析，由于每段有多簇，我们对每段的各参数平均进行综合评价，表 10.6 给出了 YS129H2-1 井各段解释结果统计表，从裂缝类型可知：缝网缝与长直缝几乎各占一半。原始压力大约为 22MPa，SRV 区域渗透率平均为 3.1670mD，裂缝长度平均为 134.9190m，裂缝高度平均为 27.0970m，SRV 核心区域面积达 7957.540m^2。

表 10.6　YS129H2-1 井各段解释结果统计表

段号	原始压力(MPa)	平均压力(MPa)	渗透率(mD)	裂缝长度(m)	裂缝高度(m)	SRV 面积(m^2)	缝类型
1	20.7308	37.8850	2.9930	73.8315	21.6204	9571.692	缝网缝
2	22.3806	50.6137	4.5145	130.6720	16.2300	11730.664	缝网缝
3	22.4062	44.2741	2.1457	104.7222	25.2697	9540.458	缝网缝
5	21.1503	40.1696	4.7902	164.9530	37.4495	7210.180	缝网缝
6	21.2746	40.7479	2.5476	197.0082	31.1060	7230.043	缝网缝
7	21.2581	44.4275	3.5759	127.6522	43.3187	8886.843	缝网缝
8	21.5974	43.0427	3.4971	175.2140	47.8032	8740.646	长直缝
9	21.5993	43.3568	4.1473	166.2278	30.4440	7990.580	长直缝
10	21.8247	44.1891	3.9743	156.6290	32.2329	10739.637	长直缝
11	21.6947	43.4062	4.8666	134.8732	21.4618	6802.582	长直缝
12	21.8456	44.7039	4.6367	151.8722	20.1524	4893.430	长直缝
13	21.9307	45.1000	3.74218	105.1498	43.4392	2308.063	长直缝
14	21.7996	43.5292	3.6081	147.4762	27.1707	11288.578	长直缝
15	22.0252	45.2291	2.3500	145.7084	35.0919	11332.113	长直缝
16	22.2206	46.5253	2.0795	102.7464	17.3869	4391.262	长直缝
17	23.0755	49.4219	2.7737	149.8833	22.0261	13674.611	缝网缝
18	22.1200	45.3444	3.5490	114.9773	21.8842	11379.415	缝网缝
19	22.0252	44.1526	2.4611	97.7064	16.9473	9147.386	缝网缝
20	22.0195	44.6078	2.3258	129.5458	26.2808	5886.270	缝网缝
21	22.1034	45.3904	2.1516	92.9388	26.1358	5203.665	长直缝
22	22.4741	47.1800	2.0289	149.3350	17.4715	4102.474	长直缝
23	22.3595	46.2914	2.0019	136.2842	20.1290	5385.960	缝网缝
24	22.2799	42.2335	2.0938	147.7504	22.1806	5586.861	缝网缝
平均	21.9210	44.4270	3.1670	134.9190	27.0970	7957.540	

图 10.15 到图 10.18 分别是每个压裂段的 SRV 核心区域的渗透率、裂缝长度、裂缝高度及 SRV 核心区域的面积等统计图。

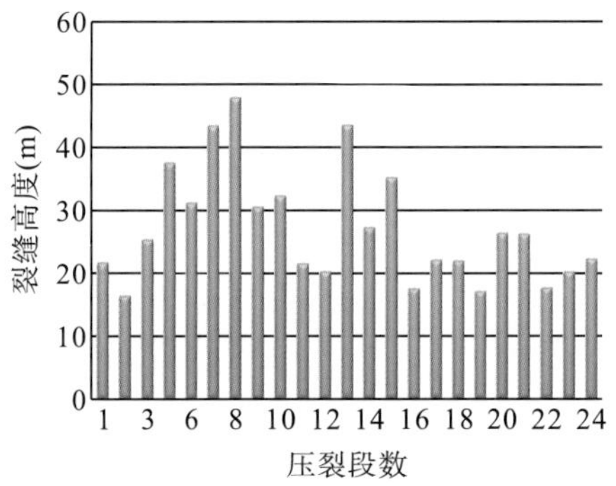

图 10.15　YS129H2-1 井各段裂缝高度统计

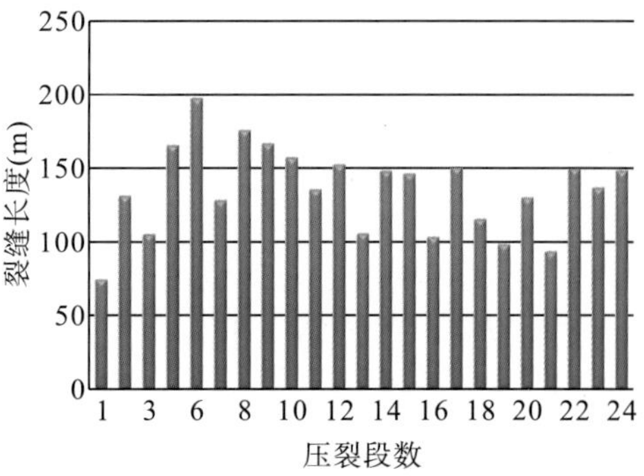

图 10.16　YS129H2-1 井各段裂缝长度统计

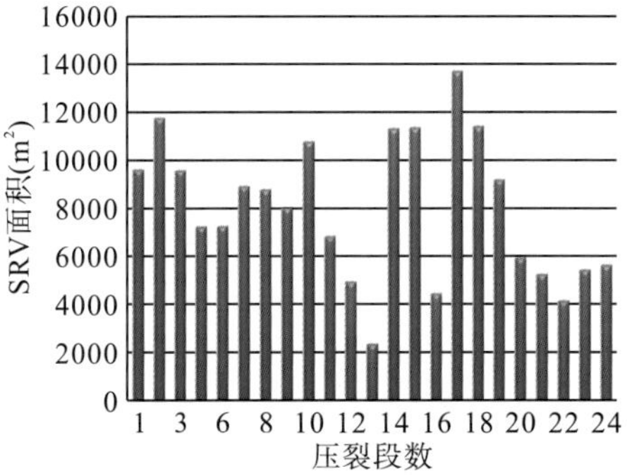

图 10.17　各段压后 SRV 面积统计

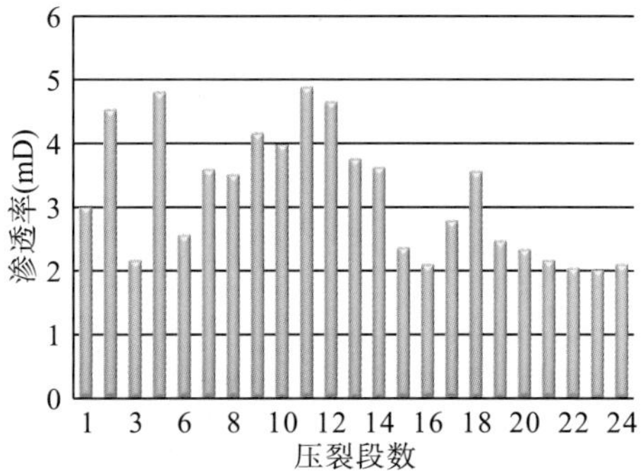

图 10.18　各段压后 SRV 区域渗透率统计

根据表 10.6 给出的 YS129H2-1 井各段解释结果，利用基于 PEBI 网格油藏数值的模拟软件可以进行压裂液在地层中的渗流计算模拟。图 10.19 是 YS129H2-1 井停泵时刻的压力分布图，由压力分布图可以确定页岩气高能带大小及压力波及的范围，从图 10.19 可以看出压裂刚停泵时的压力几乎都集中在裂缝附近，井附近压力梯度大。

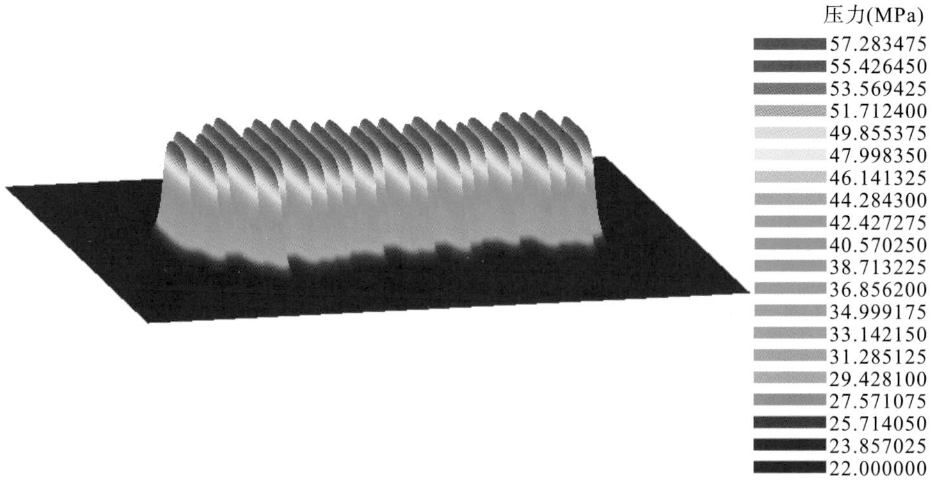

图 10.19　YS129H2-1 井停泵时刻压力分布图

图 10.20 是 YS129H2-1 井压力分布的平面云图，蓝色部分为原始地层压力区域，蓝色区域的边缘线所围成的区域称作为 SRV 区域，计算得到这部分区域的体积约为 $862\times10^4m^3$，中间红色部分可定义为核心 SRV 区域，核心 SRV 区域体积约 $147\times10^4m^3$。

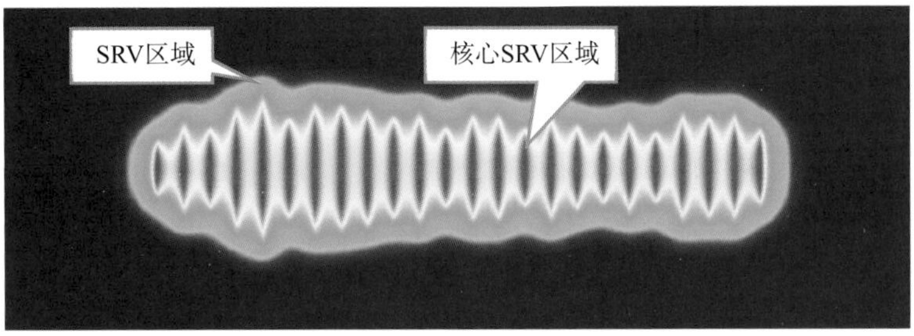

图 10.20 YS129H2-1 井压裂形成的 SRV 区域及核心 SRV 区域

10.2 大安 2H 深层页岩气井闷井排采一体化应用

渝西大安深层页岩气田大安 2H 井，通过毫秒级高频压力计精准计量、捕捉波动特征并进行气藏数值拟合，研究水力压裂泵注高能带拓展状态与返排压降漏斗、人工缝闭合状态与裂缝闭合应力、饱和度与流动边界、气藏 EUR 变化等，探索出储层改造后流体的流动方式，这项技术在大安深层页岩气首次试验中取得了重大应用成功。

10.2.1 大安 2H 井钻探基本概况

大安 2H 井地处重庆市永川区大安街道荷花村沙湾 7 组，位于四川盆地南部川东南中隆高陡构造区-临江向斜中北部。该井于 2021 年 10 月 30 日开钻，2022 年 1 月 30 日钻进至井深 4141m 完钻。

该井将龙一$_1$亚段划分为 7 个小层，从龙一$_1^1$至龙一$_1^7$。其中龙一$_1^3$小层至五峰组段为优势页岩气储层发育层位，厚度为 16.1m，伽马值平均约 165.4API，TOC 含量平均为 4.3%；有效孔隙度平均为 4.5%，总含气量平均为 $6.3m^3/t$，压力系数约为 2。通过储层评价分析，优选龙一$_1^1$小层深度 4104.4～4108.0m（共 3.6m）作为水平段箱体侧钻水平井，改井号为大安 2H 井，其井位见图 10.21。

2022 年 2 月 19 日在 3710m 开始侧钻，3 月 14 日完钻，完钻井深 6430m，水平段长 2000m，有效箱体钻遇率 98.26%，I 类储层钻遇率 94.6%，水平段解释平均 TOC 含量为 4.1%，平均孔隙度为 5.1%，平均含气量为 $7.6m^3/t$。

图 10.22 是大安 2H 井身结构图，图 10.23 是大安 2H 井测井解释综合评价图。

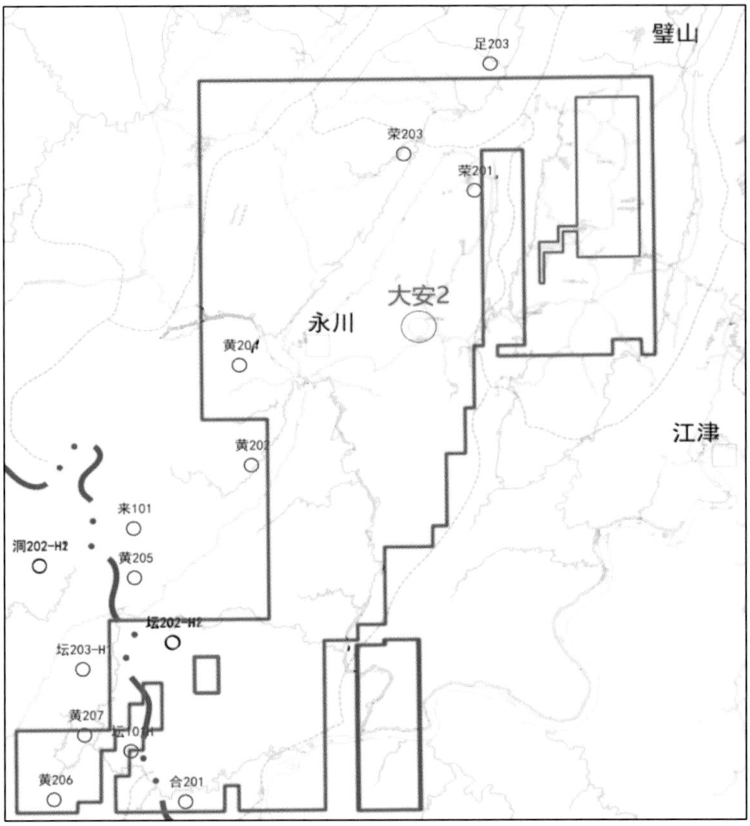

图 10.21 渝西大安深层页岩气田大安 2H 井井位图

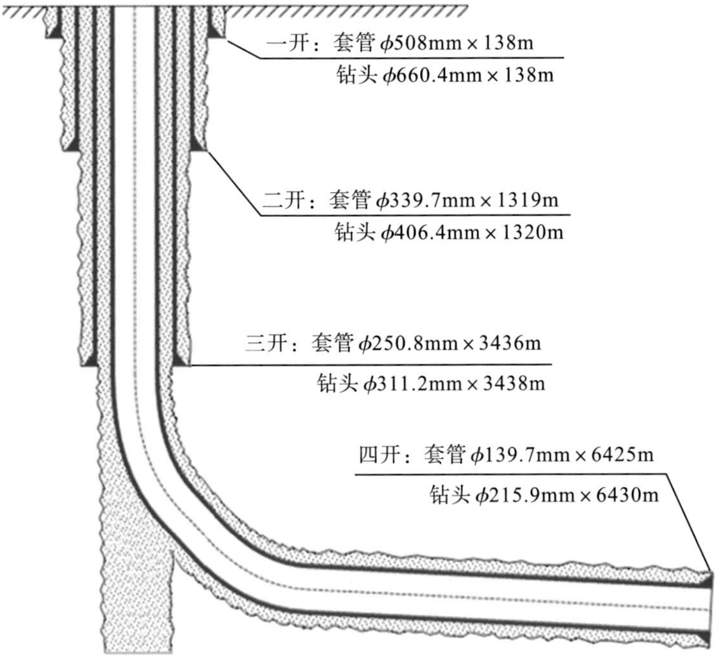

图 10.22 大安 2H 井身结构图

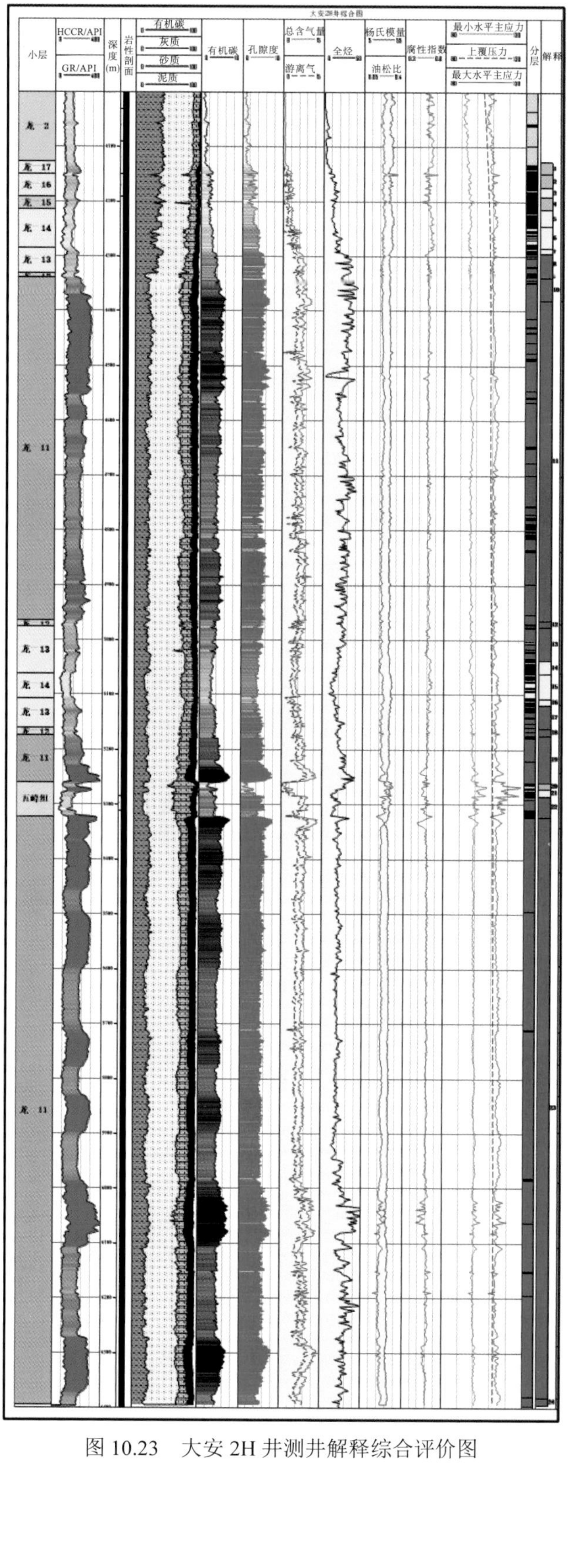

图 10.23　大安 2H 井测井解释综合评价图

10.2.2 大安 2H 储层改造情况

大安 2H 井基于地质工程一体化理念，采用“中长段长+多簇密切割+高排量泵注+高强度加砂+复合暂堵”的深层页岩压裂 2.0 工艺，于 2022 年 4 月 29 日至 6 月 1 日完成共计 28 段压裂施工。

大安 2H 井水平段有效压裂段长 1920m，平均单段段长 68.57m，平均单段簇数 8.1 簇，平均簇间距 8.2m。施工排量 16～18m^3/min，施工压力 92～109MPa，累计入井液量 71653.87m^3，平均用液强度 37.32m^3/m，累计入井砂量 7027.87t，平均加砂强度 3.66t/m。其中 70/140 目石英砂：70/140 陶粒：40/70 陶粒三者比例为 3.5：3.5：3.0，陶粒占比高达 65%，缝网导流能力进一步提升；低黏滑溜水施工占比高达 92.55%，一定程度保证了缝网的复杂程度。图 10.24 是大安 2H 井压裂施工参数；图 10.25 是大安 2H 井停泵压力参数；图 10.26 是大安 2H 井施工符合率；图 10.27 是大安 2H 井各段用液强度和加砂强度；图 10-28 是大安 2H 井压裂微地震监测预测 SRV 平面分布图。

压裂施工期间，现场在蚂蚁体的迭代更新、断层及天然裂缝带引起的套变风险、高应力的影响及暂堵转向工艺等方面不断加强认识，实时动态评估分析与优化调整，实现“零套变、零丢段”，累计 SRV 为 2715.73×10^{4}m^3。

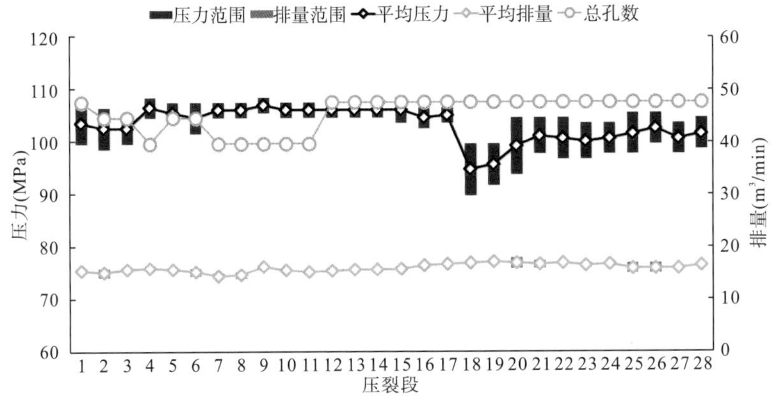

图 10.24 大安 2H 井压裂施工参数

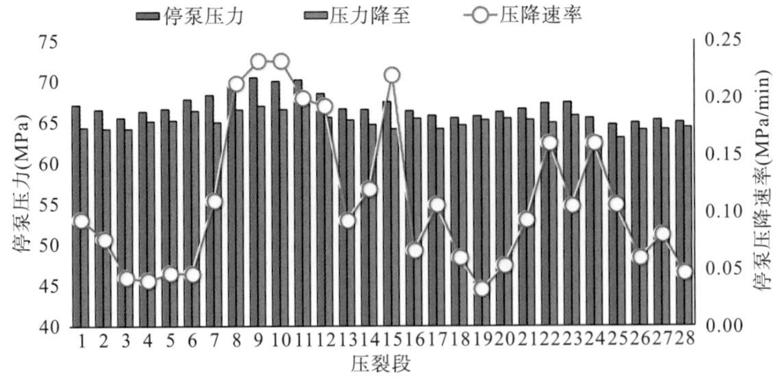

图 10.25 大安 2H 井停泵压力参数

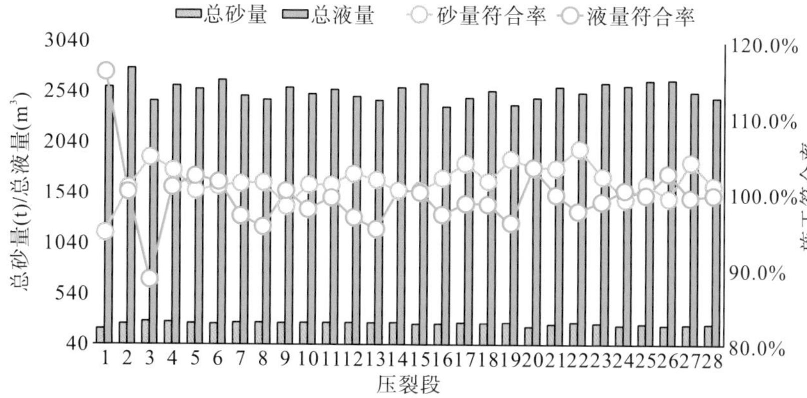

图 10.26　大安 2H 井施工符合率

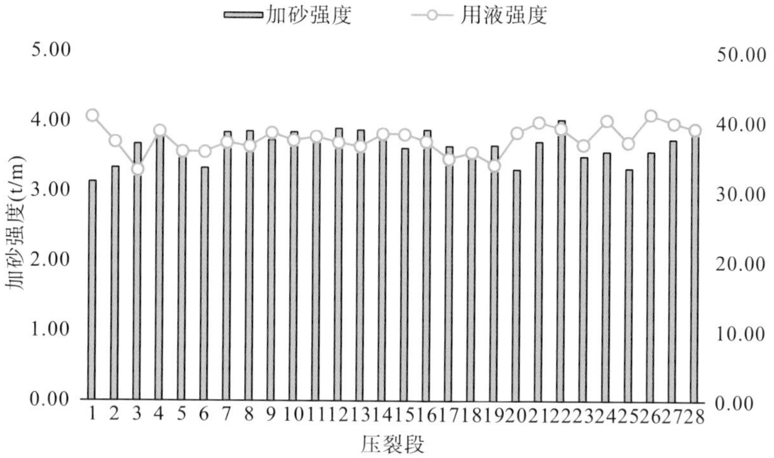

图 10.27　大安 2H 井各段用液强度和加砂强度

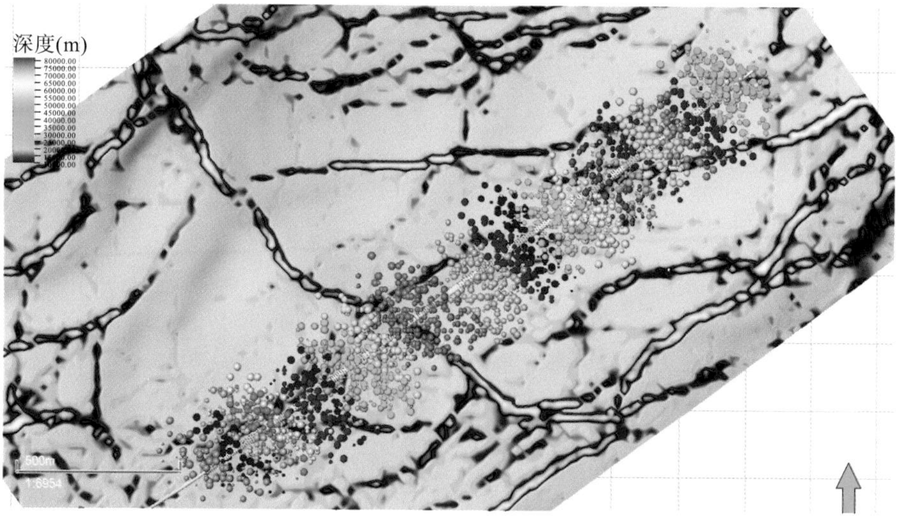

图 10.28　大安 2H 井压裂微地震监测预测 SRV 平面分布图

10.2.3 大安 2H 闷井时间优化

10.2.3.1 大安 2H 井闷井数据分析及闭合压力确定

大安 2H 井 2022 年 6 月 1 日 19:00 完成 28 段设计方案中最后一段的压裂施工，同时实施高频压力监测井口压力数据变化，12 小时后对高频压力实时监测数据进行解释分析。

由于采用可溶式桥塞，闷井期间只有 28 段流体与井口相连，给出的结果也是 28 压裂段的所控制区域。通过分析得到停泵时的井口压力 63.7MPa，压降速率 5.386MPa/D。图 10.29 显示，闷井 12 小时井口压力曲线非常平滑地下降。图 10.30 为闷井 12 小时井底压力及导数拟合图，通过曲线拟合得到裂缝长度 156m，渗透率 3.98mD，原始地层压力 81.63MPa，SRV 区域平均压力 101.75MPa。

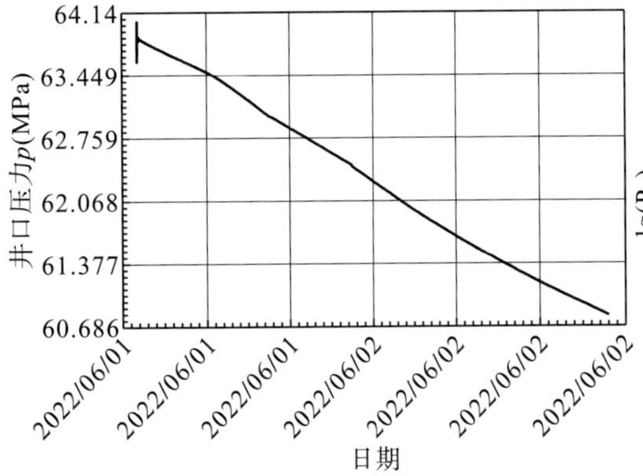

图 10.29 闷井 12 小时井口压力曲线

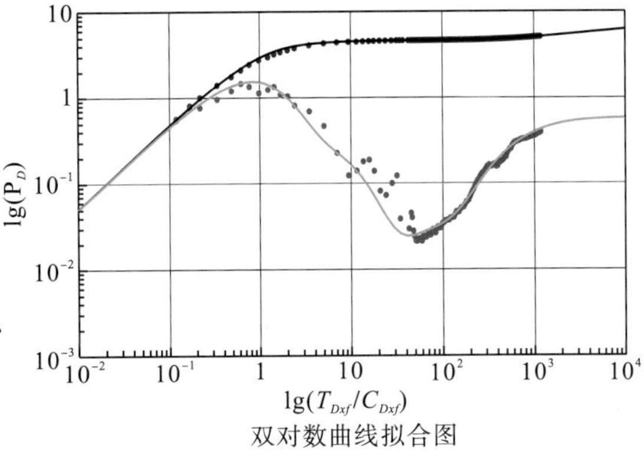

图 10.30 闷井 12 小时井底压力及导数拟合图

图 10.31 和图 10.32 分别给出了停泵时刻及闷井 12 小时的第 28 段压力分布图，由此可以计算出停泵时刻压裂液波及的面积 9458.56m^2，以及 12 小时后压裂液波及面积 9474.72m^2，说明闷井期间 SRV 区域仍然往外部扩散。

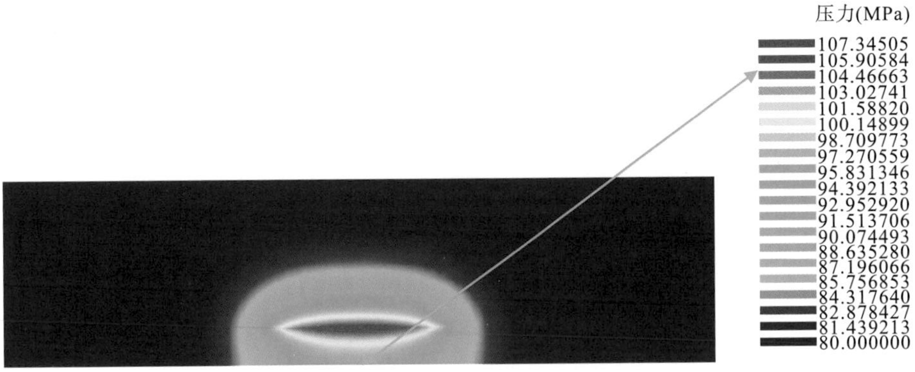

图 10.31 停泵时刻地层压力分布图

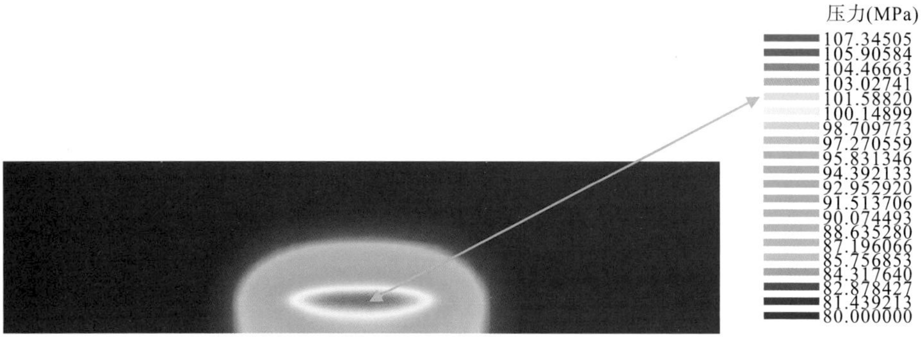

图 10.32　闷井 12 小时地层压力分布图

图 10.33 是大安 2H 井闷井 12 小时的 G 函数分析图，图中有一条直线段，但并没有通过原点，说明此时裂缝并没有闭合。

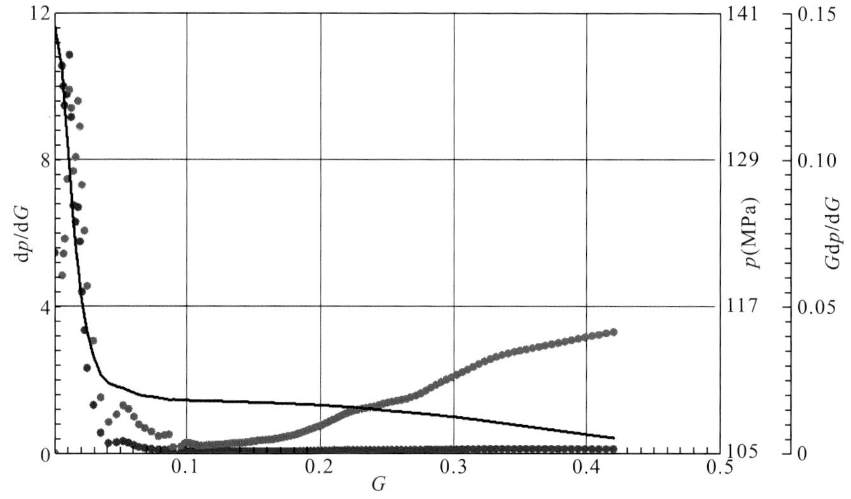

图 10.33　闷井 12 小时的 G 函数分析图

图 10.34 是大安 2H 井闷井 24 小时的第 28 段井口压力随时间变化曲线，通过放大对高频压力曲线，发现在 2022 年 6 月 2 日 14:47:13 一段时间内井口压力曲线出现波动特征，如图 10.34 中圆圈对应的放大部分曲线。通过曲线拟合得到裂缝长度 154m，渗透率 4.02mD，与闷井 12 小时相比，渗透率与裂缝半长几乎没有变化，SRV 区域平均压力为 99.63MPa。

图 10.35 是大安 2H 井闷井 24 小时井底压力及导数拟合图，该图中存在导数曲线波动情况，如图 10.35 中圆圈部分。图 10.36 是大安 2H 井闷井 24 小时的 G 函数分析图，很明显图中出现了一条过原点的直线段，根据 G 函数闭合时间理论，偏离直线段对应的时间为停泵后 17.2 小时，该时间正好位于压力出现波动的时间，为此确定裂缝闭合时间为停泵后 17.2 小时，闭合压力为 105.9MPa。

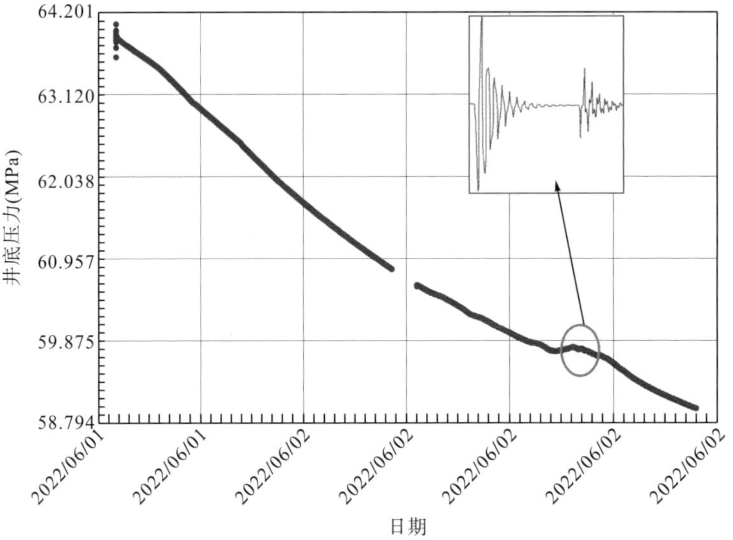

图 10.34　大安 2H 井闷井 24 小时井口压力曲线

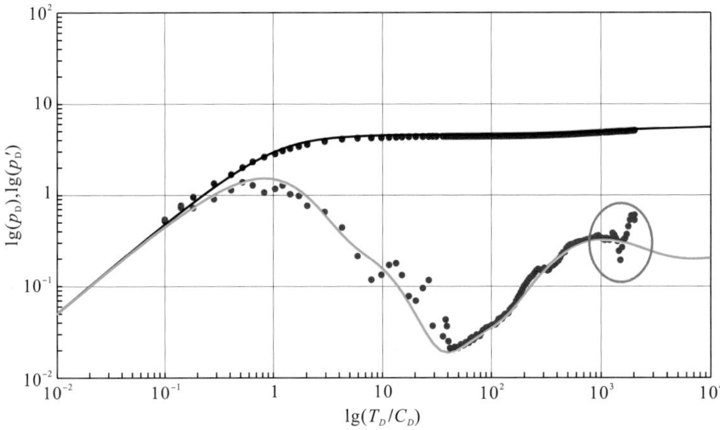

图 10.35　大安 2H 井闷井 24 小时井底压力及导数拟合图

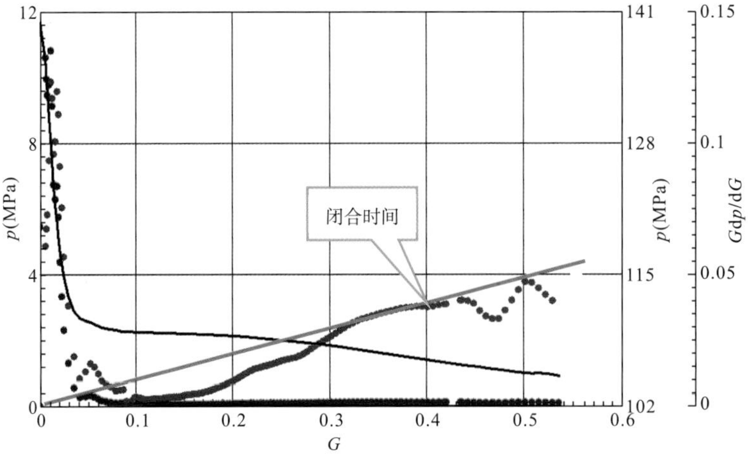

图 10.36　大安 2H 井闷井 24 小时的 G 函数分析图

图 10.37 是大安 2H 井闷井 12 天的井口压力随时间变化曲线，高频压力曲线放大后发现共有 8 处出现一段时间内井口压力曲线出现波动特征。图 10.38 是大安 2H 井闷井 12 天井底压力及导数拟合图，该图中也存在 8 处导数曲线波动的情况。图 10.39 是大安 2H 井闷井 12 天的 G 函数分析图，很明显图中出现了一条过原点的直线段，并且 G 函数图中的极值点几乎在过原点直线段上(部分点稍偏离过原点的直线段)也有 8 个极值点，而大安 2H 井 28 段刚好有 8 簇，是否意味着对大规模体积压裂，当各段多簇压裂时，每簇的闭合时间与闭合压力是不相同的。

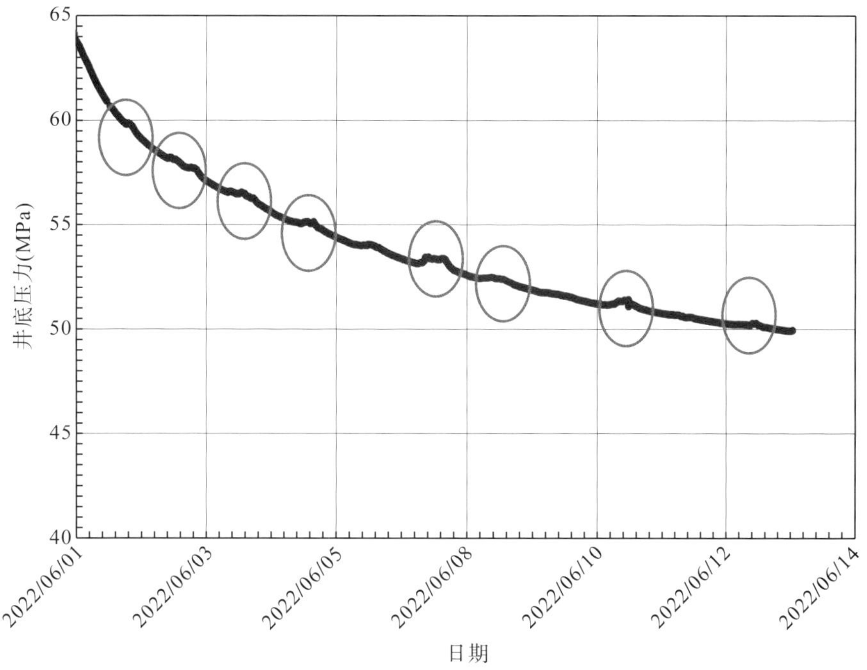

图 10.37　大安 2H 井闷井 12 天的井口压力曲线

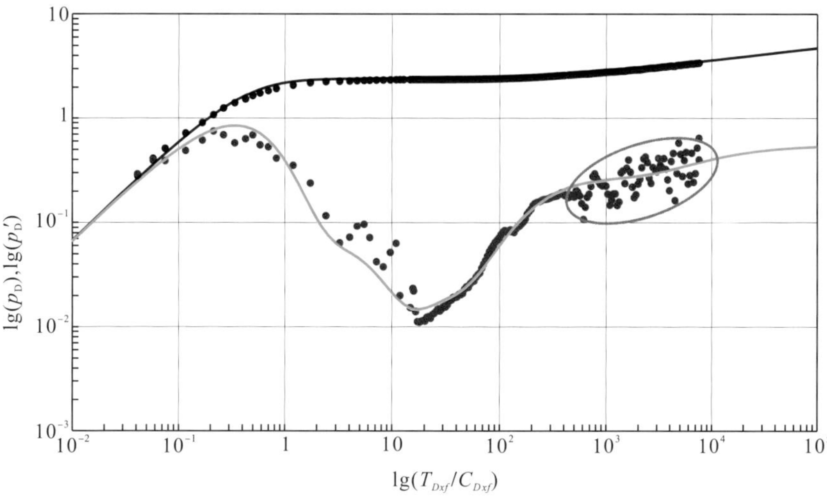

图 10.38　大安 2H 井闷井 12 天的井口压力及导数拟合图

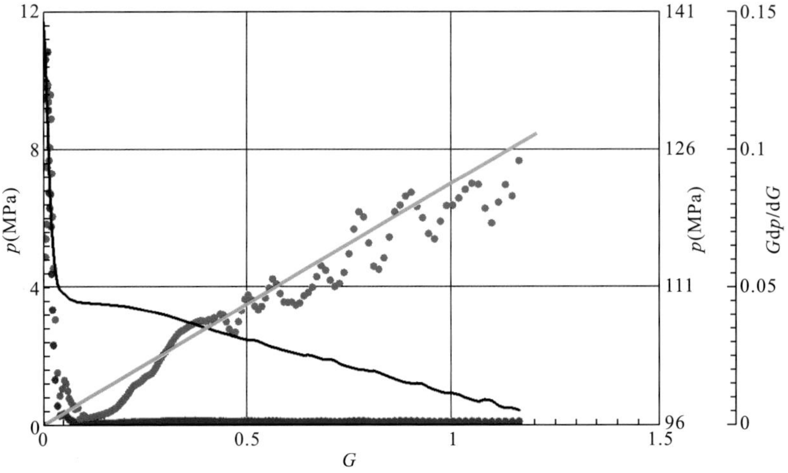

图 10.39 大安 2H 井闷井 12 天的 *G* 函数分析图

表 10.7 是根据 *G* 函数图中的极值点给出的闭合时间与压力。

表 10.7 根据 *G* 函数图中的极值点给出的闭合时间与压力

簇编号	闭合时间	闭合压力(MPa)
簇 A	06/02--14:40	101.21
簇 B	06/03--08:23	99.57
簇 C	06/04--06:40	97.71
簇 D	06/05--12:40	96.56
簇 E	06/06--12:40	95.46
簇 F	06/07--09:30	94.69
簇 G	06/08--10:30	94.03
簇 H	06/10--12:30	93.55

10.2.3.2 大安 2H 井压力边界线移动速度

大安 2H 井从 2022 年 4 月 28 日 15:07～15:53 第 1 段压裂到 6 月 1 日第 28 段压裂结束，不同段压裂闷井时间不同，为此进行地质建模，采用非结构 PEBI 网格进行数值模拟，图 10.40 是大安 2H 井非结构 PEBI 网格图。

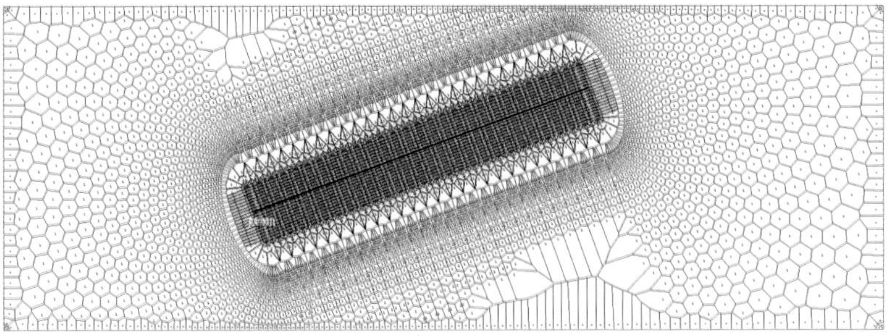

图 10.40 大安 2H 井非结构 PEBI 网格图

考虑闷井期间的渗吸、气体扩散及渗流等影响，通过数值模拟可以计算不同时刻的压力分布，图 10.41～图 10.44 分别给出闷井不同时间下的大安 2H 井压力分布，由压力分布可以计算压力边界线移动速度。

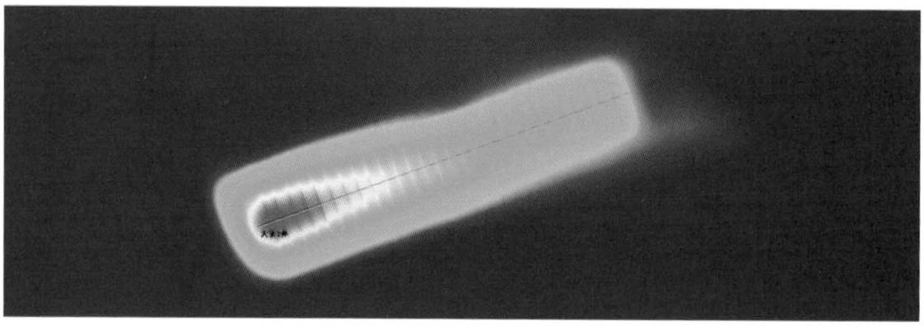

图 10.41　停泵时刻大安 2H 井全部 28 段压力分布图

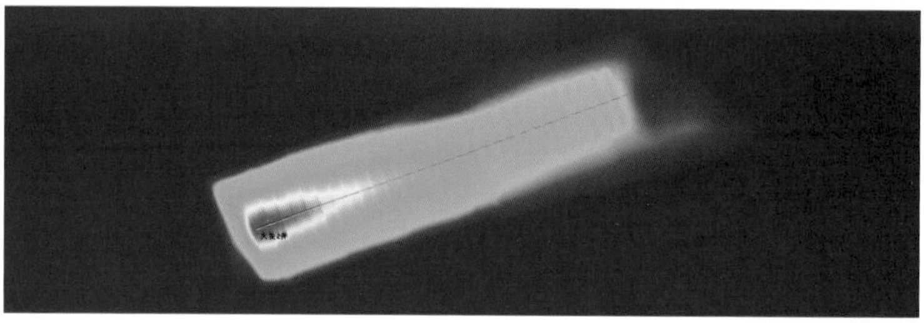

图 10.42　闷井第 1 天大安 2H 井全部 28 段压力分布图

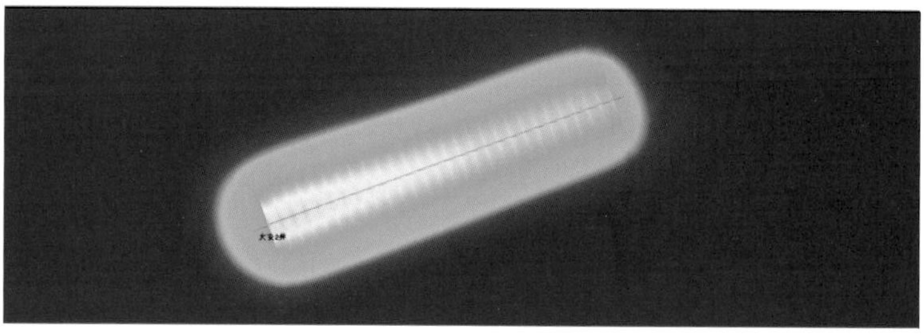

图 10.43　闷井第 10 天大安 2H 井全部 28 段压力分布图

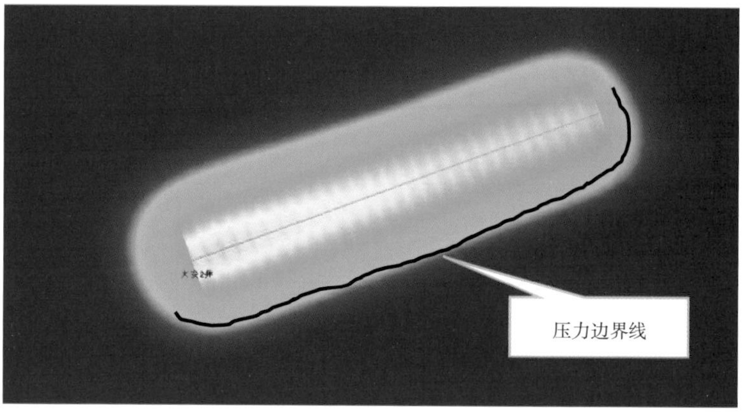

图 10.44　闷井第 15 天大安 2H 井全部 28 段压力分布图

图 10.45 给出压力边界线的示意图，压力边界可以从压力分布数据中得到，其计算过程有：

(1) 计算地层压力分布；

(2) 按 $|p_e - p_i| / p_i < 0.001$ 计算出边界压力 p_e（油气藏开发中中泄油半径边界压力也按此定义）；

(3) 由边界压力 p_e 计算压力等值线；

(4) 边界压力为 p_e 的等值线定义为 SRV 区域的压力边界线，如图 10.45 所示；

(5) 对闷井期间的地层压力分布进行数值模拟，获得不同时间下压力为 p_e 的等值线，比较 1 天内等值线位置，两者之差就是每天边界线移动速度。

图 10.43 和图 10.44 分别是闷井第 10 天和第 15 天时大安 2H 井全部 28 段压力分布图，可以看出压力分布几乎相同，实际上在第 10 天压力边界线移动速度已是 0.094(m/D)。图 10.45 给出了大安 2H 井 10 天闷井期间高能带平均压力变化情况。第 10 天高能带内的平均压力为 91.37MPa，以后高能带内的平均压力降幅很小，但高于原始地层压力 p_i = 81.63MPa，可以看出由于高能带的存在，相当于给地层补充了 9.74MPa 的能量。这对页岩气的开发十分关键。

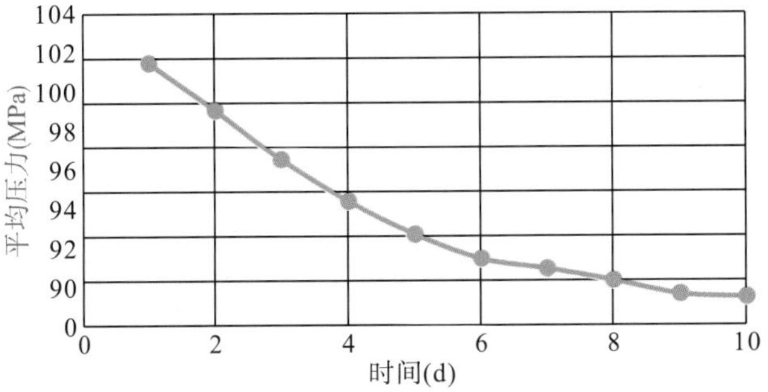

图 10.45　闷井 10 天大安 2H 井高能带平均压力变化曲线

10.2.3.3　大安 2H 井页岩渗吸及气体扩散

页岩气闷井数值模拟中的渗透率、裂缝导流系数等参数是以闷井压力解释获得数据为初值，由于闷井期间井口及井底只是相差液柱产生的压力，所以可以采用井口高频压力计监测的压力值对数值模拟的井底压力结果进行约束，保证了数值模拟的解可靠性。

(1) 水气两相相渗曲线：气水两相相渗曲线如图 10.46 所示。

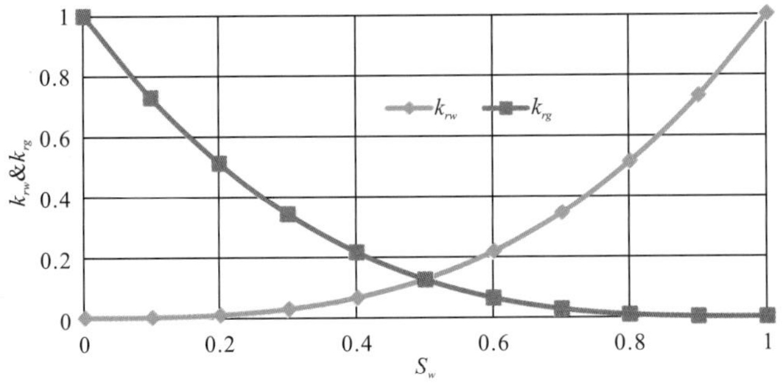

图 10.46　气水两相相渗曲线

(2)渗吸参数的确定：本书将渗吸考虑成源汇项，大安 2H 井总含气量平均为 $7.6m^3/t$，按平均密度为 $2.53g/cm^3$ 计，体积含气量为 $19.23m^3/m^3$，分子动力学模拟表明 18.4%的体积被水置换出来，因此，单位体积中被置换出的气体总量 $3.53832m^3/m^3$，进入基岩中的水总量为 $3.53832 \times B_g$，这里 B_g 是气体体积系数，可由气体 pVT 关系计算得到，而水相体积系数假定为 1。假定渗吸在整个闷井过程中均匀发生，则页岩渗吸源汇强度可表示为

$$\begin{cases} q_{ig} = 3.53832 / t_T \\ q_{iw} = q_{ig} \times B_g / t_T \end{cases} \tag{10.4}$$

这里 t_T 为闷井时间，s；取气体扩散系数 $D=7\times10^{-7}m^2/s$。

(3)气体浓度分布计算结果：采用上述数据，由非结构 PEBI 网格数值模拟计算出气体浓度分布，气体浓度一方面来源于页岩渗吸，主要来自气体扩散。气体浓度采用气水比表示，图中红色部分气水比为 10000，蓝色部分气水比为 10。图 10.47～图 10.49 是闷井 1 天、10 天和 15 天时的气水比分布云图。可以看出：闷井 10 天和 15 天大安 2H 井的井附近气水比大致相同。

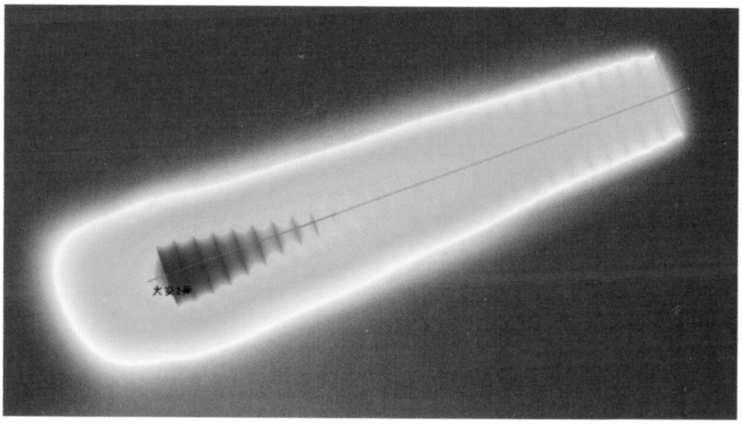

图 10.47　闷井 1 天时的气水比分布云图

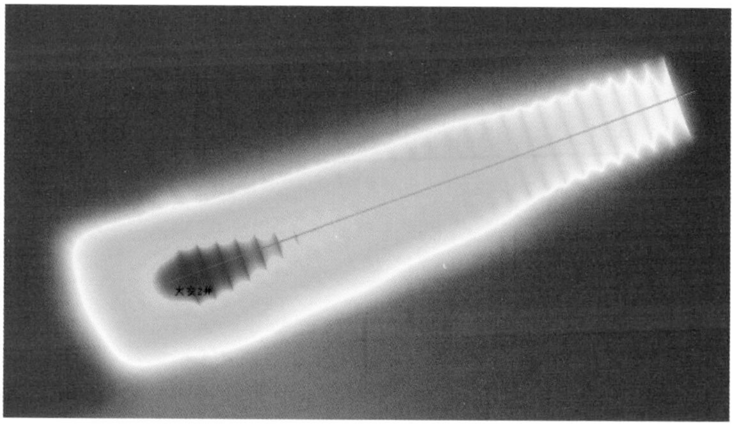

图 10.48　闷井 10 天时的气水比分布云图

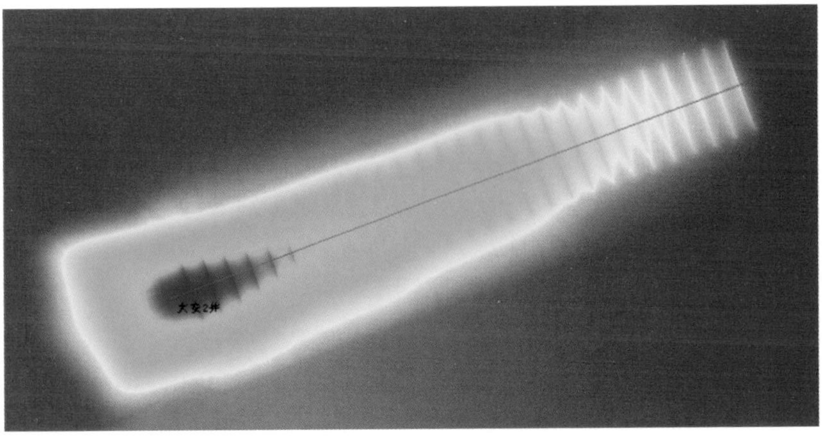

图 10.49　闷井 15 天时的气水比分布云图

图 10.50 是大安 2 井井底附近气水比随时间变化曲线，可以看出：闷井时间大于 10 天后，气水比变化缓慢。

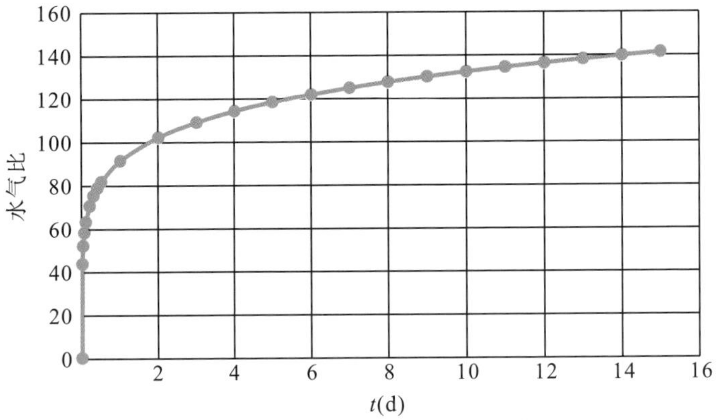

图 10.50　大安 2 井井底附近气水比随时间变化曲线

10.2.3.4　大安 2H 井最佳闷井时间

通过对大安 2H 井分析计算，闷井 10 天后 8 簇裂缝都已闭合。10 天时压力边界线移动速度已小于 0.1m/D，图 10.51 是闷井 10 天时的压力分布图及高能带，蓝色部分压力为 81MPa，红色部分压力为 93.7MPa(高能带内平均压力 91.37MPa)，图 10.51 表明井壁附近压力已非常平坦，说明高能带已基本稳定，返排时不会出现大的生产压差波动。井壁附近气水比是 132.07 已大于 100，页岩渗吸基本结束。大安 2H 井闷井 10 天后可以开井返排，考虑到本井压力较高，建议以 2mm 水嘴试返排，2mm 水嘴预测的水产量为 $62m^3/D$，同时注意地层出气。

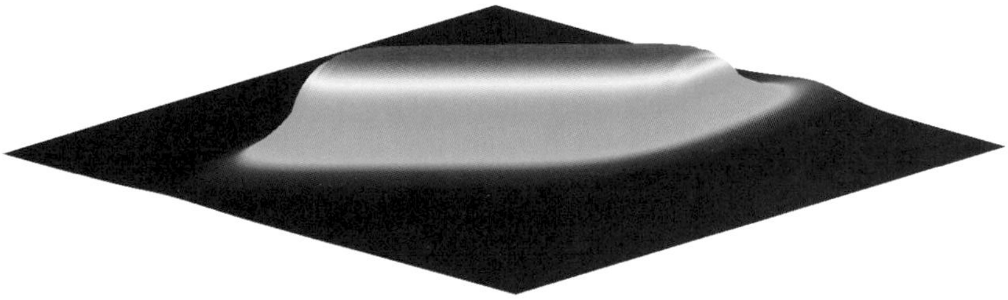

图 10.51　大安 2 井闷井 10 天时高能带压力分布图

10.2.4　大安 2H 返排分析及制度优化

大安 2H 井在返排后经历了一段钻塞操作，2022 年 6 月 19 日，全部 28 段打开进行返排，为避免地层出砂及井筒周围天然气聚集带来的隐患，首先选择 2mm 油嘴返排，返排时水产量为 56m^3/D，虽然小油嘴产量不稳定，但尚未见气，采用定流量试井方法对近 1 天的返排数据进行试井解释，图 10.52 是大安 2 井截至 6 月 20 日 10 时的返排压力及导数拟合图。线性流特征明显，导数曲线后期下掉，主要是由于后期压力上升(出现憋压情况)且上升幅度较大。及时建议调整水嘴至 3mm，预测 3mm 水嘴返排量 89m³/D。图 10.53 是大安 2 井 3mm 水嘴返排时的压力及导数拟合图。

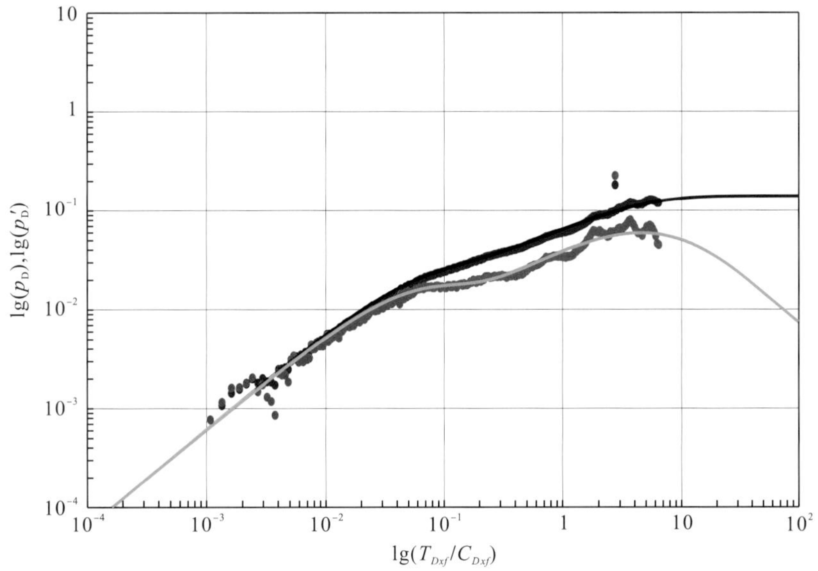

图 10.52　大安 2 井截至 6 月 20 日 10 时返排压力及导数拟合图

图 10.52 和图 10.53 都存在线性流直线段，表明大安 2H 井存在主裂缝。图 10.52 压力及导数图曲线较光滑，说明目前井筒流动以单相液体为主，几乎没有气体。当更换 3mm 水嘴时，前期压力及导数曲线相似(图 10.53)，线性流后即将进入径向流。但

图 10.53 压力及导数曲线较乱，图 10.54 是大安 2 井 3mm 水嘴返排压力曲线及局部放大图，可以看出压力导数曲线上出现波动特征，表明井筒中已出现气体，地面应防范出气的风险。

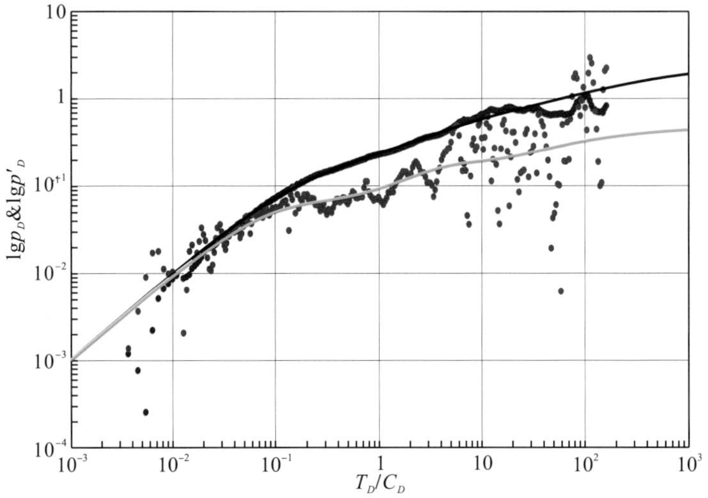

图 10.53　大安 2 井 3mm 水嘴返排时压力及导数拟合图

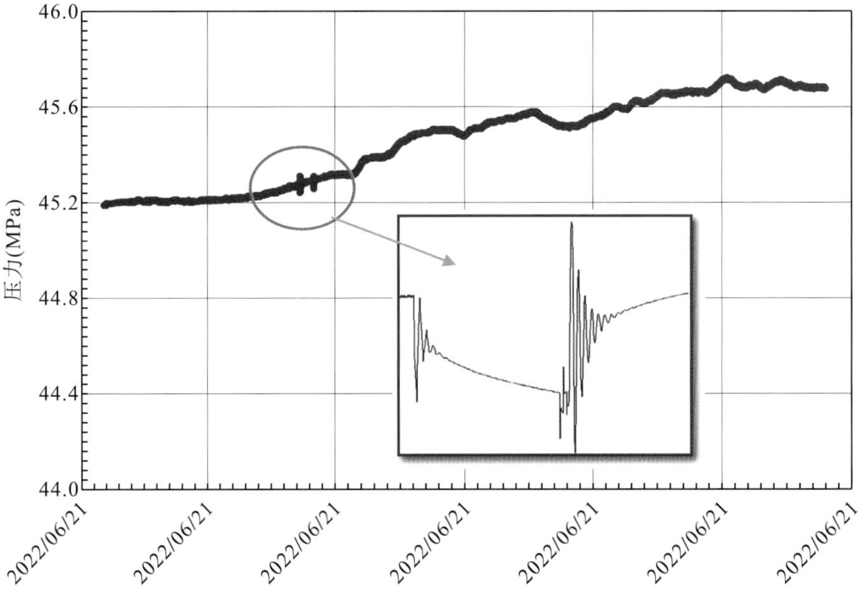

图 10.54　大安 2 井 3mm 水嘴返排压力曲线及局部放大图

图 10.52 和图 10.53 曲线拟合得出渗透率为 4.53，裂缝长度 139m，SRV 区域的平均压力 89.94MPa，与闷井结束时解释结果对比渗透率及裂缝长度都没变化，解释结果说明大安 2 井闷井时间确实保证了各个簇的闭合，支撑剂很稳固。

10.2.4.1　数据分析方法的更换

随着水嘴的不断增加，生产期间难以保证产量不变，即使在相同的生产制度下，产气或产液量也会发生变化，这就无法保证试井分析要求的产量恒定假设。由于产量-压力都有计量，可以采用杜阿梅尔(Duhamel)原理将其转化为定流量试井问题。

$$p_{WD}\left(t_D\right)=\int_0^{t_D}\frac{\mathrm{d}p_D\left(\tau\right)}{\mathrm{d}\tau}q_D\left(t_D-\tau\right)\mathrm{d}\tau \tag{10.5}$$

式中：p_{WD} 为无量纲井底压力；p_D 为单位流量下的无量纲压力；q_D 为无量纲流量。方程(10.5)是无量纲形式的卷积公式，中井底压力及产量随时间变化已知，需要计算单位流量下的无量纲压力 p_D，这需要求解复杂的反卷积方程，反卷积试井拟合图如图 10.55 所示。图 10.56 就是大安 2H 井在利用 4mm、4.5mm 及 5mm 油嘴生产时压力与流量随时间的变化数据，通过反卷积得到的试井拟合图。可以看出：此时的流动处于相 SRV 边界过渡阶段。

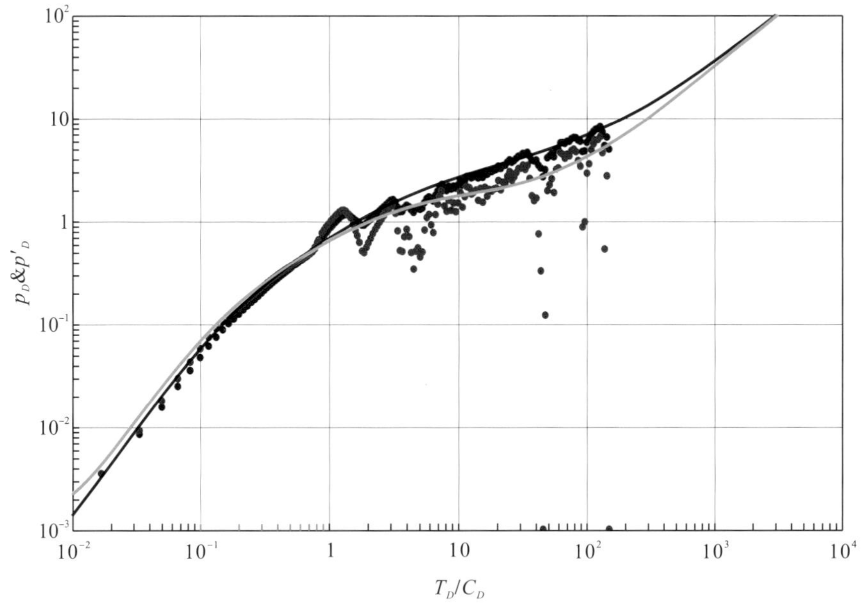

图 10.55　大安 2H 变流量反卷积试井拟合图

由于试井方法的要求难以满足，对于水气两相的页岩气井一般采用生产数据分析方法，考虑到流量的变化，用物质平衡时间 $t_a=\int_0^t q\left(\tau\right)\mathrm{d}\tau/q\left(t\right)$ 代替时间，用 $\Delta p\left(t\right)/q\left(t\right)$ 代替 $\Delta p\left(t\right)$ 进行曲线拟合，同时可以考虑气水两相流动，如图 10.56 所示。

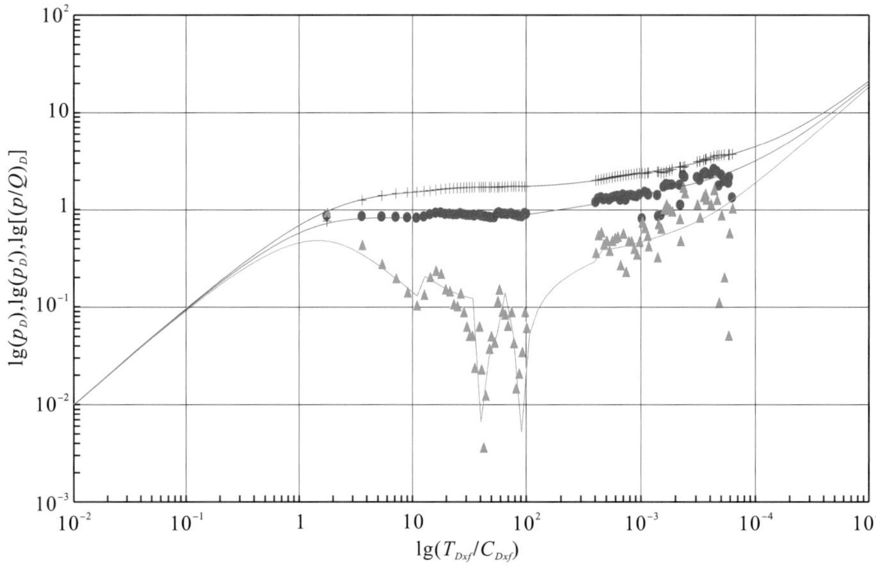

图 10.56 大安 2H 井生产数据分析拟合图

10.2.4.2 大安 2H 井返排油嘴优化

优化原则：排液阶段坚持“连续、稳定、精细、控压”原则，通过控制排液强度提高压裂井段及裂缝动用面积，增大产能，参考表 10.8 中原则调整水嘴。

表 10.8 页岩气井调整水嘴基本原则

序号	阶段	生产表象	排采对策
1	闷井	停泵压力降至稳定	焖井 7～10d(若压力仍高于 45MPa，选用 2mm 油嘴缓慢返排，待压力降至 45MPa 以下后进行钻塞)
2	初期纯排液	开井返排至井口见气，点火并能连续燃烧	初期采用 3mm、3.5mm、4mm 逐级上调油嘴排液，每级油嘴至少持续 5d，根据压降速率调整油嘴
3	见气初期	井口见气至产气量快速上升，井口压力由平稳变为稳定上升	逐级调整油嘴(4～8mm 油嘴 0.5mm 为一级)，每级油嘴至少持续 3d
4	气相突破	产气量快速上升、井口压力由下降或稳定变为上升	逐级调整油嘴，每级油嘴至少持续 3d(探索产气量峰值)
5	稳定测试	产气量、井口压力趋于稳定	下调压力较稳定油嘴稳定测试 5d 以上(根据压降确定产量)，建议油嘴不宜过大

表 10.8 给出了定性的判别方法，也可以通过地层-井筒-水嘴节流计算进行判断，还可以从生产数据分析曲线中判断：如图 10.57 所示，当压力或积分曲线下掉，出现偏离理论曲线时，说明已出现憋压，需要更换油嘴，放大排液的油嘴尺寸。

如果从理论上计算，可以采用气体流过油嘴，根据当前的温度、压力与气体 pVT 计算相结合，计算气体流过油嘴时的速度，如果气体流流速超声速表明可以更换油嘴。

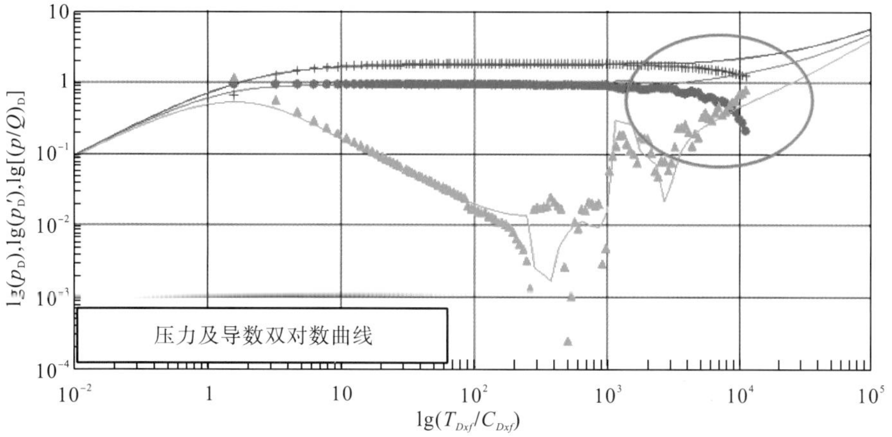

图 10.57　大安 2 井 3.5mm 油嘴生产期间出现的憋压

10.2.4.3　高能带的变化——压力双漏斗

大安 2H 井闷井期间高能带平坦，如图 10.58 所示。2022 年 6 月 30 日，流动边界位于高压带内，高压带内井底压力最低，井底流压约为 82.4MPa，仍然高于原始地层压力(81.6MPa)，压力漏斗不是常规的“V”形，而是“平锅底”形(表明人造裂缝支撑效果好)，所以压力稳定。图 10.59 是大安 2H 井 2022 年 6 月 30 日 8 时压力沿裂缝方向的分布平面(x 轴为裂缝方向，即与水平井垂直)。由图 10.60 可以看出：由于高能带的出现，在返排及生产阶段出现了两个漏斗，一个是由于生产井底压力低于地层压力形成的正向漏斗(所有常规生产井都会出现的漏斗)；另外一个由于高能带最高点压力大于原始地层压力即 $p_{\max} > p_i$，根据达西渗流理论，压裂液向地层内部渗流，这里称为反向漏斗。

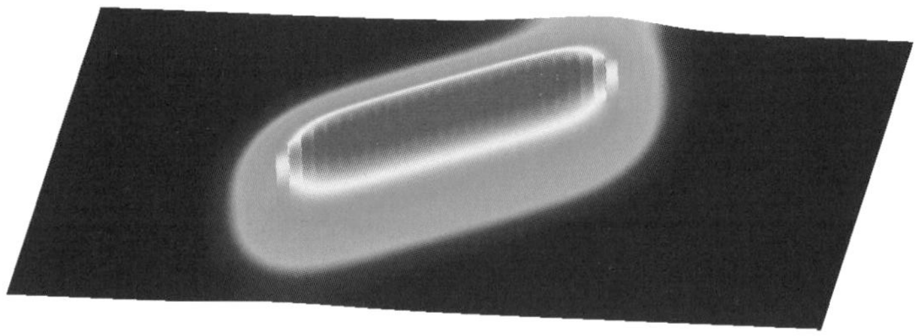

图 10.58　大安 2H 井返排初期的高能带图

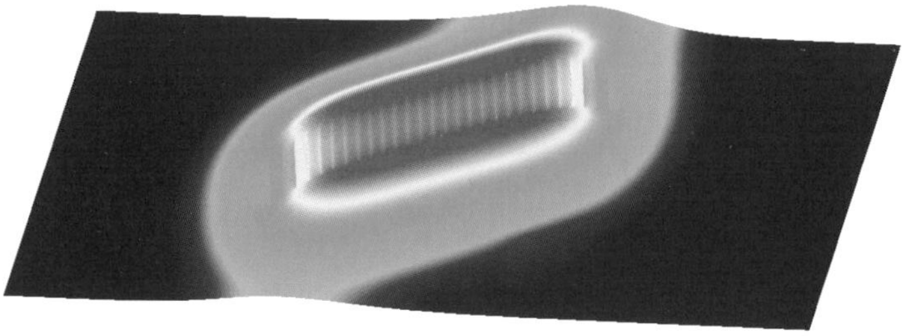

图 10.59　大安 2H 井 2022 年 6 月 30 日 8 时的高能带图

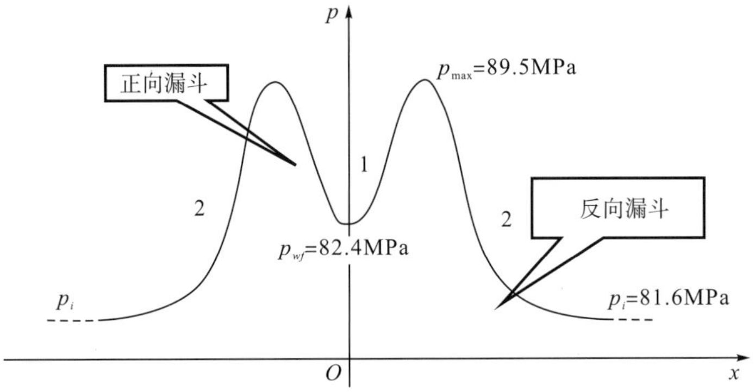

图 10.60 大安 2H 井 2022 年 6 月 30 日 8 时压力双漏斗图

10.2.4.4 动态储量 EUR 及绝对无阻流量 Q_{AOF}

页岩气的动态储量(EUR)可以通过生产数据分析获得，当流动到达 SRV 边界时，可以由生产数据分析获得 EUR。图 10.61～图 10.64 分别是大安 2H 井不同油嘴下的生产数据拟合图，这些图早期形态完全一致，后期压力及导数不断向改造体积 SRV 的边界靠近，到 7mm 油嘴时已完全到达边界，可以正确计算 EUR 及绝对无阻流量，拟合结果如表 10.9 所示。

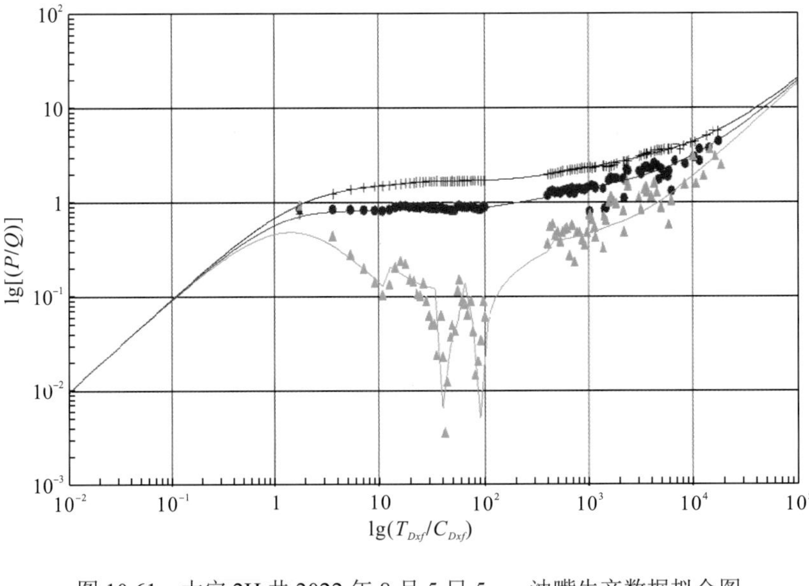

图 10.61 大安 2H 井 2022 年 8 月 5 日 5mm 油嘴生产数据拟合图

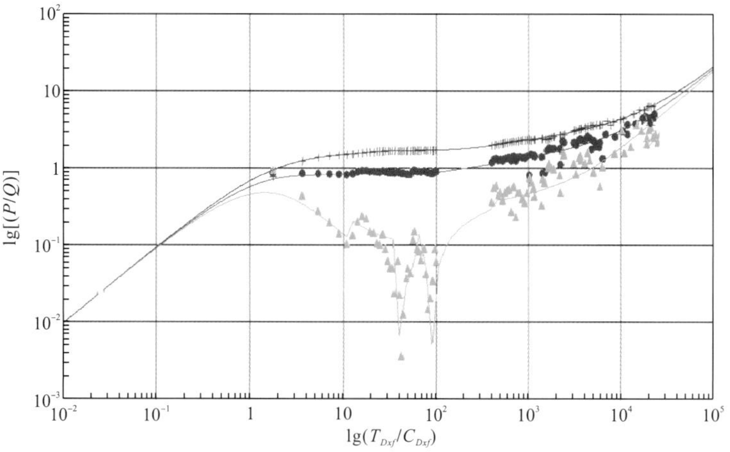

图 10.62　大安 2H 井 2022 年 8 月 11 日 5.5mm 油嘴生产数据拟合图

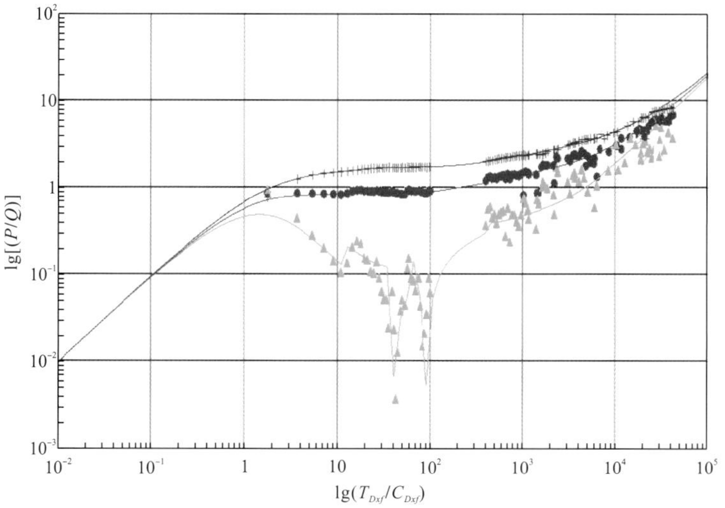

图 10.63　大安 2H 井 2022 年 8 月 15 日 6mm 油嘴生产数据拟合图

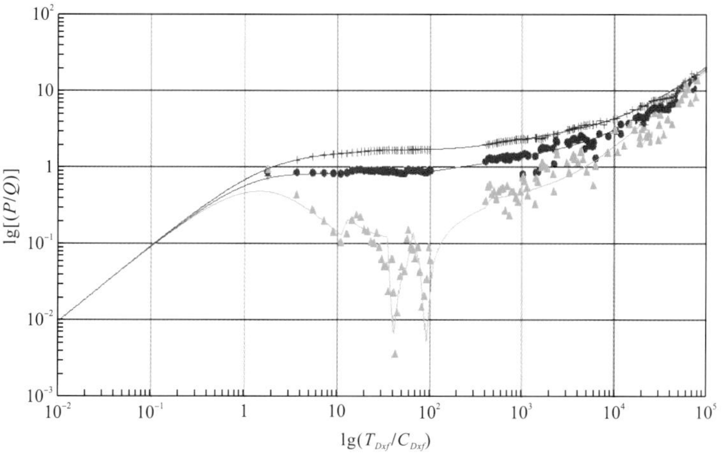

图 10.64　大安 2H 井 2022 年 8 月 27 日 7mm 油嘴生产数据拟合图

表 10.9　大安 2H 井 8 月 11 日拟合结果

参数	数值
平均压力(MPa)	86.63
地层渗透率(mD)	4.04
裂缝长度(m)	139.04
动态储量($\times10^8m^3$)	1.93
无阻流量($\times10^4m^3/d$)	82.74

从表 10.9 可以看出：与返排初期相比裂缝长度及渗透率几乎没有变化，说明在试气期间裂缝几乎没有闭合，闷井时已实现了各簇的完全闭合。

由于 6mm 和 7mm 水嘴只是实测数据后期形态不同，但理论曲线完全一致，解释的结果与 8 月 11 日完全一致。为此确定大安 2H 井动态储量 EUR 为 $1.93\times10^8m^3$，绝对无阻流量 $Q_{AOF}=82.74\times10^4m^3/d$。

10.2.4.5　井壁附近含水饱和度

利用气水两相流生产数据分析软件，由相渗曲线可以计算出含水井壁附近含水饱和度随时间的变化，如图 10.65 所示。

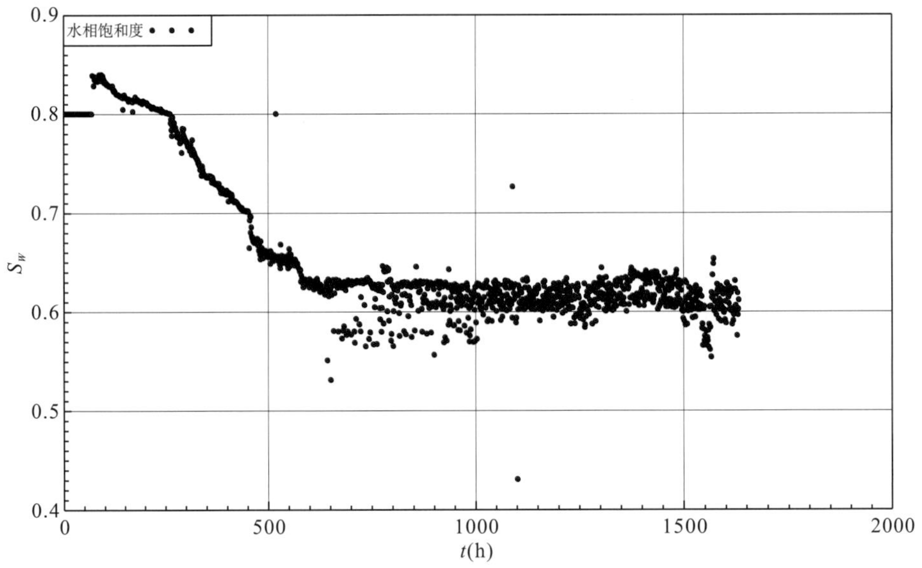

图 10.65　大安 2H 井截至 2022 年 8 月 27 日含水饱和度变化

10.2.4.6　配产方案

图 10.64 给出了大安 2H 井 2022 年 8 月 27 日 7mm 水嘴生产数据拟合图，通过拟合计算得到大安 2H 井动态储量 EUR 为 $1.93\times10^8m^3$，绝对无阻流量 $Q_{AOF}=82.74\times10^4m^3/d$。

图 10.65 给出了大安 2H 井截至 2022 年 8 月 27 日的含水饱和度变化曲线。依据上述参数设计一个稳定产能试井方案。

图 10.66 给出了大安 2H 井稳定产能设计获得的不同产量下的压力历史数据，表 10.10 给出了不同流量历史下的井底压力值，图 10.67 是大安 2H 井稳定产能二项式曲线。由此曲线获得的大安 2H 井产能方程为

$$p_i - p_{wf} = 7.75\times10^{-4} q_g^2 + 0.8932 q_g \tag{10.6}$$

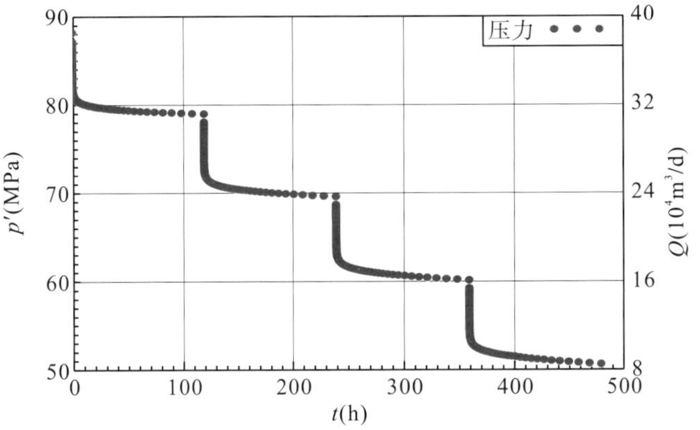

图 10.66　大安 2H 井稳定产能设计图

表 10.10　大安 2H 井 8 月 27 日解释结果设计的产量与压力

气体产量 ($10^4m^3/d$)	井底压力 (MPa)
10	72.63
20	63.43
30	54.12
40	44.69

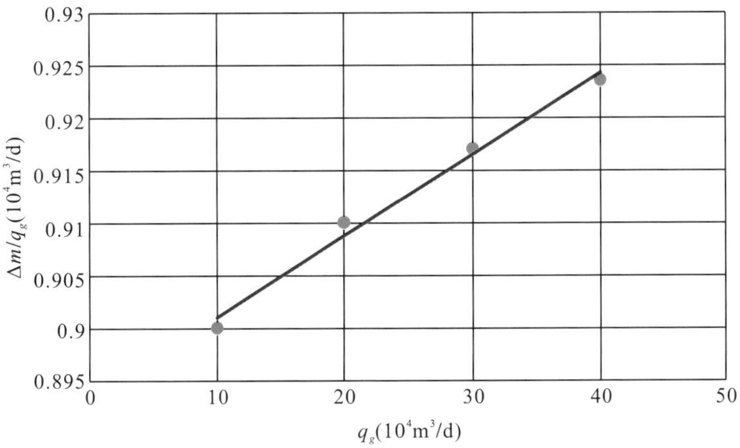

图 10.67　大安 2H 井稳定产能二项式曲线

由方程(10.6)计算得到的无阻流量$Q_{AOF}=85.24\times10^4\text{m}^3/\text{d}$，与生产数据拟合得到的无阻流量$Q_{AOF}=82.74\times10^4\text{m}^3/\text{d}$接近，产生误差主要是页岩气排采期属于气水两相渗流，且存在高压带，而产能试井假设是单相气体，且按照原始地层压力进行设计。由于两者绝对无阻流量接近，设计中的产能采用方程(10.6)进行计算。

1. 确定产量：$q_g=13.79\times10^4\text{m}^3/\text{d}$

按$Q_{AOF}/6$设计[注：这里以$Q_{AOF}=82.74\times10^4\text{m}^3/\text{d}$为设计依据]，气体产量$q_g=13.79\times10^4\text{m}^3/\text{d}$代入方程(10.6)，计算得到的井底压力$p_{wf}=66.17\text{MPa}$。这与试气期间的产量与井底压力相吻合。

2. 最小携液量检验

如图10.68所示，采用Turner最小携液量计算公式，对三种不同管径进行模拟计算，$q_g=13.79\times10^4\text{m}^3/\text{d}$，都可以达到携液的要求。

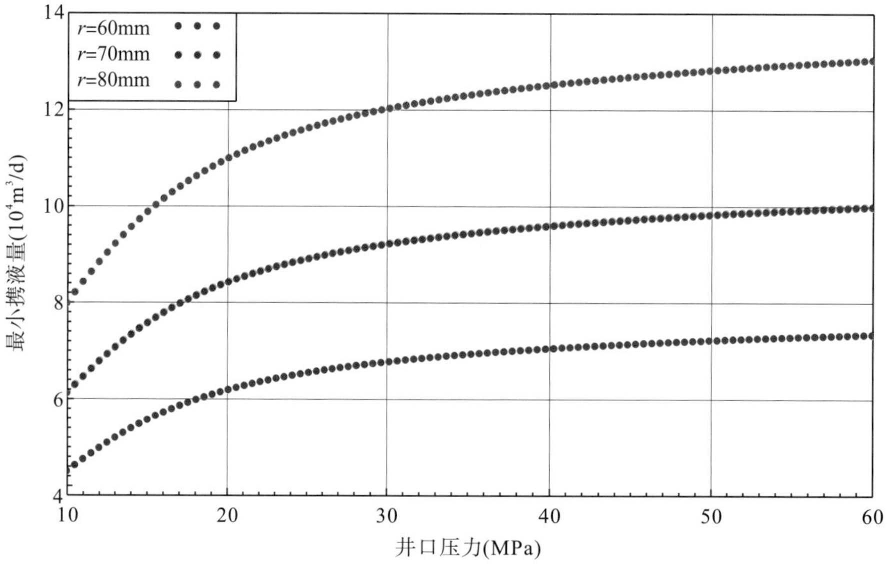

图10.68 不同管径下井口压力与携液的关系曲线

3. 最大冲蚀量检验

如图10.69所示，按气液比640，并取冲蚀常数为150，对三种不同管径进行气体冲蚀量模拟计算，$q_g=13.79\times10^4\text{m}^3/\text{d}$，在此产量下不会发生产水冲蚀破坏。

4. 水合物计算

在天然气水合物体系中一般有三相共存，即水合物相、气相、富水相或冰相，这里采用相平衡理论进行模拟计算，发生水合物的区间如图10.70所示。

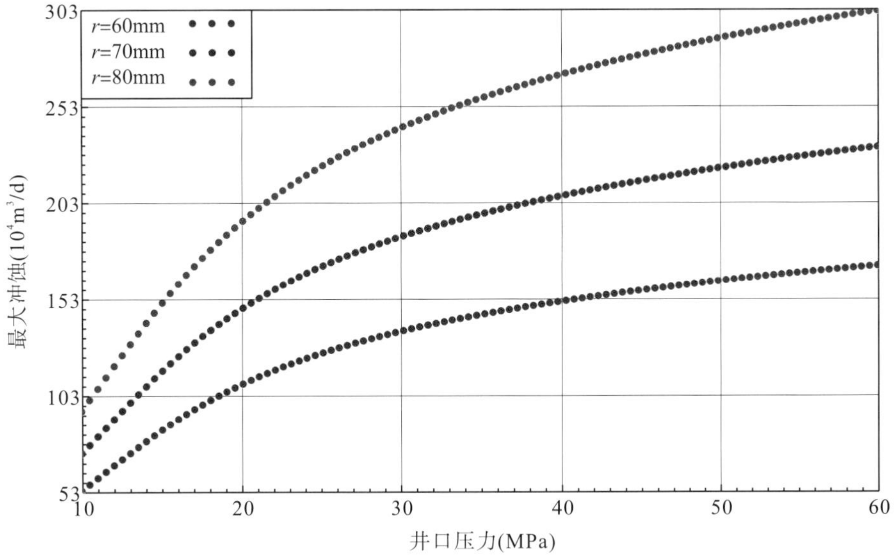

图 10.69　不同管径下井口压力与冲蚀产量的关系曲线

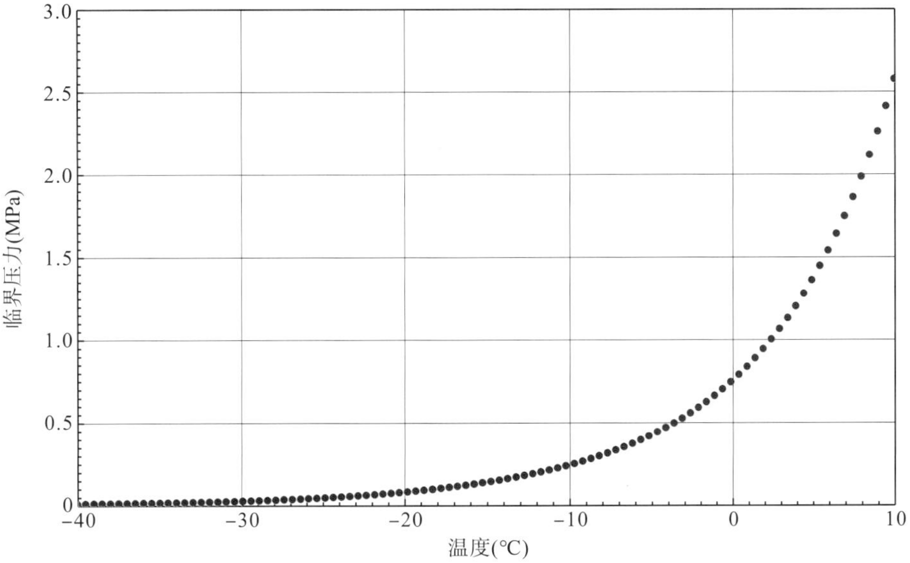

图 10.70　井口或节流阀处发生水合物临界曲线

图 10.71 是页岩气以 $q_g = 13.79\times10^4 m^3/d$ 生产，气液比为 640 时的井筒温度模拟结果，可以看出：如果没有水嘴在井筒任何位置都不会出现水合物。

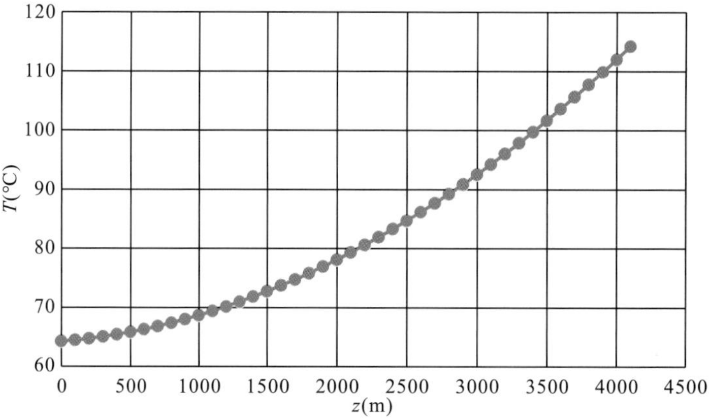

图 10.71 页岩气生产期间井筒温度模拟

5. 油嘴(水嘴)选择

根据前文油嘴(水嘴)节流相计算，$q_g = 13.79\times10^4\text{m}^3/\text{d}$，气液比为 640 时产生的水嘴压力损失 0.951MPa，可以保证气液顺利通过。

6. 大安 2H 井最终配产

由于大安 2H 井是页岩气，其实际生产时存在高能带，气水两相的存在使得页岩气可能会出现早期产量高，但产量递减速度也快(即稳产期短)。为实现较长的稳产期，大安 2H 井以 $q_g = 12\times10^4\text{m}^3/\text{d}$ 作为最终配产产量。以图 10.64 大安 2H 井 2022 年 8 月 27 日 7mm 水嘴生产数据拟合作为计算结果，其含水饱和度随时间变化曲线由图 10.64 给出。

按照页岩气定产控压计算，以 $q_g = 12\times10^4\text{m}^3/\text{d}$ 为定产条件，按当前套管进行生产，28 个月内井口压力都大于零，图 10.72 给出了井底压力随时间的变化规律，此时井底压力约为 $p_{wf} = 6.34\text{MPa}$，此时气水比接近 4000。

理论上 28 个月后需要更改为油管生产，从而保证气体携液能力。依据 $q_g = 12\times10^4\text{m}^3/\text{d}$ 及气水比 4000，根据嘴损计算 6mm 水嘴满足大安 2H 井上述配产要求。

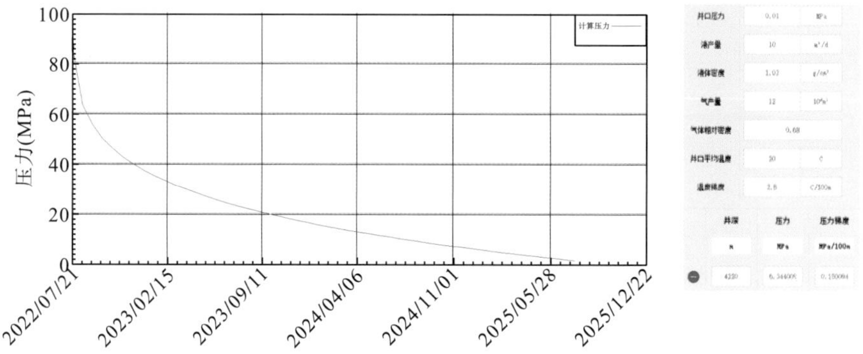

图 10.72 根据 8 月 27 日结果预测的井底压力变化曲线

综上所述：大安 2H 井配产 $q_g = 12\times10^4\text{m}^3/\text{d}$，6mm 油嘴较为合适。

全书大篇幅详细介绍了基于高频压力计连续监测大数据波动渗流联合分析的气藏动态评价及优化调整技术，展示在昭通中深层页岩气评价平台和渝西大安深层页岩气水平井的生产应用实践情况。生产实践成果表明，基于四大基础力学基础模型和规模大软件支撑的高频压力计连续监测动态评价技术，理论基础扎实，逻辑论证合理，数据分析科学，评价成果可信，应用成效显著。该技术成果首次实现以数字化模型表征和定量评价页岩气人造裂缝型气藏高能带的展布特征和气藏品质的变化情况，科学地提出生产制度优化调整意见和配产设计，将油藏生产动态评价提升到精准认识、定量评价的新层次，创立了非常规页岩气人造气藏品质实时监测动态评价新技术，为实现页岩气高质量效益开发提供了崭新的监测新方法新路径。

高频压力连续监测动态评价技术，源于中国石油浙江油田公司山地页岩气创新实践，现已在中石油、中石化、中海油多家油田广泛推广应用。实践应用表明，高频压力计连续监测动态评价技术不仅仅适用于非常规页岩油气、致密油气、煤层气、煤岩气勘探开发领域，而且在传统的常规油气领域和油气田老井生产积液监测方面的应用效果也很优异，展示了该技术应用前景广阔。

技术产生和进步源于问题需求，成就于非常规领域，发展又不局限于非常规，大道至简跨界发展。认识无极限，技术无止境，高频压力连续监测动态评价技术的未来还应顺应信息化数字化新时代，积极开拓基于高效决策平台“大数据、云计算、强算力、集约化、智能化”一体化实时监测动态智能评价的方向发展，为基于油气井生产实时数据的智慧油气田建设提供技术支撑。

参 考 文 献

孔祥言, 2010. 高等渗流力学. 2 版. 合肥: 中国科学技术大学出版社.

李闽, 郭平, 刘武, 等, 2002. 气井连续携液模型比较研究. 断块油气田, 9(6): 39-41, 91.

李培超, 孔祥言, 卢德唐, 2000. 利用拟压力分布积分方法计算气藏平均地层压力. 天然气工业, 20(3): 67-69, 4.

李树松, 段永刚, 陈伟, 等, 2006. 压裂水平井多裂缝系统的试井分析. 大庆石油地质与开发, 25(3): 67-69, 78, 108.

刘广峰, 何顺利, 顾岱鸿, 2006. 气井连续携液临界产量的计算方法. 天然气工业, 26(10): 114-116, 184.

卢德唐, 张挺, 杨佳庆, 等, 2009. 一种基于软硬数据的多孔介质重构方法. 科学通报, 54(8): 1071-1079.

彭朝阳, 2010. 气井携液临界流量研究. 新疆石油地质, 31(1): 72-74.

王毅忠, 刘庆文, 2007. 计算气井最小携液临界流量的新方法. 大庆石油地质与开发, 26(6): 82-85.

魏纳, 孟英峰, 李悦钦, 等, 2008. 井筒连续携液规律研究. 钻采工艺, 31(6): 88-90, 170-171.

Adachi J, Sadao T R, 1985. GaAs, AlAs, and $Al_xGa_{1-x}As$: Material parameters for use in research and device applications. Journal of Applied Physics, 58(3): R1-R29.

Adachi J I, Detournay E, Peirce A P, 2010. Analysis of the classical pseudo-3D model for hydraulic fracture with equilibrium height growth across stress barriers. International Journal of Rock Mechanics and Mining Sciences, 47(4): 625-639.

Advani S H, Lee J K, Khattab H A, et al., 1986. Fluid flow and structural response modeling associated with the mechanics of hydraulic fracturing. SPE Formation Evaluation, 1(3): 309-318.

Agarwal S K, Guru S C, Heppner C, et al., 1999. Menin interacts with the AP1 transcription factor JunD and represses JunD-Activated transcription. Cell, 96(1): 143-152.

Ahmadi I, Sheikhy N, Aghdam M M, et al., 2010. A new local meshless method for steady-state heat conduction in heterogeneous materials. Engineering Analysis with Boundary Elements, 34(12): 1105-1112.

Ali Daneshy A, 1973. On the design of vertical hydraulic fractures. Journal of Petroleum Technology, 25(1): 83-97.

Arps J J, 1945. Analysis of decline curves. Transactions of the AIME, 160(1): 228-247.

Arri L E, Dan Y E, Morgan W D, et al., 1992. Modeling Coalbed Methane Production With Binary Gas Sorption Proceedings of SPE Rocky Mountain Regional Meeting. May 18-21, 1992. Society of Petroleum Engineers.

Bello R O, Wattenbarger R A, 2010. Modelling and analysis of shale gas production with a skin effect. Journal of Canadian Petroleum Technology, 49(12): 37-48.

Blasingame T, 1989. Analysis of tests in wells with multiphase flow and wellbore storage distortion. Texas: Texas A&M University.

Bui T, Phan A, Cole D R, et al., 2017. Transport mechanism of guest methane in water-filled nanopores. The Journal of Physical Chemistry C, 121(29): 15675-15686.

Chen G, Zhang J, Lu S, et al., 2016. Adsorption behavior of hydrocarbon on illite. Energy & Fuels, 30(11): 9114-9121.

Cullender M H, 1955. The isochronal performance method of determining the flow characteristics of gas wells. Transactions of the American Institute of Mining and Metallurgical Engineers, 204(1): 137-142.

Dan Y E, Seidle J P, Hanson W B, 1993. Gas sorption on coal and measurement of gas content//Hydrocarbons from Coal: American Association of Petroleum Geologists.

Dash Z V, Murphy H D, 1985. Estimating fracture apertures from hydraulic data and comparison with theory. geothermal energy.

Dogan M, Dogan A U, Yesilyurt F I, et al., 2007. Baseline studies of the clay minerals society special clays: Specific surface area by the brunauer emmett teller（BET）method. Clays and Clay Minerals, 55(5): 534-541.

Dong X, Horn B, Silverstein E, et al., 2010. Micromanaging de Sitter holography. Classical and Quantum Gravity, 27(24): 245020.

Duggan B J, Liu G L, Ning H, et al., 1999. Textures, models and experiments relating to drawable low carbon steels. Metals and Materials, 5(6): 503-509.

Fan E P, Tang S H, Zhang C L, et al., 2014. Methane sorption capacity of organics and clays in high-over matured shale-gas systems. Energy Exploration & Exploitation, 32(6): 927-942.

Fetkovich M J, 1980. Decline curve analysis using type curves. Journal of Petroleum Technology, 32(6): 1065-1077.

Fitzgerald J E, Pan Z, Sudibandriyo M, et al., 2005a. Adsorption of methane, nitrogen, carbon dioxide and their mixtures on wet Tiffany coal. Fuel, 84(18): 2351-2363.

Fitzgerald R T, Jones T L, Schroth A, 2005b. Ancient long-distance trade in western North America: New AMS radiocarbon dates from southern California. Journal of Archaeological Science, 32(3): 423-434.

Geertsma J, De Klerk F, 1969. A rapid method of predicting width and extent of hydraulically induced fractures. Journal of Petroleum Technology, 21(12): 1571-1581.

Gerami S, Pooladi-Darvish M, Morad K, et al., 2008. Type curves for dry CBM reservoirs with equilibrium desorption. Journal of Canadian Petroleum Technology, 47(7): 48-56.

Ghasemi-Mobarakeh L, Semnani D, Morshed M, 2007. A novel method for porosity measurement of various surface layers of nanofibers mat using image analysis for tissue engineering applications. Journal of Applied Polymer Science, 106(4): 2536-2542.

Gringarten A C, Ramey H J, 1973. The use of source and green's functions in solving unsteady flow problems in reservoirs. Society of Petroleum Engineers Journal, 13(5): 285-296.

Heller R, Zoback M, 2014. Adsorption of methane and carbon dioxide on gas shale and pure mineral samples. Journal of Unconventional Oil and Gas Resources, 8: 14-24.

Ho T A, Striolo A, 2015. Water and methane in shale rocks: Flow pattern effects on fluid transport and pore structure. AIChE Journal, 61(9): 2993-2999.

Horne R N, Temeng K O, 1995. Relative Productivities and Pressure Transient Modeling of Horizontal Wells with Multiple Fractures Proceedings of Middle East Oil Show. March 11-14, 1995. Society of Petroleum Engineers，113-118.

Horner D R, 1951. Pressure Build-Up in Wells. Proceedings of the 3rd World Petroleum Congress, 25-43.

Horner J T, Enriquez E, 1999. Epithermal precious metal mineralization in a strike-slip corridor: The San Dimas District, Durango, Mexico. Economic Geology, 94(8): 1375-1380.

Hu C W, Xie L F, Duan X B, et al., 2018. Evaluation of Influencing Factors of Immersion in Reservoir Area. Water Resources and Power, 36(5): 114-116.

Ismail A F, Chandra Khulbe K, Matsuura T, 2015. Gas Separation Membranes: Polymeric and Inorganic. Cham: Springer International Publishing.

Jain V K, 2006. Superposition model analysis for the zero-field splitting of Mn in some crystals, Modern Physics Letters B, 20(30): 1917-1922.

Ji L M, Zhang T W, Milliken K L, et al., 2012. Experimental investigation of main controls to methane adsorption in clay-rich rocks. Applied Geochemistry, 27(12): 2533-2545.

Jiang Q, Li M, Qian M, et al., 2016. Quantitative characterization of shale oil in different occurrence states and its application. Petroleum Geology and Experiment, 38(6): 842-849.

Kadoura A, Narayanan Nair A K, Sun S Y, 2016. Molecular dynamics simulations of carbon dioxide, methane, and their mixture in montmorillonite clay hydrates. The Journal of Physical Chemistry C, 120(23): 12517-12529.

Khristianovic S A, Zheltov Y P, 1955. Formation of vertical fractures by means of highly viscous liquid. World Petroleum Congress Proceedings, 6: 579-586.

Kobayashi R, Katz D L, 1955. Metastable equilibrium in the dew point determination of natural gases in the hydrate region. Transactions of the American Institute of Mining and Metallurgical Engineers, 204(1): 262-263.

Kuila U, McCarty D K, Derkowski A, et al., 2014. Nano-scale texture and porosity of organic matter and clay minerals in organic-rich mudrocks. Fuel, 135: 359-373.

Langmuir I, 1918. The adsorption of gases on plane surfaces of glass, mica and platinum. Journal of the American Chemical Society, 40(9): 1361-1403.

Leclaire N P, Anno J A, Courtois G, et al., 2003. Criticality calculations using the isopiestic density law of actinide nitrates. Nuclear Technology, 144(3): 303-323.

Li G Q, Meng Z P, 2016. A preliminary investigation of CH_4 diffusion through gas shale in the Paleozoic Longmaxi Formation, Southern Sichuan Basin, China. Journal of Natural Gas Science and Engineering, 36: 1220-1227.

Li X, Wu K, Chen Z, et al., 2017. Methane Transport through Nanoporous Shale with Sub-irreducible Water Saturation79th EAGE Conference and Exhibition 2017 - SPE EUROPEC", "Proceedings. June 12-15, 2017. Paris, France. Netherlands: EAGE Publications BV.

Li Z F, Van Dyk A K, Fitzwater S J, et al., 2016. Atomistic molecular dynamics simulations of charged latex particle surfaces in aqueous solution. Langmuir, 32(2): 428-441.

Liang L X, Luo D X, Liu X J, et al., 2016. Experimental study on the wettability and adsorption characteristics of Longmaxi Formation shale in the Sichuan Basin, China. Journal of Natural Gas Science and Engineering, 33: 1107-1118.

Lik M, 2010. The influence of habitat type on the population dynamics of ground beetles (Coleoptera: Carabidae) in marshland. Annales de La Société Entomologique de France, 46(3-4): 425-438.

Liu D, Yuan P, Liu H M, et al., 2013. High-pressure adsorption of methane on montmorillonite, kaolinite and illite. Applied Clay Science, 85: 25-30.

Macht F, Eusterhues K, Pronk G J, et al., 2011. Specific surface area of clay minerals: Comparison between atomic force microscopy measurements and bulk-gas (N_2) and-liquid (EGME) adsorption methods. Applied Clay Science, 53(1): 20-26.

Marshall P, Fontijn A, 1987. HTP kinetics studies of the reactions of O(2 3PJ) atoms with H_2 and D2 over wide temperature ranges. Journal of Chemical Physics, 87(12): 6988-6994.

Martí J, Sala J, Guàrdia E, et al., 2009. Molecular dynamics simulations of supercritical water confined within a carbon-slit pore. Physical Review E, Statistical, Nonlinear, and Soft Matter Physics, 79(3): 031606.

Martin P A, 2001. On wrinkled penny-shaped cracks. Journal of the Mechanics and Physics of Solids, 49(7): 1481-1495.

Mattar L, Anderson D M, 2003. A Systematic and Comprehensive Methodology for Advanced Analysis of Production//Data Proceedings of SPE Annual Technical Conference and Exhibition. October 5-8, 2003, Denver, Colorado, USA.

Moës N, Dolbow J, Belytschko T, 1999. A finite element method for crack growth without remeshing. International Journal for Numerical Methods in Engineering, 46(1): 131-150.

Morales R H, Abou-Sayed A S, 1989. Microcomputer analysis of hydraulic fracture behavior with a pseudo-three-dimensional simulator. SPE Production Engineering, 4(1): 69-74.

Mosher K, He J J, Liu Y Y, et al., 2013. Molecular simulation of methane adsorption in micro- and mesoporous carbons with applications to coal and gas shale systems. International Journal of Coal Geology, 109: 36-44.

Murray H H, 2006. Applied Clay Mineralogy. 1st ed. Developments in Clay Science: Elsevier Science.

Myshakin E M, Cygan R T, 2018. Monte Carlo and Molecular Dynamics Simulations of Clay Mineral Systems. In Greenhouse Gases and Clay Minerals. Cham: Springer.

Nguyen C V, Phan C M, Ang H M, et al., 2015. Molecular dynamics investigation on adsorption layer of alcohols at the air/brine interface. Langmuir, 31(1): 50-56.

Nicolas Moës J D, Belytschko T, 1999. A finite element method for crack growth without remeshing. International Journal for Numerical Methods in Engineering, 46(1): 131-150.

Nikuradse J, 1933. Flow laws in raised tubes. Zeitschrift Des Vereines Deutscher Ingenieure, 77: 1075-1076.

Nordgren R P, 1970. Propagation of a vertical hydraulic fracture. Society of Petroleum Engineers Journal, 12(4): 306-314.

Odeh A S, Hussainy R A, 1969. Generalized equations relating pressure of individual wells and grids in reservoir modeling. Society of Petroleum Engineers Journal, 9(3): 277-278.

Ozawa S, Kusumi S, Ogino Y, 1976. Physical adsorption of gases at high pressure. Ⅳ. An improvement of the Dubinin—Astakhov adsorption equation. Journal of Colloid and Interface Science, 56(1): 83-91.

Palacio A, Fernandez J L, 1993. Numerical analysis of greenhouse-type solar stills with high inclination. Solar Energy, 50(6): 469-476.

Palmer T W, 1994. Banach algebras and the general theory of *-algebras. Mathematical Gazette, 80(489): 547-553.

Palmer I D, Carroll H B Jr, 1983. Three-dimensional hydraulic fracture propagation in the presence of stress variations. Society of Petroleum Engineers Journal, 23(6): 870-878.

Palmer I D, Craig H R, 1984. Modeling of Asymmetric Vertical Growth in Elongated Hydraulic Fractures and Application to First MWX StimulationProceedings of SPE Unconventional Gas Recovery Symposium. May 13-15, 1984. Society of Petroleum Engineers, 685-692.

Palmer I, Mansoori J, 1998. How permeability depends on stress and pore pressure in coalbeds: A new model. SPE Reservoir Evaluation & Engineering, 1(6): 539-544.

Palmer T N, Gelaro R, Barkmeijer J, et al., 1998. Singular vectors, metrics, and adaptive observations. Journal of the Atmospheric Sciences, 55(4): 633-653.

Pan L, Xiao X M, Tian H, et al., 2016. Geological models of gas in place of the Longmaxi shale in Southeast Chongqing, South China. Marine and Petroleum Geology, 73: 433-444.

Perkins T K, Kern L R, 1961. Widths of hydraulic fractures. Journal of Petroleum Technology, 13(9): 937-949.

Platteeuw J C, Vanderwaals J H, 1958. Thermodynamic properties of gas hydrates. Molecular Physics, 1(1): 91-96.

Pratikno H, Rushing J A, Blasingame T A, 2003. Decline Curve Analysis Using Type Curves - Fractured WellsProceedings of SPE Annual Technical Conference and Exhibition. October 5-8, 2003. Society of Petroleum Engineers.

Rahman M M, Rahman M K, 2010. A review of hydraulic fracture models and development of an improved pseudo-3D model for stimulating tight oil/gas sand. Energy Sources, Part A: Recovery, Utilization, and Environmental Effects, 32(15): 1416-1436.

Rahman R, Trippa L, Alden S, et al., 2020. Prediction of outcomes with a computational biology model in newly diagnosed glioblastoma patients treated with radiation therapy and temozolomide. International Journal of Radiation Oncology, Biology, Physics, 108(3): 716-724.

Rexer T F T, Benham M J, Aplin A C, et al., 2013. Methane adsorption on shale under simulated geological temperature and pressure conditions. Energy and Fuels, 27(6): 3099-3109.

Riewchotisakul S, Akkutlu I Y, 2016. Adsorption-enhanced transport of hydrocarbons in organic nanopores. SPE Journal, 21(6): 1960-1969.

Russell D G, Truitt N E, 1964. Transient pressure behavior in vertically fractured reservoirs. Journal of Petroleum Technology, 16(10): 1159-1170.

Settari A, Cleary M P, 1984. Three-dimensional simulation of hydraulic fracturing. Journal of Petroleum Technology, 36(7): 1177-1190.

Sha M L, Zhang F C, Wu G Z, et al., 2008. Ordering layers of[bmim][PF6]ionic liquid on graphite surfaces: Molecular dynamics simulation. The Journal of Chemical Physics, 128(13): 134-155.

Sharma A, Namsani S, Singh J K, 2015. Molecular simulation of shale gas adsorption and diffusion in inorganic nanopores. Molecular Simulation, 41 (5-6): 414-422.

Shen Y H, Ge H K, Meng M M, et al., 2017. Effect of water imbibition on shale permeability and its influence on gas production. Energy & Fuels, 31 (5): 4973-4980.

Skipper N T, Chang F R C, Sposito G, 1995. Monte-Carlo simulation of interlayer molecular-structure in swelling clay-minerals. 1. Methodology. Clays and Clay Minerals, 43(3): 285-293.

Sneddon I N, Lowengrub M, 1969. Crack Problems in the Classical Theory of Elasticity. New York: Wiley.

Stehfest H, 1970. Numerical Inversion of Laplace Transforms. Communications of the ACM, 13(1): 47-49.

Sudibandriyo M, Pan Z J, Fitzgerald J E, et al., 2003. Adsorption of methane, nitrogen, carbon dioxide, and their binary mixtures on dry activated carbon at 318. 2 K and pressures up to 13. 6 MPa. Langmuir, 19(13): 5323-5331.

Tang Y, Song X F, Zhang Y H, et al., 2017. Using stable isotopes to understand seasonal and interannual dynamics in moisture sources and atmospheric circulation in precipitation. Hydrological Processes, 31 (26): 4682-4692.

Thompson B S, Sung C K, 1986. An analytical and experimental investigation of high-speed mechanisms fabricated with composite laminates. Journal of Sound and Vibration, 111(3): 399-428.

Todd O A, Peters B M, 2019. Candida albicans and Staphylococcus aureus pathogenicity and polymicrobial interactions: Lessons beyond Koch's postulates. Journal of Fungi, 5(3): 11-23.

Turner M, 1989. Landscape ecology: The effect of pattern on process. Annual Review of Ecology and Systematics, 20: 171-197.

Vadakkepatt A, Dong Y L, Lichter S, et al., 2011. Effect of molecular structure on liquid slip. Physical Review E, 84(6): 066311.

Valko P P, Economides M J, 1993. Applications of a Continuum Damage Mechanics Model to Hydraulic Fracturing Proceedings of Low Permeability Reservoirs Symposium. April 26-28, 1993. Society of Petroleum Engineers.

Valko P P, Economides M J, 1999. Fluid-leakoff delineation in high-permeability fracturing[J]. SPE Production & Facilities, 14(2): 110-116.

Van Eekelen H A M, 1982. Hydraulic fracture geometry: Fracture containment in layered formations Soc Pet Engr J, V22, N3, June 1982, P341–349. International Journal of Rock Mechanics and Mining Sciences & Geomechanics Abstracts, 19(6): 127.

Van Eekelen J A, Stokvis-Brantsma W H, 1995. Neonatal thyroid screening of a multi-racial population. Tropical and Geographical Medicine, 47(6): 286-288.

Van Everdingen A F, Hurst W, 1949. The application of the Laplace transformation to flow problems in reservoirs. Journal of Petroleum Technology, 1(12): 305-324.

Wang L, Yang S L, Peng X, et al., 2018. An improved visual investigation on gas–water flow characteristics and trapped gas formation mechanism of fracture-cavity carbonate gas reservoir. Journal of Natural Gas Science and Engineering, 49: 213-226.

Wang R, Sang S X, Zhu D D, et al., 2018. Pore characteristics and controlling factors of the Lower Cambrian Hetang Formation shale in Northeast Jiangxi, China. Energy Exploration & Exploitation, 36(1): 43-65.

Xie J, Zhu Z M, Hu R, et al., 2015. A calculation method of optimal water injection pressures in natural fractured reservoirs. Journal of Petroleum Science and Engineering, 133: 705-712.

Xiong J, Liu K, Liu X J, et al., 2016. Molecular simulation of methane adsorption in slit-like quartz pores. RSC Advances, 6(112): 110808-110819.

Xiong J, Liu X J, Liang L X, et al., 2017a. Adsorption of methane in organic-rich shale nanopores: An experimental and molecular simulation study. Fuel, 200: 299-315.

Xiong J, Liu X J, Liang L X, et al., 2017b. Investigation of methane adsorption on chlorite by grand canonical Monte Carlo simulations. Petroleum Science, 14(1): 37-49.

Xu H, Tang D Z, Tang S H, et al., 2014. A dynamic prediction model for gas–water effective permeability based on coalbed methane production data. International Journal of Coal Geology, 121: 44-52.

Zhang J F, Clennell M B, Dewhurst D N, et al., 2014. Combined Monte Carlo and molecular dynamics simulation of methane adsorption on dry and moist coal. Fuel, 122: 186-197.

Zhou X M, Morrow N R, Ma S X, 2000. Interrelationship of wettability, initial water saturation, aging time, and oil recovery by spontaneous imbibition and waterflooding. SPE Journal, 5(2): 199-207.